Gestalt Therapy.
Excitement and Growth
in the Human Personality

格式塔治疗丛书

主 编 费俊峰

格式塔治疗：
人格中的兴奋与成长

Gestalt Therapy.
Excitement and Growth in the Human Personality

〔德〕弗雷德里克·皮尔斯（Frederick Perls）
〔美〕拉尔夫·赫弗莱恩（Ralph Hefferline）　　著
〔美〕保罗·古德曼（Paul Goodman）
吴思樾 译　程无一 校译

南京大学出版社

图书在版编目（CIP）数据

格式塔治疗：人格中的兴奋与成长 /（德）弗雷德里克·皮尔斯，（美）拉尔夫·赫弗莱恩，（美）保罗·古德曼著；吴思樾译. —南京：南京大学出版社，2023.4
（格式塔治疗丛书 / 费俊峰主编）
ISBN 978 - 7 - 305 - 25203 - 7

Ⅰ.①格… Ⅱ.①弗… ②拉… ③保… ④吴… Ⅲ.①完形心理学 Ⅳ.①B84 - 064

中国版本图书馆 CIP 数据核字（2021）第 257404 号

出版发行	南京大学出版社
社　　址	南京市汉口路 22 号　　邮编 210093
出 版 人	金鑫荣
丛 书 名	格式塔治疗丛书
丛书主编	费俊峰
书　　名	**格式塔治疗：人格中的兴奋与成长**
著　　者	（德）弗雷德里克·皮尔斯　（美）拉尔夫·赫弗莱恩（美）保罗·古德曼
译　　者	吴思樾
责任编辑	陈蕴敏
封面设计	冯晓哲
照　　排	南京紫藤制版印务中心
印　　刷	江苏苏中印刷有限公司
开　　本	635×965　1/16　印张 36.75　字数 428 千
版　　次	2023 年 4 月第 1 版　2023 年 4 月第 1 次印刷
ISBN	978 - 7 - 305 - 25203 - 7
定　　价	138.00 元
网　　址	http://www.njupco.com
官方微博	http://weibo.com/njupco
官方微信	njupress
销售咨询	（025）83594756

格式塔治疗，存在之方式

［德］维尔纳·吉尔

我是维尔纳·吉尔（Werner Gill），是一名在中国做格式塔治疗的培训师，也是德国维尔茨堡整合格式塔治疗学院（Institute für Integrative Gestalttherapie Würzburg‐IGW）院长。

我学习、教授和实践格式塔治疗已三十年有余。但是我的初恋是精神分析。

二者之间有相似性与区别吗？

格式塔治疗的创始人弗里茨和罗拉，都是开始于精神分析。他们提出了一个令人惊讶的观点：在即刻、直接、接触和创造中生活与工作。

此时此地的我汝关系。

不仅仅是考古式地通过理解生活史来探索因果关系，而是关注当下、活力和具体行动。

成长、发展和治疗，这是接触和吸收的功能，而不仅是内省的功能。

在对我和场的充分觉察中体验、理解和行动，皮尔斯夫妇尊崇这三者联结中的现实原则。

格式塔治疗是一种和来访者及病人在不同的场中工作的方式，也是一种不以探讨对错为使命的存在方式。

现在，我们很荣幸可以为一些格式塔治疗书籍中译本的出版提供帮助，以便广大同行直接获取。

让我们抓住机会迎接挑战。

好运。

（吴艳敏　译）

初　心

施琪嘉

皮尔斯的样子看上去很粗犷，他早年就是一个不拘泥于小节的问题孩子，后来学医，学戏剧，学精神分析，学哲学。现在看来这些都是为他后来发展出来的格式塔心理治疗准备的。

他满心欢喜地写了精神分析的论文，在大会上遇见弗洛伊德，希望得到肯定和接受。然而，他失望了，因为弗洛伊德对他的论文反应冷淡。据说，这是他离开精神分析的原因。

从皮尔斯留下来的录像中可以看出，他的治疗充满激情，在美丽而神经质的女病人面前大口吸烟，思路却异常敏捷，一路紧追其后地觉察，提问。当病人癫狂发作大吼大叫并且打人毁物时，他安然坐在椅子上，适时伸手摸摸病人的手，轻轻地说，够啦，病人像听到魔咒一样安静下来。

去年全美心理变革大会上，年过九十的波尔斯特（Polster）做大会发言，一名女性治疗师作为客客上台演示。她描述了她的神经症症状，波尔斯特说，我年纪大了，听不清楚，请您到我耳边把刚才讲的再说一遍。于是那个治疗师伏在波尔斯特耳边用耳语重复了一遍。波尔斯特又说，我想请您把刚才对我说的话唱出来，那个治疗师愣了一会儿，居然当着全场数千人的面把她想说的话唱了出来。大家看见，短短十几分钟内，那个治疗师的神采出现了巨大的改变。

波尔斯特是皮尔斯同辈人，那一代前辈仍健在的已经寥寥无几，波尔斯特到九十岁，仍然在展示格式塔心理治疗中创造性的无处不在。

格式塔心理治疗结合了格式塔心理学、现象学、存在主义哲学、精神分析、场理论等学派，成为临床上极其灵活、实用和具有存在感的一个流派。

本人在临床上印象最深的一次格式塔心理治疗情景为：一名十五岁女孩因父亲严苛责骂而惊恐发作，经常处于恐惧、发抖、蜷缩的小女孩状态中，我请她在父亲面前把她的恐惧喊出来，她成功地在父亲面前大吼出来。后来她考上了音乐学院，成为一名歌唱专业的学生。

格式塔心理治疗培训之初重点学习的一个概念是觉察，当一个人觉察力提高后，就像热力催开的水一样，具有无比的能量。最大的能量来自内心的那份初心，所以格式塔心理治疗让人回到原初，让事物回归真本，让万物富有意义，从而获得顿悟。

中国格式塔心理治疗经过超过八年的中德合作项目，以南京、福州作为基地，分别培养出六届和四届总计近两百人的队伍，我们任重而道远啊！

2018 年 5 月 30 日

目 录

1

第二卷　新奇、兴奋与成长

作者按

虽然我是大约二十年前初次开始写作本手稿的，但是格式塔治疗（Gestalt Therapy）现在已经日趋成熟了。这些年来社会和心理都发生了很多变化，然而，本卷所包含的格式塔实验和我们第一次在扩展觉察（awareness）的课程中实施时是一样有效的。

但是，重点已经从一种治疗的想法转变为一种格式塔概念上的成长。现在我认为神经症（neurosis）不是一种疾病，而是成长停滞（growth stagnation）的症状之一。成长停滞的其他症状有操控世界和控制疯狂、性格扭曲、人潜能的减少，以及"反应能力"（response-ability）的缺乏，并且最重要的一点是，产生人格（personality）的漏洞。

成熟（maturation）是一个转化环境支持并发展自体支持（self-support）的持续过程，这也就意味着不断地减少依赖。

未出生的婴儿在各方面都是依赖于母亲的——为了得到身体发育所需要的物质、氧气、温暖、运输；出生之后他必须立刻为自己提供所需要的氧气。他很快就必须通过吮吸乳汁摄入食物并且为自己提供相当数量的热量；随着时间的推移，他越来越能够进行自体支持，学会交流，去爬去走，去咬去嚼，去接受和拒绝。发展在这样继续着，并且这个孩子意识到了一些他用于存在的潜能。不幸的是，在我们这个时代，一个普通人只用了 10％ 到 15％ 的潜能；一个用了自己 25％ 潜能的人就已经可以被称为天才了。

为了动员他的潜能并且保证适当的成熟，这个孩子需要克服许多的挫折。对一个健康的孩子来说，这些挫折会动员他内在可得的资源。

当这种挫折对这个孩子来说太难以应对，或者他被宠坏并被剥夺了"为他自己做点什么"的机会时，他将会产生他自己的心理问题。他会开始通过假想行为（角色扮演）或控制来确保这些难以承受的挫折不会再次发生。他会形成一种特别的性格（character），并且写好一个人生脚本来确保自己的生存。最重要的挫折当然发生在他还不会应对而环境对他有所要求的时候，例如，当他只会用具体用语思考的时候被诉以一种概念和抽象的语言。那个时候，他会发展出一种极其愚蠢的感觉。这种情况下，他的人生脚本会要求一种对无所不知的过度补偿。

这些干扰背后的基本原则是环境要求他成为他所不是的样子，要求实现一种理想而不是实现他自己。他开始失衡。他的一部分潜能之后就会被分离、压抑、投射。其他的特点会表现为假想行为，用自体支持来获取负担，筋疲力尽而没有满足感。

最终，我们生物和社会存在的这种深刻的分裂会导致越来越多的冲突和"漏洞"。这些漏洞是不完整人格的主要特征。我们中的一些人没有心或者没有直觉，有些人没有腿去站立，没有生殖器，没有信心，没有眼睛或耳朵。

如果一个人在别人有眼睛的地方有个漏洞，他会发现他的眼睛被投射到了环境之中，并且他会践行一种有自体意识（self-consciousness）的人生，永远为他被看到、被评价、被羡慕、被指责等想法所困扰。我能想到的一个人最糟糕的漏洞是没有耳朵。这通常发生在那些说个不停并希望全世界都能听到的人身上。如果他们听了那么多，他们就会将别人的语句仅仅作为巧妙回应的跳板。他们当然不会去听他们环境中的声音；他们最多概括一下内容并停留在一个空洞的智能水平上。在这个世界上我们有着奇特的两极：听从与斗争。听从的人不会斗争，斗争的人不会听从。如果我们社会里相互冲突的集团——婚姻伴侣、生意伙伴——能够张开双耳聆听对手，我们的环境中、国家间的敌对就会大大减少。

将"我正在告诉你你需要什么"换作"我正在倾听你想要什么"，理性讨论的基础就奠定了。

这既可以应用于我们的内部冲突，也可以应用于一般的世界情境。

但我们如何打开世界的耳朵和眼睛？我想我的工作对这个或许包含着人类生存可能性的问题会有微小的贡献。

F. S. 皮尔斯

1969 年 8 月

不列颠哥伦比亚省，考伊琴护理中心

导　言

　　本书起初是弗雷德里克·皮尔斯所写的手稿。保罗·古德曼发展和研究（第二卷）了这些素材，而拉尔夫·赫弗莱恩付诸实践（第一卷）。但是，正如现在所呈现的，它的确是三位作者共同努力的成果。由一位作者开始，以三位作者结束——我们每一个人都有平等的责任。

　　我们怀着共同的目标：发展出一种可以拓展心理治疗局限性和应用性的理论与方法。我们有着许多的异见，但是我们提出这些异见而不是礼貌地隐藏它们，由此我们多次找出了未曾预判到的解决方法。初稿中的许多观点在本书中得以保留，但三人合作撰写这本书的努力带来了许多新的想法，或者更重要的是，这些观点在这本已完成的书的文本中呈现了新的意义。

＊　　　＊　　　＊

　　格式塔心理学的洞见在艺术和教育的研究中已经硕果累累；在学术心理学之中，韦特海默（Wertheimer）、科勒（Koehler）、勒温（Lewin）等人的作品已经被充分认可了；但是，在大多以肌肉运动为导向的行为主义的兴趣之下，学术圈现在过度强调了格式塔的感知方面。戈尔德施泰因（Goldstein）在神经精神病学方面的杰出工作仍未在现代科学中获得应有的一席之地。将格式塔主义（Geltalism）作为唯一充分而持续涵盖了正常与变态心理学的理论，充分地应用于心理治疗，这一点仍未得到实行。本书是为此提供基础的一次尝试。

*　　*　　*

不可或缺的——无论是为了写作还是为了理解这本书——是一种把理论渗透到这本书的内容和方法之中的态度。因此读者显然遭遇了一项不可能的任务：为了理解这本书他必须具有"格式塔学者"（Gestaltist）的头脑，为了获得这种头脑他必须理解这本书。幸运的是，这个困难远没有达到不能克服的程度，因为作者们并没有创造出这样一种头脑。相反地，我们认为格式塔的观点是一种原始的、不扭曲的、自然的通向生命的方式，也就是一种通向人类的思考、行动、感觉的方式。一个普通人，在充满分裂的氛围中长大，已经失去了他的整体性、整合性。为了重新聚合在一起，他必须治愈他本人的、思维的、语言的二元性。他已经习惯于思考对比——幼稚与成熟、身体与心灵、有机体与环境、自体（self）与现实，假如它们是对立的实体的话。这种能够解除二元取向的一元观点已被埋藏但还未被毁灭，我们想展示的，正是它可以带着健全的优势被重新获得。

本书的主题之一是同化（assimilation）。有机体通过同化环境中他所需要的内容来成长。虽然就生理进程而言这对每个人都是显而易见的，但是大部分心理同化的阶段被轻视了。（弗洛伊德的内摄［introjection］概念是一个例外，它至少提供了一部分的解释。）只有通过完全的同化，异质物质才能被统一为一个新的整体。我们相信，通过同化我们这个时代心理科学可以提供的任何有价值的物质，我们现在能够推动一种一致且实用的心理治疗基础。

　　那么，如标题所示，为什么当我们公平地考虑弗洛伊德及衍生弗洛伊德（para-Freudian）学派的精神分析学、赖希（Reich）的铠甲理论、语义学和哲学时，我们优先选择"格式塔"这个术语呢？关于这点我们要说：我们并非慷慨地折中；所提及的这些学派都不是被整块吞下并且人工合成的。这些学派被批判性地检验并组成了一个新的整体，这是一个完整的理论。在这个过程中所呈现出的是，我们必须将对精神病学的关注从对未知的迷恋、对"无意识"的崇拜，转向觉察的问题与现象学：是什么因素在觉察中运作，只能在觉察状态中成功运作的功能是如何失去这个性质的？

　　觉察是以接触（*contact*①）、感觉（*sensing*）、兴奋（*excitement*）和格式塔的形成为特征的。它可以在正常心理学的领域里充分运作；任何的扰乱都是来自精神病学的主题。

　　这样不带有觉察的接触是可能的，但对觉察来说接触是不可或缺的。关键的问题是：接触的对象是什么？一幅现代画的观赏者可能会觉得他是在和这幅画发生接触，但他其实正在和他最喜爱的杂志的艺术评论发生接触。

　　感觉决定了觉察的本质，无论是远的（例如，声音的）、近的（例如，触觉的），还是皮肤内部的（例如，本体感受的）。在最后这个术语中包含着对一个人的梦境和想法的感觉。

　　兴奋从字面上看似乎是一个好的术语。它涵盖了生理上的兴奋和未分化的情绪（emotions）。它包括弗洛伊德的情感投注（cathexis）概念，柏格森（Bergson）的生命冲动（élan vital），从先天愚型（Mogolism）到毒性弥漫性甲状腺肿（Basedow）的

―――――――――
① 原文表示强调的斜体，中译对应以楷体。——编注

代谢性心理表征，并且给我们提供了一个简单的焦虑（anxiety）理论的基础。

格式塔的形成总是伴随着觉察。我们不会看到三个孤立的点，我们会从中看到一个三角形。完整全面的格式塔形成是精神健康和成长的状态。只有完成的格式塔才可以组织为整个的有机体中自动功能运作的一个单元（反射）。任何不完整的格式塔都代表着一种"未完成情境"（unfinished situation），吸引着注意力并且和其他新的有活力的格式塔相互作用。不同于成长和发展，我们可以找到停滞和退行（regression）。

*　　　*　　　*

轮廓（configuration）、结构、主题、结构关系（柯日布斯基［Korzybski］）或是有意义的组织整体最为接近德文原词"格式塔"（Gestalt），并没有一个英文单词有完全相同的意义。举一个语言学的例子：pal 和 lap 有一样的元素，但是词义取决于它们所在格式塔的排序。同样的，桥（bridge①）是一种纸牌游戏的名字或者是一种连接两个河岸的结构。这一次词义取决于"桥"所在的文本。淡紫色在红色的背景下看起来发蓝，在蓝色的背景下看起来发红。元素所处的情境在格式塔心理学中被称作让图形（figure）突出的"背景"（ground）。

在神经症中，更多地在精神病中，图形/背景的弹性被扰乱了。我们常常要么发现僵硬（［rigidity］固着［fixation］）要么发现缺乏图形的形成（压抑［repression］）。两者都会阻碍一个充分格式塔的习惯性形成。

在健康之中，图形和背景的关系是一种永恒而有意义的出现

_____

① bridge 在英语中兼有"桥牌"和"桥梁"之义。——译注

与消退。因此，图形与背景的交互如本书呈现的那样是这个理论的中心：注意（attention）、专注（concentration）、兴趣（interest）、关注（concern）、兴奋和恩典（grace）代表着健康的图形/背景形成，而困惑（confusion）、无聊（boredom）、强迫（compulsion）、固着、焦虑、健忘（amnesia）、停滞和自体意识则代表着图形/背景的形成被扰乱。

图形/背景、未完成情境与格式塔是我们从格式塔心理学中借用的术语。精神分析术语，例如，超我（super-ego）、压抑、内摄、投射等等，在现代精神病学书籍中已经很常见，在此与我们无关。它们会在本书中被详细讨论。语义学和哲学的术语已经被最少地保留了。控制论（cybernetic）、戴尼提（dianetic）和奥根（orgone）的理论在文本中很少甚至不做讨论。由于它们涉及的是隔离的有机体，而不是有机体与环境的创造性接触，我们最多认为它们是片面的真理。但是，在对 J. A. 温特（J. A. Winter）有关书籍的介绍中，将会发现对戴尼提的批判性欣赏。在全或无的原则下（第一次由阿尔弗雷德·阿德勒［Alfred Adler］视为一般的神经症态度而提及），在电子管的是/否态度下（涵盖于本书对认同/疏离［identification/alienation］的自我功能［ego function］的讨论），在平衡系统的最优效率中，控制论有一种单极化的观点；但只要维纳（Wiener）的机器人没有自我生长并繁衍后代，我们就更愿意用人类功能解释他的机器人，而不是反过来。

赖希成功地将弗洛伊德理论中最有疑议的力比多理论扩展至荒谬的地步。另一方面，我们深刻地受惠于赖希把弗洛伊德相对抽象的压抑概念带回现实。赖希关于机动铠甲（motoric armor）的观点无疑是弗洛伊德之后对于心身医学（psychosomatic medecine）最重要的贡献。我们在一点上与他（以及安娜·弗洛伊德［Anna Freud］）有不同的看法。我们认为铠甲的防御功能是一种思想上的欺骗。一旦有机体的需要遭到责难，自体就将自己的创造性活动转化为对被否认的冲动（disowned impulse）的攻击，征服并控制它。一个人就需要用一生来艰难地对抗自己的本能（许多神经崩溃见证了这一点），原因在于，自动形成功能运作的免疫警戒线（cordons sanitaires），这并不是有机体的能力。自我（ego）与1939年的希特勒国防部一样具有防御力。

然而，在将重点从恢复"被压抑的"到重组"压抑的"力量中，我们全心全意地追随赖希，尽管我们发现，比起单纯地消除铠甲的性质，这更多地涉及恢复自体。当我们试图让一个病人觉察到他抑制的"依据方式"时，我们发现了一个令人震惊的不一致。我们发现当他用自己的能量对抗自己时（如用于自控），他为此而骄傲，但我们也注意到（并且这是个治疗困境），他往往很难放弃这种自控。

弗洛伊德流派的治疗师告诉他的病人要放松，不要审查（censor）。但这恰恰是他做不到的地方。他已经"忘记"了如何去做遭到禁止的东西。这种禁止成为常规，成为一种模式化的行为，就像在阅读中我们已经忘记了每一个单独词语的拼写。现在我们似乎只比赖希有了微小的进步。最初，我们觉察不到被压抑的是什么，现在我们基本上觉察不到我们如何压抑了。活跃的治疗师似乎是不可取代的：他要么去打断要么去动摇这个病人。

再一次地，一个格式塔的观念解救了我们。在之前的一本书（皮尔斯：《自我、饥饿与攻击》［Ego, Hunger and Aggression］）之中下述理论被提出了：在生存斗争中，与之最为相关的需要成为图形并组织个体的行为，直到这个需要被满足，届时它就会消退为背景（暂时的平衡）并为此时最重要的下一个需要提供空间。在健康的有机体中，这种主导的变化有最大的生存概率。在我们的社会中这种主导的需要——如道德等——经常变成慢性的并干扰人类有机体的潜在自体调节。

现在我们又有了一个需要处理的统一原理。这种神经症的生存观点（在外人看来甚至有点可笑）需要他变得紧张，他审查，攻击分析师，等等。这是他的主导需要，但是由于他已经忘记他是如何组织它的了，这已经成为常规。他不要审查的意念和酒鬼的新年决心差不多。这种常规必须再次成为一个充分觉察的、崭新的、令人兴奋的期待，以便重获解决未完成情境的能力。我们在潜意识最顶部的表面工作，而不是把意义从潜意识中拉出来。造成干扰的是病人（且常常是咨询师自己）把这个表面当作理所当然。这个病人说话、呼吸、移动、审查、藐视、寻求原因等等的方式——这对他来说是显而易见的——是一项章程，是一种本质。但实际上这表达了他的主导需要，例如，变得成功、优秀、令人印象深刻。恰是在这种显而易见的东西中我们发现了他的未完成人格，并且只有通过与这种显而易见的东西工作，通过融化这种僵硬，通过区分废话和真正的重点、古老与创新，这个病人才能重获灵活的图形/背景关系的活力。在这个过程中，也就是在成长和成熟的过程中，这个病人体验并发展了他的"自体"，并且我们试图通过他的处理方式——他在实验情境中可获得的觉察量——来展现他是如何找到"自体"的。

＊　　　＊　　　＊

格式塔理论中最有价值的部分可能在于整体决定部分的观点，与此前的整体仅仅是其元素之总和的假设相对立。例如，治疗情境并非仅是统计意义上的一个医生加上一个病人。这是医生与病人的会面（meeting）。如果这个医生对这个不断变化的治疗情境的一些要求表现得僵硬且紧张的话，他就不会是一个好的治疗师。他可能是一个霸凌者、一个商人或是一个教条主义者；但是如果他拒绝成为这个正在进行中的精神科情境过程的一部分，他就无法成为一个治疗师。同样地，这个病人的行为会通过面谈的许多变量表达出来，并且在咨询室中只会表达出百分之百的僵硬或精神错乱，如同他们在咨询室外所表现的那样。

涵盖一个情境的，既不是对一个有机体功能的完全理解，也不是对环境（例如，社会）最好的了解。只有有机体和环境的互动（这有一部分来自哈里·斯塔克·沙利文［Harry Stack Sullivan］的人际关系理论）才构成心理情境的基础，而不是把有机体和环境分开来看。孤立的有机体和它的抽象概念——心智、灵魂和身体——以及孤立的环境是许多科学的主题，例如，生理学、地理学等等，它们并非心理学的关注对象。

这个被轻视的局限已经大大阻碍了一个适用于正常和变态心理学的理论的创立。因为联系和反射毫无疑问是存在的，大多数先前的理论，甚至很大程度上连柯日布斯基的理论都得出结论，认为心智是由大量联想组成的，或者说行为和思想是由反射组成的。有机体的创造性活动像规划策略一样很少能通过联想、反射及其他自动作用来解释，而战争的组织是通过受过训练的战士的自动作用来解释。

感觉和运动（moving）都是外向的活动，而不是机械的反应，无论有机体在何时何地遇到了新的情境。定向（orientation）的感知系统和操控（manipulation）的运动系统是相互依赖地运作的，不过作为反射，只发生于完全自动化而不需要觉察的低层次上。操控是我们（有些奇怪）用于所有肌肉活动的术语。智能（intelligence）是合适的定向，效率是充分的操控。为了重新获得这些，无法感知、无法动员的神经症患者需要恢复他的全部觉察，例如，他的感觉、接触、兴奋和格式塔形成。

为了到达这个目的，我们意识到每一个不教条的取向都是建立在自然的试错方法上，由此改变我们对治疗情境的观点。那样临床就变为实验情境。我们不直接或隐晦地要求病人——控制你自己的感情；或者，你必须放松；或者，不要审查；或者，你在闹脾气，你有阻抗（resistance）；或者，你已经死了——我们意识到这些需要会加重他的苦难，而且让他变得更加紧张，甚至绝望。我们建议的分层次的实验——并且这是最为重要的——并不是需要完成的任务。我们直接问：如果你重复尝试这个或那个会发生什么？通过这种方法，我们把病人的困难带到了表面。成为我们工作中心的并非任务，而是什么打扰了任务的顺利完成。用弗洛伊德的话来说，我们激发阻抗并且解决它们。

这本书有很多用途。对于那些在教育、医学和心理治疗领域的人，我们给他们一个机会去放弃一种狭隘的态度，即他们的某一个观点是唯一可能的。我们希望证明他们可以看看其他方法而不会崩溃。对于外行人我们带来了一个个人成长与整合的系统课程。但是，为了获得全部的益处，读者们应该把本书的两部分放在一起处理，可以用以下的方式：尽可能有意识地做实验，仅仅阅读会收效甚微。它甚至会让你感觉面对一个巨大而无望的任务，然而，如果你确实按照建议去做，你很快就会感到你开始改变。当你在做实践的部分时，阅读第二部分，不用担心你能够懂得多少。你会发现阅读常常是令人兴奋的、刺激的，但由于这个整体不同于平时思考的方式，你无法立刻同化它，除非你很好地认识了柯日布斯基、怀特（L. L. Whyte）、库尔特·戈尔德施泰因及其他格式塔学者。在第一次阅读之后你就会判断你是否已经从你的初次尝试中获益，并且你可以从理论的部分开始系统地咀嚼。最后，如果你是一个真的要参与治疗的病人或者精神分析受训者，你就会发现本书不会负面地阻碍你的治疗，而是激发它并有助于克服停滞。

第一卷

动员自体

第一部分

定向自体

第一章
开始的情境

　　本书的前一半邀请你侵入你的隐秘之处，并为此提供了比你已寻得的更加切实可行的技术。这个冒险可能伴随着一个你立刻想问的问题，但答案并不能用一段清晰的话语来传递。实际上，这个问题的核心部分是非言语的，并且必须如此不变；如果你要获得答案，那么答案只能通过做下面这样的工作来取得。但我们并不因为抱着"到最后麻烦都是值得的"这样一个盲目信念，就期盼你去开始一个看上去又耗时间又可能有难度的行动，我们会努力在下面的讨论中展现我们所看到的一般人类情境中的一些事，以及相信我们有一些重要的东西可以分享给任何真诚地想要改善其命运的人的根据。

　　我们为你自助所做的建议不得不在一开始带有一点兜售救世主文学作品般的奉承而油滑的论调，因为大胆地说，这是帮助你发现并动员你自己，以获得更高的效率来满足你作为生物有机体和社会人类的要求。

　　自体探索（self-discovery）听起来像是"老生常谈"——又一个像"自力更生"（lift-yourself-by-your-own-bootstraps）学派那般无用的喃喃自语——但是，在我们使用这个术语时，自体探索是一个费力的过程。它并非一个突然闪现的启发，而多多少少是持续而曲折的——并且只要一个人活着，它就是永无止境的。它包括了对你的自体采取一种相对特别的态度，以及在行动中观察你的自体。在行动中观察你的自体——最终，将你的自体作为行动来观察——需要非常不同于你可能已经试过和想尝试的技术，特别是内省（introspection）。

如果自体探索听起来并非无用的而是不祥的，我们对这个反应也不做争辩，但会想起电影中关于精神病的一派胡言。假设一下，你的确有一个秘密或是隐藏的自体，你不经常抱有觉得它危险并且想将之放到一边的态度，也不确定是否要抛弃它。它来自你的自体的某些部分，过去有压力的时候，这些部分自体因为会带来很多麻烦而被你拒绝。那么在当时的情况下，它们是危险的，并且为了在之后存在的情境中生存，你必须克服它们。这可能像一只野生动物陷入一条腿被抓住的困境；在这样的情况下这条腿成为一种威胁，有时这只动物要将这条腿咬下来才能逃脱，尽管它的余生都会有残疾。

你现在的人生与你拒绝部分自体的时候是截然不同的，并且与动物的腿不同，这个被驱逐的部分现在或许能够被抢救回来。无论原先拒绝的根据是仍然存在还是已经消失很久，至少看起来都值得你研究。接下来我们会提供方法，由此你可以系统地检验和重建你当下的情境。程序被安排好，这样每一步都会为下一步提供必要的基础。你在规定的间隔中能够完成任务的多少取决于你驱逐了多大部分的自体，以及你现在面临的人生情境是什么。你会设置你自己的节奏。在任何活动中，你都不会比你希望的走得更快或更远。

我们准备给你的没有"简易精通步骤"，没有道德提升项目，没有保证打破其实你决定保持的坏习惯的条款。我们保证不对你做任何事。相反，我们要陈述一些指示，如果你十分想要，你可以借此来发动自己进行一场渐进的个人冒险，其中，通过你主动的努力，你会为你的自体做些事情——也就是说，发现它，组织它，并且建设性地使用它以度过你的人生。

以上陈述的矛盾之处我们暂且搁置。现在让我们仅仅说，在分开"你的"（your）和"自体"而不是说"你自己"（yourself）的时候，我们并不想烦扰你内在的校阅者而是想强调"你的"这个物主代词的占有性。它是你的自体。而且，请顺便注意一下，我们所说的"你"——那个要做一切探索工作的"你"——显然同时是"你的自体"的一部分。这个部分是我们在对你说话时可以接近的这个部分，在它阅读这些字眼时以默读的方式重复着它们。

没有任何暗示表明这些举措将是轻而易举的。陈述的这些指导看上去可能很简单——如此简单，事实上，你很有可能在最后声称它们什么都不是。你可能轻轻松松地做完，所有的结果都不出你所料，然后到此为止。另一方面，如果你更近一点地接触你将要开始的实验情境，你会发现，通过一种特别的方式，它们会呈现出你所处理过的最艰难、最令人愤怒的一面——但是，如果你坚持到底，这一工作也是最奇妙的。

在这几页中，我们试图像面对面一般来与你进行对话。当然，你不会像平常对话那样，有机会发言、回应、提问，或是为你的个人境况提供细节；另一方面，我们的不利之处在于并不了解你本人。如果我们不知道你的个人资料——你的年龄、性别、学校、工作，或是你的成功、失败、计划、恐惧——那么，尽管这并不会影响到任何我们希望与你交流的基本方式，但是我们可以进行增删，改变这里那里的重点，调整顺序，并且有可能以此类信息为基础而得到捷径。尽管如此，在某种程度上或者从某些方面来说，在我们这个时代，对于每一个生活在西方文明中的人而言，我们相信实际上我们所做的一切都是适用的。对你而言，你所做的一切适合于你个人情境的应用，都是在这个共同事业中建立你的工作。

因为关于"自体的功能不同于现已接受的人类本质的概念"，我们有许多观点，所以重要的是要认识到我们现在所展示的不是一夜之间"虚构"出来的，而是融合了许多解决人类人格问题的取向。为了澄清这一点，我们必须说一说心理科学现在的地位。

心理学家——我们用这个术语来指所有用系统研究来理解人类行为的人——可以大致被分为两组。一组的成员以追随传统上所称的"实验取向"（experimental approach）为豪；而其他人，无论他们如何自称，都被——特别是被实验主义者——视为追随"临床取向"（clinical approach）。二者相同的是理解人类行为的基本问题，但是由于对如何进行这项工作的基本设想不同，它们直到最近都是相对独立地发展的。[①]

在 19 世纪末，当心理学从哲学中分离并试图将自己建立为一门科学时，它的领导者们热切希望能被接受为真正的科学家。因此，他们尽力为自己的领域复制了为更古老、更先进的物理科学赢得声望的方法。为了与物理学家用原子作为最基本单位相一

---

① 在把这群工作者分列相互排斥的两组时，我们对"虚假两分"（false dichotomizing）的批判像应对全书其他内容一样采用开放态度。实际上，心理学家作为一个群体构成了统计学上所说的"双峰分布"（bimodal distribution）。此外，在对有差别、相对立的分加以考虑时，我们特意典型概括为"临床工作者"（clinicians）和"实验学主义者"（experimentalists），尽管我们很明白这多多少少会扭曲处在中间地带的工作者们。

致，这些早期的心理学家试图确认行为的"原子"——也就是说，人类活动中作为更复杂反应构成的不可简化的元素。他们试图通过应用与物理中尽量相似的实验分析方法来做到这一点。用现在的标准来看，这些早期的努力是不成熟的，但是，尽管复杂性有提升，如今的实验主义者仍然倾向于极度保守地选择研究的问题。由于他们害怕出现通过现有技术无法立刻计算或测量的数据，对于像情绪和人格这样的全方位的人类问题他们至今仍贡献甚微。他们说，心理学可能还需要下一个五十年或者一百年的发展才能充分解决这种复杂的问题。

稍后，我们会重新回到实验主义者所采取的立场，特别是因为它与验证（proof）问题的关系。由于你和我们一起工作，你会越来越对我们的陈述产生疑问，并且你会要求："你们是从哪里验证的？"我们的标准答案是，我们没有展示任何你不能自己验证的、关乎你自己的行为的东西，但是如果你的心理学特性是我们所描述的实验主义者类型，这将不会令你满意，而且你将会在尝试程序中一个单独的非语言步骤之前呼唤一个语言形式的"客观证据"。

无法为他们的理论提供验证是许多追随"临床取向"的人所受到的最沉重的指控。不同于在实验室中的实验主义者，临床学家从一开始就被迫通过某些方式来解决人类行为的所有复杂性，因为他的工作是试图治愈，并且他的病人们缺乏带给他简单问题的慈悲。他个案的人类的紧迫性让他关注生存的情绪危机，并保护工作的生动性，不使之下沉到可能表现为以实验科学为名的深度——为了多一条学术发表而挖掘出安全的任务。尽管如此，临床工作者仍然陷入了他个案材料的丰富之中。时间常常紧迫，他习惯了用预感行事，通常察觉不到或轻视实验主义者对验证的激情，他用敏锐的见解和没有根据的推断古怪地混合理论。尽管如此，他的工作硕果累累，承载了当前从对人类长久的偏见中解放这个物种的潜力。

由于气质、训练和目标的不同，实验主义者和临床工作者互不信任。对于实验主义者而言，临床工作者似乎是难以驾驭的野蛮人，在理论和实践的领域东倒西歪地前进；对临床工作者而言，实验主义者表现出未经治疗的强迫性，被他的计算躁狂可怜地束缚着，并且以纯粹科学为名，越来越多地学习那些微小之物。最近，因为他们在同样感兴趣的问题上趋于一致，他们已经更加尊重彼此，并且他们更加尖锐的不同已经得到了化解。

我们必须进入实验主义者和临床工作者问题的核心，因为这并非心理学内部的一场家庭纠纷，而是在某种程度上反映了对于我们社会中的每一个人，成长在信念和态度上完全一致的维度。因为我们要展示的自体发展的程序以实验技术和临床材料非正式却真诚的结合为基础，所以清楚我们在做什么是非常必要的。例如，我们必须面对我们平静地犯了实验主义者最无法饶恕的罪过这一事实：我们在实验中包括了实验者！[①] 为了证明任何如此荒唐的事情是正当的，我们必须进一步考虑一个事实：实验主义者和临床工作者都在用他们自己的严密性和可行性的标准来寻求对人类行为的理解。让我们来更近地检验他们各自的立场，以及他们多大程度上有重合，因为这正是我们要进行工

---

① 诚然，许多研究者承认，在某些特定的研究中他们没有试图把实验者放在实验画面之外。但是，在某种程度上，实验者的出现影响了结果，这被视为污染，而稍后的统计操作可能会试图"排除"他的影响并净化这些数据。

作的领域。

在法庭上，一般证人只允许根据他的所见所闻或者直接的经历来提供证词。他没有特权来陈述从这些经历中得出的推论或结论，因为在法庭的眼里，他的"观点"是"不相关的、不重要的、无资格的"。另一方面，当案件某些方面涉及其专长领域时，专家证人被允许提供他的观点作为证词。不幸的是，这种审讯之后可能会退化为对立的专家之间的斗争。

当人们被要求汇报他们自己的心理过程时会发生相似的情境。这些汇报每个人都不同，而且没有办法来检查它们中的哪一个是正确的。因此，实验主义者长期超越法庭，排除不可靠的证词，并且对他而言在私密的事件中不存在可以接受的专家证人。当然，不可避免地，随之而来的是在排除唯一能够汇报这些事件的证人时，他也从科学中排除了所有这样的私密事件（private events）。

在持续强调心理学对客观性和从科学的领域中驱逐任何主观事物的要求中，实验主义者声称，实际上，胜任的观察者可以公开任何检验的东西都可以被视为科学数据；任何本质上是私密展示的东西，尽管它可能存在于工作时间之外，都因为无法被其他观察者核查而不能被接受为科学的一部分。在更古老的术语中，人们看过并肯定的那些东西由此而指向"外部世界"，值得我们相信，而一个人汇报的"在他心里"的东西就完全不值得信任。

这种对于公开和私密的分裂有值得赞扬的地方，因为证词的不可靠是臭名昭著的。通过一个好奇的转变，临床工作者与实验主义者步调一致，因为尽管他不断地在听他的病人讲述不得不说的事，他也拒绝流于表面价值。在他的眼中，病人甚至无法清晰地对自己讲述一个故事。对于他自己的发声，医生可能更像是在给予一份健康声明。

实验主义者确信在公开展示中有安全性——或者，无论如何，风险较少——的确，不是只有他这么认为。在所有事关重大并花费精力以安全地确认事实，或者是为未来而做出保证、供认或宣誓作证等正式承诺的活动中，我们都会看见对于签名、证言、多个记录、印章加盖等等的坚持——从某种程度上来说这为公证员提供了谋生手段。有人对朋友说："不管你做什么，别把它写下来。"或者，如果有一个朋友正试图使某人信守承诺，这句话就会变成："让他们给你白纸黑字地写下来。"当这种不信任蔓延开来，甚至在日常交易中合理起来，为什么科学家应该不受到它的感染呢？

实验主义者同意这种加强防护：一个研究者必须发表他的成果，包含对仪器、流程步骤等的细节详述，这样任何有胜任力的研究者同僚对他的结论表示怀疑了，都可以重复这个实验。尽管这样做的人很少，而且在很多例子中或许并不可行，然而这样的限制条件已经预先抵御了把"数据加工"到一个更积极的结果的诱惑。不同于让实验演示和灵活重现的状况正式地公开，想一想，去规定受重新检验（recheck）限制的、私密的"心智"的传递状况，这是多么不可能。

将实验限制在能够复制的情境中建立了一种习惯于从人格的细微差别来考虑心理学的沉闷局限。实验主义者的回应会是科学本身与特异性无关。它追求的是具体化能够可靠预测某个事件的情境。如果这可以被足够具体地实现，那么预测就会变为控制，并且这个事件就可以使之随意发生了。那些十分复杂的事件顽固地存在于直接控制之外，并且不会超出提高的预测准确率的阶段。

让我们注意一下，如果研究的对象是人类，那么在实验主义者看来，任何对他们行为的预测或控制都必须掌握在他们的剧场中有舞台监督权利的某个人手里。因为这个舞台监督成为这个人的一部分，除了控制中心的变化外，什么都没有增加，仅仅是更一般的构想中的一个特例而已。

迫切地想把他们的发现最广泛地应用到实践中的实验主义者们坚信，我们正临近"人体工程学"（human engineering）时代。在宣传、公共关系、促销、人事管理事务和各种"行动小组"（action group）等事务的倾向上，它已经具备有组织的基础了。遗憾的是，实验主义者们说，这些应用并不在"社会兴趣"之中；但是他们补充道，当一个新的工具被锻造时，如果它被误用了，那并不是这个工具或者工具制造者的错。这里的问题是"人体工程学"已经发展到控制工具使用者动机的程度。这揭示了很大程度上依赖于顶层"人体工程学家"的、控制着控制者的权力等级。

至于个体，他被鼓励成为自己的"人体工程学家"。通过操控可能或不太可能涌现他想要或不想要的反应的情境，他会学着根据计划触发或者抑制。这种"自体控制"（self-control）设置的完美可行性很好地显现在"自体征服者"（self-conqueror）的案例中，我们后面会讨论到的。这种场面的不足之处在于，这个"人体工程学家"在人格之中不得不作为一部分来控制其余的部分，根据他所认为的他自己的最佳利益来行事，像我们稍后会展示的那样，对于这种组织的本质来说，这些是武断的，并与这种动物的需要不一致。

　　"人体工程学"的设想是对赫胥黎的《美丽新世界》①的追忆。就算有了乌托邦技术的好处，也需要记住，作为一种预防措施，它和莎士比亚及其他有煽动性的遗物一起被锁在地下室里是合适的，这样才能避免艰难获得的社会平衡被再次扭曲。

　　现在让我们从临床工作者的角度更深远地考虑这个情境。像我们之前所说的，他的工作总是与治疗有关，但是我们现在不对心理疗愈（psychological healing）的历史做回顾。（它作为一种艺术被实践的历史和文明一样古老，它的方法和人类的智慧或荒唐一样多样。我们只讨论这种现代的、高度发展的心理治疗形式：医生和病人通过私人会面和谈话一次次面质对方。这是我们在谈论"临床取向"时脑海中浮现的情境，尽管它不能够涵盖这个术语全部的应用范围。）

　　与面谈治疗最常联系在一起的名字，当时是西格蒙德·弗洛伊德。精神分析已经被调整、扩大或者多方面地转变了，特别是通过早年还不可得的辅助技术。弗洛伊德的忠实追随者们，如果可以的话，会在他们自己的实践中限制使用"精神分析"这一术语，并且具有很多分支、衍生物或其他名称之下的种种创新，但是对这个术语的控制不可挽回地在模糊使用的起起伏伏之中迷失

---

① 阿道司·赫胥黎（Aldous Huxley，1894—1962），英国作家，祖父是著名生物学家、进化论支持者托马斯·亨利·赫胥黎（Thomas Henry Huxley，1825—1895）。《美丽新世界》是他的代表作，该小说描绘了虚构的福特纪元 632 年即公元 2540 年的社会。在这个"美丽新世界"里，由于社会与生物控制技术的发展，人类从出生到死亡都受到社会的控制，已经沦为垄断基因公司和政治人物手中的玩偶。本书与乔治·奥威尔的《1984》、扎米亚京的《我们》并称为"反乌托邦"三书，在国内外思想界影响深远。——译注

了。另一方面，一些人认为他们的方法已经远远超越弗洛伊德所谓的"精神分析"，以至这个术语应用到他们自己的实践中时，是一种古文物式的误用，这些人的处境不一定更好。对这一类别的称呼，特别是"分析"这一省略形式，已经进入了公共领域，要抛弃可能是很缓慢的。

许多"临床取向"已经被认为是"实验取向"的对立面了。它们缺乏对结果精确且量化的评估。它们沉迷于"主观"的发现，并且在被突然召回去动工时无动于衷。它们数据的不可复制性让它们保持平静。它们在尽情创造新词并且对操作定义的问题无动于衷。总而言之，尽管现在极少有人去维护整场精神分析运动就是一个完全的骗局这样的观点，仍然有许多压低了的声音在问："但它是科学吗？"

很显然，这个答案取决于一个人选择如何去定义"科学"。如果这个术语被局限于完全在实验室的精确下完成，那么临床实践肯定就不是科学了。但是，用同样的标准，"科学"的称号在很多领域要被撤除，特别是社会"科学"。如果这么做的话，他们的工作就得在平常但更小的名声中进行了。

正是"科学"这个词现在的名声使得这场沉闷的讨论变得必要。被"科学地建立"的东西就必须被相信，"不科学的"就一定不可信任。甚至是世代以自称"践行医药艺术"为豪的家庭医生，也以自称"医药科学家"来攀附这种流行趋势了。

精神分析使用了以"公共关系"为名的"人体工程学"的名号，如今它更加享受在科学大家庭中的位置。或许它在被攻击的时候就不那么好斗了，并且当看到一个平头铲（spade）且可能这么叫的时候，得到提醒，应更礼貌一点；第二眼看，发现其实是一把圆头铲。根据咨询的建议它本不可能做到的一件事是，断言任何一个自己没有被精神分析过的人都无法从方法或理论等方面来评价它。这一点所招致的反对声中，最温和的大意是："不用把整个鸡蛋都吃了才能辨别它是否坏了。"

尽管不能解决，但是我们也许可以澄清这种争执。对精神分析不重要的批评，仅仅是表达恶意或是重复一些传闻，我们就不想与之争辩。我们在意的是严肃的、有见地的批评，来自有科学成就的人，他们将精神分析当成逻辑体系来评定，并且发现它有所不足。首先我们要问：是以什么为基础的接触让他们发起评判呢？答案似乎是他们的了解来自其言语阐述，特别是弗洛伊德的著作，并且他们在应用"精神分析"这一术语时所暗指的正是这些言语阐述。

另一方面，当同样的术语被在实践精神分析的人或作为病人而遭遇它的人表达出来时，他们所指的并非精神分析的著作。相反，他们所说的是已经改变了他们整个有机体的一种长期的功能运作方式。他们整体的看与做在不同程度上都经历了变形。相应地，他们关于这个主题所说的并不仅仅来源于他们的语言自身。

这与一个精通任意某个专业或成为该领域的人的行为中出现的情况没有任何不同。让我们引用一个例子，关于一个实验主义者阅读一篇与其研究领域有关、由研究同僚所做并正式发表的研究。那些会突然难倒新手的设备的图表或者照片，他很容易地理解了。他曾经处理过相似的材料，并且通过费力的技术训练来欣赏这种看似过分复杂设计的必要性。如我们所言他对流程很清楚了，研究结果公开展示了，并且结果被按照逻辑顺序排列。如果在他实践的眼光来看，没有什么出差错，这个实验主义者就会接纳新的发现，并且将在条件允许的情况下把它们当作一个起点来发展他自己的研究。

但是设想一下，令他沮丧的是，报告的结论损害了一个他很珍惜的理论。他会怎么做呢？他可以活力十足地发表对这项令他不悦的研究的攻击，最大可能地挖掘他可以查明的论题。或者他可以——并且如果他是一个确信的实验主义者，他将会——鄙弃言语争辩的部分，并把有问题的实验带到他的实验室进行彻底的重新检验。这是他解决问题的唯一方法。用大量的话语直接攻击他对手已经发表的言论是不够的，因为那些话语产生自非语言的操作——而且正是在非言语操作的有效性中，那些话语必须找到或失去他们的认可。

但是我们必须审视事情的另一个方面。倘若精神分析学家们摆脱了那些非此神秘行会成员的人的批评，他们就用一个清晰而令人愤怒的手法回避了其他可靠的批评，来捍卫他们自己。但是，无论如何，最近的临床实践发展都表明，曾经有争议的内容最终可能仍然被归为过去。

我们回到之前讨论的问题：假设的"实验的"和"临床的"对立。把两种取向不同的起源——牛顿物理学和疗愈的艺术——放到一边，让我们再看一看其各自的实际活动中都包含了什么。

"实验"（experiment）源于 experiri①，意为"尝试"。实验是"用以确认或排除某一值得怀疑的事物的尝试或者特别观察，尤其是在实验者决定的情境下进行的；是为了发现一些未知的原理或效果，或是为了测试、建立或阐明某个提出或已知的真理，而进行的一个行动或操作；实践测试；验证。"

根据这个定义，面谈治疗就是实验的。考虑一下对"变量"的高度控制，引发这些变量的治疗情境和日常生活的丰富复杂性

① experiri 一词为拉丁文。——译注

相比被刻意简化了。医生和病人单独处于清除了干扰的氛围中。习惯的钟声没有响起，并且由于会面的时间长度，时间会开放给可能发生的一切。在一段时间里，社会被缩减为两个人。这是一个真正的社会，但是，这一个小时，有对一般社会压力的缓解，也有对仁慈地压抑了的"错误行为"进行的常规惩罚。随着治疗实验的进行，病人越来越敢于做他自己。他可以说出在别处只能想想而已的东西，并思考在别处甚至他自己心里都无法承认的想法。在整个进程中，随着时间或阶段的流畅改变，这种现象既非偶然也并非臆造。它们在有技巧地设置了背景，专业地进行面谈的情况下是可以被预测的。

除了这些大的方面之外，治疗性面谈是从"试试看到底会发生什么"的角度来即时地实验的。病人被教导要体验他自己。"体验"（experience）源于一个拉丁文词根——experiri，去尝试——和单词"实验"一样，并且字典准确地给了它我们想表达的含义，即"真实地度过一个事件"。

我们眼中的咨询师就像化学家们所称的催化剂，是一种促成一个本来可能不会发生的反应的成分。它并没有规定反应的形式，反应形式是由提供的材料所固有的反应物质决定的，它也不是作为一个部分开始处理它所帮助形成的无论何种化合物。它所做的是开始一个过程，而有一些过程一旦开始便能够自我保持或者自动催化。我们认为治疗中正是如此。病人会自己继续医生的调动。结案时的"成功个案"，并不是一个成品意义上的"治愈"，而是一个人现在拥有了可以解决他们所产生的问题的工具和设备。他已经有了一些可以工作的施展空间，不会被纷乱的怪事和开始而未完成就结束的交易阻碍。

在这种形式下处理的个案，其治疗的进程不再是一种辩论。

这不是从一些无关的、自我构建的专家眼中所看到的关于提高"社会接受能力"或者"人际关系"的问题，而是病人自己觉察到的升华的生命力和更加有效的功能运作。当然，尽管其他人可能也注意到了变化，他们对于发生了什么的赞成意见并不是治疗所检验的。

这种治疗是灵活的，并且它本身是在生活中冒险。这份工作并非像广为流传的错误理解那样，是医生来"找到"病人哪里有问题，然后"告诉他"。人们一直都在被"告诉他"。而且，就算医生是有权威的，也并不会达到预期的目的。重要的不是治疗师从病人身上了解一些东西，然后去教导他，而是治疗师教病人如何了解他自己。这包括了他开始直接觉察到他作为一个鲜活的有机体，到底是如何运作的。这是在非言语体验的基础上产生的。

近年来，临床实践的先进发展没有争议地证明了这是可以做到的。这不是一个人或者任何单独一组人的作品，并且它绝没有达到它轨迹的最顶端。

但是，因为面对面的治疗昂贵而费时，它被限制在那些把它当作奢侈品来消费的或者那些把它当作必需品而不得不买的人当中。它被限制在了那些完完全全的"神经症患者"当中。但是，一些人没有一般医学标准上的功能障碍，并非无法保住一份工作，并不需要紧急个案意义上的帮助，但还是被评估为没有达到在幸福美满地生活的标准，他们中的绝大多数该怎么办呢？

这个问题最终聚焦于，前面提到的医生和病人的两人小型社会，为了在它自己的获益的社区里更为广泛地宣传，是否不能为了一个更一般的目的，减少为一人——也就是印出的指导和讨论的读者。一年前，我们就这个问题做了一个测试。本书展示了我们所使用材料的更为精进的形式，通过使用这一材料，我们发现对这个问题的答案是决定性的肯定！

这一材料被发放到三所大学心理系的本科生手上。其中一所，学生的年龄范围为18—70岁，他们兼职或全职做各种各样的工作，材料被简单地当作一门标准课程的"家庭作业"来处理。写作报告在4个月的时间内陆续提交，4个月是学校一个学期的长度。接下来一次的课程给定了更多的学生，对学生使用的材料的形式进行了修改和扩充。将近100人允许在不泄露他们个人身份的情况下使用他们的报告，由此可以通过学生自己的话的节选来了解这个项目所激起的反应的范围和种类。对于很多人来说4个月实在太短了——勉强是一段仅有轻微效果的热身——但是我们有许多随访案例声称，其效果开始于课程注册，之后就加速发展，甚至当这个材料不再是他们"作业"的一部分的时候。有充分理由相信，你也会有这样的情况。

基本的努力在于帮助你开始觉察，你作为一个有机体、作为一个人是如何进行功能运作的。因为你是唯一一个可以做必要观察的人，我们当然会处理我们之前讨论的"私人事务"。这种事件的控制点，用幸免于许多坚决的否定企图的古老术语来说，是"心智"（mind）。我们当然不能用它传统的释义——某个超越了有机体功能运作的空洞的东西——来维护这个术语。实际上，我们站在否定者那边——有点不同。后面我们会坚定地表达，我们是否定"心智""身体"和"外部世界"的独立地位的。这些词语适用于二元论传统的产物，这个传统力图把它们建立在人类有机体的功能运作当中。如果它们被放弃了，并且一种统一的语言得以发展，用以报告为非二元论观察者而存在的是什么，那么任何重要的内容都不会消失。

同时，发表这样教条的言论，我们可能身处两边朋友都失去的危险境地。那些珍惜他们的"心智"并且想要为此坚持到底的人，如果我们对他们如何真诚地体会他们自己——一个非物质的"心智"在"外部世界"操作一个物质的"身体"——表示极少的理解的话，那么至少，他们会拒绝我们建议的流程。这种对自身的体验是社会化过程的结果，我们作为儿童都体验过。关于这点的更多讨论我们放到后面，在这里只说，那些拒绝不带着他们的"心智"再走一步的人会发现，从他们的角度来说，用我们的规则来工作将会扩展"心智"的领域。

如果我们攻击"心智"，那些支持严格的实验主义立场的人会为此欢呼，但是如果我们篡改了"外部世界"，他们会对我们产生敌意。他们坚持认为我们的"客观"、我们对公开而非私密展示的事物的坚持，是我们把一切都放在"外部世界"的托词。但是"外部"除了是"内部"的对立面以外，有什么重要的意义吗？

现在，在某种意义上，"内部"对他们而言也是存在的，如果从外界突然产生，那就是"外部地"。这是如何做到的？现在有脑电图仪来输入脑电活动，有脑电图来获得收缩肌肉的所谓动作电位，并且有灵敏电流计来决定电流通道的皮肤电阻。这种生理活动被广泛而科学地接受为与人们所研究的口述的"精神活动"有关。对于实验者来说，这不是"精神"的。这是"内隐行为"（covert behavior），是裸眼可能看不到，但是可以被适当的机器所探测到的有机体的隐藏反应。与之相对的有"外显行为"（external behavior）。但请注意，这里被实验主义者接受的"内部"只在它处于它们的"外部世界"——它们录音工具中的磁带、转盘和计数器——时才被接受。

让我们进一步审视"外部"和"内部，"即便实验主义者在他和无论什么有机体工作这个问题上已经让步了。他在这里的意思显然是皮肤的内外，而不是"心智"的内外。当他汇报说，他的无论何种的实验主体回应在环境之中的变化的时候，他通常是在说当他——一个实验者，在某些条件下展示某种刺激时，被试一定会可靠地显示这种刺激的作用。这种刺激可能是视觉的、声音的、嗅觉的等等，或者是它们的各种组合。对它们而言，要产生一定作用，这个有机体当然必须拥有合适的感受器（receptors），或者"感觉器官"（sense-organs），也就是眼睛、耳朵和鼻子等器官。但是，随着工作的进展，更有必要意识到的是，反应并不是在实验者可以相对轻松操控的皮肤外的刺激下产生的，相反地，除了外感受器（exteroceptors），有机体也支配皮肤内部的感受器。其中的一种，即内感受器（interoceptors），似乎绝大部分限于消化道，合适的刺激让空脏器膨胀或者松弛；例如，胃的"饥饿收缩"（hunger contractions）、膀胱的饱满等等。

另一种皮肤内部的感受器是本体感受器（proprioceptors），处于肌肉、关节和肌腱中。在更加"主观的"时代，心理学家把它们的功能视为"运动觉"（kinesthesia）或者"肌肉感觉"（muscle-sense）。在现在的文献当中"本体感觉"（proprioception）被视为更加"客观"而主导了这个领域。在这种联系当中，有趣的是注意到 proprio-源于拉丁文 proprius，意思是"它自己的"（one's own）。

因为有机体的任何运动或者肌肉的强直（紧张）都会让本体感觉增强，因此实验主义者称其为"产生反应的"（response-produced）刺激。它们对于控制有机体行为的重要性越来越受到实验主义者们的喜爱，因为他们试图解释"言语行为"，这对他们来说很大程度上代替了从前的"主观主义者们"所暗示的"更高级的精神过程"，包括"意识"本身。

　　我们本可以用参考书目来覆盖这一节，来展示伴随这些线索的快速发展，但那样的话就会偏离我们在这里的意愿，也就是说，为我们要分享的技术定位它具有科学性的那一面。顺便让我们稍稍提一下最近设计出的"警觉指示器"（alertness indicator），它得以建立的事实基础是，遍布人体肌肉的本体感受器，其功能运作必须达到一定的最低限度才能觉察人类有机体。如果他更加放松了——也就是说，更多地降低肌肉的紧张程度——本体感受就降低到标准以下，他也会睡着。现在，通过把电极连通到人的前额并且从额肌中选择动作电位，设置一个当电位下降到预定点以下并关闭了——例如大声的警报器的——回路的时候可以操作的继电器，并且让瞌睡的人恢复警觉。这里矛盾的地方是，通过睡觉，他会自己醒来。对于飞行员、长途车司机，或者任何其他在睡觉的时间强迫自己或者被迫保持清醒的人，这种设备有时甚至可以救命。

　　这种在有机体皮肤内部持续的行为方式，无论它在一定范围内是多么地有启发，有作用，都要注意重点是从外界控制那个行为。就好像将费力获得的知识，指向让有机体以规定的方式身不由己地行动。这种说法依然成立，尽管在人类的案例中这个规定的人可能是这个人自己的一部分。

　　如果行为的规定者在行动时有无穷的智慧，那么这样的"人体工程"可能会失去某些对有机体的武断要求，但是拥有这种无穷智慧的规定者可能会放弃职权并且给有机体一个调节自己的机会。它的可行被事实所证明，在语言本身被发明之前，人类已经进化到了和现代人具有基本一样的外形和功能属性。如果有人声称，在现代文明的复杂性之中，无法相信人类有机体可以不受指导地调节自己，那么反对的说法，即自体调节的人类有机体将不会忍受现在这样的文明，也一样成立。

但是，两种主张都没能切中要害，这是因为，如果人类有机体不能够调节自身，什么可以呢？如果有人哄骗、欺负或者操控他自己去做他本不会做的事情，那么，哄骗和被哄骗的、欺负和被欺负的、操控和被操控的，都仍然是活生生的血肉之躯，无论在文明的战争中沉沦得多深。如果分裂并非必然阶段，那么人类有机体为何要分裂自身？假设从这个角度来提出疑问，答案就一定会因为我们现在社会的起源和历史发现而具有推测性。这里不做赘述，但是关于这些线索的精彩讨论可以在怀特的《人类的下一步发展》① 中找到。

我们的问题与这样一个明确的事实有关：人们在功能运作上如此分裂，以至作为婴儿，他们并不和自己交战，从而开始他们的人生，特别是，如果他们关心更多的人生变化，就会把这种分裂更清晰地展示给自己，通过这种特别的进程，开始治愈它。从严格的实验主义者的观点出发，这种方式从表面上看像是"主观主义"（subjectivism）的复发，但其实并非如此。一旦超越了一定的阶段，他们会发现"主观/客观"是一种错误的二分法。

为了进一步澄清，让我们再次回到假设的实验与临床取向的对立两极。它们关键的不同是什么？我们之前有所暗示，现在这个问题迫在眉睫。我们认为问题在于：实验主义衍生于研究无生命物的物理学的方法与观点，尽其所能地把有生命物也当作无生

---

① L. L. Whyte, *The Next Development in Man*, Henry Holt and Company, New York, 1948.

命物来处理。它忽略研究者有血有肉的人性——尽管他已经奋力地将自己变得和被挖出的眼睛没什么区别了——把活生生的人当作非人但高智能的记录仪来研究。它把有机体当作一个活动——也的确是。它已发现了调节其他活动的活动——也的确如此。但是，不管它做多少，它的发现都是一样的。我们冒险地说一句，从一些去人性化的观察者看来——并且再说一遍，这就是实验主义所追求的科学理想——无论研究多少，这就是所有的发现。并且，许多科学——包括一部分的心理学——在它们所声称的目的之中都有关于理论和实践的部分，不可能也不希望有更多的东西了！这就是知识，在有控制的观察条件下是可靠的并经受过考验。它可能有助于人类现实的和潜在的对自己生活的控制。

但这不是他的生活！

相反，临床工作者在寻求与人类有机体活动更为亲密的接触，正如有机体所经历的那样。他的病人来到他这里并且把自己当作真实与虚幻的混合体。但这是病人所注意到的他自己和他的世界。这并不是非人的。相反，这是非常个人化的。他从医生那里寻求的并不是言语陈述意义上的知识，用来准确地报告他的情况、产生的原因，以及需要调整以产生有益的改变的进程是怎样的。不！他追求的是安慰——这并不关言语的事。

由于能力有限，并且每个人都是有限的，临床工作者共情他的病人——把病人的体会当作他自己的体会。他也是一个活生生的人。当这个病人谈论他自己时，他的医生并不会说："请你谈论得更客观一些，否则我就要结束你这个个案。"远非如此，并且当病人是"言语"型的时候，治疗师会让他逐渐地不再那么内敛、非人、疏离和冷淡。治疗师努力帮助他移除他在以下三者之间建立起的障碍：他官方的自体，他在社会审视下所展示出的面具，以及更加强烈的"主观"的自体——那些他被告知并且稍后他告诉自己应该足够有男子气概、足够成熟才不会拥有的感受和情绪。这些关闭的部分有很大的活力，需要被再利用并投入更好的"主观"的使用——并且它们需要更多的活力以保持关闭。这也需要被改造。

此处关于人类有机体的观点是，它是主动的，不是被动的。比如，禁止某些行为并不仅仅是这些行为在一个人的外部表现中消失，而是恰如它的拉丁文词源一样，是约束着的（inholding），或者不那么奇怪地说，是一种主动的约束（an acting holding in）。如果这种禁止被解除，曾经被约束的东西并不会被动地产生。相反，这个人主动、热情地带着它前进。

从"客观"的角度来看人类的行为，有机体是被远程操控的工具。这种控制有各种称呼：因果关系、环境的影响、社会压力，诸如此类，但是，无论是哪种情况，这个有机体都会被当作未受请托遗产的未征询继承人。这种态度是如此强烈，以致让现代人几乎成为自己人生的旁观者。他自己产生自己所处的情境——如果一个病人，主动地产生了他的症状——的程度被忽略或者被否认。看一个行为是如何被外人看待的，通过这样的客观看待自己的方式，当然会有所收获，但是它也加重了对自己谈论自己的倾向，似乎谈话者超越了一个人有机体生活的地位和局限。

回到责任这个古老的问题。只要一个人疏远自己的人生并且可以说从外部审视它，如何控制、协调和塑造它的问题就成了技术的事。如果技术失败了，无论是失望还是解脱，一个人都会免于个人的责任，因为可以说："在我们现有知识的状态下，我们还没有找到如何处理这类个人难题的方法。"

　　无论有何种理性的根据，一个人都无法对没有接触的事物负责。这适用于一个人从来没听说过的发生在遥远地方的事情，但也适用于发生在自己的生活中却没有被觉察的事件。如果一个人可以接触它们并且开始亲密地觉察出它们是什么，在自己的功能运作中扮演了怎样的角色，他就可以对它们负责了——并不是现在要去设想一些从前没有的负担，而是现在去认识到是自己决定在大多数情况下它们是不是能够继续存在。相较于以道德谴责为核心的说法，这是非常不同的一个责任概念。

　　如果我们在以上的讨论中有说服力地表达了实验主义和临床工作的关键不同在于，前者追求的是过程的中立地非人化形式，而后者追求的是对人类的体验（experience）进行规划并工作——体验，在词典里意思是，"真实地度过一个或若干事件"——那么事情就变成了：是否两种方法一定要保持同等的排他性，目前几乎就是这样；或者，尽管难以忍受彼此，但必须求同存异；或者，是否至少在于人类如何调节彼此及他们自己的研究领域，他们可以合力解决一个常见问题。在这件事情上很多方面仍然并不清晰，但还是有一些要点已经清楚了。

　　改进形式的临床实践通过"主观"的方法得到的结果，相当容易受到被最严格的实验主义者所接受的"客观"测量和评价标准的影响。比如，对"主观"方法治疗之前、之中和之后人体慢性肌肉紧张程度的研究，通过"客观"技术产生了很多积极的发现。

　　临床工作者与他的病人的全部谈话内容可以合理地涵盖于实验主义者古老而仍未解决的"给对象的指导"。如果他进行实验而不给他的人类对象言语指令，那么他稍后会发现他们并不是在虚无之中操作，而是给了他们自己"自我指导"。作为临时措施，他现在展示的指导是高度格式化的，可能印在一张卡片上。他也已经开始独自演示实验来断定指导中变量的影响——它们的清晰度、时机、数量、种类等等——并且，这种工作可能会有效地拓展到一般临床实践和教育之中。

与实验主义正在或可能给临床实践建议的帮助相反的是，看一看当实验主义者开始在自己身上尝试下述非正式实验时会发生什么是非常有趣的。倘若它改变了作为人的他们，那么它也将改变他们作为科学家的专业角色，或许也将使他们更生动地觉察到：科学，无论多么纯粹，都是人类的产物；他们过着个人生活，忙于这一令人兴奋的事务。

谈论个人体验的语言不需要像描述公共客体和活动那般精确。如果一个孩子被教导称他四条腿的宠物是一只"小狗"，并且后来出现一只相似的四条腿宠物时也被允许称其为"小狗"，那么无论何时他看见任何一种四条腿的动物，他都会称之为"小狗"。但是设想一下，为了试图让母亲注意到一匹马，他叫道："哦，妈咪，看这只大狗！"她会回答："不，亲爱的，那是一匹小马。"并且继续指出马与狗的区别。不久以后他就会获得这个领域和其他领域中的准确词汇，在这些领域中，名称可以同时刺激他的外感受器，他还会获得精于标准语言的教导者的词汇。

私密事件，尽管它们也需要一种词汇，但无法被精确地命名，因为如果被错误命名它们就无法改变。一个孩子学着说"好疼"，甚至在别人并未注意到而且说疼的时候。在这种情况下，用标准语言汇报纯粹私密的内容的能力源于以前的实例，比如孩子经历的跌倒、碰撞、抓，引起一些人的关切，他们对他说："好痛，是不是？"但是，没有办法说："来，感受一下我的头痛。"以此来让他理解。而且，这种私密事件是安全的隐私，他会有适当的动机去减弱或者夸张以令人高兴，而不需要害怕这种欺骗被揭穿。

体验大多数以形而上的术语汇报，与别人的有效交流传统上都是诗人和小说家的领域。这一点一个小孩可能在言语表达被习俗所软化之前就可以做得很好。一个小男孩，和他妈妈一起走在炎热的人行道上，声称："我更喜欢阴凉。太阳让我的肚子里有了噪声。"

即使我们在作诗上有天赋，诗歌也不足以作为媒介传达给你我们要说的关于你自体的功能运作。诗歌无疑是深深地令人感动、有启发性的，但是它也可能没有任何效果，或者在另一方面，产生一些不希望产生的效果。我们必须避免任何关于语言的胡思乱想并且保持做一个安静的行人。无论它可以帮我们什么忙，我们都会使用格式塔心理学所发展出来的术语。

大约三十年前，格式塔心理学，一个从德国来的输入品，在这个国家引起了科学轰动。通过独创的实验方法，它展示了之前"视觉感知"被忽略的许多方面。它对"在看见某物时一个人收集视觉碎片并且把它们排列到客观的映射中"这个观念进行检验，坚持认为看见是从一开始就被组织的——也就是说，看见是一个格式塔或者轮廓。一个人的视野用"图形"（figure）和"背景"（background）的术语构建（background 省略为 ground，后面我们会用这个更短的术语）。

"图形"是兴趣的焦点——一个客体、模式等等——在"背景"场景或者情境当中。图形和背景的交互是动态的，因为随着不同的兴趣和注意的转移，同样的背景会引起不同的图形；或者一个特定的图形，如果它包含细节，它自己可能会变为背景，它自己的一些细节会显露为图形。当然，这种现象是"主观的"，而这正是美国心理学在引入格式塔心理学时限制它发展的那个方面。美国心理学当时正通过毫无批判地拥戴华生（Watson）的行为主义和巴甫洛夫（Pavlov）的反射学（reflexology）的"客观主义"，来否定铁钦纳（Titchener）的"主观主义"。根据前述的讨论，很重要的是注意到，尽管今天格式塔心理学只在少数几个美国学院和大学的心理系正式教授，但它在这个国家活跃地应用于艺术和创意写作——或者，一般地来说，"人文学科"——的教学。

通过致命地伤害"原子的"、模块式的构建趋势，以及把"作为一个整体的有机体"（organism-as-a-whole）的概念引入心理学的语言，格式塔运动确实对心理学产生了长久的影响。它未能产生更大的影响，部分是因为格式塔心理学家自己，他们臣服于"客观性"的流行需要，通过不成熟地或者不聪明地设置定量测量和过多的实验限制来损伤他们的取向中新颖的、有前途的内容。

因为我们要大量地使用格式塔的图形和背景的概念，所以我们展示几个形象的解释例子。图1是一个广为人知的图形/背景现象的教科书例子。在这张画中，图形可能会被视为黑色背景中的一盏酒杯；或者，如果白色部分被当作背景，那么图形就变成了两个脑袋的侧面轮廓。一个人可能因为对这张图持续的审视而熟练地从一种组织方式转换到另一种，但是一个人永远不可能同时用两种方法组织它。此外，请注意，当关于它被如何看待的变化发生时，这并不是调整了"客观地"印在纸上的内容所得到的结果——那是印刷这本书时就固定下来的——而是这个视觉有机体的活动所引起的。并且，注意一下这个二维图形的三维品质。

当一个人看到这个白色图形时，黑色背景就在它的后面了。就如同当两个脑袋像从亮着灯的窗户外面被看见时那样，一个相似的深度效应（depth effect）产生了。

图1

图2也同样展示了一个模棱两可的图片，这一次图片细节多一些。瞥一眼这张图片，你可能将会立刻看见一个少妇左转七十五度。另一方面，你可能会是那五个人中的一个，立刻看见一个面朝左前方的老婆婆。如果你一段时间内不能自动调整第一眼所看见的——也就是，毁掉它并用它的各部分组成一个新的图形——那么我们有可以帮助你的方法，并且这些方法与我们即将应用到后面实验中的方法基本相同。

尽管如此，首先，关于它所处的位置我们有几个重要的观点要提。除非我们告诉你有第二张图片，否则你不需要怀疑它或者寻找它。你可以非常满足于你第一次所瞥见的内容的正确性和充分性。无论是哪张图片，你现在看见的都是正确的。在你此刻的视觉组成的意义上，它为你解决了"这张图片是什么？"的问题。在我们现在讨论图形与背景的语境中，你会愿意承认我们现在正

图 2

在欺骗你，并且，如果你这次没有获得另一种组合，它将很快是你的，而且你将会和看到第一张图片一样清楚地看到第二张图片。在另一个情境中，你可能会把声称看见了某样你看不见的东西的人当作弄错了，或者"胡说"，并且匆匆而过。

如果你在我们看见一个老婆婆的地方看见了一个少妇，如果你属于顺从型，那么你可能决定妥协并且说我们所说的内容。如果我们在数量上远超过你——比如说，如果我们是"社会"，而你是一个"个体"——那么，如果你屈服并且同意我们所说的，我们就会通过承认现在你的表现是"正常的"来回馈你。但是，请注意，在这种情况之下你被接受的行为是强加于你的，并且你将不会靠你自己经历它。你将只会基于言语而同意我们，而非基于非言语的视觉。

这张图片是被构建的，以使它的各种细节都有双重的功能。那个长长的突起，即老婆婆的鼻子，是那个少妇的整个脸颊和下颚线。老婆婆的左眼是少妇的左耳，她的嘴巴是少妇的蕾丝颈带或者颈链，她的右眼是少妇的一部分鼻子，等等。如果我们可以为你描述这些细节，那么这会是更加有帮助的，但是现在可能你已经看到了第二张图片。它将会突然出现，可能会让你发出惊叹。这就是格式塔心理学所说的"啊哈"体验（"aha!"[①] experience）。它们正式的名称是洞察（insight）。

为了进一步阐释什么是洞察或者对行为的突然重组，我们展示图3。对大多数人来说，第一个"简单"，第二个"有点难度"，最后一个"非常困难"，尽管顺序绝不会在所有情况下都一样。它们不是模糊的图像。它们是很多细节没有得到展现的不完整客体。但是，被展示的部分在恰当的位置上，并且要看见这个客体并为之命名的工作包括了对空白之处的一种"主观的"填充，其方式正如格式塔主义者所称，要达到"闭合"的效果。固定地注视给出的内容，或者刻意尝试强行赋予杂乱的部分意义，

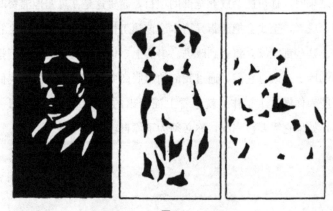

图3

来自罗伊·F. 斯特里特，《格式塔完成测试》，哥伦比亚大学教师学院出版社（Roy F. Street, *Gestalt Completion Test*, Bureau of Publications, Teachers College, Columbia University），1931 年。经出版商和作者允许翻印。

---

① 语气词，用以表示突然理解或发现某事物的喜悦。——译注

通常都会阻碍重组的自发过程。这个过程必须是自发的，与刻意的决定相反，这体现在任何试图"要"看见老婆婆或者少妇的失败上。如果你可以的话，自由地把你的注视从一部分转移到另一部分，并且带着一种强烈的好奇心而不是焦急的不耐烦，这是最好的方法。如果这个画面仍然不出现，它们会在你晚些时候重新检验的时候出现的。

在接下来的实验中，当我们谈论图形和背景的时候，它可能不是视觉意义上的。在这里我们使用了视觉的例子，因为这是唯一可以展示在书上的方式，但是稍后我们会要求你做一些事，比如，去检查你肌肉紧张中这里或那里的一点刺痛、痒，甚至是空白，去看看它们是否会突然在一起变成一个格式塔——在这里是动作的格式塔，即你想做某事的行动开始模式。当你无法迅速得到结果时，你可能会放弃全部的项目，谴责这是在愚蠢地浪费时间，或者，至少会抱怨指导语本应该让工作更清晰，更快，更容易。这些都能够并将得到改进。事实上，你可以通过向我们汇报你的困难来改进它们，通过我们的出版商向我们提出。但是我们不能为你做这个工作。就像看上面给出的例子中的另一幅图一样，如果它需要被完成，你必须为了你自己做这件事。

第二章
接触环境

实验1：感受现实

　　我们的第一个行动在于帮助你增强你对现实的感受。大多数人承认有的时候他们只有一半在这里，他们做白日梦，跟不上事情的发展，要不然就是从当下的情境中游离出去。他们也评价其他人："他没有集中注意力"，或者"他没有保持警惕"——或者，一般而言，"他没有很好地进行接触"。

　　接触并不是指一种一直睁大眼睛的警觉状态。这表明一种经常依赖于对现实（actuality）的误解的长期理解。有些时候合适的做法是释放、变得模糊，并在动物安抚中感到舒适。我们中很少人能够完全做到这点，这是我们这个时代的诅咒——"未完成事件"（unfinished business）的后果——但是有关这样做的能力，我们现在所知道的大部分只是从羡慕地观察我们的家猫中得到的，这是我们可以重新获得的能力之一。

　　除了这种偶然的快乐时刻，当我们可以负担得起警觉的溶解并且为幸福的弥漫提供空间时，也存在别的时刻，那时尖锐的现实觉察与有机体的最大利益背道而驰。当牙医要拔出一颗被感染的牙齿时，只有那个需要摆出英雄姿态的病人才会放弃麻醉剂。她原本的自己有时在疼昏过去的时候要扮演一个麻醉师的角色。尽管一个人在药店买专门的"止痛药"，情况仍然是非常不一样的。在这里，一个人试图骗有机体失去它对现实的感受——心跳、头痛、苦恼、溃烂的牙齿、过度工作的疲劳、作为"未完成事件"指标的失眠。它们是警示信号——它们指出有什么东西不对劲，需要留意——并且如果一个人只是把这个信号关掉，那么他是在错误地解决这个问题。

显然，在已经留意到警示信号之后还持续忍受它是没用的。如果一个人牙痛并且尽早预约了牙医，那么"止痛药"就派得上用场，避免了无益的忍耐。伴随着头痛、疲惫、失眠，这个情况还不是很清楚。有的时候家庭医生处理它们和牙医拔牙或补牙一样容易，但是经常甚至是专家也会摇摇头并且说他找不出有机体有什么问题——尽管如果是在今天，他可能会隐晦地暗示某些"心理躯体化"的东西。即便如此，他也要小心地推荐心理治疗，因为它又长又贵还经常不成功。他将会经常用"忘了它吧"或者"吃点阿司匹林"的建议来安慰走出他办公室的病人。

药品中的"止痛药"是部分阻断一个人的现实的方法——在这个例子中，是疼痛的现实——这是每个人都了解的。可类比的行为方式的"止痛药"存在并经常被使用，但很少被识别。它们不是以药丸或者药片的形式被服用的，而且正在使用却没有觉察到自己在做什么的人会否认他的行为有这样的功能。此外，一旦他对此产生依赖，突然从他身上夺走它们就是残忍的，如果可能的话，就像从一个瘾君子身上突然夺走他的药一样残忍。但是，因为这是个他自己控制的行为，无论他知不知道，所以没有办法——就算是可取的，虽然并非如此——用武力把它从他身上夺走。另一方面，如果他愿意发现这种自我伤害的行为并且逐渐改变它，同时总是待在他所愿意忍受的限制之内，那就是另一回事了。

作为这个指导的第一步，我们计划的是看上去简单到愚蠢地步的事情。我们把它陈述在下面缩进的段落①中。缩进是我们的工具，用来提醒你，设置为这个形式的内容是我们希望你当作确切指导的。接下来将会有许多段落。在任何可能的时候，在你继续阅读之前都立刻试验它们。如果你继续阅读下去，你可能会用你看到的讨论欺骗自己，而无法发现本可以自己发现的事情。

> 用几分钟尝试造句阐述你此刻觉察到了什么。用"此时""此刻"或者"此地此时"来开始每一句话。

现在，我们已经从首个实验中幸存下来，简单地试水发现它既不太热也不太凉，让我们再聊一下它。之后我们会让你再做一次。

任何现实的东西，就像时间，都总是处于当下。任何过去发生之事都曾经是现实的，就像任何未来发生之事在那时都将是现实的一样，但是现在是现实的东西——由此你能觉察到的所有东西——必须都处于当下。如果我们想要发展出现实的感觉，就要强调"此时"和"此刻"这样的词汇。

同样地，对你来说是现实的东西一定在你的所在之地。因此也要强调"此地"这样的词。你无法在此刻经历任何事件——

---

① 原文的缩进段落中译同时用楷体加以区分。——编注

即，亲自经历它——如果它发生在你感受器范围之外。你可以想象它，对的，但是那意味着给你自己拼凑一个画面，并且这个画面将要在你所在的此地。

精神分析学家习惯于（比如，释梦）在说到当下的时候包括最近——比如，刚过去的24小时。但是无论何时我们谈到当下，我们都是指即刻，此时此地的当下——你现在注意力范围内的时间，就是此刻！

记忆和预测是现实的，但是当它们发生的时候，它们发生在当下。你记得的内容是在过去被看见、听见或者做到的，但当下被重新捕捉或是回顾。如果发生，你预测的内容将会在未来的某个时间发生，但是这种预测是当下看见的图景，你在此时此地构建了这一图景并称其为未来。

这些思考可能看上去非常平庸，以至无须进一步敲击。但是，检验一下一个聪明的学生的这些评论："我觉得我们过多地活在当下了，而且严重忽略了过去的经历和教训。相似地，当下占据了太多，我们现在活动的结果及其对未来的影响都没有充分地考虑到。"这里缺乏的是一个清晰的理解，这个实验的目标不是让我们更加专一地为了当下而活，无视过去教给我们的东西或者鲁莽对待横亘于前并需要准备的事情，而是让我们活在当下。充分地生活在当下包括记录过去经验对当下的提醒，并因此对当下做出更多充分的反馈；它也包括记录即将到来的事情的当下前兆并据此来调整我们现在的行为。健康的人，以当下作为参考点，在偶尔必要的时候可以自由地向前、向后看。

学生的这种论述引发了一个观点，可能会让我们陷入形而上学的泥潭，如果我们没有面对和处理这个观点的话："其他人可能可以保持在此时，但不幸的是，我发现它对我而言完全不可能。对我来说没有即刻的此时。就在这一刻我已经经过此时了。"

想抓住当下并且固定住它——将它装裱，就像在某种情况下的蝴蝶一样——是注定失败的。现实永远在变化。在健康的人之中，现实的感觉是稳定且持续的，但是，与火车窗口的视角一样，风景是一直不同的。我们稍后会看到当现实看起来固着、永恒、不变也无法改变的时候，这就是一个虚构的现实，我们持续地重新建造它，因为它服务于我们自己某个当下的目的，以便保留虚构。

现实，当你体验它的时候，就是你的现实。你无法体验别人的现实，因为你不能与他个人的感受器相协调。如果你可以的话，那么你就是那个人。你可以与某个人分享一个体验，因为你和他在某个相似的情境中有相似的体验，但是他的体验是他的，而你的体验是你的。当你对一个有困难的朋友说"我能感觉得到"时，你说的不是字面上的意思，因为他正在处理他自己的感受，没有人可以代替他这么做，但是通过想象你自己处于他的位置，关于那个情境是什么样的，你简单地构建一幅生动的图景——然后对此做出反应。

现在让我们再一次回到这个实验。因为你再次造句陈述了你所觉察到的东西，在"此时""此地"和"此刻"做了学究式的强调。尽管这将只是一个言语的人造品，我们也不指望你会在余生一直继续下去，但它将不仅帮助你实现（成真）你的体验的此时性（nowness），而且会帮助你言语化你正在或将要做的事情，由此而提高你的觉察，意识到是你在体验可能的一切。感受此时此地的意义，就好像是你自己的此时此地；因此，"现在我，和我呼吸的身体坐在此地的椅子上，椅子在屋子里，屋子在街区里——此时是下午，在这个特定的一天，在这个 20 世纪——此时此地我正在做某事"。重复一下：

> 用几分钟尝试造句阐述你此刻觉察到了什么。用"此时""此刻"或者"此地此时"来开始每一句话。

然后我们进入这个实验非常重要的部分。在你演示它的时候，你遇到了什么困难？

这个问题可能作为一种惊讶而出现。通常在这个时候出现的评论是："困难？没有任何困难啊。是挺无聊的，但是——没有困难。"那么让我们这么问：为什么你刚开始这个实验就结束了？我们没有在暗示你本应该做得更久些，而只是问你是否觉察到了是什么让立刻你停下来。是你累了吗？你是否大脑一片空白并且停止造句？或许，你在放弃的时候并没有觉察到你是在放弃？

让我们回顾一下别人报告的困难。这些可能不是你特别的绊脚石。我们提到它们是为了让你对这些实验的各种反应有一些概念，为了让你看到没有什么要特别期待，并且如果你在这个阶段没有"感觉变了一个人"，你不需要失望。如果你目前已经对这个工作失望了，承认它。如果你舍不得浪费你的时间，那么要觉察到因为误导你进入这个实验你对我们产生的愤怒。一个学生说："我被告知这个实验看起来会简单到愚蠢地步。好吧，的确如此——而且它仍将如此！"

当这个实验在医生与病人的情境下进行时，病人可以有很多方法来只观察到字面意思而不了解内涵地进行这个活动。比如这样一个令人困扰的情况，一个"叛逆的玛丽"造出了这样的句子："此时昨天我看了我朋友"，以及"此刻我明天要去看我的朋友了"。这反映出通过挑衅或者使指导语无效的方式来赢得微小的胜利是多么容易。在某种程度上，大多数人都有这种赢过别人的需要，而这对于在做这些自体觉察实验中保持警惕是很重要的。当然，尽管你可能不会用这种特定的方式回应，但你可能会觉得我们在用像拔河一样的方式挑战你，你必须抵御我们。如果是这样的话，你有决定性优势，因为只要你这么觉得，我们就不能改变你。我们希望做的是联合你并且帮助你改变你自己。如果你最后成功地证明了你可以做这些实验却仍然保持不变，那么你赢了谁呢？

让我们设想，你远非叛逆，而是属于一个良好的、行为得体的类型，不加区别地消化提供给你的任何东西。如果你是这种"内摄者"（introjector），稍后你会发现后面的实验很难咀嚼，但是有用。尽管你一开始的反应可能是兴奋地向朋友谈论这个项目，而忽视了用你自己的牙齿去咀嚼而完成它。

或者你可能是一个对自己的体验不想靠得太近、不想生动地感受它的人。一个学生报告："我给予了'此时'和'此地'觉察过程大量的练习，但是我的结论是，这些东西只是已经成为条件反射的行为和反馈。它们降低到自动习惯的级别是方便的，可能也是必要的。"当然，习惯保存了时间和能量，而且，如果我们要关注每一个细节，那么我们有条理地处理事情的方式会被打扰。当程序事件是真正的程序时，它们用如此标准化的方法得到了最好的处理，以至只需要最少的注意力。尽管让这一点做到最好的，是注意力被释放到处理新的、非常规的事情上。在人的生活中强调最大化自动功能运作和最小化觉察，这是在死亡到来之前欢迎它。这是控制论工作者目标的反面——不是像他们那样，去试着让机器人越来越像人类，而是在让一个人自己越来越像机器人。

重申一下，当你试着去感受你的现实时，你可能是一个尴尬的人，发现现实的老生常谈，平淡无奇。学生们曾经报告："我很惭愧地说，我没办法觉察到任何值得注意的事情。它就像'现在我鼻子痒'和'此时此地我挠了它'一样无聊。"但是，如果你要求，在任何时刻，当你试图去感受它时，它都必须精彩而新奇，那么哪种不可能的现实种类是你需要的？如果手边没有更加令人兴奋的事情来给予关注，什么能比觉察到鼻子痒去挠一挠更加健康呢？另一方面，如果你发现你的现实长久地沉闷无趣，是什么阻碍了你让它变得有生气？在这个方向上你觉察到什么障碍？

此刻我们不是在提议，在连接任何你觉察到的事物时，你要仓促混乱地付诸行动。我们稍后会处理操控现实的事情。现在我们只关注这个话题："什么是你的现实？你是否能真诚地感受它？你能感受到它是你的吗？"

尽管这次我们给出的实验指导语已经尽可能地清晰简单，但我们仍然无法阻止你自己阅读其他材料，然后归因于我们。例如，一个学生没有觉察到这些是他自己的材料而不是所给的打印页，他得出的结论是，这个实验让他去寻找他的现实感受中所缺失的内容。他说道："我看了又看，但就是没发现任何缺失的东西。"他的做法就像让没有在场的人大声说出他们的名字那样在点名。一个人可以做的是，通过发现和溶解阻抗，一点一点地拓展自己的觉察，但是一个人无法命令他觉察不到的东西顺从地进入意识之中。

尽管如此，我们从临床实践中了解到，有些显而易见被忽略的领域可以轻易地通过指出而改正。例如，一个病人可能只会就通过外感受器意识到的内容造句，另一个人可能除了发生在皮肤内部的觉察——他的心跳、他的脉搏、疼痛、紧张——其他什么事件也无法报告。我们可否由此得出设想，对于第一个人，现实仅限于所见所闻，而对于第二个人，没有"外部的"事件存在？不可以，但是我们能说这些人在引导其注意力于何处和将何物排除在注意力之外上有根本的不同。如果他们经营报刊，我们会说他们偏爱某些可获得的消息来源而排斥其他的，我们对他们的建议则是："无论你是否决定要印出，请注意涌入你们编辑部的信息范围和种类。可能你正在错过一场好的赌局。"

可能你对实验——这个或者其他将要到来的——的反应是，它好像是在考察你的潜力，即，你可以做到它，向你自己证明你可以做到它——并且把它留在那里。但是你当然可以做到它！在某种程度上，每个人都可以。尽管如此，关键是要获得一个有价值的结果——你对事件态度真诚的转变，一种你是持续流动的进展的感受。当一个学生这样声称的时候，我们会怀疑他获得的没有这么多："我尝试了这个实验。真的，我完全成功地得到了作者和我希望得到的感受。"用这种方式证明一个人的潜力可能是所有自我欺骗中最危险的。

有一些人，质疑这些实验，提前进行判定它们如何或能否有效，例如："我已经花了几个小时决定这些自体觉察实验如何以及多大程度上将会改变我的感官和意识思想过程。首先，我想知道追求探索的最终结果是否会带来一个我欢迎的改变。第二，我想知道时间和努力是否值得……现在我还没有获得任何觉察的奇迹般的感觉。"在他们的立场上语言是很好的工具，但是为什么有人会坐在为他而准备的饭菜边几个小时，试图得到一个关于饭菜是否好吃以及是否值得一吃的言语判定呢？或者，已经吃了一两口，为什么要期待某种"奇迹"呢？如果有人为一株植物浇了水，它会立刻开花吗？

可能，在这些已经做了这项任务的其他人的评论之后，你准备再试一次了。这一次，你或许能够更清晰地注意到你何时、是否离开了此刻。并且如果是的话，你想要去哪里？有些人突然发现他们好像处在过去或者处在未来，而没有觉察到他们此时此地在回忆过去或者预测未来。其他人或者是同样的人在其他时候发现，尽管他们保持现在时，他们也没有待在此地。就像他们在自己之外，像旁观者一般观察他们自己的体验，而不是作为即刻的体验者。正如一个学生所说："我从一个火星人的视角看待自己。"在这点上，无论你发现了什么，都不要试图强迫你自己改变它，并且用某种方式迫使你自己停留在此时此地。只管尽可能详细地留心你在做的是什么。

> 用几分钟尝试造句阐述你此刻觉察到了什么。用"此时""此刻"或者"此地此时"来开始每一句话。

因为这是第一个实验，所以关于它的讨论异常地拖延。许多要点将会被应用到后面所有的实验中，但是在那里将不会被重复。让我们在与弗洛伊德和阿德勒的方法的比较中考虑此时此地的流程，以此来做出总结。

这两位各自表达了他们自己人格的特性，分别强调了过去和未来。在他们与神经症患者工作的时候，分别用自己的方式，让患者满足于挖掘过去或者保卫未来的愿望。钻研过去有助于找到导致现在的情境的"原因"——因此还有借口。没有人会否认当下是过去的结果，但是无法通过责备父母养育一个人的方式来解决当下的问题。

比如，设想一下，你珍惜关于你父亲如何挫败你的记忆。只有在你此时觉得你对你父亲的期待仍然没有被满足，或者你对不满足的愤怒仍然需要表达的情况下，这些记忆对你的现实才是重要的——简而言之，你和你父亲的关系仍然表现为一个需要注意和解决的问题。否则，你对过去的念念不忘仅仅是攻击你问题的一个借口，并且实际上是逃避问题的便利的庇护所。

如果一个人不对过去吹毛求疵，而是把它当作"美妙的旧时光"或者一个人的"金色童年"来依靠，那么这个人是再次逃离了当下的沮丧，或者甚至通过感伤或者美化过去来忽略现在的快乐。

阿德勒，与弗洛伊德相反，用未来主义的态度鼓励他的病人。他让病人细想他的人生计划或者愿景、他的野心、他的终极目标。这种程序加重了平常的趋势——无论如何不可能，去尝试总是比现实抢先一步。未来主义地生活着的人们从来没有抓住他们有所准备的事件，并且无法收获他们播种的果实。他们甚至为最不重要的面试排练，在它到来的时候却无法自发地行动。他们没有准备的情境总会让他们不知所措。

如果你对于未来的态度并不是忧虑而是乐观的，那么你为什么要如此粉饰它呢？你是在用白日梦、决心和本票（promissory notes）来安慰自己现在的沮丧吗？你明天的希望是推迟做今天的事情吗？现在，正如你很了解的那样，未来事件的发生是很少能被精确预测的。或许，你会为了这真实的不确定而避免自己卷入确定，即当下，或者甚至采取这种态度作为一种让自己失望、惩罚自己的秘密方式？

让我们在这里坚定地强调，我们不希望我们的实验滋生新的压抑，唤醒愧疚感，让人格更加畏缩。相反地，这个实验的目的在于扩展，或者更理想的是，提高你对正在做什么和怎么做的觉察。例如，在这个关于现实的实验中，当下的何种嫉妒、感激、懊悔或借口让你期望未来？我们的方法不是压抑你的嫉妒或者野心，而是简单地让你觉察到，基于你现在构成（structured）的方式，这就是你如何表现！有了觉察，这种构成将会随着你功能运作的改变而改变，并且你逃向过去或者未来的行为也将会减少。不要就逃避现实的倾向教导你自己，而是简单地用现实——作为正在进行的行为——来描述它们。

现在和未来的关系必须持续地在当下重新检验。一个有用的开始的方式是描述你所在的场景和情境。设想一下，例如，你在上班的地铁上没有做平常所做的阅读，而是看了看四周，然后开始内心独白："此刻我正在坐地铁。此时列车在晃。此时人们开始移动到出口。此时这个人正看着我。此时我在关心如何让他对我印象深刻。"保持对这个实验的两部分的觉察：（1）在每句话中都使用"此时"或者其同义词，并且（2）去发现你在做这件事情时的阻抗——例如，你觉得无聊或者被打扰，更可能的是，失去（"逃出"）现实感。

这两个部分的理论是：你的现实感受已经到了从工作日人格中分裂出来的地步，体验现实的努力将会唤起焦虑（可能作为疲劳、无聊、不耐烦、烦恼等而隐藏起来）——特别引起你的焦虑的将会是你用来扼杀或阻止充分体验的特定阻抗。我们稍后会更详细地讨论这个。在这个实验中我们只关心一点，即你发现在面对这个"简单到愚蠢地步"的流程时有这种阻抗的现实。

大多数情况下你将不会注意到从接触环境游离到思考过去和未来过程。你可能只是体验到发现你自己在逃跑，或者醒来就开始做白日梦；或者，在另一方面，你害怕在"思考"中迷失自己，因此而错过车站。

这个关于现实感受的实验的一个副产品——词语"此时"和"此地"的用途和含义——将会提高你的体验的具体感，并且加剧具体和抽象（普遍化的）之间的不同。具体即时的体验和抽象的普遍化、分类等等，都是人格的健康功能，但它们是行为的不同模式。去迷惑它们意味着把现实的人与物当作刻板印象，当作空洞无关的家具，或者，在另一方面，仅仅当作不存在的妖魔鬼怪。现实的感受遣散了这种空洞，我们在之后的实验中会回到这里。

过分强调抽象是所谓的知识分子们的特征。和他们中的一些人在一起，有人会觉得他们所说的仅仅来自其他词汇——他们所看过的书，他们所上过的课，或者是他们参与过的讨论——与非言语的内容没有有血有肉的接触。对于这样的人，觉察他们即刻体验的尝试可能在一开始就被打扰了，并且感觉像费力的工作。我们引用了一个学生的报告：

"我参与了看上去大约十五分钟的第一个实验。越来越不耐烦是停下来的主要原因。这是一次不同寻常的体验。'此时'这个词成功地产生了存在的即刻性。这带给我一种恐惧，我只能描述为深深地吸一口气却感到肺部在收缩。另一方面，我真正地看见了环境里面我以前只是看看的事物。我在我的房间里，当我进行这个实验的时候，我感到一股动力去整顿并且把不对的东西都按顺序摆好。这就像第一次或是在长久的缺失之后看见了它里面的东西。客体都有自己的身份，站在我周围，但是绝不会和我继续下去。一种进行抽象思维的倾向一直在悄悄混入。

"第二次尝试这个实验的时候我注意到，当我意识到活着的现实时同样的恐惧感再次发生，还有对于添加情态、条件、形容词到这个观察到的客体上的沉迷趋势，而没有集中于让我在精神上感到疲倦和打扰的观察这个行为的体验。

"第三次我在地铁上练习这个实验。这次体验是丰富且有穿透力的。恐惧感仍然存在，但是程度有所减轻，可能因为旁边有其他人。我看见的能力似乎增强了一百倍，并且这带给我强烈的愉悦感。过了一会儿这有点像在玩一个有趣的游戏，但是很耗费一个人的精力。"

重新获得充分的现实感受是有巨大影响力、击中要害的体验。在临床情境中，病人们大声喊出："我突然感觉跳到了空中！""我在走路，我真是在走路！""我感到如此特别——世界在那里，真的在那里！而且我有眼睛，真的眼睛！"但是从现在这个实验到达如此充分的体验还有很长一段路。

实验 2：感知对立的力量

在之前的实验中我们问过你遇到了什么困难，并且我们把这些困难称为"阻抗"。现在我们必须明白是谁或者什么在阻抗。作为一条你可以轻易求证的线索，想一想把现实实验的指导语给一个健康的儿童。他会发现里面没有任何奇怪的、不自然的，或者冒犯了他尊严的内容，并且，如果你是他的朋友，他会直接造出大量此时此地的句子。事实上，在语言发展的一定阶段，他会自动自言自语地表达他的目的和行动。与我们相比，他对现实实验的阻抗是可以忽略不计的。

所以，看上去阻抗并不是一开始就有的。如果我们可以理解我们是如何获得它们的，这可以给出一些关于如何克服它们的指示。但是在当下这个实验中我们只采取第一步去意识到它们——阻抗——属于我们，是我们的，就像它们所抵抗的任何东西一样。这很难，因为它涉及发现我们自己在干扰我们自己的活动——简而言之，没有觉察到它，我们反攻自己的努力、兴趣或是兴奋。

作为一种取向，让我们思考均衡（equilibrium）的概念。它的核心是力量平衡的概念。在化学实验室中，一个学生被要求使用 5 克的某化合物，他会首先通过在他天平的一个托盘中放置一个标准砝码——一小块已知重量为 5 克的金属——来决定质量。他向另一个托盘中加入化合物直到两个托盘都悬在空中，量表的指针指在零刻度便表明了精确的平衡。任何向一个方向移动的倾向都会被移动到另一边的平衡和对抗的趋势抵消或取消。

电梯的轿厢悬挂在其通道上，其方式为支撑它的电缆通过通道顶部的滑轮滑动，并且下降至和轿厢一样沉的金属盘。为了让轿厢升起，发动机需要运用比刚好平衡运送乘客的重量稍大一些的力量；相反地，为了让轿厢下降，发动机必须释放比货物小一些的重量。这揭示了一个事实，当巨大的力量处于平衡中时，它只需要增加极小的力量——加入一边或者另一边——来产生大的改变。

一个运动的身体不会休息，除非它遇到足以抵消它更多进展的对抗力量。枪里发射出去的子弹当然不会一直在飞行，但是它会更快地停下来，如果射中如硬木的树干而不是射进一捆棉花的话。同样地，如同现在所广为人知的，在真空罐子中，一片羽毛和一块铅一样重地落在底部。

离开这种简单的平衡，现在考虑一些经常需要再平衡的情况。有机体的全部生命过程需要持续的再平衡，但是此刻让我们把自己限制在骑自行车的简单活动上。对于一个初学者，这是一项不可能的技艺。如果他向一边摇晃得厉害，那么他要么无法成功地通过转移重量或者转动车头来抵销，要么不顾一切地过度抵销——然后从另一边摔下来。如果尽管有挫败和擦伤，他还是坚持尝试骑车，那么渐渐地他几乎可以自动地进行持续的调节，这曾经是非常困难的。他并没有在他的自行车上达到静态的平衡。相反地，他成为在过分不平衡发生之前修正它们的专家——但是不像看上去的那么有负担，这为骑车提供了很多乐趣。

为了在他的活动中达到并保持一个健康的平衡，一个人必须能够——像一个泰然自若的骑自行车的人——感谢发生在他情境中的困难并对之施以行动。这些困难可能是微妙的，或者十分显著以至无法轻视。但是，任何被观察的事物，都必须可以从它的背景中区分开来。必须在某种程度上有所区分，就像有人曾经说的那样："那创造了不同。"如果对一个纯白色的表面你加了一块白色，那么它无法引人注意，因为不夸张地说，它没有带来任何改变。但是，一块黑色提供了最大的对比，并且与单独看它们中的任何一个相比，黑色的看起来更黑了而白色更加白了。

很多现象如果它们的对立面不存在它们也就不存在了。如果白天不与黑夜相区别，这种差别就不会产生，而我们也会缺乏相应的词汇。现在，作为这个实验的第一步：

> 想一些如果真正的或隐含的对立面不存在，那么二者就都不会存在的对立的事物组。

你可能会对许多你想出的对立事物组感到失望。有一些，你可能觉得并不是真正的对立，而其他的又仅在特定的情境中对立。你发现有一些组有其他现象适合它们中间的位置。例如，"开始—结束"有一个介于其间的术语，即"中间"；"过去—未来"有"当下"，"渴望—厌恶"有"没有兴趣"。这些组里面的中间术语特别有趣，因为它总是在某些维度或者连续上建造一种"中性点""零点"或者"无差别点"（indifference-point）。在代数衡量上，数值一个一个地减少直至达到零点；超过零点它们再次增加，但是为负值。很多设备的转换档有标签为"前进"和"后退"的两极位置，以及"中立"的中间位置，在发动机运转的时候，设备保持静止或者"空载"。

一个舰载飞机的飞行员一定要从短跑道上起飞。除非他在到达甲板尽头的时候获得了在空中支撑他的足够速度，否则他会很容易掉进水里。为了把这种冒险降到最小，他首先"加快"他引擎的"转速"，而他的刹车完全制动，使他保持稳定。然后，当他的发动机以使飞机摇晃、跳动、难以忍受制动的速度旋转螺旋桨的时候，他突然释放刹车并冲上云霄。到了这个时候，这名将自己等同于他的舰艇的飞行员，可能会这样言语化他对对立力量的感受："我感到巨大的冲动去飞起来，但是也有同样相对的趋势去抑制住。如果我长时间保持如此，那么它可能会把我震碎。"当然，当正确的时刻来临时，如果没有清晰的意图来松开刹车起飞，整个演习将会是没有意义的。

注意，未施加向前或者向后力量的"中性"空载和用手闸抑制向前有所不同。第一种是"休息"的情境，而第二种则是极端的冲突之一。在飞机的例子中，对立面不是前进—后退，而是移动—不动。前进—后退冲突的一个机械案例是一艘渡轮太快地进入滑行，倒退它的引擎去减缓它前进的动量。

"创造性的预先承诺"（*creative pre-commitment*）是处于一个连续体的"无差别点"上的一种状态，对扩展向任何一个方向的可能情境都泰然自若，却又有所觉察且饶有兴趣。一个人对行动心动，但是还没有坚定地选择某一边。

现在，回到原来的问题，也就是所有的这些与阻抗有什么关系？你遇到阻碍你完成为自己设置好的任务的情境就是冲突情境（conflict-situation）——再者，这是你人格一部分和另一部分的冲突。你觉察到一部分，这部分设置了任务并且试图将它们完成。另一部分，那个阻抗者，你较少地或者完全没有觉察到。只要你遇到阻抗，通常它们看起来就是从外部强加于你的，绝非你自己的创造。

如果这些实验仅仅给你一些你日常的事物，那么你不会体验到冲突，因为在这些情境之中你非常了解如何避免冲突。其实，这项工作是以为你制造麻烦为目的而设计的。它旨在让你觉察你自己人格内部的冲突。如果这是这个项目的全部范围，那么你可以义正词严地狠狠控诉我们。但是这里还有进一步的计划：向你展示，通过恰当的方法，阻抗者（*re*sister）如何从未察觉中得到改造并且转变为最有价值的助力者（*as*sister）。你人格中的阻抗部分有活性、力量和许多让人羡慕的品质，所以，尽管让这些不完整的部分完全达到整合是漫长而费力的工作，但是在没必要的时候不需要满足于去认可你人格中永远失去的部分。这幅图景好的一面是，在你已经有所进展之前，你有可能感觉到你已经抢救了无价的潜能和能量。

在这些理论评价里，我们已经把作为人的你分裂到了交战的两方阵营之中。如果你对此有所怀疑，那么我们请求你将这些分支间的冲突接受为你自身之物，以此让你的怀疑更有压力。

你如何着手在你的性格中获得对立因素的感知？好吧，顺着刚才提到的线索，我们不必推论，你所觉察不到的阻抗者的愿望和倾向必须是你觉得你对之执行任务的那些部分的对立面吧？由此，接下来发生的难道不是，作为一个有觉察的人，如果你试图想象任何你所相信事物的直接对立面，你可能会了解一些阻抗者是如何看待事物的？如果这看起来似乎值得一试，那么做下面实验：

> 思考一些日常的生活情境、客体或活动，仿佛它们正好是你所习惯看待的对立面。想象在一个情境中你是自己的反面，你的倾向和愿望与你通常所有的完全相反。观察客体、图像和想法，仿佛它们的功能或意义与你对它们的习惯看法正好对立。此外，面质它们，以此来让你对好或坏、想要的或延误的、有意义的或愚蠢的、可能的或不可能的标准评价保持中立。满足于站在它们中间——确切地说，它们之上——在零点，对对立的两面都抱有兴趣，而不是偏向某一面。

发展你从反面看事情的能力的好处——不受约束地对对立面抱有兴趣——在于做出你自己评价的力量。精神分析家们已经带来了许多反转（reversals）。曾经被认为是好的——例如，性抑制（sexual inhibition）——现在被评价为不好的了；曾经被拒绝的现在被接受了。当病人们遮遮掩掩地来到弗洛伊德面前时，他敦促他们揭露出来。当他注意到梦是新的合成单位时，他开始将它们分析为独立的元素。但是，如果这一切都被评价为好的，所使用的标准是什么？

病人是如何知道他的分析师对性抑制的评价比他自己的更好呢？如果分析师用知识和权威来将他的评价强加于你——同时把病人相反的评价诋毁为阻抗、消极移情，或者非理性意识——那么分析师可能通过说服这位病人他是错的，从反方向给他强加一种新的强迫性道德！但是如果不这样的话，这个病人可以在他自己的人格之中不被迷惑或强迫地感受到对立评价的碰撞，然后，他并不会成为一个觉得自己总是被评判的人，而是开始感受（之后将会更加清晰）事实到底是什么样的——最终，他自己是那个做出评价的人。

用一种娱乐精神演示这个反转实验。不要介意反转的情境会呈现出什么有趣或者悲剧的一面。正如苏格拉底所指出的，喜剧和悲剧并非相距甚远，同样的事件从不同的角度来看可能是喜剧的或者悲剧的。一个小孩或是青少年的不幸可能对成人来说是喜剧的——例如，"他哭的时候看起来好可爱"，或者"他在忍受初恋之苦"。而成年人的哀叹声对众神来说是喜剧的。这一次，交换了位置。

就像在一行铅字里把"p"排成"q"，或者把"p"颠倒为"b"。把重新排列时会改变单词意思的字母颠倒。注意如果你把单词倒序拼写会发生什么，例如，"lap"（膝盖）和"pal"（朋友）。无法注意到这些反转，这是一些儿童的阅读困难和镜像书写的一个重要部分。

想象你周围的动作好像在相反地进行，就像在倒放动画电影，一个跳水选手从跳板上优雅地跳入水中，然后一样轻松地从水中飞回到跳板上。

反转功能。在什么情况下一把椅子用来吃饭而一张桌子用来坐呢？不用望远镜看月亮，让一个人从月球上看你。把你房间白色的天花板和蓝色的墙壁想象成颠倒过来的样子。把一幅画上下颠倒。让潜水艇和鱼儿在空中飞过。让我们释放你想象的精神分裂一般的可能性——因为它们中的大多数并不比"人，以及作为一个整体的社会，用一种显而易见的感觉方式来行动"这样苦涩地持有的信念更加奇怪。

当弗洛伊德说，如果我们发现人们在倒立，我们需要把他们上下颠倒，以便把他放回脚上的时候，他做了一个重要的观察。以一个极其常见的把"需要被爱"误认为"爱"的方式为例。神经症患者宣称要充满爱和慈悲，但是事后表明，他为所爱之人所做的一切主要源于对拒绝的恐惧。相似地，我们经常在见我们"亲爱的朋友"时带有厌恶和敌意。你可能已经注意到（在其他人身上）所有的过度补偿都是原来倾向的反转。强迫的谦逊掩盖着贪婪，而傲慢隐藏了内在的动摇。

思考一下在什么样的情境下你早上会不起床。在某个情境下发生了什么，你会说"不"而不是"好的"？如果你又高了4英寸呢？或者瘦了20磅？如果你不是女人而是男人，或者反过来呢？

每一笔贷款都是一笔借款，从某处转账过来。大自然用复式记账来做她的账面。每一点添加都是某处的减少。我们从泥土中夺来的事物让泥土更贫瘠，并且因为忽略这个明显的反转，人们造成了不毛之地和尘暴区。所以，想一想你已经获得的某样东西，并且想想它是否在其他某个地方失去了。如果你无法得到它呢？而对于你得不到的某样东西，如果你得到它了，那么现在是什么情境呢？

对这个实验的反馈大致可以分为两类。对大多数人而言，它是从现实实验的"紧身衣"中的一次解放，以及"使用想象力"的一个机会。对其他人而言，它是"在轻率地处理事情，你一直都知道事情并非如此"，或者它是在毫无必要地打断屡试不爽的"莫惹是非"的方针。例如：

> "……在任何活动中，我的想法都已经漠然无形太多年了；我能说的就是，我感到自己像是一个迷失的灵魂。随着体验的积累，我开始有在经验主义之上形成的自己的观点了，而且我第一次有了方向感。换句话说，我变得'墨守成规'。好吧！但是那比感觉像一只变形虫要好。个体所做的决定的精确性似乎更重要，而不是要求一种长期的分析状态。什么是精确？显然，是人们认为显然能被社会所理解的东西，即观念的共识。社会有真相的垄断者吗？可能没有，但是你不能公开且过于激进地背离这个共识。毕竟，尽管公立医院有缺乏资金、过于拥挤的状况，但是在你发现你自己公开表态之前，你只能带着许多奇怪的行为侥幸逃脱。"

我们能否冒险猜测一下作为这番言论的基础的前提？至少，它表明一个人最好小心翼翼地遵守传统的行为规则，违者处以在精神病医院隔离的惩罚。的确，古怪的行为能够导致犯错——并且想法是行为的一种形式。但是把要求你在这个实验中做的事情视作让你危险地靠近悬崖边，这合理吗？或者我们可以说，这里有一个人，他感觉必须召唤相当吓人的怪兽来让他自己循规蹈矩？

有些人要求他们能够找到在字面细节上是某物确切对立面的东西，以此来为难他们自己。例如：

> "我在打字。它的对立面是什么？现在我犹豫了。打字的对立面是什么？不打字。但那只是否定，并不留下任何东西。所以我尝试了各种情境以作为打字的对立面，但是都不合适。划船是打字的对立面吗？指挥管弦乐队是它的对立面吗？确实，它们并不是打字，但它们也不是它的对立面。"

现在，对于任何高度分化的活动或是结构，都没有任何理由去设想，通过到处寻找，一个人可以找到对它来说是相反的天生一对的另一个活动或结构。但是，继续打字话题，想想你做了什么。你把词语放在纸上。它的对立面是什么？你把它们拿下来——也就是说，你擦掉。或者，再一次地，你在打什么字？可能是一封接受工作的信函。对立面是什么？一封辞职信。或者，再一次转变情境，打字的对立面是让其他人帮你打字。对立面的有效性取决于恰当的情境，稍后我们会回到这一点。

对于一些人来说，假设改变一行铅字中字母的位置或者顺序会给任何人造成问题，这是极其荒谬的，但是考虑一下下面的情况：

> "当颠倒'p'和'q'这种细节时，我发现这也令人烦扰。当我看见一个人上下颠倒地打开一罐或者一盒香烟时就有一样的反应。对我来说事物一定得是它应该的那个样

子——也就是说，正确的方式。但如果我知道有一个抽屉是打开的，有一个橱门没有关，我晚上躺在床上就无法入睡。这就是某事有些不对，有些不应该。"

另个一学生对颠倒字母仍然有更大问题：

"当我把字母倒过来时我变得紧张起来。我的心脏跳得更快了，我的眼睛开始湿润。因为我只是在看一页上的单词并且试图去想象它们扭曲起来的样子，我想我可能在一定程度上让我的眼睛紧张起来去做它。所以我试图把它们颠倒着写下来，然后看着它们——但是之后我的眼睛非常湿润以至我无法看着它们！真是疯狂！通过这些实验你们对我们做了什么？"

"创造性的预先承诺"可以被误会为一种长期无法抉择的状态，而不是适应各种可能和现实的那个阶段，或者甚至，在试过一个成功的行动计划之后，回到零点来重新定位其他可能性。有一个学生说："两方面都看见的态度最终会导致远离现实。"可能他指的是把言论竞争当作不行动的借口，如果是这样，"我们会同意他的说法，认为这包含了'远离现实'"；但是我们会说是这种远离的需要改进并支持了这个战略而不是颠倒过来。

在试图颠倒他的一个重要生活情境时，一个学生做出如下报告：

"真实的情境是这样的：我的心上人在欧洲待了9个月之后，很快要回家了，而且她一回来我们就要结婚了。我有一种迫不及待的感觉。

"现在如果我试图去想象拥有相反的'愿望和倾向',那么我会想到这样的一些东西:我不想她回家;我不爱她;我情愿和许多新的姑娘再一起混几年。既然我已经写下这些,我就看到了我最后所说的其实有一点真实。

"这引导我去批评你所说的:数字在代数上趋于零,然后再次增加,但这次是负值。这是用非常复杂的方法说不重要的事情。而且,这是错的,因为关于一个情境的真相是传递到整个连续体的。一方并非全正,或者全负,所以你所说的是在误导人……而再一次地,可能只是对我而言。"

我们可以用上面的引文来阐明几个观点。第一段表明了这名年轻男士对于他即将到来的婚姻的正式立场——他非常热衷于此。然后,在写出表达相反情境的陈述的过程中,他意识到自己也有一些矛盾的情绪,这是他之前所没有怀疑过的。稍读一下这几行字就可以推论出,由于我们引导他得出了不受欢迎的见解,他之后对我们感到愤怒,因为他立刻攻击了我们的一些陈述。最终,他适当地表达了他的攻击——直接针对那些在他身上唤起攻击的人——疑虑清除了,并且他最终能够意识到可能他的异议是非常个人化的。

另一个人,一个未来的父亲,通过反转实验,预见到了正在进行中的很少的"贷款"必须有一些借方:

"我和我太太正在计划组建家庭,并且我非常热切地期待着有一个孩子。为了构想一个我不抱有这种预期的情境,我细细思考——并且惊讶于它们的迅速到来!——失去自由、半夜的打扰、医疗开支的增加，以及其他所有可能的劣势。我真心意识到这句话的真谛：'不存在没有借方的信贷。'"

一些反转有噩梦般的性质。一个学动物学的学生汇报道："我没有在解剖胎猪。现在是它在解剖我！"如果你注意到你的梦，你就会发现，通过把它们当作自发演示的反转实验，你能够理解它们中的许多！在梦中，阻抗者得到了一次更加开放地表达他自己的机会，但是他用以做这件事的语言，你这个醒着的人格发现大多无法理解。

白日梦也是自发的反转实验，并且它们的意义通常更加明显。我们通常幻想的是当下挫败的反转。如果被弄坏了，我们就幻想赢了彩票。如果被抛弃了，我们就沉迷于幻想的报复之中。如果我们觉得像无名小卒，我们的白日梦就把全世界铺在我们的脚下。如果白日梦并没有推开"现实生活"的努力，白日梦中就没有什么有害的东西。如果由于做白日梦，你能够从它们的内容中学习到令你感到沮丧的领域是哪一个，你就能更清楚地了解你需要的方向。

例如，如果你的白日梦与你爱上了一位电影明星有关，那么这可能表示，并不是你需要这个影星，而是你会发现促成你与住在这条街的一位有吸引力的人士的相识是会有所回报的。如果你幻想成为一位著名的作家，你就可能有往这个方向发展的天分。当你用一种现实的方式遵循白日梦的暗示时，这个成果尽管没有幻想的那么宏大，还是会充足地支援你真实的需要。

一位学生反转了她生别人气的一些情境。她汇报道："它们中的一些让我放声大笑。有放松，就像现在我在体验的那样。"

一些人报告了当他们试图想象恨他们所爱的人时有困扰。其他人无法构想这种可能性。有一个人试图想象恨他的妻子而无法做到，他评论道："可能这是一种'逃避完成实验'的形式——但是毕竟，我结婚还不到一年！"

有几个反转特别有可能产生阻碍或者变成空白。一个是试图想象自己是相反性别的人。另一个可能对你来说是挺好的尝试：去尝试反转你父母的角色。一个学生，在母亲的陪同下尝试反转，说事情进行得挺顺利，每个人给另一个人建议反转的情境，直到那位母亲提议反转母女关系。"在这个时候，"那个学生说，"我的想象力完全枯竭了。"

有些人想象得十分栩栩如生，以至他们能够感受到恰当而明显行为的开始：

> "上个夏天我做了侍应生。在这个实验中我设想我自己作为一名侍应生坐在桌边，而一位顾客在等着我。即便是意识到了不真实，我也感受到了我腿部肌肉变得紧张，以便努力克服站起来修正这个情境的冲动。"

现在让我们更近地看一看，当你把两个情境当作矛盾的对立面时你在做什么。无论是否觉察到，你都把它们放入了某个两者都包含的情境。所以，你已经获得了反转的窍门，可以试着通过构想明确的情境来提升对立面的精确性。例如，"新鲜的"（fresh）在鸡蛋（eggs）的情境中有一个反义词"腐烂的"（rotten），但是在性格的情境中反义词是"谦虚的"（modest），在木材（lumber）的情境或者是大学（college）俚语（"新生"）中反义词是"老练的"（seasoned）。生成明确的情境将会给你更好的定向。你将会开始不费力地注意到你曾经不得不搜寻的重要的连接。更重要的是，对比本身将开始作为两个对立面的功能关系而出现——也就是说，它们会开始产生它们自己的解释。例如，镜像会因为映像的本质而被理解为左右颠倒，而照片图像会因为透镜的作用不仅左右颠倒而且上下颠倒。

注意一个情境的品质——快乐或悲伤的，吸引人的或讨人厌的——是如何取决于情境的。如果想到失去某物让你感到悲伤，就试着想一想某个人——例如，一个敌人——它会产生快乐。再一次记下这个实验的主要目的——去发现即使是在幻想中，也会让你在反转时感到困难的情况或人。你是在哪里发现你开始对你自己的自由活动有阻抗行动的？你爱你的父母吗？然后想象你恨他们的情境。你的朋友欺负你吗？然后想象欺负他们。你能做到吗？留心当焦虑、恐惧或者是厌恶进入前景并且让你逃避继续进行实验的时刻。

大体上，我们"明显"的偏好和看待事物的"自然"方式会流传下来。它们成为常规的和"正确"的，因为我们甚至不去想象那些对立面。人们缺乏想象总是因为，他们甚至害怕轻率地对待他们为亲爱的人生所坚持的现实的不同可能性。在想象的对立面之间获得并保持一种有趣的公平的能力，这一点尽管某一方会觉得荒谬，却是任何问题得到创造性解决的根本。

或许，通过看一下民主国家中各个政党在一些国家事务上的行为，我们能够澄清这个观点。因为每个政党的地位都有很大比例的人民支持，所以任何一边都不可能拥有关于该事务的全部智慧。两边提供的"解决方案"都不能被视为没有失去任何价值的创造性方案。各党派都如此沉浸于获得投票和其他职责，以致无法抱有兴趣地保持公正，无法在它的确切情境中考虑到对立面，无法改变情境。几乎可以确定这意味着野心和不允许进入觉察前景的特定的兴趣。

实验 3：到达与专注

　　前面的两个实验是相对的。在试图提升你的现实感受时，你将你的兴趣缩小到你的此时此地，然而，另一方面，能否成功地感到在你的人格中有力量彼此对立，这取决于是否将你的观点拓展到你对事物惯常的理解和评价之外。但是两者的目的是一样的，也就是说，帮助你觉察到在严肃地完成实验的尝试中所遇到的困难（空白、反面情绪，以及其他行为的困难）。

　　如果这些阻抗已经严重到让你对这些任务感到一些无助和不足，那么不需要觉得沮丧。当你阻塞或者一片空白时，你可能会抱怨："因为我无法专注。"我们同意这点，但不是在传统意义上。无法专注源于多年小心地学习在困境中保存你人格的某些部分，好像不这样的话它们就会残忍地吃掉你。那么，当这些部分因为你所做的事情而被需要时，你不能勾勾手指头就把它们召唤回来。坚持声称你"控制自己的情感"对人们是没有好处的。就算是一个说"放松就好，不要审视，记住你童年的细节"的精神分析师也不会让它更加可行。除非非常表面，否则这些事是无法通过刻意的决定来完成的！

　　可以完成的是你在这些实验中已经开始做的——也就是说，开始去觉察你的努力、反应并获得对它们的"创造性的预先承诺"的态度。

　　首先，我们区分一下人们所习惯性称呼的专注和真正健康的、有机体的专注。在我们的社会中，专注是一种刻意的、紧张的、强迫性的努力——某件你让你自己去做的事。在人们一直神经症性地命令、征服并强迫他们自己的地方这才会被期待。另一方面，健康的、有机体的专注通常完全不被称为专注，而被叫作吸引、兴趣、迷人或者全神贯注。

观察游戏中的孩子们，你会看到他们专注于自己所做的事情到了难以转移他们注意力的地步。你也会注意到他们对自己正在做的事情非常兴奋。这两个因素——对这个客体或是活动的注意，以及对一个人所留心的事物满足了需要、兴趣或者渴望的兴奋——是健康专注的实质。

在刻意的专注中，我们在我们觉得"应该"的地方"给予"注意力，与此同时抑制在其他需要或是兴趣上的注意力。在自发的专注中，我们所留意的东西吸引了它自己并且包括了我们现在兴趣的全部范围。当我们"不得不"进行一个特定的任务时，如果刻意的专注能够转变为自发的专注并越来越多地自由运用我们的能量，直到任务结束，那么我们是幸运的。

既然人格已经被一个特定的情境所分割，尝试任务的那个部分就遭遇了一个敌对的阻抗者，一个人的全部能量无法在注意的客体间自由地流动，因为它的一部分已经固着在另一事物上了——确切地说，可能是固着在了妨碍和阻止完成这个"选定"的任务上。这种妨碍，正在刻意专注着的人将会体验为"分心"，并且之后他不得不使用一部分他刻意获得的能量来把分心的打扰影响减到最少。仔细留意作为一个有机体的他的全部能量在这里所发生的事情。他的全部能量在忍受三方分割：流向任务的部分、供给阻抗者能量的部分，以及攻击阻抗者的部分。也要注意，对于刻意专注的人而言，造成对阻抗部分的"分心"（*dis-*

tractions）是专心（*at*tractions）于别处——这个任务之外的某事或者与这个任务斗争而不是完成它。随着越来越多的能量贡献于"专心的分心者"（attractive distracter）的战斗之中，它越来越无法沿着选定的路线进行，一个人会体验到逐渐增加的怒气和脾气，直到他把这个任务当作糟糕的事情而抛弃或者爆炸。

换句话说，如果一个人强迫他自己留意本身并不引起他兴趣、使兴奋上升的事物，那么他并非朝向这个"被选定的"注意的客体，而是和可能真正点燃他的兴趣的"分心"做斗争。（当这种上升的兴奋最终作为愤怒而爆炸时，个体通常会把它引向无辜的旁观者，好像他是那个分心者一样。）与此同时，当越来越多留意到的兴奋开始执着于压抑打扰者时，一个人要专注的事物就随之越来越耗费兴趣。简而言之，就是无聊。

因此，无聊发生在注意力被刻意付予缺乏兴趣的事物的时候。能够变得令人感兴趣的情境被有效地屏蔽了。结果就会是疲倦并最终恍惚起来。注意力突然间从无聊的情境中转移到了白日梦。

自发的注意与专注的标志是图形/背景的逐渐形成，无论这个情境是感知到某事、做一项计划、想象、记忆或者是实践活动中的哪一个。如果注意力和兴奋都存在并且一起发挥作用，注意力的对象会成为一个越来越统一、鲜明、强烈的图形，与一个越来越空洞、不起眼、不引起兴趣的背景形成对比。这种空洞背景之上的统一图形被称为"好的格式塔"。

但是总体上，心理学家们自己对背景的意义并无充分的兴趣。背景是在被体验的情境中渐进地被注意力淘汰的一切。在图形/背景中被包含于图形中的东西和被包含于背景中的东西并不是保持静止的，而是随着动态的发展而改变的。

考虑一下观察某种视觉图形这样的简单体验——例如，黑板上的一块正方形。当这个正方形变得强烈而清晰，"被淘汰的一切"将包括黑板、房间、一个人自己的身体、任何这个特定的看见以外的知觉，以及任何对这个正方形的短暂兴趣之外的任何兴趣。为了让这个格式塔变得统一而清晰——一个所谓的"牢固的格式塔"——所有的各种背景都必须逐渐变空洞且不引人注意。图形的明亮与清晰是从正在变空的背景中自由获得的"看见正方形的兴奋"的能量。

或许可以做一个粗糙的类比：想一想，一个人在图形/背景过程开始时的弥散的专注就像光透过玻璃窗照亮更大一片地方一样。这片地方上没有哪一部分比其余部分更加明亮地发光。那么，如果这个玻璃窗有可能逐渐让它自己成为一个透镜，这片区域作为整体就会变暗，而透镜所聚焦的点则会逐渐变亮。就照明设备来说，不需要更多的能量，但是光线会越来越多地从外围汇聚到这个光点并且加强那里的能量。这个关于图形/背景情境的类比的明显不足是，我们没有设想任何事物，它会选择透镜聚焦的特定一点或者透镜焦点的锐度。当然，在有机体/环境的情境中，是环境对象对于有机体需要的相关度决定了图形/背景的进程。在这种连接中，我们黑板上的正方形的例子就是肤浅的，除非我们想到一些特别的情形。我们只是用它来指明，图形/背景的进程并非仅仅用于特别的或戏剧化的事物。

上述我们所说的关于格式塔形成的内容，我们建议你用如下的方式验证和练习：

　　　　专注于一些视觉对象一小段时间——比如，一把椅子。当你看着它的时候，留意它是如何通过消除它周围的空间和客体来澄清自己的。然后转向旁边的一些视觉对象并且观察它们是如何依次开始拥有十分不同的背景的。同样地，留意一些正在发出的声音并且注意其他的声音是如何形成一个背景的。最后，留意一些身体感受，例如刺痛或者痒，并且观察在这里，其他的身体感受减弱是如何同样地进入背景之中。

显然，图形与背景之间动态的、自由流动的关系，能被以下两种方式中的任何一种所打断：（1）图形变得过于固着地注意，以致新的兴趣不被允许从背景中进入它（这就是强迫性刻意注意中所发生的）；或者（2）背景包含了几种强大的无法被兴趣清空的吸引力，它们确实会让人分心，或者必须被压抑。让我们依次体验每一种情形：

（1）固定地盯着任何一个形状，试图通过它本身而没有任何外物地精确捕捉这个图形。你将很快会观察到它开始变得模糊，并且你想让你的注意力游荡。另一方面，如果你让你的凝视在这个图形周边进行，在多变的背景中总是回到它本身，这个图形将会在这些连续的区分中统一，将会变得更加清晰，并且将会被更好地看见。

就像被盯着一样，一个对象在得到感受器不理性兴奋——例如，汽笛持续的咆哮——的注意时是不清晰的。这并非躯体暴力导致的"疲劳"，而是基本的缺乏兴趣——一个人无法从背景中获得更多的某物到图形中去。如果一个作曲家希望保持一个极强音——可能远比汽笛响得多——他通过变换音色与和声来保持注意。相似地，在即刻研究一幅画或者一个雕塑时，我们让我们的眼睛飘过它，或者我们围着它移动。如果我们不允许自由的改变和观察的进行，觉察会迟钝。因此，在并不倾向于变得有自发性的刻意专注中，会有疲劳，有逃避，并且，为了掩饰它，会有凝视。

在战争期间，许多飞行员向我们抱怨，在夜间着陆时有剧烈的头痛。这就是因为凝视。当被教导要允许微小的眼动来看各处的着陆带时——当他们停止凝视时——他们发现自己不再头痛并且视觉更加锐利了。当坚持凝视直到完全失去图形/背景的时候，结果可能是让觉察统统都模糊掉；这就是催眠性迷睡（hypnotic trance）。

（2）在自由地形成图形/背景中，相对的困难是无法清空背景，其结果就是图形难以变得统一。其极端是对混沌的体验。将你的环境体验为混沌并不容易，因为为了现实的生存，你必须总能找到种种有区分的统一体（格式塔）。尽管在感受一些现代艺术品时，你可能有混沌的感受，这些艺术品就你过去训练的形式而言无法提供注意的点。你之后便逃脱了混沌的感受，因为你发现它是痛苦而荒唐的，下面的这些实验应该有助于你带着更多的自由浮动的注意与接纳，去面对这些体验，从而艺术作品的意义能够自己发展并且不被拒绝，仅仅因为你坚守你之前的观念：

> 选择一个你没有耐心的情境，例如，当你在等待某人或等待一辆公交车的时候。像上面的实验所指导的那样，让你自己自由地看见和听见环境中的背景与图形——也就是说，一个接一个地改变方向。你将会注意到在依旧持续的没有耐心的情境中（例如，时间已晚时你不断增加的焦虑），投入

的兴奋的数量将会减少你能够投入注意其他事物的兴趣的数量。尽管如此，坚持注意有关你的事物（但不要强迫自己人为地专注于任何一件事），让你自己开始去感受环境混沌的无意义。一如既往地留意你的阻抗、空白、白日梦。

当然，这样的环境并不是无意义的。如果你到目前为止已经获得了很好的现实感，那么你将能够说："此时此地有人和事要观察。等待公交车现在是背景的一部分。我现在没有耐心了。"这样，因为从不耐心本身中无法获得任何东西——它将不会让那个人或公交车到来——所以你可能在一个现实情境中也利用了时间并且获得了一个创造性的预先承诺。

在最有利的生活情境中，有些时候背景中包含了我们可能觉察或可能无法觉察的强烈吸引，然而我们必须刻意专注于某个任务。在这种情况下，错误就是对于职责有过于严格的态度，并且过于严厉地压抑分心——因为这样一来前景就会变得越来越不清楚、不吸引人。如果我们对自己更加仁慈，我们更有可能对这个任务萌发出有效的兴趣。例如，一名对填鸭式教育（一种从定义上来说把兴趣排除在外的"学习"）有困难的学生通过一次又一次打断他自己并且刻意允许几分钟的白日梦来管理工作。

现在，让我们在心理治疗理论的语境中，考虑自发的专注的两个困难——过于固着的图形和过分消耗的背景。在治疗中，目标是将强迫和反攻阻抗之间的"内在冲突"转变为一种开放的、有觉察的冲突。设想一下，作为一个治疗师，我们专注于并且让病人专注于他的阻抗。这些是顽固和好斗，而将它们保持在监视之下的尝试将是强迫性的，并且是一种凝视。但是这种被迫的专注——凝视着不想被看到的东西——它本身是分裂而强迫的。例如，它教育病人要"病态地内省"。

不要告诫病人专注于阻抗，反之，设想我们遵循更古老的弗洛伊德方法的自由漂浮注意、自由联想，诸如此类东西。这是自发而非被迫的，并且它揭露了隐藏的冲动（那个消耗的背景）。但是这种"自由的"技术造成了一种观点的争斗；他们拒绝确切的批判性观点——阻抗的冲突——并且自由联想的技术成为自由分解的训练。这给治疗师造成极大麻烦。所产生的想法和符号似乎都和隐藏的问题有关，但是它们看似在四处兜圈子。

对于一个治疗师来说，必要的是找到某个明确的语境，然后总是不偏离它，允许图形与背景之间的自由竞争——避免盯着阻抗，但也不允许病人到处游荡。在正统的精神分析中，这种明确的语境被视为既定地处在"移情"（transference）中，即处在对咨询师的情色的依恋或恨意中，因为这是一种可以观察的并且或多或少可以控制的生活情境。相反地，在我们的方法中，我们使用治疗会谈的实验情境作为语境。在更普遍、更好的基础上，你可以将你的现实——你如今的情境，它的需要和目的——作为情境使用。你和你环境的感受到的接触（felt-contact）越完整，你对你自己的感受和表达你的渴望、不愿、冷淡、无聊、厌恶的感受就越真实，伴随着你接触的人与事，你将会更多地有一个相关的语境，实验中"内在冲突"将会在这个语境中产生。

下面的实验将会促进你与环境的感受-接触：

让你的注意力从一个对象转移到另一个，留意这个对象中——以及你情绪中——的图形与背景。每一次都言语化情绪，如，"我喜欢这个"或"我不喜欢这个"。此外，把对象区分为它的各个部分："它里面的这个我喜欢，但是那个我不喜欢。"并且，最终，当这个自然地在你身上发生时，这样区分你的情绪："我觉得这个讨厌"，或者"我觉得对这个充满仇恨"，等等。

在实验中你自己可能遇到的阻抗是尴尬，自我意识，过于严厉、放肆、难受的感觉，或者可能想要得到注意而非给予注意的愿望。如果对于你正在接触中的人们，这些阻抗应该变得过于强烈而无法忍受，并且诱惑你去放弃实验，那么将你自己限制为动物或无生命的对象一段时间。

在报告这个实验的开始部分时，大多数人表示如释重负："这里最终有明确的事物了。"但是，关于区分他们情绪中的图形与背景，结果则各异。许多人坚持声称他们"情绪完全没有受到任何影响"，并且少数人声称"想让我变得情绪化，做得要比这个多得多"。另一方面，有些人做出这样的陈述：

> "至于区分情绪，我不认为我很好地准备去做这件事了。当我想到一个人并且试图说我恨他的时候，我感到非常愧疚。这甚至发生在无生命的对象中。当我试图去承认我讨厌一幅现代画时，我感觉我自己并不公平——并没有给它一次机会。我感到很糟糕也因为它是我朋友的父亲画的。"

一些人有困难是因为，对他们而言任何以情绪为名的事物都要达到瓦格纳①式的强度。我们稍后将试着单独挑出有特别注意

---

① 理查德·瓦格纳（Richard Wagner, 1813—1883），德国歌剧家、作曲家，他对传统歌剧进行了彻底的改革，在改革中实施"整体艺术观""无终旋律"和"主导动机"的手法，其作品风格戏剧化、情绪性强烈。——译注

的情绪进行实验，正如在这个实验中将展示的那样，情绪生活中有持续性，尽管它的力量是充满波动的。

一个学生用了一种你可能会觉得值得尝试的别出心裁的方式：

"我发现言语化喜欢、不喜欢和对普遍不活动对象的情绪影响是很难的。是否有一个对象能够产生这种体验，对此我感到怀疑。有一些对象在其情感属性之中只是非常中立。

"然后，我没有发现任何结果，最终我开始把情绪武断地分配给每一个对象。做成这件事之后我开始真实地感受到这些情绪，并且我几乎都忘记了它们的分配是武断的了。看见我可以如此简单地欺骗我自己去相信我是有感情的，这有点吓到我。"

这里你认为哪种更有可能——真实感觉到的情绪只是虚假的，还是原先的情绪分配其实没有那么武断？

下面的话阐明了一种普遍的现象——一个人的情绪就是如此，而非如他们所设想的，发现这一点令人惊讶：

"情绪的区分在一节拥挤的地铁车厢内表现出来，我发现了对其他乘客相当大的敌对情绪。我并没有对此感到羞愧或惭愧，反之我承认我其实享受它并且真的感受到想要告诉他们我是如何看待他们的欲望。稍后，在一个不那么吵闹的环境，我回顾了它——而后我感受到了在原先的情境中我本该期待有却没有的阻碍（羞愧，想要稀释这些感受的欲望，等等）。"

另一人的陈述值得考虑，因为它表达了一种惯常的倾向，即谴责一个人平常行为中的情绪，并且以情绪上无动于衷为傲：

> "我设想会在我与环境的感受接触中遇到的'无法忍受的事情'就是没有发生。只有一次这种事情发生。那一次，在团体中聊天的时候我尝试了这个实验，开始意识到我想要被注意到而不是给予关注。但那带来的全部东西只是一个微笑，我很快就忘记了它。"

当一个人意识到自己有不友好的情绪时，会有一种强烈的冲动去把它分配到一个自己会很快"认为没有价值并忘掉"的事物上，就像下面这样：

> "我坐在我岳父的旁边。我开始注意到图形和背景并且之后开始言语化（对我自己）情绪。'我喜欢他……'但是，当我这么说的时候，我感受到某种焦虑出现了，它可以用这些话来表达：'我不喜欢图形中的一些事物。'它似乎是空洞的恐惧。这一刻我结束了实验并且只是在之后的重新检验后才认为它一定是一个恐惧的反应。进一步仔细考虑这一点，并且考虑到我和我岳父的关系一直并没有多好，我进一步查看了这个反应及其原因。一个（可能就是'这个'）原因是，从我妻子和她姐妹那里，我时常听到关于她们小时候父亲如何严厉的传闻。这可能已经建立了一种预先安排的反应，尽管是在没有任何具体内容的基础上。"

如果在两个女儿的成长中，这位父亲与她们是对立的，那么他仍然可能直接是一个不被喜欢的人，而非传言如此，这一点是不是不太可信？

下面的例子展示了当一个人试图为几个处于竞争中的人分配注意力时发生了什么：

"当我允许了'分散注意力的混沌'时，我感受到愤怒和沮丧。当他滔滔不绝于某个理论时，我丈夫坚持让我听他说话，甚至当孩子们在编造一些情景时，而如果他们成功，这将会很严重。我在自尊——想要高明地回答他的愿望——和想要保护孩子的想法之间左右为难。这种冲突很快就无法忍受了，之后通过把我的全部注意力转移到孩子上才消除。"

有时我们无法注意并表达我们的情绪，因为它可能为某个人带来过多的快感。你能否从下面这最后一段引文中觉察到这一点？

"今天我专注在朋友的一辆凯迪拉克上，他拥有这辆车并以此为傲已经超过一年了，而这让我经常饱受折磨。他对拥有这辆车的极大自豪经常令我有些不屑。当我第一次真正地留意到它优美的线条和结构的曲线，以及它伟大的运行能力时，我获得了一种从未期盼过一辆车会引起的审美感情。当我对这辆车的美做出真诚而发自内心的评价时，我源于此的愉悦被我朋友超过了。这可能只是一个小小的事件，但是我发现它提示了真正的觉察可能为我打开体验的新领域。"

实验 4：区分与统一

当自发的注意被导向一个对象时，它变亮成为图形而背景变暗了，这个对象自发地变得更加统一但也更加具体。当越来越多的细节被注意到并且被逐个分析时，它们对于彼此的关系会同时变得更加有条理。相反，强迫的注意会给出一个不足的图形，而分散的注意力造成混沌。

自发专注的对象似乎更加具体并且只是它本身。相应地，它越来越成为有机体兴奋事宜的重要性和功能的载体，在这个意义上，它变得更加"有意义"。举一个经典的例子，想想（如果你在恋爱中）你所爱的那个人。

自发专注是与环境的接触。真实的情境用一种详细的、结构化的、栩栩如生的、重要的方式组织起来。

在下面的实验中，在保持此时此地作为你语境的现实时，你要让你的注意力对着一个对象自由进行。好奇地转换图形和背景将会促进你对凝视与看着、无聊的出神与生动的参与之间的差异的欣赏。

为了说明这一点，我们把这种普通的对象设想为铅笔。（稍后你将用你自己自发选择的对象进行相同的流程。）首先留意到铅笔是这个特别的东西。的确，有别的铅笔，但并不恰好是这一支。说出它的名字"铅笔"，并且生动地意识到这个东西并不是这个词！作为物品的这支铅笔是非言语的。

然后，尽可能多地留意到固有地组成了这个物体的量和质——黑石墨柱、红木、重量、硬度、流畅度；它被削尖的方式、它被涂成的黄色、它的木头形成六棱柱的事实；商标、橡皮，以及把它固定到木头上的金属。

接下来，回顾它的功能和它在环境中可能的作用——为了书写，为了指出一篇文章，为了某人的舌头弄湿或者咬上去，为了当作一件商品出售。同时，想想它更加"意外的"角色——燃烧它来烧掉一座房子，刺进一个孩子的眼睛，如果他带着它跑步并且跌倒的话；还包括它更加牵强附会、天马行空的用法——作为圣诞礼物送给某人或者喂饱饥饿的白蚁。

这件特别的物品，这支铅笔，它的许多品质与功能，当你对它们进行抽象时，注意它们是如何在细节上相互协调或者凝聚为一个结构的——例如，木头紧紧地包裹住并保护了石墨，同时被书写的手紧握。

现在在你自己选择的物件上试一试这个实验。

原则上，这是哲学家笛卡尔（Descartes）用融化一支蜡烛得到的蜡所形成的对象进行的实验。因为这是他手指间可塑造的，这个形状比我们的铅笔更加让人感到"意外"。他得出结论，某个事物的特定属性——例如，它的质量和空间延展——当然是恒久存在于其中的。他把这些称为"基本的"属性。其他属性，比如颜色，他认为是"次级的"。我们现在不考虑形而上学，他结论的可靠性因此是毋庸置疑的。我们感兴趣的是，通过自由地留意它们，去实现各种层次的抽象——一件事物的"此性"（this-ness），这块黄色阴影与世界上其他所有黄色颜料的区别，更多明显而"有意图的"功能，更多意外、牵强而稀奇的用途——尽可能多地把这些放在一起并凝聚到当下的体验中。因此，如果关于一个对象的思考会带来幻想，那么保持幻想总是回到并连接到当下正在体验的对象上去。

尽管如上所述，特别的事物是非言语的，但是它的重要性和对你的关心是在你能够言语化的属性和功能之中的——是特别事物的"抽象"，并且作为语言，包括了许多这个特别事件以外的许多事。你可能写下这支铅笔以外的许多事情；卖掉它的商人获得了和卖掉许多其他商品一样的利润。由于其属性，如质量、重要性，与众多其他对象相同，这支铅笔并不是一个能够引发无限丰富的自发专注或幻想的对象。另一方面，一个心爱的人或者一幅很棒的画看似特别；这都是因为它们的"此性"，以及它们的属性和功能。带着它们一个人进入"更近的接触"，并且更加不容易抽象。

设想你用你喜欢的一幅画来尝试这个实验。除了所画的对象及颜色，也要注意到线条和图画；例如，描绘主要图形的轮廓并观察它们形成的模式。检验主要对象轮廓间的空白空间所形成的模式。查看颜色依次形成的模式——抽象蓝色、黄色或者红色的碎片。如果这张画给出了三维的幻觉，就跟着后退面（receding planes）——前景、中景和背景的模式。描绘出光与影的模式。注意笔触肌理反映出材料的方式。最后，看看这个故事或者描绘的场景，因为这是大多数人开始看这幅画并且变得固着的地方。

如果你按照建议去做并且已经喜欢开始的这幅画，你将会发现它突然开始用一种新的美和魅力游向你。各部分所有的新关系突然看起来"不可避免"或者"刚刚好"。你将会开始分享这个艺术家的一些建构性的快乐。现在你会用自发专注觉察到这幅画——细节和它们的结合将会是明显的，不需要费力地把它们分开和整合起来。这个对有区别的统一体的单独、即刻的捕捉意味着你正在和这幅画接触。

用一段音乐来尝试同样的实验。如果你没有受过音乐训练并且你认为自己"没有音乐细胞"，那么首先注意到，对你来说完全接触音乐是多么的难；这声音很快退化为混沌而你陷入恍惚。在这种情况下（最好是一遍又一遍地放唱片），首先对一个单独的乐器的出现进行抽象。然后仅仅注意到节奏、音色。查看什么看起来是旋律，什么是伴奏。通常你将会发现，许多"内在的"旋律是你本没有预料到的。抽象化你感受到的和声；也就是说，留意何时和声似乎无法分辨，似乎需要更多东西紧跟它而来，以及相对地，何时它似乎消融并且"关闭"。如果你认真地这么做，那么所有的音乐都会生动地向你涌现。

你接下来的一个实验：

专注于某个人的声音。它听起来如何？千篇一律的？抑扬顿挫的？尖声的？刺耳的？美妙的？音调太轻柔？不够清晰，难以理解？太大声？流畅的还是支支吾吾的？简单吗？现在问你自己两个问题：首先，你自己对那个声音的特定品质的情绪反应是什么？例如，你曾经恼怒于过轻的声音，因吵闹而惊呆？其次，另一个在他的声音中产生这些特定品质的人的情绪背景是什么？他是爱发牢骚的，油腔滑调的，性感迷人的，生气的？经常发生的是，这另一个人完全没有觉察到他正在做什么，并且经常言行不一，正在试图通过他声音的品质精确地在你的内部诱发他所产生的反应！他的话可能是冷静的，不容讨价还价的，但是他的声音是充满说服力的。或者话语可能是充满恳求的，但是声音是愤怒或者冰冷的。

你现在能够专注于你自己的嗓音吗？这很难，正如事实表明，第一次在录音中听到自己的声音对自己来说似乎很陌生。但是要觉察你在这个尝试中所遇到的困难。

斯多葛学派的君主马可·奥勒留①，推荐了一个与我们关于铅笔的实验相似的实验。用他的话来说：

"对于每一个向你的心灵呈现自己的事物，都做一个特定的描述和划分，以便你从它赤裸裸的自身的本质去完全而透彻地思考它；完整地、分别地将它分为几部分和四等分；之后在你自己心里，通过组成它的各部分自身的名字和称呼，呼唤它和这些部分，而它又将分解为这些部分。因为没有什么能如此有效地得到真正的雅量［我们会将之称为'人格的广大'］，能够真正地、系统地去检验和考虑所有事情，并渗透到它们的本质中。"（《沉思录》卷三，十一）

---

① 马可·奥勒留（Marcus Aurelius，公元121—180年），古罗马帝国皇帝，著名的"帝王哲学家"，晚期斯多葛学派代表人物之一，其代表作《沉思录》是斯多葛学派的里程碑。——译注

通过我们已经描述的过程，一个人成为有区分的统一体，请注意这是一个把事物分开并重新放在一起的过程——一种具有侵略性的毁灭性和重塑性！把任何以此或以类似事物为名的事物看作毫无根据的、残酷的、残忍的、错误的，被这样教导的人们，是毁灭性的一面把他们吓跑的。他们不得打扰事物，但是一定要让他们的立场毫无疑问，未经检查。那些追随着这个概念的人暗示，这种有必要去建立一种永远正确的评价的审查，别的更加聪慧的人大概已经完成了，而重新从一个人对事物的个人经验出发去看待这些事物，这是过度的并且值得谴责。

在这个令人讶异的态度中被忽视的是以下事实：在微小的事物中很明显的是，要发生任何创造性的重建，首先一定要有某种程度上已经存在的某事物的解构。一个既定对象、互动或情境的当下的各部分一定要用一种适合此时此地的、现实的各种要求的方式去重组。这并不一定包含对现存部分的任何贬低（devaluation），而是重新评价（re-evaluation）它们需要如何配合在一起。除了详细的分析和剖析（解构），可能没有紧密的接触、令人兴奋的发现，以及对任何对象（当我们用这个术语的时候，总是包括人）的真爱。

之前我们说到从一幅画中概括一个又一个细节，这是为了进一步欣赏这幅画而对它进行初步解构。此处提到的解构与重建，并非真的把物理对象简化成碎片，而是简化为与这个对象有关的我们自己的行为。

只有当一定的阻碍被消灭以便人们能够"达成理解"时，亲密的友情才是可能的。这种达成理解需要另一个人以有些类似你研究画作的方式来探索，这样他的各部分依据一个人自己的背景需要而重新建构，这些部分准确地与另一个人接触，现在成为前景和图形。用我们稍后会再次提到的术语来说，没有之前的解构（去除结构）就没有同化；否则，体验被全盘吞下（内摄），从未成为我们自己的——并且无法滋养我们。

　　现在，就像你为听见和看见所做的那样，但是用一种更加概略的方式，用你"更近"的触觉、嗅觉、味觉和你肌肉行为的本体感受去尝试这个细节抽象的实验。通过这些更近的感知，你将会发现情绪因素很快被卷入，并且你将很快阻抗或者从这个实验中逃走。一旦发现这一点，不要强迫你自己继续，而是进行下一个实验。

通过使你更近的感知完全觉醒的方法，假设你对你的进食进行一个实验。此处我们建议，除了专注于你的事物，不要做任何的改变。（作为一个罕见的例外，你可能已经这么做了。）

　　评估你的饮食习惯。进食的时候你倾向于专注于什么——你的食物？一本书？对话（可能说着话就忘记了吃）？你只尝一口还是你全程都与味道保持接触？你嚼透了吗？你把事物切开吗？你咬它吗？你喜欢的和不喜欢的是什么？你强迫自己去吃让你有点恶心的东西（可能因为你被告知它对你是有益的）吗？你勇于尝试新的食物吗？特定人物的在场会影响你的胃口吗？

　　注意你食物的味道和世界的"味道"。如果你的食物尝起来像稻草，那么这个世界可能一样无聊。如果你享受你的事物，那么这个世界很有可能看起来也非常有趣。

　　不要在对你的进食习惯进行调查的过程中试图改正它们中的任何一个，除非消除像阅读这样严重的分心。只有把进食当作必要的罪恶或者紧急补充电燃料的人才这样。毕竟，它是非常重要的生理和社会（尽管我们在此并不强调这一面）功能。一个人当然不会在性交这个重要生理和社会功能中阅读。进食、性交——以及我们稍后会看到的，呼吸——在有机体的运作中是决定性的，值得留意。

对抗专注于进食你很有可能动员不耐烦和厌恶的阻抗。稍后我们会将它们与"内摄"联系起来进行分析。现在试图做成一件看上去十分简单其实十分艰难的事情——在你进食的时候觉察到你正在进食的事实！

这一关于分化的统一体的实验，一系列共四个，致力于提高你与环境的接触，至少在某种程度上和某些方面，它是第一个几乎所有人的反应都很积极的实验。各种评价都有，从声称这里所包含的无外乎这个人已经一直在做的系统的方式，到像这样的陈述："在去音乐会和上音乐课的这些年之后，第一次我能够忍受音乐！"

相当频繁的批评是，我们用一种支持的或允许的形式使用了词语"解构"。例如："'解构'有一种荒谬且反社会的内涵。为什么你不能找到某个词，它意味着'为了再次更好地放到一起而分开'？我能够乐于见到，为了重建，需要有一个对将要重建的内容的事先'解构'，如你所称呼的一般，但是为什么给它用如此有冒犯意味的名字？"

到目前为止没有可以替代的词语被构想出来。被数次提到的一长串词语实际上重复了字典上对"解构"的定义。当然，能够做的是杜撰出一个能精确表达我们意图的新概念，但是那就会引起关于"科学的官样文章"的更大声的抗议和愤怒的质疑："你为什么不说英文？"

所有这些都可能是并且可以被中肯地称为"攻击"（aggression）。对于一个报刊主笔来说，这意味着"无缘无故的进攻"。不过，虽然这个专门的意思主导了现在日常生活中"攻击"的使用，但是按照临床工作者的本意，它更广泛的意义包括了一个有机体为了开始接触环境而做的一切事情。

我们相信如果新的词汇补偿了临床工作者通过"解构"和"攻击"意图达到的目的，它们也会逐渐获得同样的冒犯性暗示，因为在我们对部落中的全体成员的早期训练中，我们被教导不仅要声讨他人和我们自己身上的"恶意的解构"与"无缘无故的进攻"，而且要谴责对有机体健康而言必不可少的解构和攻击性的形式。若非如此，我们的社会场景会更快、更令人信服地朝着"美好生活"的方向变化。

总而言之，保留像"攻击"和"解构"这样强烈、有效的词语，与此同时，对于某些障碍进行某种"具有攻击性的毁灭"，因为这些障碍倾向于把它们限制于毫无疑问要被谴责的某事物的特别意义，难道不可以建议这样做吗？

我们对于进食功能重要性的强调遭受几乎来自每个人的愤愤不平的拒绝，除了少部分人，他们把自己当作已经专注于他们的食物上的"极少的例外"。许多人告诉我们，他们甚至不考虑将用餐时间浪费在单纯的进食上！其他人指出典型城市工人午餐的糟糕的食物和令人不悦的环境，并问道："你要让我专注于那个吗？"即使残暴进食的情况的确存在，没有对进食功能这种普遍的贬低，它们会继续被容忍吗？有些人坚持说阅读"自然地伴随着"进食，却又严肃地向我们保证说阅读在性交中是不可能的，对于他们，我们只能引用这个男人在性交中通过想象他正在读晚报而延迟早泄的例子了。

下述引文来自一个认真地做进食实验的学生：

"多年来我的午餐仅仅是生意讨论的借口。我发现我先前所自吹自擂的——我对食物的天主教品味，以及'我能够吃掉任何东西'的事实——其实是基于对我所吃的东西几乎完全没有觉察上。我能够在进食的时候阅读，并且用只能被形容为惊人的速度狼吞虎咽。

"在我的进食上应用'此时此地'的测试后，我几乎立刻体验了对食物的快乐的增加。尽管我在加州待了几年，但我确信，直到昨天早上之前，我并没有真正地尝过橙汁。我仍然有长长的路要走——你不能在几天内改掉多年的习惯——并且我经常忘记保持觉察。

"我问自己，莫非过去这几年我所忍受的消化困难（溃疡、腹泻、胃酸）要归咎于这些坏习惯。在过去的这几天里，自从开始认真地去对这一进食事项进行工作，我没有任何我开始期待的典型胃部不适。当然，要知道这是不是暂时的还为时过早。"

我们用几个学生的总结陈述来概括这个实验的开始小组：

"我对实验倾向于彼此混合的方式有兴趣。我不知道这是不是它们的终极目的，但是'此时此地''逆转''图形/背景'和'有区分的统一体'实验都似乎立刻或用各种组合方式奔向我。我似乎是在看一个电视节目中的几组舞蹈动作的时候同时操作了所有的实验。我感到我从未如此清晰地看过一个表演，同时能够锐利地观察到兴趣的中心而没有被背景中不重要的事物所打扰。"

*　　　*　　　*

"现实感受、相对力量的感知、专注和有区分的统一是如此的相互依赖，以至在我与环境的接触中，如果我有它们中的一个，我也就有了其他。"

*　　　*　　　*

"我继续这些实验，与此同时，似乎出现了所有的它们的越来越大的整合。每一个都越来越多地有助于开始的动机——去获得一种现实感受。特别是最后一个，它已经继续了这个趋势，但是我绝不打算说任何革命性的事物被用有区分的统一体的概念展示给我。当人格的毁灭与重建被尝试的时候，最新颖的影响已经到来——但是我发现从前面三个实验中区分毁灭与重建是困难的，因为一切开始融合，边界便开始溶解。

"尽管如此，我强烈倾向于不让自己过分投入'自体察觉'（self-awareness）的技术之中，这也可能就是它的好处。为了获得运用这个方法的最大优势，在我敢于在有他人陪同的情况下放声练习之前，我会首先在理论上无声地练习它。有些部分其实已经开始成为习惯——比如，我自己越来越倾向于思考'此时此地'，这不再令我惊讶或是让我觉得特别。它正在成为我自身的一部分。"

第三章
觉察的技术

实验 5：记忆

　　前一组中的四个实验旨在改善和锐化与环境的接触。可能它们看起来与解决任何形式的个人问题都无关。如果真是这样，那么我们同意，到目前为止我们都没有直接解决"心灵的内部冲突"，但我们意在改进你的感受器——主要是外感受器的定向——这样，你关于"你在何处"的觉察可能便会得到改进。

　　我们希望此时你已经认识到并真正认同接下来的观点：你和你所处的环境并不是独立的实体，而是共同建立了一个功能运作的、相互影响的、完全的系统。若没有你的环境，你——包括你的感受、想法和行动的倾向——就无法组织、专注并具有明确指向；另一方面，如果没有作为一个活生生的、分化的觉察组织的你，你的环境对于你来说便是不存在的。你对于你与环境间统一的相互作用的感觉就是接触，接触的过程就是形成和强化图形/背景的对比，也就是说，如我们所看见的，自发注意和高涨兴奋的作用。因此对于你——一个有生命的存在而言，接触就是根本的真实。

对于大部分人来说，通过触摸（touching）、闻（smelling）和尝（tasting）而得到的接触感觉是能够较好保留的。但对于通过间隔更远的看（seeing）与听（hearing）所得到的感觉，大多数现代人会觉得他们受到了外部刺激的侵入——也就是说，他们的所见与所闻是外部世界不容分辩地强加于他们的——并且他们或多或少是根据"防御反射"（defensive reflexes）的模式来回应的。这种行为是偏执投射（paranoid projection）的一种症状，我们稍后会讨论到。大多数人几乎意识不到，他们的看和听是一种向外延伸，是在向引起他们兴趣并且可能满足他们需要的一切事物的积极伸展。意识不到这一点，人们就会觉得环境是在攻击他们——而非觉得环境是健康的有机体存在的必要条件。因此，正是由于人们的需要显然必须在环境中由环境来满足，而他们又意识不到这一点，所以他们想要环境来攻击他们！这个令现代人难以理解和接受的观点，换句话说，就是有机体和他的支持环境必须有亲密的接触才能生长、发展和生存；但是如果——而这是我们需要去证明的——有机体由于先前功能运作中获得的恐惧和忧虑而不敢启动并承担必要的接触活动，而必要的接触对于继续生存又是必需的，那么启动并承担的责任就被强加于环境。由环境中的哪个部分来完成这个任务，每个人的期待并不一致。例如，这个部分可以是"我的亲人们""政府""社会"又或者是"上帝"。这些机构可能会"提供我需要的"或者"让我做我必须做的"。

我们明白，你们中许多人现在拒绝接受这个观点。比如，说一个人把他的所见所闻当成环境强加于他的就是显示出偏执投射的症状，这显然说得太重了。但现实的例外会立刻自动显露。环境偶尔的确会攻击，如果不是这样的话，有机体的健康防御——也就是我们希望可以加强并且提供更多有效的武器的部分——就显得太多余了。

至于一个人最亲近的感觉，即本体感受——个体对自身运动的感觉——人们倾向于只觉察到和接受被刻意设置的运动，即他们"有目的的"运动。他们与重力、体积等其他事物自发的肌肉互动都是在未被觉察的情况下进行的。

我们必须重新获知的是，认识到是你在看，在听，在动；是你集中在客体上——不论它们是有趣还是无聊，令人满意还是充满敌意，美、丑还是平淡无奇。如果你觉得环境是被"给予"或"强加"给你的，或者说得好听一些，是你"需要忍受的"，你就是在倾向于保持它现有的令人不满的部分。这特别适用于你周围的小环境，但从某种程度上来说，也适用于更远、更"公共的"大环境。例如，考虑到这点的重要性，在城市的街道规划问题中，如果人们把这个环境当成他们的关注点和他们的环境，那么我们很快将拥有更好的城市。而只有"无论如何我对此都无能为力"这样的态度，这种看似无助的认识，才会延缓必要的打破与重建。

通向完整健康的感受的基本障碍，是人们只接受他们刻意为之的感受——也就是"有目的"而为之的感受。除此之外的行为，人们都倾向于刻意忽略。因此，现代人将他们的"意志"（will）与自身这个有机体及其周边的环境隔离起来，并且谈论"意志的力量"（will power），好像这是为了超越肉体和世俗的限制而必须引用的概念。所以，为了拓展你的觉察的范围，现在开始注意你自发的自体，并且试图去感受你刻意为之的功能运作和自然发生的功能运作之间有何不同。

当你第一次尝试以下实验的时候，你会无法辨别真正的觉察和内省，并且你可能会认为我们意在让你内省。但事实并非如此。觉察是自发地感受到你内在的唤起——你此时在做什么，感受什么，计划什么。而相反地，内省是通过评价、纠正、控制、干涉的方式将注意转向这些唤起活动。由于投入了大量的注意，这些活动被调整或无法被察觉到。习惯性内省是病态的；偶尔的内省，正如心理学家或诗人所做的，是一种有用但难以掌握的技术。

觉察像是煤炭自燃时散发的光彩，而内省更像一个物体被闪光灯照到时反射的光。觉察是在煤炭（一个完全的有机体）内部发生的过程，而内省是在闪光灯（一个有机体中分离出来并且高度主观化的部分，我们将之称为"刻意的自我"［deliberate ego］）的导演下才发生的过程。当你觉得牙痛时，你不通过内省就能觉察到它；但是当然，你也可能对它进行反省——咬到了疼痛的牙齿，用你的手指摇动它，或者故意忽略它，坚忍地逼迫注意力离开它。

在这个觉察实验中，让你的注意力自由转换并未允许图形/背景形成。先前的实验大部分被限制于外感受器——由身体表面的感受器，比如那些视觉、听觉、嗅觉、味觉和触觉的感受器——给予的体验，但是现在我们将要增加本体感受器所给予的"身"与"心"的体验，而这些感受器在肌肉、关节和肌腱之中。一开始，你将几乎确定地仅仅内省这些自体感受（self-feelings）——并且阻碍它们。在你做的时候，准确地留意到这种阻碍（阻抗）和冲突——力量的对立——它们是这种阻碍和冲突的一部分。

我们的觉察技术可能作为瑜伽的一个变体冲击你。对的，但是它的目标是不同的。在西方我们几个世纪以来主要将我们自己投身于"外部世界"的外感受器，而印度人转向增强的"身体"觉察和自体。我们想要完全克服这种二分法。印度人试图通过麻木感知并因此从"环境"中隔绝自己去克服苦难和冲突。在另一方面，让我们不要惧怕让感受和对刺激的回应更有生气，并且扰动这种冲突，许多这种冲突对于最终获得完整的人的单一功能运作是必要的。我们的重点在自体觉察，并非因为这是生活的最终所得（尽管它是件好事情），而是因为这是我们大多数人被阻碍的地方。无论在此之上有什么，当一个人拥有这种觉察和能量去做出这种创造性调整时，个体都会在自己的创造性调整中为自己寻得。

选择一个你将不会被闯入者打扰的地方。舒服地坐或躺在舒适的，最好不是太软的椅子、沙发或床上。不要试图放松，不过，如果放松自发地到来，不要试图阻止它。

被迫的放松和被迫的专注一样不可靠。阻碍放松的肌肉紧张建立了我们想要留意的特有的阻抗的重要部分，所以我们一定不能将它们赶出开始的画面。随着你实验的继续，你将会发现在某些方面你自发地更加放松，但是你将也开始注意你是如何阻止放松的——例如，通过控制你的呼吸或者用你的手抓住沙发的边缘。有时，当你注意到紧张时，你会放松它；另一些时候你将会被一种强烈的焦虑不适、完全无法舒服并且迫切地要起来并结束这个实验的需要所带走。注意这些事情，以及它们产生的确切的点。

当我们说"不要放松"时，这是在阻止你尝试不可能之事。被迫的放松有时能够在一个或更多的地方被获得，但只能以在别处绷紧为代价。在我们实验的这个阶段，对放松的阻抗有所觉察是可能的，但是对紧张产生普遍的放松是不可能的。除非我们强调这一点，否则你极有可能处理不可能之事——并且提前接受失败。我们的社会经常要求我们完成不可能之事。我们没有成长、训练或者对获得许多受社会尊敬的品质有必要的体验，却被告知要强大，要有意志力量，要善良、宽恕而耐心。这种要求坚决而广泛地压在我们身上，以致我们感到它们必须有道理——因此，我们逼迫自己经历我们认为合适的动作！

在第一个实验中我们注意到，尽管活在过去或未来是病态的，但是从现在的进步观点来看，记得过去所发生的事情并且为未来的事件做计划是健康的。我们现在给出为加强你记忆能力而设计的一个实验的指导：

选择某个不太遥远或不太困难的回忆，例如，在幻想中重游一位友人的房子。闭上你的眼睛。你实际上看到了什么？那扇门——有人打开它吗？家具？其他人？不要尝试搜寻什么在你"心中"——你认为什么是应该在那儿的——而仅仅是持续回到那个你记得的地方并且注意到那里有什么。

完成任何一个情境或者对它而言未完成的事物，这是有机体的一个基本倾向；因此，如果你执着于所选择的回忆情境，图形/背景将会完全不带有你的刻意介入而形成。尤其是，不要想或者做如下推理："这里本该有椅子的。它们去了哪里？"单纯地去看见。将上一个实验中的技术——详细的抽象——用于你的想象中。把这些图像当作正存在于你此时此地的当下感觉之中。很快，那些被遗忘的细节就会自动浮现。但你很快就会产生阻抗——例如，因为分明就在那里却无法看到，或者是话到了嘴边却说不出来而感到厌烦。重申一遍，不要逼迫你自己。看看你能否把这个事项放在一边，它有可能会在长久的等待之后突然闪现。但是，有一些可以填满某个场景的事项会因为你过于强烈的阻抗而不出现；另一些客体没有被记住，则是因为在第一次的体验之中没有引起足够的兴趣而未被纳入图形。

人们的视觉记忆差别很大，有的人几乎没有，另一些人，像歌德，则具有全现遗觉（照相式）记忆力（eidetic［photographic］memory）。全现遗觉记忆力是"幼稚的"。你拥有它就如同孩童或动物拥有它一般。很少有人能保有过目不忘的重现（re-view）的能力，可以轻松地转换图形和背景。我们的"教育"的传统要求是，从生动的情景中将有用的客体和语言知识概括起来，所以过目不忘的能力被压抑到只能在梦中体验。

如同其他的优势一般，全现遗觉记忆力可以得到很好的利用，就像歌德；或者被误用，例如一个病人可以用照相般的准确性读完所有内容并且通过考试，对内容却没有任何的理解或同化（一个很好的内摄案例）。

如果你现在几乎没有视觉记忆——一种"用你的心灵之眼"栩栩如生地看见的能力——这可能是因为，在你和所处的环境之间，你竖起了一堵话语和思想的高墙。你的世界并没有被真正地体会过，接触只发展到刚够激活你之前获得的抽象系统的程度。智识（intellect）取代了生动的参与。我们稍后会讨论到一个很有价值的实验，涉及获得生活在非语言区域（一种内在平静的境地）中的能力。与此同时，你一定要像真的在形象化那样地进行下去。尽管你将体验到的东西大部分是你试图记忆的事件的影子，但是有时你会得到一个视觉片段。

阻抗主要是指眼部肌肉紧张，就像在凝视时那样。它可能会帮助你闭上眼睛假装入睡。尽管你常常会真的睡着，你可以练习保持在睡和醒的临界点上，也就是入睡表象（hypnagogic image）出现的阶段。它们可能会以颠三倒四的、不连贯的形式出现，但是你要接受它们——因为它们不代表你在变疯——也不要因为它们的无意义而藐视它们。它们可以作为恢复你形象化和记忆能力的通道。

同类的练习可以应用于声音和其他感官。注意你在试图回忆人声时的阻抗。如果你在这里失败了，你可以确信你从未真正聆听过别人的话。你可能已被你有机会时想要说的话所填满，或者你可能比你想象的还要不喜欢说话的那个人。

气味、味道和动作并不能如此轻松地用生动的方式重新感受，只能当作一种健康的幻觉。但是，如果你可以重新感受其中任何一者，你会发现这些近距离的感觉会充满你的情感。情绪是内外感受器统一的格式塔，我们之后会更具体地讨论它。看和听，因为它们是"远距离的"感觉，所以相对容易与"身体"生动的参与分离开来，并且变得不带有感情——除了我们对于绘画和音乐的回应，它们倾向于穿透我们的肌肉阻隔。尝和闻是"近距离"的感觉，可以保持情感基调——尽管麻木的味觉和不通的鼻子是非常常见的阻抗。

现在做一个和前面一样的记忆实验，但这一次不是仅仅强调视觉，而是试着整合尽可能多的感觉——不仅包括你曾看见的，而且包括你曾听见的、闻到的、品尝的、触摸的和感受到的——并且试着去重新捕捉这些经验中的情感基调。

你是否抗拒回忆某个人？你是否注意到你能够记得无生命物，或人的影像，而非他们本人？你回忆起的场景是静态的，还是运动的？场景中是否有戏剧——动机？你只能快速地一瞥，还是你可以在不丢失全局的情况下追随细节？这些图像是消退了还是变得朦胧了？

以下列举了一系列对此实验的反应，我们将从这个例子开始，提醒大家"潜能验证"（proof of potency）是所有阻抗中最具自我破坏性的一种：

> "在这项任务中我没有遇到任何困难。我能够清晰地记得场景、事件、人物，无论是最近的还是从前的。我注意到，在记忆流淌的时候我没有任何的紧张或阻隔。"

在回忆体验（recall-experiences）中，有些个体发现，尽管他们可以获得很好的视觉图像，但是他们十分缺乏声音图像。还有些人则遇到其他状况。

> "记忆实验是目前为止让我收获最多的，因为它让我对自己的缺点有了戏剧化的洞察。我曾非常自满，觉得我已经非常了解图形/背景、专注、实现等等，了解其中包括了什么，但是这个实验的结果令我更加震惊。
>
> "一直以来我都知道我看见和在记忆中看见的能力非常突出，但是我不曾知道在多大程度上它主导了我的觉察，或者很遗憾地说，它掩盖了我不足的部分。由于我是一名美术爱好者，过去我偶尔会对朋友们说：'美术对于我就像音乐对于其他人一样。'因为目睹了现代抽象画家让大众接受他们作品的艰难，所以我知道大多数人对于视觉的图形/背景

是无视的，对于声音的图形/背景却是欣赏的。但我不曾知道的是，我自己实际上对声音的图形/背景非常麻木。

"赤裸裸的真相就是，在记忆实验中，我无法回忆任何声音体验。于是之后我就开始非常努力地在听了——比如说，我开始领悟到，跳舞比滑动脚步有更多的意义。"

许多人报告说，重现有生命的和运动的事物很难；也有许多人无法记忆彩色，只能形象化出黑白。人们的图像可能在他们自己不在的情况下被记住。从很多案例中可以发现，个体在个人生活中缺失，而他人拥有的部分会引起个体对于这个缺乏觉察的感觉的兴趣和关注，以此来修正。

"在我阅读指导语和讨论这个实验之前，我一直认为讨论一些形象就是一种演讲的图形。我猜我当时认为，我们所记忆的就是我们用言语所表达的。我现在获得的一点小进展是，会出现一些模糊的图像了，偶尔也会有相对清晰的记忆闪过。奇怪的是，对我来说记住声音比记住图像更容易。"

回忆事件对个人的重要性会明显影响到记忆的生动性。例如：

"声音要么完全不出现，要么是有穿透力的事实，令人恐惧。那是我母亲和继父的声音。每当我听到他们的声音时，心就飘了起来，睡意也会来袭。"

另一个报告如下：

"我发现回忆好的事情比坏的事情更加容易也更放松。有一件事回忆起来的时候让我的腿不自觉地动了起来。在那个情境里，我需要迅速跳开，不然就会被一个坏了的啤酒瓶割伤。在回忆中我几乎重温了一遍事情的经过，这令我非常惊讶。我竟然感受到了自己当时急促的呼吸和心跳。"

最后一个个人陈述，我们引用如下部分：

"我必须汇报，我在声音测试中完全失败了。令我震惊的是，我完全无法重现我父母的声音。我觉得我耳朵的灵敏度还可以，我可以很快注意到口音和人声中独特的模式。但我发现我真的无法回忆出他们的声音，除非在他们离开的几分钟内。就算我用一天时间回忆他们的声音也是徒劳的。

"上面我没有提到的是一次试图回忆一个声音的经历。在此之前我都只能回忆起快乐的场景。那一次我刻意去回忆一个不愉快的场景。一开始我并没有成功，但是我坚持了一下，回忆就产生了。当时我的心境一下子变得很清晰。每一个微小的细节都被重新捕捉到了。然后我仿佛听到一个声音。那声音来自一个我想要与之结婚的男人。这个印象转瞬即逝，但我立刻陷入了手足无措的境地，以致无法进行下去。"

实验 6：强化身体感觉

我们提升自体觉察的策略是扩展任何方向的当下觉察。为了做到这一点，我们必须把你的注意力转移到你更想回避或是不想接受的体验上去。这样，你惯常用来阻抗觉察的策略系统就会逐渐显现出来。当你可以从你的行为中认识到它们时，我们就可以把注意力直接集中于它们的特殊形式，并试图重新引导能量，有了这一能量，这些阻抗可进入你的有机体具有建设性的功能运作。

我们现在的这组实验主要关注无方向的觉察，而非稍后要谈论到的有方向的觉察。下面的一般指导语用于设置恰当的情境：

（1）保持真实感——也就是让你的觉察存在于当下的这种感觉。（2）试着认识到你正在经历这种体验；实践它，观察它，忍受它，阻抗它。（3）到达并且追随所有的体验，包括：外部的和内部的；抽象的和具体的；关于过去的和关于未来的；那些你希望的、你觉得应该的，那些仅仅是存在着的；那些你刻意让它们产生的，以及那些看上去自发产生的。（4）无论是什么体验，都要表达出来："现在我觉察到……"

从哲学的观点看，这是一个现象学的训练：认识到你的思维顺序、你的表面的体验——无论它是什么或代表什么——都首先存在于它们本身。就算有些事物只是一个"愿望"，它也是一个事物——一个愿望的事件本身。因此，它和其他东西一样真实。

只要你醒着，就会觉察到一些事物。当你心不在焉或者迷迷糊糊的时候，觉察是很有限的，图形/背景并不会发展出来，包括了视图和幻想等的过程也并不会沉淀为记忆、期许、计划和行动这样强烈的体验。就非语言的体验而言，许多人生活在长期的混沌之中，而且因为只注意到大量的言语思考，所以他们把这种言语表达当作全部的现实。

这一点可能适用于你——它可能不同程度地适用于我们所有人——至少，你觉察得到这种言语的存在，并且你可能也感受到并非只有这些。而绝大多数人仅仅模模糊糊地觉察而几乎意识不到的东西，只能通过给予足够的关注和兴趣才会进入觉察——以便一个强大到可以沉淀为体验的格式塔形成。当然，的确存在一些"被压抑的内容"，并且这些客体我们无法简单地通过"到达它不在的地方"来使之进入觉察——但我们可以通过试图解决对觉察的阻碍来继续。

对于每一段体验，都用语言表达"此时我觉察到……"，这与弗洛伊德的自由联想是相似的，后者也是旨在放松体验的一贯模式，并且正如一个人对之进行言语化的能力所表明的，让典型的未觉察、未感受的体验成为可能。但是自由联想会失去现实的内容，并且常常成为自由分裂，或者一种用以解决现实问题的回避要害的方式。此外，自由联想一般仅限于"主意""想法""心理过程"。相反地，我们的尝试是为了恢复所有相伴而来的经验——无论它们是身体的还是精神的，是感觉的、情绪的，还是语言的——因为正是在"身体""心智"和"环境"（均为抽象）的单一功能运作中，生动的图形/背景才得以浮现。

此处最大的障碍是个体通过阻止（"删改"）或是强推的手段干涉进而误导体验的单一流动。因为我们的兴趣并不在于发现某一个特别的对象（比如一件童年往事），而是扩展和改善整合的功能运作，我们不会比试图强行放松更需要逼迫自己表达任何事情——比如一件尴尬的事。逼迫自己做不会发生的事情，除非那里自发地存在逆反去抑制，而后者作为一种对立的力量，恰如真实的你，并且和力量一样值得考虑。要不顾阻扰，缓慢向前——例如，忽视尴尬，厚颜无耻——就如同开一辆带着手闸的车一般徒劳而疲倦。我们的方法是首先获得尴尬背后的领悟，并且抑制一个因为会产生太多焦虑而此时不在觉察中出现的隐藏冲突。此刻仅仅仔细地注意这种冲突的任何证据就足够了。

除非你的体验的特点是非常小心谨慎，难以摆脱特性（在这种情况下，你将要通过其他一些方法使这个实验无效），被应用到你所有体验中的"此时我觉察到……"，总会让你游离进入白日梦、"思考"、怀旧，或是展望。当你因此从实验中偏离时，你将会失去你此时正在这么做的觉察，并且你会在懊恼于这个简单的任务是如此难以演示中醒来。不要在开始时期待能够坚持超过几分钟而不出错。但是一次次回来去言语化："此时我觉察到……"直到你感受到"我""此时"以及觉察的对象建立了一个统一体验。

所以，坚持这个公式，并进一步地，不偏离对表面与显而易见的东西的坚持。不要试图开始觉察非凡与晦涩。不要猜测"潜意识"的理解。坚定地保持"是什么"。不要有先入之见，不要有任何形式的模型，不要有任何种类的官方路标，为你自己而来。在这么做的时候你获得了在你习惯性认同的刻意的——"有目的的"——行动之外，认同你自己与你自发的体验的机会。此目的是拓展你接受什么是你自己的边界，以便包含所有的有机体活动。通过缓慢而持久地做这件事，你将会逐渐变得能够不费力地去做先前无论费多少力都不可能完成的事。

　　所以我们以这样的一种简单的形式进行："此时我觉察到我正躺在沙发上。此时我觉察到去做觉察实验的愿望。此时我觉察到，问我自己先做什么的犹豫。此时我觉察到隔壁的收音机在播放。那提醒了我……不，我觉察到我意在收听那个节目。我觉察到我让自己停止游离。此时我再一次感到迷茫。我记得不偏离表面的建议。此时我觉察到我双腿交叉地躺着。此时我觉察到我背后在疼。我觉察到想改变我姿势的愿望。此时我在那样做。"等等。

注意到进展正在继续并且你被卷入，在意这些进展。领悟这种持续的卷入是非常困难的，大多数人通过仅仅将那些刻意的过程接受为他们自己的——通过认同他们自己——来逃离。但是一点一滴地你在为你所有的体验（我们并不是说要责备体验!）——包括你的阻碍和症状——承担更多的责任，并且逐渐地去获得自由的接纳和自体控制。在没有任何来自你的帮助的情况下，"想法"自己主动地"进入你的心"，这种观念一定要让位于这一洞见，即你正在思考这些想法。目前注意到想法并不像宇宙中漂浮的物体，而是有某种时间跨度的过程，这就足够了。

现在，仍然接纳自己，并且将你自己认同为你所有的觉察，开始如下区分：

首先尝试主要留意外部事件——景象、声音、味道——但是不要压抑其他体验。然后，截然相反地，专注于内部过程——图像、身体感知、肌肉紧张、情绪、想法。然后，尽你所能地专注于图像，然后是肌肉紧张，等等，以此来逐一地区分这些不同的内部过程。像之前那样，仔细地识别不同的对象或者活动，如果可能的话，还有它们组成的任何动态戏剧化的场景，由此来跟随这些想法。

　　这个实验的剩余部分和接下来的两个实验致力于帮助你区分"身体""情绪"和"思考"。

　　我们社会中几乎所有的人都已经失去了他们身体很大区域的本体感受。这种丧失并非偶然。当它发生时，它是唯一压抑无法忍受的冲突的方式。曾经处于紧要关头的事件，如果现在逐渐重新引入觉察，能够在确实解决并且终结冲突的基础上完成。之后所失去的——一个人拥有的力量，凭借这一力量，他以各种建设性的方式操控自己和环境，去享受现在处于觉察范围之外的感受和满足——能够通过重新移动有机体现在"失去"的部分来恢复。下面的实验旨在带你沿着这条路启程：

　　　　专注于你作为整体的"身体"感觉。让你的注意力游遍你身体的每一个部分。你自己能够感受到多少？你的身体——并且因此你自己——在多大程度上，以多大的精确度和清晰度存在？注意依次被忽略的痛苦、疼痛和刺痛。什么样的肌肉紧张是你能够感受到的？留意它们，允许它们继续，而不要幼稚地尝试去放松它们。试图形成它们准确的限制。注意你的皮肤感觉。你能感受到作为整体的你的身体吗？你能感受到你的头是在哪里与你的躯干相连接的吗？你的生殖器在哪里？你的胸在哪里？你的四肢呢？

　　如果你相信以上实验你已经完全成功了，几乎可以肯定你弄错了。大多数人缺乏他们身体部分足够的本体感觉，而用视觉化或者理论来替代。例如，他们知道他们的腿在哪里，所以把它们画在那里。这不是感受它们在那里！通过你腿的图像或你身体的地图，你可以刻意地、勉强地走，跑或踢；但为了这些部分自由、无压迫、自发地进行功能运作，你需要与你的腿本身有感受到的接触。你必须直接从它们的紧张和运动趋势来获得这一感受到的接触。只要自体的言语概念和自体的感受到的觉察之间不一致——并且从某种程度来说，这实际上存在于几乎每个人——这就是神经症。所以当你从一个滑向另一个时，注意不同之处，并且不要欺骗你自己其实你感受的比你做的多。像下面这样言语化是有帮助的："此时我觉察到我的胸腔有些紧——但是此时我正在视觉化我喉咙和胸腔的关系——并且此时我仅仅知道我想呕吐。"

身体觉察的实验普遍是困难的，并且唤醒阻抗与焦虑。但是它极其重要，并且值得花很多很多小时去做——适中的量！它不仅是解决"机动铠甲"（阻抗被固定的肌肉紧张）的基础，而且是治愈所有躯体化不适的方法。一旦你感受到这种症状的身体结构，被报道的奇迹治愈（miracle-cures）——比如在几分钟之内解决一个急性神经症症状——在你看来就将是自然的。神经症人格通过未觉察到的肌肉控制创造它的症状。但不幸的是，神经症人格不能领会此处症状是图形而人格是背景——这是体验的图形/背景的症状/人格例子。他已经失去了与人格背景的接触，并且觉察中仅有症状。只要这适用于你，在你清楚地感觉到你自己正在做什么、如何做和为什么做之前，许多重新整合就是有必要的。但是这个实验和后面的身体觉察实验，如果得到认真的演示，会直接把你带上路。现在重要的不是"成功"而仅仅是真诚、放松地向前走。如果你抱着这样的想法，即你"应该"能够做任何放在你前面的事，你立刻就会把你可能开始觉察到的东西限制为你现在已经知道和期待的东西。尽你所能地，保持接受、实验和好奇——因为用这种方法所发现的关于你自己的东西是令人着迷、充满生机的知识！所以，再一次：

> 行走，说话，或者坐下；觉察本体感受的细节而不要用任何方式打扰它们。

当你发觉这很困难的时候不要沮丧。你是如此习惯于你的姿态、说话的方式或任何浅表的"正确"，以至你觉得用一种"错误的"方式向前走或者"用一种不好的声调"说话是几乎不可能的，尽管你充分认识到，任何迅速、刻意的重新调整都将和大多数新年决心一样无效而短暂。事实上，你对什么是"正确的"方式的观念可能是不可靠的，因为其基础可能是一个错误的军事标准或某个演员的声音。

在做这个实验的时候，你可能突然觉察到你被分为一个唠叨的人和一个忍受唠叨的人。若如此，尽可能生动地注意这一点。如果可能，在各个角色中感受你自己——作为"唠叨者"和"忍受唠叨者"。最终：

> 当你舒服地坐着或躺着时，觉察不同的身体感觉（body-sensations）和动作（呼吸、握紧、胃的收缩等等），看看在各种紧张、疼痛和感觉中，你是否能注意到任何组合或者结构——看上去协调并形成一个模式的东西。注意你经常停下呼吸并且抑制你的呼吸。这是否伴随着胳膊、手指，或者胃部及生殖器的收缩中的某些紧张？或者，抑制你的呼吸和绷紧的耳朵之间有什么联系？再或者，抑制你的呼吸和皮肤感觉之间有什么联系？你能发现什么样的组合？

既然几乎每个人都报告了做身体觉察实验的困难，我们就用各种个人反应及少量例外开始我们的引文：

> "有关身体感受的觉察，我显然能够完成要求我做的事情。我对它的一般反应都是：'所以呢？'"

这种反应类型我们先前已经评论为"潜能验证"。就像这里，它可以采用实验的方式并且以实验的方式结束——在一个人真正地开始之前！

> "当我专注在身体上时，我开始觉察到不明显的刺痛和疼痛，特别是在四肢内部，在正在进行的活动的正常流转中我通常注意不到它。"

我们对"不明显的"这个术语有疑问。任何事物都可能被评价为无足轻重，如果一个人不允许它去发展并显现它的重要性的话。将这些现象当作无足轻重——因此不是应关注或负责的事情——这个愿望是容易被理解的。一个人也可以理解阻抗，阻抗将它自己合理化为对抑郁症的预防：

> "我从小就体弱多病，我被教导并且告诉我自己要忽略身体的疼痛与痛苦。我有点轻率地进行这个实验，并且我已能够轻微地感受到我的身体，以及它所有的不寻常和紧张。至于我将要接受它，这是因为在'不了解'我的身体中度过我早年的岁月之后，我对允许它的疼痛和扭曲占据我心智的过多注意力心怀顾虑。"

如果让你熟悉你的有机体当下的故障，然后离开，留下你孤立无援，没有进一步的有效动作——这曾是我们的终极目的——那么这个人的立场是不容置疑的。我们已试图强调，这是准备工作，是为了在你现有的有机体/环境情况方面给予你更好的定位而设计的。特别是，在这个实验中，这个目标是让你探索存在于你体内的长期、"无意义的"紧张。一旦你自己在直接觉察这种情境的基础上真诚地感受到改变它的需要，那么展示正确的程序就变得现实可行了。

在做这个实验时许多人的确生动地体验了他们的人格分裂为一个唠叨的人和一个忍受唠叨的人。

"我发现当我觉察到说话、坐着或者走着的时候，我永远在试图纠正或者重新调整我正在做的事情。"

少数人能够稍稍强烈地认同他们自己为"忍受唠叨的人"——仅此一次站在他这边——而非他们平时的实践：

"困难的并非发现避免修正我的姿势和演说，相反地，我发现这令人极其高兴！我能够忽略正在唠叨着要纠正的那部分我。"

现在我们来看某些陈述，陈述人更多地被他们发现的、正在他们身体中进行的事情所惊扰：

"开始时我对于这个实验的感受是极力贬低。在我得到任何结果之前已经过了三周。然后我突然开始觉察到肌肉紧张。一开始我就觉得自己是一大片打结的肌肉。事实上，甚至在写下它时，我也感觉到部分的我是打结的。最严重的紧张似乎在背的局部、颈子后面和腿的上面部分。我也注意到，在我做这些实验时，我的心智会让它自身专注于一个小的愤怒或者痛苦，之后，由于我不断觉察到这微小的愤怒，我全部的意识就会被导向它，掩盖了我身体的其他部分。这些紧张让我意识到阻抗和紧张是同一件事的不同部分——或者可能就是同一件事！我对一些紧张的原因有了某些洞见，但是目前并未成功地将它放松到任何程度。"

这里所说的"洞见"大多是言语和理论形式的，尽管随着它的进展目前它可能是完全正确的，但它里面并不包含感受到的重要性（the felt-significance），而这是紧张得到真正放松的前提。

"通常——也就是说，在我让我的'注意力在我身体中游走'之前——我将我的身体感受仅仅觉察为一个笼统的杂声，一种不好定义的一般的活力与温暖感。但是，将此细分为组合感觉的尝试是带来了真实的惊愕。我开始在我身体的各个部分觉察到一系列紧张：当我坐在一把椅子上时的膝盖和大腿下部；腘的区域；眼睛、肩膀和颈背侧区。这种发现令我震惊。几乎就像我的感受进入了有紧张、僵化和压力的异质躯体，和我的完全不同。几乎是一发现我就能够放松这些紧张了。这反过来让我觉察到松弛感，甚至让我兴高采烈；一种突然的自由、快乐，以及对任何要降临事物的准备。除了这些愉快的感觉，我觉察不到任何情绪、焦虑、害怕，与这些紧张和它们的放松相联系。此外，尽管我忍受这些紧张的存在并成功地放松它们，但它们一定会回来，而后面的会谈重复这个探索—放松—满意的循环。"

绝对不能嘲笑这个人获得的兴高采烈的放松。它可以与按摩的效果或者埃德蒙·雅各布森[①]提出的"渐进式放松"的效果相比拟。缺失的是产生紧张的冲突的最终解决。正如他所说的，"它们一定会回来"。但是，因为它们如此轻易地屈服，所以卷入这些特定的紧张之中的冲突大概是浅表的，并且，如果紧张被专注而非幼稚且重复地放松，它们可能相当迅速地被迫放弃它们的意义并被彻底地清理。

"身体感觉的实验是十分戏剧化的。稍有困难，我就能够捕捉到肌肉的紧张。一开始这令人十分恐惧。腿和手臂的紧张清清楚楚地经历了，如同白齿上方，上颚的僵硬与紧张。很强烈，像是剧烈的牙疼，但是没有痛苦。我能够记得的仅有的另一次感受是在一个畅饮啤酒派对上，就在我感觉恶心之前。伴随着这阵紧张的是一阵颈部肌肉的紧张，让我感到好像要犯恶心了。我疑心这是否有什么联系。"

有的！在两个例子中展示的都是呕吐反射的开始及阻抗。

"有一种极端的倾向，即要从这个练习中逃走。睡眠常常战胜我。我注意到在我的脖颈和下巴内部有一种僵硬。我

---

① 埃德蒙·雅各布森（Edmund Jacobson，1888—1983），美国内科医生、精神科医生、心理学家，渐进式肌肉放松（progressive muscle relaxation）和生物反馈法的创立者。——译注

观察我的呼吸并发现自己在夸张地深呼吸，以确定我有完整呼吸的能力。我有某些能力，去将身体部分的关系视觉化，但是通常我不得不缩紧我的肌肉以继续这个练习。这整个实验中，我的下巴和脖颈僵硬，双腿紧张，手指部分放松并且背部微拱。"

压制性紧张并不像上面归纳的这样，相反，它似乎高度集中，如下所述：

"我是在一辆火车上做内部肌肉紧张的觉察练习的，因此我第一次做的时候是坐着的。从那时起，我已经在躺下、站定甚至走路时尝试了这个特定阶段，但是我无法保证在第一个阶段之后的所有发现的正确性，因为之后我所注意到的东西对我而言太令人惊讶，以至现在无论何时我试图去看那紧张是否仍在那里，我都一定找得到它。然而，关键是，我如何知道我对它的这种专注并未反而诱发它出现？

"这是所发生的：当我最终游走到我的直肠区域的时候我正在感受我的内在，在那里我注意到了对我来说似乎是愚蠢的紧张，是我从前完全没有觉察到的。在那里我和我尽可能收紧的直肠肌肉一起坐着。

"就好像我用结肠的较低部分屏住呼吸一样，如果那个比喻有任何意义的话。我把这种紧张称为愚蠢，因为我审视自己时发现我并没有排便感，但是我坐在那里，我的括约肌好像和我一样紧张。相应地，我发现紧张带在我的肚脐区域扩展，穿过我的肚子，并不十分强烈，似乎和直肠的紧张一样。

　　"从那时起，当我躺下时，我突然转向我的直肠肌，去看它们是否紧张，而可以肯定的是，它们在紧张！我并不刻意躺下去测试这种紧张（因为这样的话我肯定会在那里发现它），而是在发现自己在床上时去寻找它。其他时候，当我坐着时，我不会开始去发现它，我仅仅从任何我正在做的事情上转移向它。我总是在此时发现它。这可能仅仅是一种自然的、生理的紧张，是应该在那里的一种紧张，但是无论如何，之前我从未注意到它。"

　　这种特定的紧张是众所周知的。大约三十年前费伦齐①将之称为特有的"阻抗的压力计"。它存在于长期便秘的人，它的缓解是这种心理躯体化症状的终结。

　　"'注意到你通常忽略的痛苦和疼痛。'当我读到这句话时我想，正好相反，是当你有痛苦的时候你开始觉察到疼痛的部分；但是，稍后我惊奇地发现，当我刻意专注于我坐着的方式时，我首先注意到膝盖下部的痛苦——它似乎之前已经在那里了，尽管我真的没有觉察到它。"

　　上面指出了一个言语困难。谈及一种一个人未觉察到的痛苦，这听起来像是在术语上有矛盾；为了精确起见，我们需要谈及某些未觉察的情况，而如果觉察到，则和痛苦的体验一样。

---

①　桑多尔·费伦齐（Sándor Ferenczi, 1873—1933），匈牙利心理学家，早期精神分析的代表人物之一。——译注

"获得身体觉察的一个好得多的方法是，规定练习和运动。"

运动员在身体觉察方面并不出色，但是体操、舞蹈和其他强调平衡与协调的活动的确倾向于保持甚至恢复身体觉察的活力。相同的帮助有按摩、电振器、沉浸在浴缸中，以及在紧张的地方放一个热水瓶。

"我突然发现我拿我的胳膊无可奈何。我觉察到尴尬地将它们交叉于我的胸前。我把它们放进我的口袋。我觉察到不舒服。我一直在转换并且我突然觉察到感觉疑惑。我几乎立刻起床并且踱来踱去。我妻子叫我吃晚餐，而我为离开这个实验而高兴。"

注意力以这种形式集中在身体的某些部分，而你之后产生的行为都没有带来满足并结束坐立不安的状态，这些不同的失败行为有时可能被正确地解释为分心，而分心意在阻止你开始觉察你真正想用你身体的这些部分去做什么。

"甚至在读关于这个实验的材料时我也发现我自己意识到僵硬的肌肉紧张（特别是在我的四肢末端），并且在极力保持专注中我经常屏住我的呼吸。这一切都发生了，尽管我对卷入的材料抱有兴趣。"

尽管有兴趣，还是有忧虑和某些要逃跑的倾向，在此我们可以说吗？

"我的想法突然停住了。我发现我自己此时轻轻地握紧了我的拳头。我的胸膛似乎挺起来，好像我要呐喊什么。我无法思考我在尝试什么，甚至是何时在尝试。"

这呐喊在一个月后用一种未婚妻爱管闲事的父母的有效"责备"的形式浮出水面！

"在我身体的特定部分只有空白和无聊的感受。我知道'背的中间'在那里，但是我没法感受到它。然后有一种极其荒唐的感受发生了。无论何时我无法接触'背的中间'，我都立刻在无法接触区域的周围体验到一些不同寻常的感受和刺痛。这种感觉极为不寻常，好像在我身体的一个部分有空隙——一个空洞、麻木的点，无法被感受到。"

其他人在头和与躯干之间体验空白点——他们没有感受到的脖颈（felt-neck）——或者脚趾、生殖器、胃等等。

有些人报告在做这个实验之后他们感到疲劳。其他人报告了一种兴奋的终极感受。有些人在初次尝试时报告了疲惫，在稍后的实验中则兴奋。后者出现在某处，通常是在一些"无意义的"紧张被赋予重要性之后。

"在重复探寻这种相同的模式之后——脖颈尤其僵硬，下唇紧张突出并且吐出沉重的呼吸——我发现我能回想起的某些情境，似乎自动地带来这全部的事情。这些全都是我不得不抑制怨恨的情境。在准备将此打字成稿前，我回顾我的笔记，此时最清晰的例子出现了。同时我发现我自己突然咧嘴大笑，我觉察到我曾经具有这种特定的紧张模式，并且——再一次地，所有的一切在同一时刻——我觉察到不得不做这些实验并汇报它们，这让我感到我是如何被戏弄并感到痛苦的。似乎所有指向你的怨恨最终都到达了！之后，当我在任何一段时间内完成身体觉察实验时我都达成感受，并非全都像我开始那样精疲力竭，而是有些神清气爽并且重新振作起来。"

作为最后一个例子，我们做如下引用：

"在多次重复之后我在本体感受实验中成功了，尽管有许多阻抗。我计划继续进行这个实验，因为我已经注意到了一些益处。我已成功地用一种悠闲的方式与我身体的绝大部分发生接触，并且我现在发现这么做让人很愉悦，尽管在一开始它干扰了我。我发现最高明的流程是更频繁地做它，并且用比我初次尝试更短的时间。开始觉察到我的肌肉紧张一开始是一个非常令人担忧的体验。这种体验太多了，以致我的第一印象是：'天哪，真是一团糟！'但是之后的觉察让它们不那么令人担忧了，并且，尽管我并未有意识地努力去放松紧张，但我现在发现接触它们几乎是愉快的。我感受到的主要紧张在胳膊、腿的肌肉之中，跨过胸部、脖颈后面、下巴，跨过太阳穴，在腹腔神经丛中还有一个紧张之处，我相信它在膈的区域。在我最后一次本体感受锻炼中我特别专注于我的胃，并且我确信我与它有强烈的接触。我感受一种连接，就在这里的某些活动和我膈中的肌肉紧张之间，穿过我的胸膛，并且足够奇异地，穿过我的太阳穴。"

实验7：体验情绪的持续

开始的实验集中在外感受性——你觉察"外部世界"的基础。之后，在前一个实验之中，焦点在本体感受上，它提供你"身体"的觉察——它的行动和行动的倾向。但是，这种分开的对"外部"和"内部"的强调仅仅是初步的，因为每一种强调都只是对你的全部体验——包括"外部"和"内部"二者在内——的一种抽象。在现在这个实验中我们要求你不强调二者的任何一个，而是试图觉察当你不再坚持分离时形成的"内部"和"外部"的独立存在的格式塔。

如果"外部世界"和"身体"没有被刻意二分，那么你所体验的就是有机体/环境场——包含了"你的世界之中的你"（you-in-your-world）的分化的统一。这个不断变化中的格式塔从来不是中立的，但是对你来说至关重要，因为它其实是你正在被经历的过程中的生活。它的重要、重大，与你的幸福有关，是无所不在的。从价值的角度出发去体验有机体/环境场，这建构了情绪。

根据这样的定义，情绪是一个连续的过程，因为一个人一生的每一个瞬间都带有某种程度上快乐或不快乐的情感基调。但是，因为在很大程度上，现代人中这种情感体验的连续性在觉察中是被抑制的，所以情绪被视为一种周期性震荡，就在一个人非常想要"练习控制"的场合下莫名其妙地发生在他的行为之中。当然，这样的爆发——如此的"不合理"！——倾向于被担忧和提防。任何可能的时候，一个人都尽量远离可能引发它们的情境。

　　研究行为的大多数学生，尽管显然赞成"情绪"这个术语应该仅用于这种狂热例子的说法，但他们充分认识到高度相似却不那么狂热的其他现象。这些通常被作为"感受"，并且为充分说明这个领域的学术性尝试重复地接受了这个标题：《感受与情绪》（"Feelings and Emotions"）。我们相信这种练习试图将实际上连续的东西截成两段。一个特定的情绪体验在这个连续体上的位置取决于一点：在体验有机体/环境的格式塔中，有机体的关注从背景浮现为图形的程度。

　　情绪，作为有机体对有机体/环境场的直接评价性体验，并不为想法和言语评价所中介（mediate），而是无中介的（immediate）。如此，它便是行为的重要调节器，因为它不仅提供了觉察何为重要之事的基础，而且激发适当的行动；或者如果这不是能够立刻获得的，它指引对此的寻找并为其提供能量。

　　在原始未分化的形式中，情绪仅仅是兴奋，加强的新陈代谢活动和提升的能量调动，是有机体对感受到的新颖或刺激性情境的反应。在新生儿之中这个反应是大量的并且相对未受指导的。然后，随着这名儿童逐渐分化他世界的各个部分——在各种情况下从内部或外部遭遇它的事件群——它相应地将它早期的、广泛的兴奋分化为选择性的、据情境极性化的兴奋。这些需要被当作特定情绪的名称。

　　情绪自身并不空洞而弥散，而就像体验它们的人一样，在结构和功能上鲜明地分化。如果一个人将他的情绪体验为疑惑和粗糙，那么这些术语也可应用于他。由此可以认定，情绪自身并非某种要被除掉的东西，作为清晰的思想和行动的阻碍而受到莫须有的控告。相反，它们不仅是有机体/环境场的能量调节者，而且是独一无二的体验的独特传递者——它们是我们开始觉察我们的关注，并因此觉察我们是谁和这个世界是什么的方式。

情绪的这个功能在我们的社会中被大大地中伤了。如前文所述，它被看作只在危机中，甚至仅当这个人"无法控制他自己"并且"变得情绪化"时产生。镇定（calmness）恰恰被当作情绪的对立面，并且人们努力表现得"冷静镇定，泰然处之"。但是镇定并非没有情感基调，因为它产生于一个特定情境的直接评价性体验，这个情境可被有效处理，或者，在另一极端，我们对之无能为力。它是一个流动的、结局开放的情境，其中一个人感到他处在紧要关头，他的行动可能让这个平衡摇摆，那真的令人兴奋。在这种情境之中去影响镇定是一种"掩护"，通过抑制关心的表现形式来获得。如果他们是敌人，用这种方式去愚弄他人可能是值得的，但是愚弄你自己，这是把你自己当成敌人并且否定你自己关于"怎么了"的觉察。

某些"负面情绪"通常被否认具有情绪重要性。但是诸如无聊和僵硬这样的东西实际上是非常强烈的感受——它们并非仅仅是感受的缺失！一个人感受到冰和他感受到火一样确定。麻木——在期待感受之处感受的缺失——反常地是一种压倒性的强烈感受，如此强烈以至它很快从觉察中被排除了。那就是为什么在这些实验之中，搜索出盲点和恢复敏感性是如此之难。

那些努力碾碎对他们自己情绪的觉察的成年人，儿童的情绪因给他们带来不适而不被允许经历自然的发展和区分。"成年人"不去猜测，并在面对为其而揭露之物时苦涩地阻抗的，是他们没有耐心让这名儿童"控制他的情绪"，而这种没有耐心的根源是，在他们自己的童年时期，"权威们"对情绪也有相同的扭曲而忧虑的态度。因为他们从未被允许在自然体验的基础上充分区分并由此随着成长而摆脱幼稚的情绪化，所以他们自己很大程度上从未这样做过。他们仅仅抑制它——并且仍在这么做！当儿童自然地表现时，这搅动了成年人中同样潜在的趋势，并且威胁到了他们自身举动所脆弱地维持着的"成熟"。结果，同样地，儿童必须被尽快地强制进入对强烈的感受的抑制，并一劳永逸地戴上传统的"自体控制"的假面具。

这大多是通过强调"外部世界"和它作为现实的需要来获得的，而有机体需要的提示，是通过本体感受而觉察到的，因此在很大程度上被贬低为"只存在于心中"。无论儿童可以被激起什么兴趣，都通过让他的身体感觉变迟钝，然后投身于"外部世界"来"适应"这个不间断的压力。

当然，这整场"控制情绪"的改革，它自身情绪性地扎根，并且通过一种情绪的方式得到贯彻。它没有失败而未得到结果，但是所获得的结果并非项目合理化中提供的那些。它没有从此人身上消除"不想要的"情绪，因为它不能废除自然设计的有机体的功能方式。它确实获得的成功是，通过建立大量的情境来让本已复杂的有机体/环境场更加复杂，这些情境除非得以避免，否则会极大地唤起情绪！

例如，如果在某些类型的情境中，一个"训练得当"的人应该"对他自己失去控制"并自发地释放他所隐藏的东西，那么这会成为引起诸如羞耻、懊恼、耻辱、自卑、尴尬、厌恶等强烈痛苦情绪的情境。为了预先阻止这种令人泄气的体验再次发生，他将会加强他的自控到一个紧缩得更令人窒息的地步。

这建构了一个人在"克服情绪化"上可能有的任何显而易见的成功。所发生的事情是，某些情绪，在它们于组织行动中有所进展，或者甚至可能进入觉察之前，就被它们唤起的反情绪（counter-emotions）所扼杀而无法调动，同时带着它们所导致的整个死局，而这个死局或多或少被有效地排除于觉察之外。觉察到一个人自己人格之中这一乏味的构成，这会令人回忆起痛苦的冲突、混乱、焦虑，以及"危险"的兴奋。但是，除非一个人愿意将此接受为事情的存在状态，它对修正和绝望的自我伤害就相对有免疫力了。

在现在的实验中我们并不需要你的任何英勇行为，而仅仅需要你第一次接近更强烈的情绪觉察。如果你还未让你自己对你的身体姿势和功能运作过于迟钝，那么通过下面的指导，你或许能够向你自己证明情绪如我们所言，是外部感受和本体感觉相结合的重要体验。

尝试调动某些身体行动（body-action）的特定模式。例如收紧或者放松下巴、握紧拳头、开始抓，你可能发现这易于唤起一种模糊的情绪——在此例中即沮丧的愤怒。现在，如果你能够给这个体验加上进一步的体验——或许是一个幻想——即环境中的某个人或者某件事令你沮丧，这个情绪就会以全部的力量和清晰度爆发出来。

相反地，当某个令人沮丧的人或事在场的时候，你可能注意到你并未感受到情绪，除非或者直到你接受相应的身体行为是你的；也就是说，你是在握紧拳头、兴奋地呼吸等等之中，开始感受到愤怒的。

著名的詹姆士-兰格（James-Lange）的情绪理论[1]是对身体

---

[1] 美国心理学家威廉·詹姆士（William James, 1842—1910）和丹麦生理学家卡尔·兰格（Carl Lange, 1834—1900），分别于1884年和1885年提出了内容相同的情绪理论。他们强调情绪的产生是植物性神经活动的产物。詹姆士认为情绪就是对身体变化的感知；兰格则强调情绪是内脏活动的结果，他特别强调情绪与血管变化的关系。该理论看到了情绪与有机体变化的直接关系，但是也忽略了中枢神经系统的调节、控制作用。——译注

运动的一种回应——例如，逃跑引起恐惧或者流泪引起悲伤——该理论说对了一半。需要补充的是，身体行动或者情况也是环境的一个相关定向和潜在操控；例如，并不仅仅是跑（running），而且是逃开（running *away*），逃开某物，逃开危险的某物，才构建了害怕的情境。

只有在对你情绪的识别中你才能够觉察，作为一个生物有机体，你在环境中要面临什么，或者在呈现的时刻有什么特别的机会。只有你承认或者解释你对某人或者某事的渴望——评估当你遭遇将你分开的距离或者困难时，你寻得这个人或事的迫切力量——你才会获得对恰当行为的定位。只有你承认并且接受你的悲痛——失去对你很重要的某人或某物，当你遭遇这一切时的绝望和不知身向何处的感觉——你才能流泪和说再见。只有承认并且接受你的愤怒，感受攻击的姿势，当你遭遇令你沮丧的人或事时，你才能有效地调动你的能量来超越这些你路途中的障碍。

心理治疗常被称为"情绪训练"（training of the emotions）。如果它值得这个描述，从上述分析中我们就能够理解，它一定使用一种统一的方法，这种方法既专注于环境中的定向（分析现在的情境、感知、幻想、记忆）又放松"身体"的运动组织。对任何一方过度而不当的强调只会产生虚假的治愈。第一个方面过于强调所谓的"适应现实"，这大多意味着更完全地顺从于被"权威者"所构建和捍卫的现状。另一方面，如果治疗师只与"身体"工作，他可能让病人在治疗会谈中刺激并且表达各种感受，但不幸的是，当他远离治疗师时，这些将与他所体验到的他的情境不匹配，或者其实不相关。只有当"外部"和"内部"能够被调和并整合时，这个病人才能以"治愈"结案。

为了让你的情绪觉察更加锐利，试试下面的实验：

> 躺下并且尝试感受你的脸。你能感受到你的嘴吗？你的
> 额头？眼睛？下巴？当你获得了这些感受的时候，问问：
> "我脸上的表情是什么？"不要打扰，而是仅仅允许表情继
> 续。专注于它，你将会看到它自己是如何迅速变化的。在一
> 分钟之内你可能感受到许多不同的心情。

只要你醒着你就能觉察到某物，而这个某物总是带有一种情绪基调。任何你完全漠不关心的事物，缺乏你的关注——全无情绪——仅仅是没有让图形/背景的进程生效到足够进入觉察的程度。

你开始觉察到你情绪体验的连续性是至关重要的。情绪并不是对理性控制你人生的一种威胁，而是一种指导，它为人类存在能够被理智命令提供了唯一基础，一旦如此理解情绪，对它明智提示的连续觉察的培养之路便打开了。设想这要花费多余的时间和注意力是不对的。类比是粗糙的，但是想想有经验的汽车司机的例子。对他而言，持续地觉察他的车在平稳地前进并非一种负担，因为这不是注意的焦点。车的声音是他开车的动态图形/背景的一部分，但是，他所关心的事，被成为图形并且要求更多注意的速度所提示，如果它产生某些轻微但重要的不规则声音的话。另一个司机——可能是一个不想被打扰的人——将不会听见异常的声音，或者如果他听见了，将不会辨别出它的含义并会尽他所能地继续开驾驶，觉察不到可能正在发生的损害。持续地觉察情绪只有在当你愿意觉察任何对你的人生真正重要的事物时才是可能的，就算这与别人所说的或者你先前告诉你自己的不

一致。

许多人感到他们生活空虚，实际上他们仅仅是无聊，并受到阻碍，无法做会减少他们无聊的事情。尽管如此，无聊是一种能够被相对容易地处理的状态，所以让我们转而讨论对它的补救。

在专注的实验中，我们已经看到，刻意地去注意无趣的事物，并断然拒绝去注意会点燃某人的兴趣并促成图形/背景自发形成的事物，此时无聊便产生了。自然的补救是疲劳、睡着的倾向或者陷入恍惚，此时一旦这种刻意得以放松，自发的兴趣便能够作为幻想进入前景。如果你将此作为一种自然进展而接受，而不是攻击它，你就能够将这种幻想作为一种手段，去辨别什么是你愿意正在做的。当你独处时这是非常简单的。只要闭上你的眼睛并且允许做一点梦。这通常会促成一个你想做什么的清晰概念。在他人的陪伴下——责任，撑场面，试图不要伤害别人的感受，愚弄老板，等等，此时有诸多考量——这种情境更难以处理。尽管如此，向你自己承认你没有兴趣，这可能帮助你找到兴趣点——如果你不能逃走。但是长期让你无聊的情境，你一定要么调整，要么放弃。

你已经注意到当你和不同的人在一起时你的感受有多么不同了。一个人让你无聊，另一个人让你生气；一个人让你感受到刺激，另一个人让你抑郁。当然，你更喜欢任何让你感到轻松、愉快或者重要的人。在你的这些反应中通常有相当大程度的"投射"（你在把你自己的态度放到另一个人身上，然后说这个人使你感到如此这般）。然而，接下来所发生的通常是正确的：当你对一个人有一个明显的反应时，可能是那个人带着觉察到的或未觉察到的意图，在你身上诱发这个反应。悲伤的人可能想让你沮丧，奉承者想让你膨胀，嘲笑者想让你受伤，唠叨者让你恼怒。

相反，活泼的人想让你有兴趣；快乐的人想与你分享他的乐趣。通过发展对一个人自己反应的敏感觉察，他成为一个"好的人格裁判员"。

当一个人已经克服了将他自己厌恶和否认的感受及态度投射到他人身上的倾向时——当他已经开始回应别人，而非像将自己投射向他人那样回应自己时——当某人想要用话语和事实淹没他，用单一的声音催眠他，让他不提防或者用奉承话收买他，用抱怨和哭泣让他抑郁时，他能够发觉。如果你首先就确定在你的环境中，你是如何对每一个人做出反应的，再看看你的反应是否与这个人其他的行为一致，你就能够发展出这种有用的直觉。在这么做的时候，你将会开始区分什么是你自己未觉察倾向的投射，什么是他人真正的直觉。

实现对人格不平衡的补救，并非通过控制和抑制过分生长的那一边，而是通过专注于生长不足的那一边，并增加其权重和分化。感觉的失衡可能会产生疑病症；情绪上的失衡可能导致歇斯底里；思想上的失衡可能引发强迫和呆板的思维。但是这种失衡总会伴随着其他领域内的欠平衡。和谐与整合的重建通过接通被阻碍物来实现。此后，这个先前用尽的人格的一边将会要求它应得的能量和注意力分配，并且生长不足将会消失。

对你的情绪体验变得敏感的另一个实验如下：

参观一个画廊，最好是种类多样的。仅仅迅速地看一眼每一幅画。什么情绪，无论多模糊，它在你心中搅动？如果描绘的是一场风暴，你在自己心中感受到相应的动荡了吗？你在那张脸的恶意之前有些畏缩了吗？你对颜色的这种故意卖弄感到厌烦吗？无论你对这幅画的快速印象可能是什么，不要停留于做一个本分的视察，而是进入下一个。你瞥过这块画布、那块画布等等，此后，注意一下情绪影响精妙的多样化。如果你的反应似乎十分模糊且转瞬即逝——甚或就是不在那里——那么不要将此作为事情无法改变的状态，而只需在其他情境下重复这个实验或者与之相似的实验。

下一个实验将会是真的烦人，因为它要求你去寻找对我们都宁愿避免的情绪的觉察，我们恰恰是用这些情绪来恐吓我们自己以进入自体控制。但是，这种不受欢迎的情绪，一定要被带到觉察中去，并且在我们开始再一次自由地进入我们体验过它们的情境之前被释放。设想一个人害怕公开地演说，因为有次他尝试这么做时"搞砸"了。设想一个姑娘害怕坠入爱河，因为曾有一次她被抛弃了。设想一个人害怕变得愤怒，因为在先前和某人的一次决战中他被收拾得很惨。我们都有许许多多现在能够回想得起来的体验，让我们害怕，不敢再次接近我们曾经遭受不幸的有趣情境。这些陈旧的体验是"未完成事件"，阻碍了我们着手处理有吸引力的"新事件"。你可以通过在幻想中重复再体验（re-experience）它们来开始完成它们。每一次你经手这些痛苦片段中的某一个时，你都将能够恢复更多的细节，并且在觉察中越来越多地容纳它们所包含的被阻碍的情绪。

每一次都试图恢复更多的细节，在幻想中一次次再经历带给你强烈情绪冲击的那些体验。例如，什么是你能够回想起的最令人害怕的体验？再一次感受它，就像它发生了一样。再一次。又一次。用现在时。

在幻想中一些词语可能会出现，这些词是你或者某个其他人在那种情况下听说的。一遍遍地大声说出它们，听你自己说它们，并且感受你自己形成并表达它们。

在什么情况下你最屈辱？重复地再体验。当你这么做时，注意你是否倾向于回想起某些更早的同类体验。如果是这样，那么转向它并且一遍遍地将它完成。

在你所能找到的时间中，为尽量多的其他种类的情绪体验做同样的事。例如，你是否有一个未完成的悲痛情境？某个你珍爱的人去世了，那时你能够哭出来吗？如果不能，你现在能这么做吗？你能在幻想中站在棺材边并且表达离别吗？

什么时候你最愤怒，最羞耻，最尴尬，最愧疚，等等？你现在你能够感受到这个情绪吗？如果不能，那么你能感受到是什么阻碍了它吗？

在报告他们对面部感受实验的反应时，许多学生宣称发现他们自己有一张扑克脸（poker-face）。有一些人表达了他们的骄傲，因为他们能够用这种方式进行掩饰——并且说他们将躲在屏幕后面视为一种优势，完全无意于放弃这一点。这是否意味着他们将他们的人际关系视作一个永不停止的扑克游戏？假设如他们所言，他们甚至在私底下都不摘下扑克脸，那么在这个例子中，他们在对抗谁呢？

如下面这个典型的例子所示，几乎所有人都觉得演示这个实验很困难：

"这个情绪觉察实验目前已经唤起我太多阻抗，以致无法得到重要的结果。主要的阻抗是一种不适和无聊感。我无法成功地定位我的面部表情或者注意它是否在变化。我确实注意到的唯一表情是，在实验中我的下唇向上且向前压向上唇。我将此与当我听到我不太相信的某事（通常以工作的方式）时没有耐心的犬儒主义联系。另一些时候我注意到我脸部的僵硬。这打扰了我，甚至到一旦我开始过于精确地意识到它就要停止实验的地步。我也开始觉察到愤怒影响下的我的脸。再一次地，我发现这个特定的表情过于令人不安，以致无法维持，觉察到这一点同样拖延了一段时间。"

有些人声称他们的表情没有变化，而是保持僵硬，其他人则说，它变化得如此迅速和频繁，以致他们无法命名它。有些人说，他们一用它的特征来标注他们的感受就立刻回想起它所适合的情境；另一些人则说，唯一让他们能够从他们的脸上得到任何表情的方法是，首先想着某个情绪情境，然后注意在他们的面部肌肉中发生了什么。

发现他们的脸相对没什么表情，这给了一些学生对着自己唠唠叨叨的新根据：

"我发现，就绝大部分情况而言，我的脸似乎并不非常有表现力，并且经常让人感到有些呆滞。我的嘴巴常常张开而我的眼睛眯着。这两个都是习惯，我如何使用面部只有当我维持对此的觉察时才能打破。"

这反映了一个普遍的倾向，即试图直接对一个症状而不对其根基工作。刻意控制这些特征并不是表达，而是扮演（play-acting），并且，除非一个人是个好演员，否则就有可能不过是在

"扮鬼脸"。在演员的训练中人们认识到，一个人只有当他在个人生活中有某些相似的经历，并且能够再一次有效地感受到伴随着这些经历的面部表情和其他行为时，才能恰当地扮演一个舞台角色。在演员培训的斯坦尼斯拉夫斯基[1]（例如，如同在《演员的自我修养》中所描述的那样）方法中，重点被置于培养"感觉记忆"（sense-memory）和"情感记忆"（affective-memory）。但是，我们所追求的并非教你令人信服地扮演舞台角色，而是去表演你自己！

实验 8：言语化

言语化意味着"用语言表达"。如果我们描述物体、场景或者活动，我们所做的就是说出它们的名字，以及与它们的布置、关系、特别属性等等有关的其他话语。我们基于看、听或以其他直接体验它们的方式来对它们是什么进行言语化。如果我们将它们推演出来，我们就操控了描述它们的一套语言。这可能就没有更多直接的体验了，因为任何事物一旦被命名，它的名字就能够充当代理，服务于很多目的。操纵命名而非被命名的对象可能极其省力并且有效率——比如说，这就像计划着如何移动一架沉重的钢琴。但是注意！*围着名字转本质上并不会自行真正改变被命名的事物。*

健康的言语化通常脱离非言语的事物——目标、状态、事

---

① 斯坦尼斯拉夫斯基（Stanislavsky，1863—1938），俄国演员、导演、戏剧教育家，他在演员培训中强调角色的心理学动力。《演员的自我修养》（*An Actor Prepares*）为其代表作。——译注

件的情况——并在非言语影响的产生中终结。这并非说，在涉及已经是言语的事物——书、戏剧、某人说的话——之时，言语化有时可能是无用的，但是这种"讨论讨论本身"的趋势在我们的时代是一种疾病！当一个人害怕与真实接触时——与有血有肉的人们，以及一个人自己的感觉与感受——话语就像一道屏障介于言语者和他的环境，以及言语者和他自己的有机体之间。这个人试图靠话语活着——然后模模糊糊地好奇为什么某个事物出了差错！

在"知识分子"之中存在这类言语化的过度增长。他试图用强迫的方式对他自己的个人经历保持"客观"——这很大程度上意味着用话语理论化他自己及他的世界。同时，恰恰通过这种方式，他拒绝接触感受、戏剧、真实的情境。他住在话语的替代生活之中，与他人格的其他部分相疏离，蔑视身体，并且忙于装腔作势、争辩、博人眼球、鼓吹、合理化的言语胜利——尽管有机体真正的问题没有得到关注。

但是这种言语疾病并不限于知识分子。这是普遍的。这种障碍的部分觉察让人们写出具有《语言的暴政》（*The Tyranny of Words*）这种标题的书，并且，通过坚持每一个词语都指向某个非言语事物，近几年语义学的一般努力已经使语言至少和环境的非言语现实重新连接。我们的现实和抽象实验已经在这个方向上了。但是语义学家通常用他们对于"就在那里的东西"（"things out there"）的精准度来耗尽他们的时间和注意力，并因此回避为"这里面"（"in here"）是什么的语义问题花点功夫。他们很少提到语言的生物学——它的感官运动根源。

为揭露和开始觉察言语化的病态方面及其他功能，我们的技术是，首先将之视作一个存在的活动。这应用于如下情形：这些话被大声说出来，或者它们"仅是想法"，也就是说，它们作为无声的语言发生。大声说出来是首先要考虑到的——那正是如何教会儿童语言的——但是一个人后来可以将这种公共获得的语言作为思考私下使用。如此，在整合的人格（integrated personality）中，思考是一种有用、活跃的工具，用来处理觉察到的需要、想象的满足方式，以及将所想象的东西变为具体的明显行为之间的复杂关系。但是，许多成年人将思考视作独立且优先的："思考是容易的，但表达想法是困难的。"这可归因于一个次级阻碍：一个人害怕一点，即如果发声，对于他的想法，别人将会如何回应。一旦一个人开始以一个好的节奏说话，对他的主题有兴趣，丢掉表达自己看法的恐惧，并且停止在表达它们之前演练他的陈述，不再害怕，所说和所想完全一样就开始显而易见了。

为了整合我们的言语和思考的存在，我们必须开始觉察它。与说话相关的定向方法是听：

听你自己产出的话语。如果你有机会，把你的声音录下来。对于它听起来如何，你将会惊讶，可能会懊恼。你的自体概念与你真实的人格相差得越多，你就越不愿意将你的声音辨认为你自己的。

接下来，大声背诵一首你所知道的诗，并且再一次倾听你自己。不要试图说得更加响亮、清晰或者更意味深长，从而造成干扰。无论它如何到来，都仅仅重复背诵并且倾听，直到你能够感受到说与听的整合。

接下来，在心里背诵同一首诗——"在你的心智里"。现在听到你自己在念它应该是容易的。并且，在平常阅读时，倾听你自己无声的阅读。一开始这会使你慢下来并让你不耐烦，但是不久之后你将能够和你阅读一样快地倾听——并且练习将会通过增加你与所读材料的接触极大地增强你的记忆力。

最后，开始倾听你无声的思考。首先，当你被倾听时，你作为内部说话者将会说不出话来，但是一会儿之后喋喋不休会重新开始。你将会听到不连贯的"疯狂"语句碎块四处漂浮。如果这产生了太多焦虑，刻意对你自己说一说："此时我在倾听我自己。我不知道思考什么。我要安静地做此时我觉察到的实验。是的，听上去与出声时是一样的。此时我已经忘了在听了……"等等。

注意你内部声音的调整。它愤怒、哀嚎、抱怨、夸大其词吗？你长篇大论吗？你的声音听起来幼稚吗？它甚至在含义已经被理解之后还在学究式地详细解释事物吗？

坚持，直到你获得对于听和说的整合感受——相互协调，合成整体。这种内部对话是苏格拉底所说的思考的本质。如果你能够开始感受到说和听的统一运作，你的思考将会开始更具表达性。同时，你思考中没有表达任何东西的那部分，就像不用啮合并拉动一个装载就呼呼旋转的齿轮一样，将会趋于消失。

在你和你同伴平常的对话中，记下多余表达的数量和种类："你不这么认为吗？""对吗？""那么……""可能""你知道""我是说"——以及无意义的咕哝，它们都只用来防止音流中最微量的沉默。一旦你观察到了这些为保全面子和博取关注而辩护的内容，它们就将开始从你的话语中消失，使之更加流畅，更加到位。

当你已经掌握了内部聆听时，就进展到决定性一步——产生内部沉默（*internal silence*）吧！这很困难。大多数人甚至无法忍受外部的沉默。不要将内部的沉默误解为空洞、恍惚、"心智"的中断。只有说与听（talking-and-listening）暂时搁置——所有其他的觉察在继续着。

　　试着去保持内部的沉默，去克制无声的谈论——但保持觉醒和觉察。一开始你这么做一次将不超过几秒钟，因为思考将会强迫性地再次突然出现。所以，一开始，对仅仅注意到内部沉默和说话的区别就满意吧，但要让它们交替。一个极好的这样做的方法是用你的呼吸去协调它们。当你吸气的时候试着不说话。然后，当你呼气时，让任何已经形成的话语无声地自己说出。如果你一个人，你将会发现用一种介于有声和无声中间的方法——低声说出它们——说这些话是有帮助的。如果你坚持你对这个实验的演示，你视觉化的内容将会变得更加明亮，你的身体感觉将更加确定，你的情绪将更加清楚，因为在无意义的谈话中用尽的注意力和能量现在将被投入这些更简单、更基础的功能之中。

　　诗歌，表达性演说的艺术，存在于无声地保持需要、图形、感受、记忆的能力之中，在话语恰好涌出的时刻，所以这些话语并非平庸的刻板印象，当它们被表达的时候，它们可塑地适应于一个得到充分体验的图形。这些话语表达了有一个非言语开端的东西。

　　倾听并且解读你的无声谈话——它的韵律、语气、引人注意的文句。你在对谁说话？为了什么目的？你是在胡搅蛮

129

缠、喋喋不休吗？是在哄骗吗？你好像在隐瞒什么似的改变了措辞，你难道不知道是什么吗？你在试图加深印象吗？你的思考踌躇不前、不知所措吗？是在吓唬人吗？你喜欢话语前进的方式吗？总是有听众吗？

大多数你习惯性地感受为评价和道德判断的内容，是你在这种内部的戏剧化情境中的无声谈话。如果你能够停止这种内部谈话并且保持内部沉默，你将得到对事实和你对其反应的更加单纯的评价。

现在，我们引用一些学生对于这个言语化实验的评价。大多数人报告了对他们所录下的声音的失望，因为相较于所设想的，它们更高，更细，不那么有说服力，等等；然而，少数人惊喜交加。这种体验差异的显著性在几个案例中被激烈地争论。

"我同意人们的自体概念与他们的现实人格不同，但是无法接受一个人被录下的声音就是这个人自己的声音，这并不能用以衡量这种不同。那么，一个人听过的录音越多，就越能辨认出听起来像自己的声音，这种事实要怎么说呢？这就意味着一个人的自体概念开始几乎像一个人真实的人格，我们能得出这个结论吗？我认为不能！"

尽管上面的引用关乎一个相对微小的事件，还是让我们简单地思考一下它。当一个指标指向某个不受欢迎的事物时，一个人可以将之歪曲。如果一个人上秤为自己称重，不喜欢指针停下所指的数字，然后，为了纠正事态就掰弯指针，这肯定不会建构一个可靠的体重增减，但是，倘若此外他能够完全抹杀对他已经直接改变了指标而非其所指的内容这一事实的觉察，他就能够糊弄自己去相信他所不喜欢的事物已经被修正了。如果在初次听到自己被录下的声音，为此而震惊之后，一个人合理化了骨传声与空气传声的不同、录音媒介的不完美等等，他就会乐于让自己与记录器所制造的他仍信之为真的拙劣仿制品和解。尽管如此，开始将一个人被录制的声音作为一个人真正的声音而接受，至少在某种程度上，确实让一个人的自体概念和一个人现实人格相互接近。

倾听无声的话语产生了各种评论：

"我不出声说话的音调有一种纠缠不休的性质。对于事物，似乎我并非真的如其所存在的那样感到满意，并且我永远用一种愤怒、咆哮的方式对待我自己。"

* * *

"我开始觉察到我不仅是对我自己说话，而且好像正在对一个隐形的集会传达训诫。它的某些部分是无意义的——并未有逻辑地结合在一起——但是它全都用一种我发现我认为对好的公共演讲是有必要的、具有攻击性的、有力的说服方式。它缓慢且非常刻意。"

对产生内部沉默的尝试引起了最大的兴趣和报告的多样性。

"我发现发展出你所谓的'内部沉默'是绝无可能的。事实上，相当诚实地说，我非常肯定这件事情是不可能的，并且，如果你让人们报告他们确实获得了它，那么你很确定他们不是仅仅在和你开玩笑吗？"

＊　　　＊　　　＊

"我成功地在短暂的片刻保持了内部沉默，但是它无趣并且完全是浪费时间。这是事情的一个短暂、不自然的状态，因为这个想法——一个人必须回到正常活动，因为有利的、有结果的事情需要被留意和完成——闯入了。"

＊　　　＊　　　＊

"在尝试获得内部沉默中，我感到我的喉咙肌肉变得如此之紧，以致我感到我不得不停下这件蠢事或者我将要尖叫。"

＊　　　＊　　　＊

"我发现保持'内部沉默'让我非常紧张与不安。在这么做三分钟之后我几乎准备跳出窗户了。它让我想起一个儿童的游戏：谁能在水下待得最久。"

＊　　　＊　　　＊

"这个内部沉默实验是一件我无法承受的事情。就好像我无法呼吸却又喘着气挣脱它一样。但是我知道是缺乏内部沉默让我在每晚上床后都保持几个小时的清醒；这个内部的声音继续唠叨下去并且将不会停止。"

＊　　　＊　　　＊

"我本来没有真的期待能够产生任何完全的沉默，并且更加高兴地看到，这终究是可能的，它创造了可喜的、莫名'完整'的感受，尽管带着疑惑。"

＊　　　＊　　　＊

"这好神奇！我只能在短暂的伸展中这么做，但是当我做到时，这真的很奇妙，而且从连续的、内部的叽叽喳喳中解脱出来真好！"

* * *

"我无法立刻阻止和一个或更多内部声音说话。我追求的这种沉默发生了多久，对此我真的无法估计，但是实际上它根本没有多久。之后发生的是，我开始在我的精神暂存器（mental scratch-pad）中做笔记——我开始为在何时及为何打破沉默的充分描述打腹稿，而这当然就造成了其自身的破裂。之后我注意到了下雨的声音，并且一个标签悄悄潜入沉默：下雨。精神的暂存器做了一条记录，首先悄悄潜入的是某事物的名字，并且很快整件事就恶化为我平常的无声咆哮。"

* * *

"我在内部沉默上毫无幸运可言，直到上周日，当我和我的丈夫走在一座公园里时。有段时间我没有被平常乱我'心智'的'问题'所占据。突然，我拧着这个倒霉蛋惊呼：'它发生了！'当然，这使沉默结束了，但是有相当长一段时间，我不带任何思考地感受那地貌、风、走路的节奏，以及其他这类事。如果这是内部沉默的体验，称之为'奇妙'算是轻描淡写了。"

* * *

"我尝试产生内部沉默的实验是最令人幸福和感到困难的。大多数时间我并不成功，但是在我偶尔做到了几秒钟时，我为结果感到惊讶，这是一种巨大的潜在能量及放松的感受。不幸的是，一旦这几秒过去，我就开始在内部谈论这个恰好的成功——当然，这立刻妨碍了它。"

实验9：整合觉察

如果你认真地完成了前面的实验——关于身体感觉、情绪和言语化——你可能已经开始感受更有生命力且更自发的表达性了。我们希望你逐渐认识到，你认为使你自己合成一体的必要的持续努力其实大多是不必要的。如果你减少你刻意的抑制，强加注意力，持续"思考"并且干涉你行为的趋势，你也没有垮掉，没有成为碎片，或者"举止疯狂"。相反，你的体验开始连贯并组成更加有意义的整体。相对于通过坚定压抑某行为和努力以排出其他的反应来谋求并保持的强行、刻意的假性整合（pseudo-integration），这是真诚的自体整合。

当你放弃让你的行为适合于你从"权威者们"那里继承的武断的、多少有些固着的模式时，觉察到的需要和自发的兴趣就浮现了出来，并且向你揭露你是什么，以及你适合做什么。这是你的天性，你生命力（vitality）特有的核心。由于一种错误的"应该"的感受，能量和注意力已经开始沿着与你健康的兴趣相矛盾的前进路线强迫你自己。到了重新获得并重新引导你能量的程度，恢复活力的领域将会逐渐提升。是天性在治愈——治愈在天（natura sanat①）。一个伤口自己愈合，一块骨头自己长好。医生除了清创或者接骨没有什么可以做的。你的人格也是一样。

心理治疗中通常使用的每一种方法都是单一且孤立、相关但也不足的。既然物理和社会环境、身体、情绪、思考、演说，都

① 出自拉丁文格言：Medicus curat, natura sanat. 意为："治病在人，治愈在天。"——译注

存在于一个单一的功能运作，即完全的有机体/环境过程之中，将注意力给予这些组成部分中的任何一个对推动人格整合而言都是合适的。那些方法从这个鲜活的统一体中抽象出这些部分中的一个，并且或多或少排他性地专注于其上——例如，在身体感觉和肌肉紧张上，或者在人际关系上，或者在情绪训练上，或者在语义学上——从长远上看，这些方法证明是有效的。甚至如果方法将自己限制到一个部分，那么这个影响倾向于遍布功能运作的整个统一体。但是既然它们有仅仅作为具体现状的抽象的地位，就可以合理地得出结论：这种部分的方法孤立地看并非治疗的本质，而只是带有治疗意图的各种各样的取向。

单一地使用它们中任何一个的危险之处在于，影响将不会有效地传播到那些特定方法所忽略的地方。如果任何部分取向被寻求，孤立于其他取向，在整体功能运作之中的其他成分未觉察到的阻抗将会加大到这样一种程度：要么用选定取向做出任何进步都是不可能的，除非其他种类的材料被承认，要么达到一种新的、武断模式下的"治愈"。这将会是任何"治疗权威"树立的模型——例如，"自发的物理的人"，或者"调整的人格"，或者"精神人"（psycho-person），或者其他种种。既然你正在与之工作的是具体的现状，而不仅仅是你自己的抽象形式，让你自己适应于普罗克汝斯忒斯之床①就并非你所能获得的最大成果。

你目前已经开始，对于有机体/环境场的统一运作发展出一

---

① 普罗克汝斯忒斯之床（Procrustean bed）：典出古希腊神话。在雅典国家奠基者的传说中，从墨伽拉到雅典途中有一名非常残暴的强盗，绰号为普罗克汝斯忒斯，他开着一家黑店，店里有两张铁床，一长一短。他以和善之人的面目邀请过往的旅客去店里休息，待人睡着后就开始折磨他们：身矮者睡长床，并强拉其躯体，使之与床齐；身高者睡短床，他就用斧头砍断露出的腿脚。因残暴无道他被称为"铁床匪"，后为著名英雄忒修斯所击败。该典故后意为"强求一致、削足适履"。——译注

种感受和一种接纳了吗？你能够开始自发地，而非仅仅在言语逻辑的基础上，看见人类科学——生物学、社会学、心理学、人类学、语言学等等——之间的联系吗？同样地，你能否看见艺术之间的联系？

到目前为止，我们的实验已经对你体验的各种领域给予了特别的关注。因为当这些领域被分开考虑时，它们是从你的总体功能运作中抽象出来的，现在让我们开始就从一个领域转换到另一个领域进行工作，并且注意一点，即随着你的转移，你的情境保持不变，但是你在用不同的方式表达你自己，这取决于情境的哪一方面得到了你的注意。

> 在你现在拥有的任何觉察的基础之上，试图形成句子，或多或少恰当地，依次表达关于身体、感受、演说习惯及社会关系的相同的情境。举个例子："我在缩紧我的下巴并且拉紧我的手指……换句话说，我在生气，却没有让我的愤怒表达它自己……换句话说，我的声音在颤抖的边缘，但是它是轻柔克制的……换句话说，在我们的社会里，人们的持续接触取决于明显行为的特定限制。"
>
> 这些句式里的每一个都是对与生存状态相关的重要洞察。练习轻易地从一个转换到另一个，因为这将会加深和拓宽你关于你在哪里、你要做什么的定向。

我们从学生的报告中引用了一些文字，来说明这个转移实验的反应范围：

> "在这个实验中，我对我自己最大的失望是，到目前为

止我已经无法与各种功能发生自发的相互关系了……我已经能够在回顾中重建我对一个特定情境的所有反应了，但是从来不是在它们正在发生的时候。我只能说，我对我将通过继续这个实验逐渐达到想要的功能整合有信心。"

＊　　　＊　　　＊

"这个所谓的实验是荒谬的！这所有的言语仪式什么贡献也没有。觉察是一件过于锐利、敏捷、复杂的事情，无法以这些——可能相当不可靠的——'换句话说'的顺序来表达。说一件事，并不是说另一件。这是一种表达全部觉察的不同方面或者部分的无望的技术。这只能令人分心并且使情况恶化。"

＊　　　＊　　　＊

"已经完成目前所有的实验，我确实感到一种相当多的自体整合和活力。感觉真好！"

＊　　　＊　　　＊

"我感到我仅仅是开始感受到有什么在真正发生。我开始感受到作为世界的一部分要经历什么……要能够整合它所涉及的各种领域，将需要更多的工作。"

＊　　　＊　　　＊

"一定有一些东西我错过了。我不能感受到一种整合的觉察。这就好像我不想，就好像我非常努力地避免它，逃脱它，不去面对它。为什么，为什么，为什么？"

＊　　　＊　　　＊

"我诚实地认为我的体验开始融合为一个更有意义的整体。事实上，这是毫无疑问的，但是由于某些模糊的原因，我拒绝承认你已经帮助了我。"

137

*   *   *

"最近我有几次感受到与突然的功能统一体有关的罕见的兴高采烈，出现觉察的兴高采烈，以及这种突然的洞察，当它到来时我更加焦虑地想继续这些实验了。能否信任你的流程，我原来的这种疑虑正在逐渐消失。"

"这个实验令人着迷，因为结果与我读完指导语之后的期待如此不同。做完之前的实验后，我以为把它们放在一起会是挺简单的。实际上，这需要很多练习。但是我想到的是：当你谈论从一个领域转移到另一个的时候，这并非一个真正的转移。例如，当我形成了会分化的句子，例如，从身体情境到感受情境，我发现它们是一样的。身体，正如感受及演说习惯，是某个事物的一部分——它是功能运作中的某物的一个完整部分。而且当一个人能够将他的注意力分配给相同情境的不同方面时，所有的方面就合并产出了情境的感受意义。你在这里所做的，不用说，是为了让我们做与实验4相同的实验，只是这一次有待分化的统一体并不是一幅画或者一段音乐，而是我们自己。"

第四章
定向觉察

实验 10：将融合转化为接触

目前，在对觉察技术的发展中，我们已经将我们自己限制于依据环境和物质有机体来帮助你改进你的自体定向了。我们已经处理了感觉、幻想与记忆、痛苦与身体感受。我们没有要求你寻找任何特定的东西，只是要你注意并了解任何"抓住注意力"的东西，就这个意义而言，觉察并未被定向。现在我们来到定向觉察，其中，我们将我们的焦点变小并锐化，以尝试挑出并开始觉察特定的阻碍和盲点。为了这么做，更多的压力必须被置于自体对身体和环境的操控上。你的问题是，开始去觉察你自己如何操控你自己及你的世界。必须给予运动系统——特别是肌肉——更多的注意力。当你靠近难以观察的事物时，你将不得不通过主动使用你的肌肉来促进并操控图形/背景过程。

将定向（外感受及本体感受）与感觉系统、运动及操纵肌肉系统相关联是合理的。这是感受器和效应器功能的常见区别。然而，重要的是记住，在所有健康的行为中，感觉和肌肉在功能的统一体之中工作。例如，没有眼睛持续的微小运动，看见就是不可能的。相似地，已经从他的肢体中失去本体感受，并且除了最粗糙、最不优美的运动以外什么都无法执行的痉挛性麻痹患者，仍然利用许多感觉来体验——重力拉动、方向线索等等。

尽管有真实的感觉与肌肉的功能整体，但通过将开始的重点放在感觉定向上来解决我们的问题，这提供了策略性优势。我们仅仅注意到且登记了的内容不需要我们这边任何显而易见的肌肉动作，而且并不吸引他人的注意。准确地说，我们在我们的环境里做出大而明显的运动，正是在这些运动中，我们冒了引发羞耻、忍受尴尬或通过各种方式给我们自己带来惩罚的最大风险。因此，首先致力于改进我们的定向是更简单、更有意义的。但是一旦我们对我们所处何处有了某种有信心的觉察，我们就能够不带着难以承受的焦虑，开始运动我们的肌肉，感受到在我们更广大的行动之中我们在做什么。

此外，在开始与定向，以及之后与操纵的工作中，我们按照恰当的顺序追溯症状和阻碍发展的步骤。通常发生的是，首先，作为一名儿童，当明显的肌肉接近和表达在我们的社交环境中给我们带来了太多的麻烦时，我们将禁止它们。渐渐地，我们开始觉察到我们在刻意抑制它们。换句话说，因为它们的压制（suppression）是长期的，而且这个情境没有承诺以提出这种压制没有必要的方式来改变，这个压制就被转化为压抑了。也就是说，通过不再约束我们的注意力（它需要变化和发展），它变得"无意识"了。然后，因为肌肉行动的紧缩容易使感觉受到约束并且致使它们效率低下，我们就会开始失去我们的定向。在这些实验中我们颠倒这个过程并且使我们对所处何处的感觉及我们感受到了什么的感觉更加敏锐。随着定向一定程度的恢复，我们之后能够开始重新获得建设性移动并操控我们自己及我们环境的能力。

我们强调在所有类型的活动中，无论这个活动是感觉、记忆还是移动，我们的盲点和僵硬在某些方面都觉察得到，而且不是完全埋葬在无法获得的"无意识"之中的。重要的是，要在任何觉察得到的方面给予更多注意及兴趣，这样模糊的图形将会锐化并且相对于它的背景变得清晰。至少，我们能够觉察到有一个盲点，并且通过轮流处理我们所能看见或记得的内容，以及使我们自己盲目的肌肉操控，我们就能够逐渐消除对充分觉察的阻碍。

每一个健康的接触都包括觉察（感知的图形/背景）和兴奋（改善的能量移动）。相反，每一个阻碍都使防止接触的现实工作表现有必要。这种工作准确地组成了对一个人定向的操纵——也就是说，限制或者扭曲感受器功能——以这样一种形式，即不形成图形/背景，不在此出现这个场的两个分化部分，而是让将成为图形的内容和将成为背景的内容无法分辨地流动到一起。换句话说，有了"融合"，即我们将自己投入现在这个实验的情况之中的状态。如果尽管用所有努力去抵消它，图形/背景仍然倾向于形成，那么这个过程将会伴随着它常见的兴奋。这在接触的预防中放入了另一个问题：因为在兴奋之中应用能量并非有意为之，而是作为制造并度过接触的自然而然的下一步，所以它必须被压制。兴奋的压制产生了呼吸困难，这就是焦虑——这是我们下一个实验要解决的问题。

一个在感觉和感觉到的客体，一个意图和它的实现，一个人和另一个人，当对它们之间的边界没有被允许，不同点没有被区分，或者没有差异性来区分它们时，它们就融合了。没有这个边界的概念——这个其他某物被注意、接近、操纵、享受的感觉——图形/背景的发生和发展就是不可能的，也就没有觉察，没有幸福，没有接触了！

融合只有作为防止接触的方式来维持时，才是不健康的。在获得并且经历过接触之后，融合有了完全不同的意义。在任何成功体验——一个没有被打断而是被允许完成的体验——结束时，总是有能量或者能量产生材料（engery-producing materials）的融合。例如，当食物被尽情享用、咀嚼和吞咽的时候，一个人不再觉察到它。接触功能已经结束了它们的工作。任何让这个特定食物被同化的新操作都是有必要的，并且进一步的工作可以被上交给由标准、自动且未被觉察的系统发展而来的消化器官。食物储存的能量被吸收——确切地说，变为类似于——已经在身体组织器官里的能量了。它不再相异、不同，而是已经被"自然化"了。它现在是被添加到有机体资源中的新力量了。它和有机体流动到一起——曾经是食物的东西和曾经是有机体的东西现在融合了。

获得新知识的过程有几乎相同的形式。新的东西必须通过与一个人已知的东西有所不同来吸引注意，并且必须作为某个被接受、被拒绝或者部分接受且部分拒绝的事物来令兴趣兴奋。它可能是一个人存在的知识的延伸，或者可能是某个人至今仍相信的某事物的替代。为了同化它，一个人必须审视它。用这种方法，已知的东西和新的知识实际上彼此同化了。一个人能够理解和做的东西因此得到改进了。如果同化没有被坚持到完成，一个人可能在尝试的基础上接受新知识，将其当作要"被应用于"这样那样的情境的某种东西。有了完整的同化，认识者（knower）和他的知识合为一体。不存在将"知识应用"于一个情境，就像膏药之于伤口或者香脂之于面庞那样，只有行动中的人（person-in-action）。此人和他的知识处于健康的融合之中。

如果一种思考、相信或者行动的方式稍后来到任何看上去不充分或者被某种证明它自己可能有更充足理由挑战的地方，它将会引发一个问题，再次充分进入觉察，再一次得到解决，并且之后被肯定、修正或者放弃，以证明它自己是更好的事物。只有一个人被告知应该（should）相信的，只有一个人感觉被迫接受他应当（ought）做的——换句话说，一个人没有完全将之接受为他自己的并与自己同化——一个人感到自己无法去质疑，尽管所有的情况都证明了可以质疑。如果他因此中断了他与"权威们"的融合，过多的愧疚和焦虑就会被唤起！

病态的融合是这样一种情境：之前彼此区分并相互分离的组成部分被带到了一起，然后通过隔绝于进一步体验的上演而保持在一起。这种两个部分的"能量捆绑"——的确，捆绑了实际的和潜在的活动——用了一种使它们对有机体不再有更多功能性用处的方式。比如，想一想某种长期抑制的结构。假设一个人通过刻意收紧膈来抑制哭泣，而且这成了习惯性、无觉察的，那么这个有机体的两个功能就都失去了——用这种方式操控他功能运作的这个人既不能哭也不能自由地呼吸。无法哭泣，他从未释放并结束他的悲伤；他可能甚至无法记得他在为何种丧失而难过。哭泣的倾向和对抗哭泣的膈的紧张形成了一种单一稳定化的活动与反活动的战线，并且这持续的战斗与人格的其他部分相隔离。

显然，心理治疗的任务是带回划分的边界——觉察作为部分的部分，以及（在特定的例子之中）组成哭泣和膈的紧张的部分。哭泣作为人类有机体的真实需要已经持续地丧失了。对哭泣的敌意——在这个例子中，使膈紧张——只能通过与说"大男孩了不要哭了"的"权威者们"建立融合而成为一种需要。要溶解这个抑制，需要对立部分之间融合的、受约束的能量再一次被分化为哭泣和对哭泣的敌意，这个冲突在当下的、更加有支持性的场景中重现，然后被溶解。这个溶解必须包括冲突的两个方面，而不仅仅是一个方面。悲伤将通过一劳永逸地哭出来而被释放。对抗哭泣的敌意——与一个人本身自然的功能运作相矛盾——将向外对抗反生物的"权威者们"而重新定向。

有用的习惯让注意力为了新颖且有趣的东西而释放。仅仅为了彰显改变的能力而大规模地改变一个人做事的方式是没有意义的。但是，我们的许多习惯并不是自由地发展的，也并非因它们的效能而被维持，而是与将它们教给我们的人的融合，这种融合通过某类模型或者某些抽象的职责、礼节或功效的概念而进行。我们理所当然地认为它们是被自发学到的，但是任何改变它们的尝试都会使我们遭遇到阻抗，这些阻抗十分强烈，足以明确地作为不健康融合的证据。

注意你的某些习惯——你穿着的方式、你刷牙的方式、你开门或关门的方式、你烘焙蛋糕的方式——如果它们似乎并不像它们所能够做到的那样有效，或者如果有些替代性习惯看起来简直一样好并且具有提供多样性的优势，那就试着去改变。发生了什么呢？在学习新方法中你得到快乐了吗？或者你遇到强烈的阻抗了吗？在你的日常日程中改变某个项目会使你摆脱其余的日常工作吗？如果你看见某人演示一个与你相似的任务会发生什么呢？你会气恼，生气，并且对于你自己流程中的微小变化感到愤愤不平吗？

早上醒来之后，一个人很快滑入了一种习惯性感受基调，以及一系列行动，这些行动毫无疑问地中和了一个人所获得的大多数注意力和能量。

　　在唤起"以不一样的方式去感受或行动"的想法之前，不要下定要严格贯彻的决心，而是仅仅在你的日常工作中用一种生动的方式视觉化某些简单并易于操作的变化。

　　一个生活在与另一个人的不健康融合之中的人是没有个人接触的。当然，这通常是婚姻和长期友谊的祸因。这种融合的当事人，除了最为短暂的观点或态度的不同，无法构想出任何东西。如果一种差别在他们看来变得明显，他们不能将之解决，达成真诚的意见一致，或是同意存在意见不一。不能，他们要么通过他们能用的任何方式恢复这种不安的融合，要么逃入隔离。后者可能强调愤怒、回避、被冒犯，或者用其他方式将最坏的结果推到其他人头上去弥补；或者，为恢复融合而感到绝望，其解决方式可能是敌对的形式、惊人的忽略、遗忘，或者将其他人作为关注目标。

　　为了重新获得中断的融合，一个人试图让自己适应他人，或者让他人适应自己。在第一种情况下，一个人开始成为一个"说是的人"（yes-man），试图弥补，为微小的不同而着急，需要全然接受的证明；一个人抹去了自己的独立性，平息愤怒，并且变得充满奴性。在另一种情况下，一个人无法忍受矛盾，他说服，哄骗，强迫或是欺凌。

　　当人们在接触而非融合之中时，他们不仅能尊重他们自己的观点，而且能尊重他人的观点、品味及责任，也积极地欢迎随着不同意见的产生而到来的生机及兴奋。融合促成了日常工作和停滞，接触促成了兴奋和成长。

可以肯定的是，在婚姻和旧日友谊之中可能有一个健康的融合——当它意味着将一个"像自己一样"的他人安全地视为理所当然的时候。但是这个假设必须通过将它灵活运用于促进满意和成长来自我证明，就像其他任何健康的习惯所必需的那样。

觉察不到认同是一种十分重要的个人融合的情形（我们稍后会作为内摄进一步加以讨论）。所有的社会团结都取决于与我们的至交、我们的职业角色、党派、语言等等的认同。它们构建了扩大了"我"的"我们"。像任何被同化的事物那样，认同变得觉察不到，并且只有在——如果情况发生了——能够再一次被注意，然后再一次被确认，或者被修正或抛弃的时候，它们才是健康的。

尽可能多地考虑你的特点——演说、打扮、一般行为——并且问你自己通过向谁模仿而获得了它们。向朋友吗？向敌人吗？如果你接受了一个特点，那么你能感受到对这个来源的感恩吗？

人际融合（interpersonal confluence）是恍惚或者催眠的一个例子。以这种方式我们都容易受到他人的影响，而保护措施是对于觉察的建议的可获得性，以及对他人的情绪依恋的评估能力。

观察你对一部电影或者一出戏剧的反应。注意你对角色的认同是如何不被觉察的。对哪些角色？有你觉得难以认同的角色吗？

一个艺术作品想要成功地建立它的"现实"——现实的幻

觉——能从观众中引起这种认同是至关重要的。作品的受欢迎程度很大程度上产生于此。但是只做到这一点的艺术作品没有很大的价值，因为它让情绪通过习惯的渠道——无论是真的还是幻想的——排出，这是一种廉价的体验（绝非一次再创造［re-creation］）。只有当一种艺术体验带领你达到一个困难的认同时，它才值得你耗时片刻，某些蕴藏于你自己之中的可能性不同于在动作或愿望之中的习惯——一个更大的视角或者更微妙的分析。而且，从严肃的艺术家的视角来看，处理、风格和技术是最为重要的，因此要记得，仅仅通过沉浸到角色中你是无法获得这些的，而只有通过专注于它们是如何被创作的才可以。随着你对角色及情节的觉察，你开始觉察出了风格，此时你将会认同这个艺术家，并且将会分享到他的某些创作乐趣。

在对这个融合的讨论下结论之前，我们想让你将愧疚和怨恨作为受到干扰的融合的症状而加以考虑。如果一个人 A 和一个人 B 之间的融合被打断了，A 将会认为，要么是他要么是 B 打断了它——并因此而愧疚。如果他感到是他自己做的，那么为了重新获得融合，他必须对 B 进行补偿；但是如果他认为 B 应该愧疚，那么他会感到怨恨，感到 B 需要补偿他某些东西，从一声道歉到愿意受罚都有可能。在德语里，*Schuld* 意味着罪恶或者债；去道歉是 *sich entsculdigen*——使负债（indebt）或者"使负罪"（en-guilt）。

这些对自己或者对另一方唠叨——愧疚和怨恨——的无结论态度，目的在于重新获得令人不快的平衡，并且改善损坏了的融合所无法容忍的情境。在这种情形下被避免的是将这个人作为人而进行真实接触，无论这个接触的形式是一次愤怒的爆发，还是一个慷慨的行为：理解与宽恕，享受他人的快乐，对自己诚实，

147

或者即使首先不考虑对现状照搬恢复也可能实现的其他许多恰当行动中的任何一种。

注意你对谁愧疚或者怨恨。如果由另一个人演示相同的行为，会引起相同的感受吗？现在考虑你与此人的其他关系。有多少被你当作理所当然的事情，对这个人而言却可能并非理所当然的呢？你想改变现状吗？那么，不要用愧疚和怨恨来对你自己唠叨，想一想放大接触领域的方法吧！

在大多数情况下，愧疚和怨恨是在一起的。它们僵持不下。（我们在讨论吃奶、咬和嚼，在内摄的实验中，会回到这个机制）。这种人害怕，如果一个特定的融合被打破，那么无论这个情绪联结多么没有接触而且没有营养，它们都将会完全地、无法挽救地挨饿！

许多学生把注意他们习惯的这个邀请当作完全没有意义，相当确定他们已经实验过了各种演示任务的方式，然后选出了最有效率、最想要的那一个。那么，既然这确实意味着时间的丢失和不便，为什么要麻烦地尝试某个其他方式以作为替代呢？有些方式指向无脊椎动物的悲剧命运：考虑哪条腿在哪条之后迈出。

少数人用不寻常的方式进行了一些习惯性演示，发现这是可能的，并且因此得出结论，他们并非"习惯的奴隶"。其他人则表现各异：从承认在日常工作中——例如，在剃须时——有微小变化是非常令人愤怒的，到困惑地忏悔在一些相当普通的活动中，若非变得非常沮丧，他们无法有细微的改变。

一个人发现他只能在感到非常"不幸"的代价之下才能够将创新采纳到他的行为中去。进一步地，他发现，他的许多人际关系被他掩盖他迷信程度的需要弄得紧张起来。关于他"幸运"的每日常规，他说道：

> "如果另一个人和我在一起并且想以不同的方式进行，我逼迫我自己以他的方式进行，因为我不想让他知道我如此绝望地相信好运和厄运。但是，尽管我已经知道了当我这么做——以同伴的方式进行——的时候，我为自己感到悲哀和愤怒。直到现在我才认识到，当我默默地感到这对我而言是一种不幸时，我在对同伴生气，而且我觉得，因为我愿意以他的方式进行，所以他亏欠了我很多。"

有些人说他们能够十分平静地观看其他人用与自己相反的方式做事情。其他人感到被打扰或者焦虑。我们引用了其他一些例子：

> "我妻子在熨烫我的一件衬衫，一种我自己不太熟悉的操作。但是当然当我熨烫一件衬衫的时候，我不会和她一样在意和耐心。我的系统强调速度，因此，我在看了她一段时间后被弄烦了，就好像我能感受到我自己在试着更快推动熨斗中很紧张。"

＊　　　＊　　　＊

> "对于我开车的流畅性，我感到骄傲，但是我对此十分死板。它让我对其他司机相当无法忍受——无论在我车里还是在他们的车里。当我的同伴司机在路上威胁到任何我自己遵从的'规则'时，我就会被惹恼，尽管这种威胁对我或其他任何人都不包含危险。如果我妻子偏离了哪怕是一点点我

所认为的恰当的技术，**我就十分愤怒**，比如在低速挡比我稍微多停留了一会儿。"

*   *   *

"我开始认识到，在替换行为被提供给我时我经常会焦虑。"

*   *   *

"我有一种可以算是强迫症的行为：当我发现有人把门开着的时候，一定要把它关上。如果我试图忽略这些门，我就在痛苦之中，坐立不安，直到门被关上。我已经试图忽略它了，但是我做不到。这种起身关门的不适感比等待着直到或迟或早其他某个人这么做要轻。"

*   *   *

"当一个人用不同于我做它的方式做一项工作的时候我很受干扰。我确定他们将会糟蹋它。这种感受如此强烈，以致我不得不到我看不见他们在做什么的其他地方，如果待在那里，我就不得不告诉他们如何做——并且有时候我甚至直接从他们手中拿来自己做。"

一个更长的陈述如下：

"我发现我是我效率概念的奴隶。将所有必要的行动简化为习惯系统是我终身的习惯（我在剃须之前梳头，这样稍后，在滑石粉还在脸上的时候，保湿霜将不会流到上面），照此推测，我将会有更多的时间去做'思考'这件正经事。当然，由于正在研究心理治疗的文献，我已经开始觉察到这个强迫性整洁的机制，并且我试图让自己摆脱许许多多已经变得不合适且仪式化的习惯。在现在这个实验之中，我已经在试着改变我的习惯（暂时地），甚至当我设想这个习惯最有效的时候。这确实创造了焦虑。觉察到新过程是一个实验，并且在任何时候都可以抛弃，这将不适感加剧到了一定程度，但是我的'超我'（我）一直在困扰我的'自我'（我）直到我们（我）对此做了些事。

"在观察到他人演示我用一定的（最有效率的）程式化方式去做的任务的情况下，当他们'翻车'的时候我的确受到了干扰。我发现避免教导他们是最困难的，甚至当他们的行动并不影响到我，并且不请自来的建议遭到讨厌的时候。为了解脱我经常诉诸幻想：'愚蠢的家伙不值得愚弄！'"

少数人远远没有觉得受到任何固着于他们日常生活的日程的束缚，他们报告了说缺乏任何解决日常事务的规律且省力的系统，这"糟透了"。

关于想象的实验，一些人尽管仍然躺在床上，感到或者行动有所不同，但宣称刚开始醒来时他们太困了，以致无法做任何这类事情；其他人说"它造成的看似微小的变化"可能让他们的一天相当不同。

"几年来我尝试让我自己早点起床，这样就不会有这种令人恼火的最后一分钟冲刺去开启工作了。上周的一个早上，我不再关掉闹钟并且多打十五分钟的盹儿，而是躺在那里并视觉化了如果我放弃这种小小的奢侈会发生什么。它不会让我的睡眠总量有明显的不同，并且它会给我一个机会去毫无压力地开启一天。好笑的事情发生了，当我这样看它时，我不觉得我不得不让自己做它，而是我想去做它。结果就是我并不感到紧急，我整个早上都不那么晕晕沉沉的了，而且更加放松了。"

大多数人承认几乎完全认同电影或戏剧中的某些特定角色类型。那些将自己认同于英雄的人假设其他每个人也都这么做，但是有许多人更愿意将自己想象为弱者、优胜者、圣人、罪人，不管他们更倾向于成为的角色是不是英雄。一个人坚定地确信："我永远——一生一世——是个反派！"

除了一点杰出的表现，少部分人觉察到自己已经从别人那里复制了人格特征。

"我知道，我从我父亲那里模仿来的行为中明显的一个是，做'睿智的人'、别人问题的解决者、朋友依赖去处理事情的那个人。我对此感到不适，因为我不相信这是建立在可靠的基础上的——我并非对于所有类型的问题都有这种理解。尽管我在我有能力的情况下从帮助亲密朋友中获得了快乐——我父亲也是这样——但对于他教我成为所有人的麻烦的中心，我并不感激。"

与愧疚和愤怒相关的是，我们对"想想扩大接触领域的方式"的建议进一步带来了一大堆焦躁的问题，这些问题涉及如何开始着手这么做。在另一方面，少数人报告了他们开始"扩大接触的领域"。

"最近我跟女儿有些问题。有一次我将骄傲抛诸脑后并且通过坦诚的讨论我的不满来扩大接触的领域。很快地，她停止了打我。"

另一个人说：

"在过去十三年中我与我父母关系紧张。我并不享受和他们在一起，并且我常常试图把自己弄得很不愉快，以致他们从与我在一起中肯定获得不了什么快乐。我感到怨恨，主要是因为认为他们过于严厉了。可能我也感到愧疚，但是我并没有觉察到这一点。

"我不知道他们是否感觉到我的敌意，但是我猜想他们仍然爱我，尽管我行为叛逆。我的确尊重他们，因为他们有许多美好的品质。我从未对他们提及我的感受。上帝保佑，我相信我会的！事情不能更糟糕了。

"如果我将我感觉如何（当然，也列举他们身上我的确敬佩的东西）公布于众，会发生的最坏的事情就是把我的'战争'公开在它可能被更高明地触发的地方。而且我们甚至可能达成更好的理解，发现我们有比我现在让自己相信的更多的共同之处。这当然值得一试。

"根据这些实验，我的行为现在是愚蠢、幼稚并且无法适应的。我希望我对这漫长且超期的项目的当下热情会持续，因为从现在起的一个月后我去看我的亲人们，直到那时我才能使它生效。"

实验11：将焦虑转变为兴奋

从愧疚和焦虑中得到解脱一直是心理治疗的主要目的之一。愧疚（以及怨恨），我们已经作为融合的功能讨论过了。愧疚是当一个人承担融合中断的责任时，对自己的自我惩罚性、报复性态度；怨恨是另一个人感到怨恨的需要。两者都建构了对接触、觉察及分化的阻抗；它们是对孤立于其他体验的客体的纠缠。两者都遍及所有的神经症。（我们会在后面投射的实验中讨论作为"意识"［conscience］的愧疚进一步的并发症。）

焦虑是典型的神经症症状。即使这个人因为它被压抑了而感受不到它，它也将以不安、脉搏加速或者呼吸紊乱的迹象来向任何留心到它的人显示自己。既然治疗师碰到焦虑时，它是所有病人身上的基本症状，他们就已经将它无限地理论化了。分娩创伤（birth-trauma）、由于母亲巨大的乳房而窒息、"转换的"力比多（"converted" libido）、抑制的敌意、死亡愿望（death-wish）——所有诸如此类的现象在一个又一个的理论家看来都是焦虑的中心现象。关于某些惊人的情况各种理论可能都是正确的，但是它们的共同点被轻视了。这是一个非常简单的心理躯体化事件。焦虑是在任何被阻碍的兴奋期间都呼吸困难的体验。这是试图得到更多进入肺部的空气的体验，由于胸廓的肌肉收缩，肺部无法运动。

我们使用"兴奋"这个术语去涵盖增强了的能量动员，无论它发生在哪个有强烈的担心和强烈的接触的时候，无论是否色情，是否有侵略性，是否有创意，等等。在兴奋之中总是有氧化储存食物的新陈代谢进程的急剧上升——而且之后有种对空气的迫切需要！健康的有机体通过加大呼吸速度和幅度的简单方式加以回应。

在另一方面，神经症患者一定试图控制兴奋——而他的主要方法是去干扰他的呼吸。他试图为他自己和他人创造无动于衷、保持"沉着冷静"、自体控制的幻觉。他没有自发地加深他的呼吸——包括呼气和吸气——而是刻意地试图继续呼吸，而这种呼吸随着提高的氧化率在兴奋之前也是足够的。之后，不由自主地，他收窄胸膛去迫使呼气，以排出肺中的二氧化碳（氧化的副产品），创造一个新鲜空气可以快速进入的真空。焦虑（源自angustia①，狭隘），伴随着胸膛的不自主紧缩而来。它在所有的情境中发展——在神经症的情境中或者在其他情况下，当有机体被剥夺了足够的氧气时。因此，它自己本身并非神经症的一个症状，而是作为一种由强烈的兴奋和恐惧的自体控制之间的冲突所产生的紧急措施，发生在神经症中。

焦虑和恐惧要被鲜明地区分开来，但是在它们之间常常被感受到的连接是容易理解的。恐惧的体验与环境中难以对付的客体有关，这些客体要么被处理，要么被避免。在另一方面，焦虑是有机体内部的一种体验，没有直接指向外部客体。可以确定的是，恐惧的兴奋如果被压制就产生焦虑，但是对其他任何兴奋的压制也会这样。许多情境引起恐惧是事实，但是在我们的社会中没有"强壮"的人想要通过气喘吁吁来揭露恐惧，而这一点建立了恐惧和焦虑之间的紧密连接。

一个令人愉快的希望可能伴随着焦虑——比如，当我们说我

① 拉丁语，意为"狭窄处、痛苦、不安"。——译注

们"带着期待屏住呼吸"的时候。当我们试图将兴奋控制在礼仪的限制之中时，焦虑发生了。这是弗洛伊德所说的"本能焦虑"（instinct-anxiety），由先前过度控制有机体的必要功能而引起。另一种常见的无恐惧焦虑的例子是怯场。观众不是某样东西，真的要被解决或者避免，而且并没有呈现出真正的危险，除非是扔番茄那种类型的。演员被兴奋激励，没有了兴奋，他的表演就会僵硬而没有生机。一旦他克服了他的呼吸困难，他就会活跃起来并且享受这种兴奋。在表演开始之前人们可能一般会看到他不安地走来走去。尽管这比站定不动要好，但更有利的会是深深地呼气并且喘气。这种情境通过"自体意识"而变得复杂，这是我们之后必须讨论的事情，但是基本上它包括了这个演员对于某件事将要变糟的忧虑，他将会演不好并且因此中断作为实际表演者的自己和作为某个从未让观众（他自己）失望的人这一理想自己之间的融合。

尽管任何焦虑将会有哪种特定的特质，都取决于哪种兴奋被阻碍了，但是像我们之前所说的，最常见的是，焦虑随着恐惧升起。因为性和敌意的兴奋是特别危险且该受到惩罚的，通过各种方式对这种兴奋进行的可怕的控制扰乱了正常的呼吸。为了控制狂暴或愤怒喊叫的爆发，一个人控制他的呼吸。这具有双重功能：拒绝为这个兴奋提供燃料、氧气，并且强忍住一个人被允许自由呼吸时所要表达的东西。在手淫或性交的过程中，为了掩盖或耻于动物本能，一个人可能压制兴奋、嘈杂的呼吸。自负的、颇有男性气概的胸膛，需要展示有力躯体的症状，给予了不充足的空气，由于害怕这假面将会因为它之后没有多少东西而倒塌，一个人僵硬地维持着它。在仿造的专注和注视中，一个人屏住他的呼吸，作为恐惧的分心者压制的一部分。

　　当一个强烈的刺激意外地呈现它自己的时候，出现暂时的呼吸停止并非病态的。对动物王国的观察揭示了，一个有机体突然警惕起来，会停止包括呼吸在内的明显运动。就像当全部的注意力需要让自己定向到新颖的事物上时，与呼吸相伴的声音和肌肉运动的感觉就是分心的来源。我们试图通过呼吸得更浅或者通过完全暂停呼吸几秒钟去克服这些分心。去无限期地扩展这个突发事件则是病态的。

　　呼吸并非只是吸气；它是呼气和吸气的完整循环。在正常情况下呼气不需要努力，因为它仅仅是释放并且允许提高肋骨和下沉膈的肌肉放松。但是呼气需要努力——当然，它和吸气一样重要——因为它清洁并清空了肺部，以便新鲜的空气能够进入。能够呼出的空气量显然取决于吸入了多少，并且吸入阶段是健康卫士所予以强调的。如果有一种有意义的兴趣、兴奋和身体努力，吸气的深度就会十分充分地自我照顾并且不用诉诸人工的装配运转。

　　尽管不受束缚的呼吸驱散了焦虑，但忍受焦虑状态的神经症患者就是无法遵循建议去呼气和吸气——也就是说，简单地去呼吸。这就是他不能做的——呼吸——因为觉察不到他正在做什么，并且因此无法控制，所以他对呼吸这个运动紧张系统保持对抗，例如收紧膈以对抗大哭或者表达厌恶的趋势，收紧喉咙以阻止肩膀的攻击性，以及许多其他事情，我们稍后会在内转（retroflection）部分讨论。他完全无法完整地、非强制地呼气。相反，他的呼吸在不均匀的喷射中释放——阶梯式呼吸（staircase breathing）——并且远在彻底清空肺部之前就可能停下，就像撞上了墙。在撞到这堵墙之后，他可能通过强迫性收缩，排出更多空气，但是这是人为的，并且只有在刻意的努力下才会继续。

焦虑的治愈必定是间接的。一个人必须找出现在无法接受为自己所有的是什么兴奋。因为它们自发地出现，它们必定与有机体真实的需要有关。必须在不损害有机体其他功能的情况下找到满足这些需要的方法。一个人必须弄清楚，通过各种肌肉收缩的模式，一个人如何中止所有的呼气。

尽管如所说的那样，焦虑的治愈是迂回的，包括觉察什么兴奋将被表达，并且克服对将之接受为自己所有的阻抗，通过悖论性地更进一步加紧胸膛的狭窄而不是阻止它，任何既定焦虑实例的一部分都被释放了。换句话说，放弃抵抗并且随着你感受到的肌肉冲动走（但是别加上其他的）。下面两个关于肌肉专注于发展的实验呈现了从焦虑中获得更深、更持久释放的基础。

如果对焦虑易感并觉察到它们，那么尝试并向你自己确认上面所给的建议。一个学生做出如下评论：

"在过去的四个月中我经历过一次微弱的焦虑发作。这发生在准备一场生理学考试的时候。我学习得越努力，我知道得似乎越少。无法通过这场考试难以忍受地威胁到了我的自尊。我尝试了更加收紧我胸膛并且练习了呼气的建议。它似乎有用。至少，我之后能够勉强接受考试失败（毕竟，我通过了考试）。我的重点是我能够在释放不呼吸的生理紧张之后更合理地思考了。"

* * *

"在阅读了关于焦虑的内容之后，当我自己的焦虑在稍后的情境中发生的时候，我试图通过提到的呼吸练习排除它们。通过更顺畅的呼气与吸气、放松膈膜等等，我能够结束紧张和焦虑的半麻痹状态，让我自己更加自由地在那个情境（以及其他情境，因为一个事件或者刺激引发的焦虑似乎扩展到其他情境，并且在引发的刺激已被移去之后仍保持一段时间）中行动与考虑。但是，这个焦虑无变化地回归，因为没有做任何事情以修正最初的引发事件或刺激。"

*   *   *

"当我阅读对于焦虑的讨论时我不能说我印象非常深刻。我把它全忘了直到我几天后参加了一个面试，一个我很有兴趣的面试，最终结果很好。在让我等待的时间里我试图阅读一本杂志，但是我发现不知道自己在读什么，此时我意识到我正表现出这个实验所描述的焦虑的症状。我呼吸得很快，但是非常地浅，并且每一分钟我都变得越来越激动。

"所以我试图深呼吸。一开始是非常困难的，因为我实际上在对抗放慢我的呼吸并放松下来。但是，我继续呼吸，并且很快我能感受到我正恢复自制力。同时我注意到我脖颈和手臂不再冒出冰冷的汗珠。我越来越少地感觉到像一只被宰的羔羊并且更像一个人，他正在和一位正如我自己一样的人面试。我真的惊讶于发现我能够对于一个我之前认为完全不在我掌控之内的东西做些事。"

少数人完全误解了所说的内容，如同在接下来的陈述中一样："……我不确定深呼吸是焦虑的答案。"它当然不是！对这个实验的呼吸流程的介绍是一个清晰的陈述：它不是魔法般的万能灵药，而仅仅是一种从急性发作中获得解脱的方式，伴随着焦虑易感性的永恒变化，它依赖于潜在基础的修正——受阻碍兴奋的释放。

"毫无疑问，呼吸与焦虑有关。但是甚至现在，当我呼进呼出时，我仍然感受到难以忍受的焦虑。我想哭，但是我哭不出来。我只能喘气并感觉到我自己浑身紧张。我的手一会儿握紧一会儿松开，我的下巴收紧，我耸耸肩膀并且想着：'它无法得到帮助；我将只能好好利用它。'我能够感受到你在呼吸的描述中所说的一切，除了'呼气只是肋骨和肌肉无须努力且有弹性地返回到先于吸气的静止状态'。我的呼气当然不是毫不费力的。尽管我带着我身体某部分强烈的阻抗推出气息，这个呼吸结束于压抑的哭泣。好笑的是，我之前从未注意过这个。现在我正在试图夸张这一点，而令我惊讶的是，它确实带来解脱，正如你所说的。并且，当我感到非常激动的时候我已经强迫我自己吸进呼出了，最好在户外，而我发现那也有用。"

一些人更愿意将他们对于在焦虑情境中呼吸的调查维持在言语层面上：

"关于焦虑的概念，你是认真的吗？这是一个可爱的主意，但是我不够了解生理学，无法做判断。无论如何，我将会按顺序思考一点证据。"

相关的生理学研究有许多参考文献可借鉴。但是，我们的工作不在于试图讲述与这个主题相关的一切内容，特别是它会卷入的那些不必要的技术细节；相反，在大多数情况下，我们将自己限制在你可以证明的关于你自己的体验之中。关于现在的议题，如果你在你自己的功能运作中发现，当兴奋被阻碍时焦虑确实出现了，反之，当你能够移除这些在呼吸上自我强加的限制时它会被消除，那么什么是你想要的更好的证据呢？

　　无论你现在是否觉察到焦虑，我们都建议你开始注意你的呼吸。想想你自己并作为一个呼吸的人感受你自己。记住"心理学"来源于一个原本意为"有活力的呼吸"、后来意为"灵魂"的希腊语单词。一开始你会更容易地注意到他人的呼吸：频率、丰富性、不规律、中断；打哈欠、喘气、叹气、咳嗽、呛、嗅、打喷嚏、喘息；等等。之后，在你自己的呼吸中，看看你能否区分这个复杂过程的各部分。你能够感受到空气进入你的鼻子，向下穿过你的咽喉和脖颈，进入你的气管吗？你能够感受到你的肋骨在你吸气的时候分开，背部在舒展，当你舒展你的胸膛时，你拥有的空间在变大吗？你能够感受到呼气只是肋骨和肌肉无须努力且有弹性地返回到先于吸气的静止状态吗？

打呵欠和伸懒腰通常与昏昏欲睡相联系。早上还没完全清醒或者晚上累了并准备睡觉的时候，我们打呵欠伸懒腰。除非它们被有礼貌的名头压抑，打呵欠和伸懒腰同时发生在许多其他情况下；例如，当我们无聊但又感到我们不得不专注的时候，或者，另一方面，当我们紧张地警觉时，可能是在等待一场考试开始，或者只是在走上舞台或者见某个人之前。所有的这些例子都有如下共同点：这个有机体需要让自己做好准备并且改变现在的情境。

161

想要最好地理解打呵欠和伸懒腰，可观看一只从午休中醒来的猫。它挠背，最大可能地舒展腿、脚和脚趾，下巴下垂，并且始终用空气将自己鼓起。一旦它鼓起直到它占据了最大空间，它就允许自己缓缓地塌下——而此后就为新的事情做好准备。

早晨的打呵欠伸懒腰将工作紧张还原到睡眠期间变得松弛的肌肉中去。为了这个有力的膨胀和之后的平息的所有其他情况，明显是有机体自发地去努力挣脱刻意控制某事物的紧张。如果一个人能够倒头便睡没有延迟，晚上便不会出现很多呵欠。当一个人感到尽管想要睡去却不得不保持清醒时，他会被一连串的呵欠所困扰。

无聊是一种暂停的状态。在观察时钟的情境中，一旦一个人被释放并且能够去做他找到更多兴趣的事情，他就知道无聊将会消失。一个人在显然是自由的情境中却说道："我不知道我自己要做什么。"他是在自己阻碍自己的需要来到觉察之中。在等待一场考试开始或者等待某个人的暗示以走上舞台时，一个人被激发，但是必须等待开始的信号。

所有的这些都是被压抑的兴奋。这种压抑通过收紧一个人的肌肉、浅浅地呼吸并因此让有机体不动而获得。为了消除这种收紧，或者至少缓解它的严重性，打呵欠和伸懒腰是有机体自发的且健康的趋势。同样地，一些人强化了对此的压制，无论正确与否，他们都假设任何人的这种举动都表明这个人对他们感到无聊。但是，即使一个人在"礼貌的情况下"选择遵循这种良好教养的原则，他也至少能够在其他情况下，使得打呵欠和伸懒腰成为让他的有机体欢愉的一个坚定实践。

　　让频繁地打呵欠和伸懒腰成为一种习惯。让猫成为你模仿的对象。当你开始打呵欠时，让你的下巴下垂，就好像你将要让它掉下来那样。吸入新鲜的空气，就好像你不仅让你的肺而且让你的整个身体填满那样。曲肘，让你的胳膊向上并将你的肩膀推回到尽可能远的地方。在你拉伸和吸气的顶峰，释放并允许积累的紧张瓦解。

第二部分

操控自体

第五章
改进的情境

目前为止所有的实验都与开始觉察到过程有关，这些过程是人类有机体整合的功能运作的基础。它们适用于每一个人。现在我们来看的这些实验所处理的过程仅仅在有机体功能运作不良时长期发生。它们是"异常的"。它们在一个人行为中的普遍性让这个人称得上是"神经症的"或者"精神分裂的"。但是，就算具有特定的养育类型和生活情境（我们每一个人都在不同程度上遭遇它们），它们也是必然的。

说既然它们如此普遍，我们就不需要关心它们，这是不公平的。那些变态心理学教科书作者在"正常"和"变态"——它们最终会灭绝——之间画出一条锐利的线，他们暴露了自己与"权威者们"相一致，他们对于"正常"的概念如此贫乏，以至它和"显然值得尊敬"是意义相同。

现在有一个近乎普遍的认同：我们社会中的每一个人都有他的"神经症倾向""未解决的冲突"或者"适应不良的领域"。已知的意见不一之处与神经症是否普遍存在无关，而是在于对于神经症应该或能够做什么。正统的弗洛伊德学派努力追随大师在《文明及其不满》（*Civilization and its Discontents*）中的设定，让自己顺从于压抑，将其作为我们必须为文明付出的代价。其他人对于长远打算更加乐观，尽管如此，他们也无法预见到什么比许多代的缓慢改善更有希望的了。因为缺乏广泛可得的治疗技术，以及任何比沧海一粟更多的社会预防方法，他们用小心谨慎的形式演说，因为害怕如他们所认为的那般，过度地杞人忧天且令人难过。如果手上有一个经过检验的疗法，能够被全部应用，我们或许能够确定他们会更加诚实地宣传这种疾病的流行性。

还有一些人，有着救世主一般的热忱——并且现在的这项工作将不会因这样的归类而失败——一次又一次带来某个简单的灵药并且说："这么办，世界就被拯救了！"

来自所有类型的心理治疗的一个主要问题就是促进病人做需要被完成的事情。他必须回到"未完成事件"中，过去因为太痛苦，他不得不逃走而未完成它。现在，如果他得到鼓励回去并且完成它，这仍然是痛苦的；这会再次激活他的惨痛，并且短期来看，它仍然会被回避。当有如此多的不愉快要去经历时，如何让他继续这个任务——最终，他如何能让他自己继续这个任务？

对于大多数人来说，今天这个问题没有积极的答案存在。不知有多少人——可能是大多数人——相信，如果这个世界公正地对待他们，他们就不会有问题。较少的一些人，至少有些时候确实模糊地认识到，无论如何在某种程度上，他们自己对困扰他们的疾病负有责任，但是除了"做得更好"这种俗套的解决方式或者道德格言之外，他们缺乏应对它们的技术。或者他们将问题从它们真正的舞台转移到允许忙碌盛大表演并且至少可纾解压力的虚假舞台。极少数人将他们的问题带给一个"专家"，希望他念出某个神奇的处方并驱逐他们个人的恶魔。

那些开始治疗的人大多数不会继续。他们的个案不是被治疗师准许完结的，而是自己结束的。当魔法没有从一个治疗师那里出现时，许多人尝试另一个治疗师，之后再一个，又一个。在对一个人的医生表达不满的无数方式中一个很普遍的说法大意是："他不懂我的情况。"可能他的确不懂，并且换人可能是有好处的。但是大多数病人（可能所有的病人）希望在某种程度上给治疗师开一剂他要如何治愈他们的药方——而且这剂药方并不包括在这个过程中他们要承受什么！

对于手术及药物形式的医疗，病人可以完全是被动的，而且如果他这样的话其实更好。他可能接受麻醉剂并在手术完成后醒来。应该给一个被动病人实施治疗的理念推广到了治愈一个神经症患者如何应该是可能的这一理念。但是，后者并非"有机体的"而是"功能性的"。而这个病人并未天真到认为他的症状真的能手术摘除，可能除了他的身体，他自己这方面没啥需要做的。一旦他献出了自己，医生——可能在催眠的帮助下——就应该能够将他修整好。

无论如何，因为是这个病人自己必须改变他自己的行为并因此影响自己的痊愈，所以所有的心理治疗方法都产生了，针对的是用专业术语来说被称为"失望反应"的东西。这些通常源于在一段时间后领悟到治疗师实际上期待一个人好好努力并且经受痛苦。事实上，如果没有完全觉察到它的话，一个人在寻找治疗师时可能抱着相反的希望，也就是说，更好地逃离工作和回避痛苦。发现治疗包含了一个人所寻求释放的东西的浓缩剂量，这似乎和忍下小病并将之当作治疗一样荒唐。

在幸运的案例中发生的是，在病人发展出强烈到足以让他终止治疗的失望反应之前，他知道艰难的工作并非仅仅是苦差事。无论一开始似乎离他所认为的紧急并因此应着手开始的事情有多么遥远，他都逐渐获得了方向和视角。他开始将特定的症状仅仅视作一个故障系统的表面表现形式，这个系统构成并支持它们，更加一般且复杂。尽管在某种程度上，现在这项工作看上去更宏大并且显然比原先预想的要持续地更久，但它确实开始有意义了。

同样地，关于卷入的痛苦，他开始看见这并非没有意义的、不需要的痛苦。他开始欣赏这个建议的粗犷的智慧：在被摔下来时，回到马上，并且成功地骑马而去。这个病人的情境是不同的，因为他可能已经回避了那匹特定的马很长一段时间了；可能几年，或者甚至大部分的人生。尽管如此，如果健康的功能运作需要他学习骑并且管理过去曾摔过他的某种马匹，那么他能够这么做的唯一方法可能是接近这匹马，此后——或早或晚——坐上马鞍。

尽管治疗师一直引导病人回到他所回避的东西上去，但治疗师通常比病人自己或他的朋友及亲戚更加温和，考虑得更加周到。他们的态度是要求他快速脱离它，停止纵容自己，并且用一种盲目、强迫的冲动越过跨栏中的一个，无论它是哪一个。相反地，至少治疗师对回避本身和什么被回避一样感兴趣。无论浅显的外表是什么，在有回避某事物的趋势的地方，这个趋势因为良好而充分的理由而存在。这个任务是去探索并且开始充分觉察到这些回避的根据。这被称为"分析阻抗"。病人如何体验和言语化这些根据可能将会戏剧化地随着治疗的进展而变化。不仅在他谈论之中，而且在他感受他自己及体验他的问题之中都有了变化，与此相伴随的是，由于他感受到的主动性和这样做的力量，他能够产生越来越多的"方法"，直到他一劳永逸地解决他的神经症困难。

激励病人继续治疗的策略通常是，在最开始的时候不要特别地有负担。那时有所谓的"蜜月期"，那时最高潮点是：一段时间的犹豫之后病人开始感到满意，认为治疗师很棒；治疗师则确信病人会成为最闪耀、进步最迅速，简而言之，他所拥有的最引人注目的病人，并且确信病人现在将要绽放出最耀眼、最无法模仿的人格，如同病人自己一直觉得会潜在成为的那样。

正是当"蜜月"结束的时候这个动力的问题变得重要了。一个人已经如此努力，如此合作，是一个模范病人，然而——好吧，可以表现的太少了！吸引力离开了，而这条路仍然向前伸展。在弗洛伊德的分析中这可能是"负向移情"（negative transference）的时候。治疗师，一开始看起来是如此全知且全能，却已经泄露了他的致命弱点。他所知道的所有东西不过是老一套，并且这老一套变得令人厌烦。在幸运的个案中这种对一个人的医生的不满作为责备、贬低甚或愤怒的谴责而公布于众。当这种情况发生的时候，它通常消除了误会，并且之后，这个个案可能由于长久努力得到的结果而安定下来。如果它没有发生——如果这个病人"太礼貌"，"太体贴"，"太善解人意"，以致无法完全吸引治疗师——这个个案就可能被未表达的愤怒堵塞住并且被病人终止。

总体而言，病人在治疗中的进展得不到他日常所见的人们的帮助或者支持。当然，他可能足够幸运地拥有从治疗中获益的朋友或者相识之人，在这种情况下，对他而言对继续下去的价值保持信念就不是太难。另一方面，如果和他住在一起的亲戚将他的行为解释为对家庭关系健康的反思，将为某种"精神的"东西接受治疗视作"软弱"，或者根据他进展的程度，他们发现越来越不容易作威作福、剥削利用、过度保护，或是与他神经症性地融合，那么他将不得不与隐藏或公开的压力做斗争，以让他从这种

"愚昧"中停下并终止。许多病人屈从于这种通过"正常"联系强加于他们的情绪勒索。

因为心理治疗的效果已经开始更加广泛地被认识，这种情境已经有些改善了。尽管如此，即便一个人可能对心理治疗包括什么有语言上的理解并对其原理有自然的概念，因此不会迟疑于远远地给它一句应付之语，当它来临，近到足以干扰一个人自己的生活时——例如，通过一个人在与一个正在接受治疗的朋友或者亲戚的关系中的被迫的改变，或者通过加强的"引诱"去自己尝试它——依据一个人神经症的程度，他还是会攻击它，因为它对神经症的生活方式是有攻击性的！神经症患者对心理治疗的阻抗，造就了他对心理治疗的反攻击（counter aggression），无论他的确是一个病人，还是仅仅是某个对这个主题心存观点的人。他感到被它威胁。并且，作为一个神经症患者，他的确如此！有什么能比他应该反击更加自然且健康（有些保留）呢？

以上评论的所有一切都是以正式心理治疗为中心的——也就是说，治疗师和病人面质的情境。现在此事与你继续做这些实验所包含的工作有什么关联呢？它们为你提供了指导，如果完全遵从，凭借这些指导，正式治疗中出现的难题单独一个人可能能够再现。但是它是难以继续进行的！

在前面定向自体的工作中，你可能已经发现了对继续的强烈阻抗。你一定会遇见对仍将到来的实验更加强烈的反对，因为它们涉及更进一步并在你的生活情境之中采取决定性的行动。

正如你已经发现的那样，这个工作带领你发现，人类有机体以一种与惯常持有的人格本质概念相悖的方式运作。但是，这些传统建立的观念，已经得到如此深入的训练，进入了我们所有人之中，并且如此深刻地授予了道德正确感，以致它们的调整——

甚至当我们自己的直接经验向我们面质这个必要性时——似乎是错的并且值得谴责。

这个工作中有些时候，你的愤怒——如果你让它流露出来的话——将会对我们发作，因为我们暗示你拥有感受并持有幻想，通过你对何为恰当的终身标准，这些感受和幻想似乎将是卑鄙的。在这样的时刻你将会被引诱去厌恶地抛弃这些实验——而如果你真的这样做，当然没有人能够说这不是你的特权。另一方面，如果你偶尔地将我们设想为"危险的怪人"，而且这一设想并没有使你得出这种撕裂我们关系的总结，那么我们确定你迟早将得到一个更加积极的评价，因为你将要获得新的价值而没有损失任何对你而言真正重要的旧的价值。

在你对我们感到愤怒的时候，如果你能够当面对我们表达，那是最好的。因为那不大可行，所以第二好的事情是你赶紧通过我们的出版社用书面形式发给我们。如果那样"太礼貌"了，那么无论如何写一封信，就算你之后将它抛向你的垃圾桶。无论你做什么，都尝试一吐为快！

在将实验推荐给你时，我们便对你的现状发动了攻击，在这个意义上，我们对实验中任何让你感到不适的东西负有个人责任，对它的自满负有个人责任。我们是"带着最佳意图"或者"为了你自己的益处"而行动，这无关紧要。某条公路据说是由好意所铺设的，而你的生活被声称为你的益处而行动的好事者的干涉所扰乱。

在要到来的实验中我们会用到一种行为的构想，简要陈述如下：受到愉快、攻击或者痛苦的影响，各种兴奋使有机体在其环境中进行接触和创造性调整。有机体是通过感受和接触而成长并扩展它的边界的。每一种神经症机制都是某种兴奋的中断——对它进一步发展的阻止。如前面所解释的那样，焦虑是这种中断的结果。神经症患者并不冒险去进行新的未知的接触，他后撤进入一种与他"安全的"习惯性功能运作无接触的（无觉察的）融合之中。

我们会处理的三个重要机制是内转、内摄与投射。可以考虑将它们定义为三种不同类型的"神经症性格"，因为它们开始于不同的生活体验并且源于不同的生理功能。但是，即使这些机制中的某一个在我们身上支配其他机制，我们都在用它们中的每一个。因为我们的取向是全方位的，所以你不需要从环境、感觉、身体、感受、讲话及各种特性的阻抗中所有的抽象可能性入手，忧郁地去问自己你是一个典型的"内转者""内摄者"还是"投射者"，无论你特定的"诊断"可能是什么，你都将发展整合的功能运作领域，这些领域又将促进进一步的整合。

第六章　内转

实验12：探究被误导的行为

内转字面上意味着"突然返回对抗"。当一个人内转行为时，他对他自己做原本他对别的人或物所做的或尝试去做的事情。他停止将各种能量导向外部，试图操控并且在环境中带来将要满足他需要的变化；作为替代，他重新将活动导向内部并且用自己替代环境以作为行为的目标。根据他这么做的程度，他将他的人格分裂为"做的人"（doer）和"做的对象"（done to）。

为什么他不坚持像他开始时那样，也就是说，向外引导到环境呢？因为他遇到了对他来说在那个时候无法克服的对立物。环境——大多是其他人——对满足他需要的他的努力显示了敌意。他们挫败并且惩罚他。在这样不平衡的竞争中——他是个孩子——他肯定会输。结果，为了避免蕴含于重新尝试中的痛苦和危险，他放弃了。环境变得更加强大，胜利了，并且以他的愿望为代价强制执行了它的愿望。

但是，如同近年来通过许多实验反复证明的那样，惩罚具有的影响，并非消灭按某种方式行动的需要——这种行动方式会遭受惩罚——而是教会有机体克制可惩罚的反应。这个冲动或者愿望依旧与之前一样强烈，并且因为没有被满足，它经常组织运动器官——它的姿势、肌张力模式，以及初始运动——朝向明显表达。因为这带来惩罚，所以有机体行为朝向它自己的冲动，就像环境过去那样——也就是说，它行动以压制冲动。它的能量因此被分隔了。它的一部分仍然向它原初的并从未被满足过的目标施压；另一部分被内转以控制这个外流的部分。克制通过缩紧某些肌肉而得以实现，这些肌肉对抗另一些肌肉，后者会被卷入表达可惩罚冲动。在这个阶段，挣扎在完全相反方向的两部分人格纠缠在一起。作为有机体与环境间冲突开始的东西已经变成了人格一个部分与另一个部分——在一个行为与其对立面之间——的"内部冲突"。

不要过早得出论断，认为我们暗示，如果我们能毫不犹豫地"释放我们的抑制"，它就会没事。在某些情境中克制是必要的，甚至是救命的——例如，在水下屏住呼吸。重要的问题是在特定的情况下，对于目前的中断行为，这个人是否有理性的根据。过马路的时候，平息他与一辆前行的卡车竞争优先权的冲动当然是对他有利的。在社交情境中压制做出轻率反应的倾向通常是有益的。（但是如果完全准备好了，有目标并且有准备，可能会是相当不同的事情！）

当内转在有觉察的控制之下时——也就是说，当一个人在目前的情境中压制了如果被表达就会对他不利的特定反应时——没有人能够质疑这种行为的可靠性。只有当内转是习惯性的、长期的并且失控的时候，它才是病态的；因为它就不是某个被临时完成的东西——可能像紧急方式或者去等待一个更加合适的情况那样——而是长久存在于人格中的僵局。而且，因为这种稳定化的战线不会改变，它停止吸引注意力了。我们"忘记了"它在那里。这就是压抑——以及神经症。

如果社交环境真的保持顽固和不妥协——如果表达了一定的冲动和当我们是孩子的时候一样危险并且可惩罚——那么压抑（"被遗忘的"内转）会是有效且可取的。但是情境已经改变了！我们并非儿童了。我们更大、更强壮了，并且我们拥有了人们拒绝赋予儿童的"权利"。在这些彻底改变的情境中值得再一次尝试从环境中得到我们所需的东西！

当我们压制行为时，我们觉察到我们正在压制什么，以及我们正在压制这个事实；相反地，在压抑中我们失去了对被压抑之物和我们进行压抑的过程的觉察。精神分析已经强调了对被压抑之物觉察的恢复——也就是说，被阻挡的冲动。另一方面，我们强调恢复对阻碍的觉察，一个人进行阻碍和一个人是如何进行阻碍的感受。一旦一个人发现了他的内转行动并且重新获得对它的控制，被阻挡的冲动就会被真切地发现。不再克制了，它就将轻易地释放。解决人格内转部分——那个活跃的压抑施动者——这么做的很大优势是，在相当容易达到的觉察之中能够被直接体验到，并且不会依赖于猜测的解释。

理论上，治疗内转是简单的：只需将内转行动的方向从指向内部逆转为指向外部。一旦这么做，先前被分开的有机体能量，现在就再一次联合起来并且将它们自己释放到环境中去。曾经被阻碍的冲动最终得到机会表达并完成它自己，而且被满足了。那么，就像当有机体任何真实的需要都得到满足的情况时那样，会有休息、同化和成长。但是，实际上，内转的撤销并非这么直接。人格的每一部分都挺身防御，就好似去阻止灾难一般。这个人被尴尬、恐惧、罪恶和愤怒所困扰。对于逆转自体攻击、分化人格相互纠缠着的两个部分的尝试，被回应为好像是对他的身体、他的"自然"、他的特有生活的攻击。随着纠缠的部分的松散和分开，这个人体验了无法承受的兴奋，为了缓解兴奋，他可能不得不暂时再次进入其纠缠。这些是正得到复苏的不习惯的感受，并且他不得不接近它们并逐渐学习忍受和使用它们。一开始他会变得焦虑，情愿退入他无觉察的麻木状态之中。

在逆转内转时恐惧和愧疚的一个主要原因是大多数内转的冲动是攻击：从最轻的到最野蛮的，从说服到折磨。让这些松散进入觉察甚至都是令人恐惧的。但是攻击，就它临床应用的宽泛意义而言，对快乐和创造力而言是不可缺少的。而且，逆转内转并不制造原本不在那里的攻击。它在那里——但是应用于对抗自体而非对抗环境！我们不否定攻击可能被病态地误用于对抗物体和其他人，就好像当它被坚定地引导去对抗自体时一样被病态地误用。但是在一个人能够开始觉察到他的攻击性冲动是什么并学会将之置于建设性使用之前，冲动一定是被误用的！事实上，是压抑它们的行动——开始和保持肌肉组织顽固的纠缠——使这些攻击看起来如此浪费、"反社会"并且难以忍受。一旦它们被允许在全部人格的环境中同步地发展，而非在内转冷酷的纠缠中被挤压且窒息，一个人对他的攻击就会给予更具赞许性的评价。

在释放被阻止的冲动之中还令人害怕的一点是，一个人之后将被完全挫败——因为内转至少给予了部分满足。比如，一个虔诚的人，不能够因为他的失望而要对上帝发泄他的愤怒，就捶打他自己的胸膛又撕扯他自己的头发。这种自体攻击，明显是一种内转，但这是攻击，也的确给予了人格的内转部分一些满足。攻击是粗鲁的、原始的、未分化的———个内转的幼稚的暴怒发作——但是人格被攻击的部分总是在那里并且可以被攻击。自体攻击总是能够赢得它的受害者！

　　一下子逆转这种内转意味着这个人之后会用一样无效且古老的方法攻击他人。他会唤起同样令人不知所措的反攻击，令他首先内转。正是对此的某种程度的实现甚至使想象的内转逆转产生了如此多的恐惧。被忽略的是，改变能在简单阶段中产生，而这些阶段随着它们的进展逐渐地改变整个情境。一个人首先能够发现和接受他确实"把自己的愤怒发泄在他自己身上"的事实。他能够开始觉察他人格的内转部分的情绪——尤其是，对他自己实施惩罚的残酷的快乐。当他获得它的时候，这代表了可观的进展，因为怀恨在心如此被社会轻视，以致它是最难以承认和接受的，甚至是在假设一个人宽恕别人并且将之单独导向对抗自己的时候。只有在被接受时——也就是说，当它作为一个人功能运作着的人格的一个令人兴奋的、动态的组成部分被小心处理时——一个人才到达调整、分化和重新将它导向健康表达的可能性。随着一个人在环境中的定向改善，随着一个人对他真正想做什么的觉察变得更加清晰，随着一个人设法接近有限的尝试去看看将会发生什么，渐渐地一个人表达先前被阻止的冲动的技术也会发展起来。它们失去了它们原始、令人害怕的方面，因为一个人分化了它们并且给予了它们抓住人格某些更加成熟部分的机会。攻击将仍然是攻击，但是它将会被放入有用的任务之中，并且将再也不会盲目地毁灭自体和他者。它将会被扩展为情境的需要，并且不会积累到一个人感受到他危险地坐在一座沸腾的火山顶部的地步。

　　目前我们只说了一个人无法成功地导向他人并因此而内转对抗自己的行为。内转也包括了一个人想要从他人得到但是无法成功获得的东西，其结果是，现在因为想要任何其他人完成它，一个人将它给了他自己。这可能是注意力、爱、遗憾、惩罚。几乎任何事情！许多原本通过他人——特别是，通过他的父母——为一个人完成的事情，随着他的成长，他承担下来并且为他自己完成。当然，这是健康的，如果它不包括试图为他自己满足的东西的话——这种东西其实是人际需要。

这种内转结合了荒谬和可悲。例如，这个故事是一个大学生所诉说的，尽管他住在宿舍里，但无法与他的朋友们联系。从他孤零零的房间的窗外，他经常会听见临近住处的居住者被召集加入他们的朋友们之中。一个晚上，人们发现他站在他窗户旁边重复地叫着他自己的名字。

让我们看一看一些典型的内转。有一些仅仅是语言反射的。当我们用像"我问我自己"或者"我对我自己说"这种语言表达时，这包含了什么？在先前的实验中我们已经常建议："问你自己……"这在逻辑上看起来不奇怪吗？如果你不知道某事，那么为什么问你自己，而如果你确实知道，为什么要把它告诉你自己呢？这种谈话的方式（并且我们一直运用它）仅仅将人格被分成两部分当作理所当然，好像两个人住在了同一副皮囊之中并且能够彼此保持对话。你是否将之仅仅当作我们语言的特性，或者你能否理解这种感受，即这十分普遍的说话形式源于这样的一个人，他分裂并且有一些部分彼此对抗？

尝试去得到一个清晰的理解：当你"问你自己"某件事情时，这是内转的发问。你不知道答案或者你并非不得不回答。在这个环境中，谁确实知道，或者让你感觉到应该知道？如果你能够确定这个人，那么你能觉察到想要问你的问题不是针对自己，而是针对那个人吗？是什么阻止了你这么做？是害羞、害怕遭到断然拒绝、不情愿承认你的忽略吗？

当你"向你自己咨询"某事时，你能觉察到你的动机吗？可能的动机有许多。可能是一个游戏、一次戏弄、实行安慰，或者制造责备。无论它可能是什么，你在用你自己代替谁？

想想自我责备。在这里你将不会找到愧疚的真实感受，而仅仅是假装的愧疚。在那些你知道你将你的责备所瞄准的人中找到某人 X，以此来逆转责备。你想和谁唠叨？你想去重组谁？

在这个阶段，重要的事情不是你立刻冲出来，用你反对某人 X 的无论什么东西来面质他，试图以此来完全消除内转。你还没足够地探索和接受你自己，也没有充分地检验人际情境。让任何特定问题的细节内容顺其自然，并通过将你的行为形式作为一个内转者来满足自己吧。逐渐地，你将开始看到在你的人际关系之中你也在扮演的角色。你将会像他人看见你一样开始看见你自己。如果你永远在要求你自己，那么你也或显或隐地要求他人——并且这就是你如何对他们展示的。如果你对你自己感到愤怒，你将甚至会对未觉察的观察者感到愤怒。如果你不断挑剔自己，你可能完全可以确定你也在不断地挑剔其他人。

内转攻击的人采取这种态度："我对自己卑鄙，这不会伤害任何其他人，对吧？"如果他的内转是完整的，并且他住在一个胶囊中，与其他人隔绝的话，这就不会。这两种情况都不是真的。他与别人生活在一起，并且他的大多数行为——与他内转的行为一样的一般类型——逃避了内转。例如，并未被特别惩罚并且转向内部的特别攻击确实在环境中找到了它们的印记。他没有觉察到这些，因为他的自体概念排除了"伤害他人"。因为他以一种随意的、未经考虑的方式对他人加以攻击，合理化他的动机，所以这种行动，就如同他内转的攻击一般，将会是残忍、原始并且相对无效的。自体攻击更容易作为真正的攻击被接受——一个人对伤害他自己比伤害另一个人更少地感到愧疚——但是在内转的人之中对他人的攻击也是存在的，并且在它能够被发展为理性且健康而非不理智且神经症的攻击之前，它一定最终被觉察且被接受。

当一个内转已经被真正认识、被逆转并且被允许和它自身的目标一同发展时，被内转的对象的意义就总是在经历变化——例如，去责备（reproach）变为在靠近（approach）。长期来看，任何人际接触都要比内转好。我们的意思并不是通过人际接触"与人们混在一起"，"与他人在一起"，或者"更多地出去"——对于这种活动来说，当伪装为"社交接触"（social contact）时，可能不过是无接触的融合。发生真实的接触有时包括传统上被认为是打破或者回避接触的东西。例如，设想某人邀请你去一个你一点兴趣都没有的聚会。你会十分愿意将这个时间花在其他的地方。但是如果你直接这么说了，一般的态度会是你在拒绝"社交接触"。这是"不好的"，因为我们始终被教导一些蕴含于合群性（gregariousness）之中特别的美德，甚至当组成的它不外乎无意义、不真诚、浪费时间的闲聊时。但是我们会说"是的，我很乐意"，而不是"不，谢谢你，我还是算了"。因此我们用构建了好修养的普遍刻板印象来拒绝打破融合。但是之后我们必须对我们自己粗鲁并且用目空一切的漠视来对待本来对我们而言可能是自发的兴趣和关切的活动。当我们说"好的，我会来的"并因此承诺去做我们不想做的事情时，实际上，我们向对我们而言更重要的花这段时间的替代方法说了"不"。通过用一个"积极的人格"假装我们自己——对每个汤姆、迪克或者哈利做好好先生——我们内转消极的内容并对我们自己说"不"。

让我们再一次看内转过程的本质。在有意的压制中一个人将自己认同于遭到压制的行为和施加压制的行为。举一个简单的例子，想想对排尿的压制。设想某人某次在地点不合适的时候感受到了排空膀胱的冲动。他仅仅收缩尿道括约肌来抵消膨胀的膀胱的收缩。这是一个暂时的内转。他无论如何没有意图使它长久，并且他没有否认——疏离或者拒绝他的人格——此冲突的任何一边。时机一合适，他就逆转这个内转。显然，这包括了仅仅放松括约肌并且允许膀胱按压出它的内容。这个需要被满足了并且紧张都被释放了。当然，人们在他们寻求缓解前将会忍受多少此类的紧张上有所不同。如果他们对于消除功能的态度是它们并"不好"，他们可能会过于尴尬，以至无法使他们自己婉拒一个社交群体。

冲突的两方竞争者有所觉察，并且都作为冲突的一部分而为"我"所接受——"我想释放我自己，但是我更愿意等待"——与这样一个简单的压制相反，一个人可能只与冲突的一方面相认同且接受为他自己所有。正如前面的实验中提到的那样，在被强制的专注中，一个人将他自己仅认同于"选定的"任务——也就是说，他认同自己是那个坚持认为他会做这项工作所包含的任何东西的工头。他不认同于——疏离并且否认——那些他称之为干扰的反兴趣（counter-interest）。就冲突的结构而言，这与上面所引用的简单的压制相似；差别在于采取的态度朝向了冲突的一方面。尽管不同的需要彼此竞争并且互不相通地运作着，在这个情境之中"我"并不分裂，因为它拒绝在它自身之中包括（拒绝认同自己）与这个任务相反运作的那些背景需要。被完成的不多；如果"我"能够认同于这些"干扰"中更紧急的东西，给它们优先权，使它们让开，并且之后回到任务上，它们就会经常清除背景。无论它们可能是什么，我们在此试图指出的都是，有一种内转是在与强制专注的"干扰"相斗争中构成的，在这种内转类型之中，"我"感受到只有努力完成这个任务自己才存在。

有时在内转中两个部分"我"都扮演了——人格活跃、内转的部分，以及作为内转目标的被动部分，它都认同。这在自怨自艾（self-pity）和自我惩罚（self-punishment）中尤其正确。在进一步讨论这些之前，设想一下你检验自己生活中自怨自艾或者自我惩罚的例子，并且找出对于下面问题你能得到什么答案：

你想怜悯谁？你想让谁来怜悯你？

你想惩罚谁？你想让谁来惩罚你？

"怜悯"（pity）、"同情"（sympathy）和"慈悲"（compassion）大致上是同义的，并且作为"高尚的"词语都是声誉良好的。但是，它们有释义上的细微差别，尽管从语言学的角度来说这是微妙的，但是从心理学的（角度）而言是极为显著的。字典将它们做如下区分："怜悯是对另一个人的苦难和悲痛的感受，并且有时将它的对象不仅视作痛苦的，而且看成虚弱或者卑微的。同情是对他人的同感（fellow-feeling），特别是在他们的悲痛或者苦难方面；这个词暗示了在情境、情况等等中一定程度的平等。慈悲是对另一个人的深切敏感，特别是在严重或不可避免的痛苦或者不幸之下。"（强调为我们所加）这些词都表达对他人苦难的态度，这种痛苦按照真实参与、亲密或者认同的总量而划分等级。怜悯是最为遥远的，并且我们主张大部分合乎怜悯的东西实际上是伪装的沾沾自喜。丁尼生（Tennyson）谈及"轻蔑的怜悯"，并且我们大多数人已经听到过怜悯的接受者大喊："我不想要你该死的怜悯！"这种怜悯是自以为高人一等。我们将它应用于那些人中，他们身份如此之低，以至他们并非或者已经停止去做我们自己严肃的对手了。他们"没有赢的希望"。通过怜悯他们，我们强调他们与我们的命运的差别。我们相信，这种态度推动了许多所谓的慈善事业。

当对他人苦难的关心是真实的而非疏远、欢呼的沾沾自喜时，它蕴含着一种冲动，要以实用的形式去帮助，并承担改变这种情境的责任。在这种情况下，我们更可能谈到同情或者慈悲，即进入并且积极地参与到受苦者的情境中。这些态度将自己陷入现实中并且由于多愁善感的泪水充沛而过分投入。热泪盈盈的怜悯大多是对悲惨受虐般的享受。

当这被内转的时候，我们有了自怜的情境。一个人自己的一部分现在是客体，但是怜悯的态度仍然是轻蔑、冷淡的，自以为高人一等的。如果"我"中的分裂（分为怜悯者和被怜悯者）能够被治愈，那么被执行的惩罚的疏远享受变成了去帮助的活跃冲动，无论救援的对象是另一个人还是一个人自己被忽略的组成部分。这种新的定向带来了操控环境以带来适宜变化的任务。

在我们的社会中自体控制的欲望是毫无疑问的；另一方面，极少有对它所涉及的东西的理性思考。这全部的实验程序都试图发展自体控制，不过是在一个更加广阔且更加全面的基础上——实际上，在一个相当不同的基础上——从对它平常、天真、疯狂的寻求中，人们所预想之物出发。当一个人问道"我如何让自己做我应该做的？"时，这可以解释为："如何让我自己做自己很强大的一部分所不想做的呢？"换句话说，人格的一部分如何建立起对另一个部分坚定的独裁呢？想要这么做的愿望，连同多少引起它的成功尝试，这是强迫性神经症的特性。

如此对待自己的人是一个专横的霸凌者。如果他能够并且敢对他人这样表现，那么他有时候可能是一个有效率的组织者；但是在他必须接受来自他人或者他自己的指令时，他就被动或主动地阻抗。因此，这个强迫者通常完成得很少。他花费了他的时间准备、决策、确保，但是他在执行他所辛苦计划之事中进步很少。在他自身行为之中所发生的与在一个老板是严苛上司的商店或者办公室中发生的相似；那些"奴隶"，通过怠工、错误、疾病和无数其他蓄意阻碍的方法，破坏他去强迫他们的努力。强迫者，即这个"我"，认同严格的目标并且试图迫使他们接受；未经商榷的其他人格部分，其兴趣被无视，则用疲倦、借口、保证、不想干的困难回敬。在强迫者中，"统治者"和"被统治者"因此持续地纠缠。

尽管我们中很少人会被诊断为强迫性神经症，但我们都有某种程度的强迫症，因为这是我们时代显著的神经症症状。就我们所做的而言，它将掩盖我们大多数行为。如果做这些实验被当作一个例子，那么毫无疑问，有时它们感觉起来像一项由外界强加的繁重任务，并且议题仅仅是尽快完成它。如果一切都不按照你先入之见早已准备好的顺序进行，你就以不理性、烦恼或愤怒回应。等待自发发展是你内部的严苛上司最后不可忍受的事情。

　　　　逆转一个你强迫你自己的情境。你强迫他人为你执行这个任务会如何？你会试图用神奇的话语操控环境吗？你会霸凌、命令、贿赂、威胁、回报吗？

　　　　另一方面，你如何回应你自己的强迫症？你会充耳不闻吗？你会做出你不愿遵守的承诺吗？你会以愧疚回应并以自我轻视和丧失信心偿还吗？

　　当你试图强迫你自己做你自己不想做的事情时，你就在与强大的阻抗对抗。如果你不强迫自己，而是清除你能找到的无论何种阻挡你的困难的背景（你自己阻碍了你自己的道路的东西），到达你目标的前景就会变得光明。这是道家哲人的伟大原则：制造虚空，以便自然能够在那里发展；或者，如同他们也表达的那样，站到一边去。

　　例如，你能发现是什么困难阻碍了做这些实验吗？如果你说"我必须做它们"，谁在使用这个"必须"？显然，是你，因为你没有被外界强迫。如果你不做它们会怎样呢？不会有打击。你的生活会以它的惯常模式继续，不被打扰。假设你说："我想做它们，但是我的某部分反对。"反对什么呢？浪费时间？你对其他浪费时间的方式一样严厉吗？如果你节约了在这些实验上的时间，你就会有一些紧急的、"重要的"任务，而且你确定就会投入时间到其中吗？

　　假设一下，你反对这些实验，认为它们缺乏将会"让你好一些"的保证。你能够从你所做的别的事情中得到这种保证吗？

　　无论你反对的是什么，不要因为它们而责备你自己。责备任何你认为要对你这样感受负责的人或物。在释放一些你曾经用于对抗自己的这种攻击之后，你对环境的回应可能就相当地不同了。

另外要考虑的一种非常重要的内转是自体轻视，即自卑的感受——所有被哈利·斯塔克·沙利文称为虚弱的自体系统（self-system）并视为神经症基础的东西。正如他所说，当一个人和自己的关系被打扰时，所有的人际关系同样也被打扰了。当一个人有不停地检讨自己、评价自己的习惯，并在比较判断的基础上，总是沉湎于他的真实表现与那些符合他夸张说明的表现之间的差距上时，他与他自己关系就是长期不和的。如果他逆转了内转，就会宽容地对待自己，然后开始评价他环境中的人。一旦他冒险这么做，他就会很快开始把这些言语评价——无论是应用于他人还是自己——视作次要的。他将会意识到他内转的评价仅仅是沉湎于他自己的一种机制。当他把同样煞费苦心的评价引向他人时，他可能很快就看出了他的徒劳并且停止。那么他将带着单纯的觉察注意到人们，觉察他们是什么，以及他们在做什么，并且将要么学会如何用一种真正令人满意的方式操控他们，要么学会使自己适应他们。

> 对于你自己你怀疑什么？不信任？反对？你能够逆转这些态度吗？你怀疑的某人 X 是谁？谁让你多疑？你想藐视并且杀谁的威风？你能将你的自卑感受为掩藏的傲慢吗？你能否撤销自体消除（self-effacement）并且将它视为消除某人 X 的内转愿望吗？

内转还有一种重要的类型是内省。当你内省时，你窥视着自己。这种形式的内转在我们的文化中如此普遍，以至许多心理学文献仅仅理所当然地认为，任何提升自体觉察的尝试都必须由内省组成。当然，尽管并非如此，任何做这些实验的人都将以内省开始仍然可能是对的。观察者从被观察的部分中分裂出去，并且直到这个分裂被治愈，这个人才将完全认识到不被内省的自体觉察能够存在。我们先前把真实的觉察比作燃烧的煤里通过自己氧化所产生的闪光，而把内省比作把一束闪光转向一个物体并且通过反射的光线窥探它的表面。

在你内省时检验你的程序。你的目标是什么？你在搜寻一个秘密吗？在查获一段记忆吗？希望或者（害怕）一个惊喜吗？你用严厉父母的锐利眼光观察自己，以确保你不会变得顽皮吗？你是试图找到将会合乎一个理论——例如，在这些书页里发展出的理论——的某物吗？或者，在另一方面，你是在确保这种确定的事件不会发生吗？然后，试着在环境中引导这些对人们的态度。有某个人的"内在"你想搜寻吗？有某个人你想要严加看管着吗？你感到谁在忍受观察？

除了你内省的目标，你的形式是什么？你挖掘吗？你是锤门大喊"开门"的粗暴警察吗？你感到自己胆怯或者偷偷摸摸吗？——你偷偷地看吗？你视而不见地盯着你自己吗？你仅仅为了满足你的期待在脑海中浮现事件吗？你通过夸大的方式歪曲它们吗？或者你低调处理它们了吗？你只抽象化与你即刻的目标一致的事物吗？简而言之，注意到你的"我"是如何进行功能运作的。这远比特定的内容重要。

内省的极端个例是疑病症（hypochondria）——对疾病症状的搜寻。你可能是一名被抑制的医生或者护士。这种搜寻的目的是什么？是性方面吗？你是否被告知过手淫会使眼睛产生一种泄密的样子？你是否为了这样的一个症状搜寻过你自己的或他人的眼睛？你会为了开始惩罚你"罪孽"的迹象而内省你的身体吗？

少数学生在汇报他们对这个实验的反馈之中，表达了对他们认为是其"侮辱性暗示"的愤怒，并且这激起了他们自己保护他们个人动机的"善意"。

"你设想我们都有怜悯或者惩罚某人的天生欲望，并且同样也被怜悯或被惩罚。我必须拒绝这样的态度，因为这十分荒谬。"

*　　　*　　　*

"当我怜悯某个人时，我激烈地否认其中有任何掩饰着的幸灾乐祸。"

*　　　*　　　*

"你当然说得好像你将我们当成一群'不正常的人'一样。或者你自己是'不正常'？"

*　　　*　　　*

"你使它听起来好像我自己应该对我所在的情境负责一样。那对某些人来说可能成立，但对我来说不成立。你就不知道我是如何被对待的！"

*　　　*　　　*

"你所做的一些陈述在我看来是相当没有必要地严厉的。"

另一方面，大多数报告显示了真诚地努力克服任何出现之事的尝试。

　　"我想要的不是那种常见的怜悯，而是当我做出一些重要的牺牲时有人怜悯我。"

＊　　　＊　　　＊

　　"我不得不承认我所以为的对我继妹善意的怜悯确实包括了相当多的隐秘的幸灾乐祸。"

＊　　　＊　　　＊

　　"我的怜悯转向那些你所说的，'没有赢的希望'的人。"

＊　　　＊　　　＊

　　"我已发现我其实想要惩罚我的女儿。这使我烦恼，因为我真的爱她。幸运的是，并非一直这样，而是仅仅当我忧伤且心情跌落谷底时。"

＊　　　＊　　　＊

　　"我无法相信想要惩罚或者被惩罚的愿望适用于我。但之后我想到了我一直有的梦，即惩罚某个人，通常是女性，并且用一种相对暴力的方式完成它。当我更小的时候这些梦是某个人在体罚我。我享受它。我的父母没有体罚我，而是威胁收回他们的爱。这会持续相当一段时间，并且我想到我是多么愿意他们真的打我并且把事情了结了。"

我们就不引用许多学生有关此实验的其他各种短评了，而是在下面引用一段较长的文字，来自单独一份报告：

　　"尽管没有人会让我经常想表示怜悯，但有些时候我想要怜悯我姐姐，因为我感觉她开始了一桩不情愿的婚姻。但是当我看见她并且不得不意识到她非常开心时，我知道我的怜悯是被错放的……我非常高兴，因为我深爱着我的未婚夫。我很喜欢他的父母，并且他们对我很好。

"……有的时候我想要惩罚我的父亲，因为他将愤怒发泄在我母亲身上。如果我不得不选择某个人来惩罚我，会是我的母亲。她是如此仁慈而善良，由此这个惩罚不会很严重。我想要避免我未婚夫的惩罚，因为他是如此固执，以致尽管惩罚可能不过是延长的沉默或者缺席，却会比任何一种迅速、暴力的惩罚更糟糕。

"当我试图去强迫我自己时，我对我自己许诺。我承诺我将永远不会让我的事情再一次进入我不得不将自己置于压力之下的境地之中。我也承诺，在做了一定量的工作后，我将给我自己放松的机会。当放松周期不持续时这会非常有效，因为它的确倾向于这样。

"……我对自己最怀疑的一点——这并不太经常重复出现——是我是否完全准备好结婚。我仍然对婚姻有一个美好、浪漫的画面，它不包括洗脏袜子和在杂物上精打细算。我怀疑我姐姐是否准备好了，尽管她已经结婚了。她还没有她自己的公寓，并且还没有面对过这些事情。

"……你所使用的术语特别强烈。并没有我想要'消除'的人。如果我的姐妹是某人 X，我当然没有去毁灭她的愿望。在她结婚之前我们的关系是非常亲密的，但是我不能说我因为她丈夫把我们分开而嫉妒他……我第一次真的反对你。在我内部的某个事物似乎在问：'他们的用意何在？他们试图找出的是什么？'这几乎就像你让我靠着墙并聚焦于我。有某种焦虑；它好像一些被推到一边的蜘蛛网，但是我无法确定那边是什么。我只知道它令人心烦意乱。

"……当我内省时，好像我在等待着某个事物出现——

难以捉摸的某个事物。我不确定它是否令人愉快，但是我认为不是的，因为它令我有点焦虑……如果有一个人忍受观察，那是我未婚夫的母亲。她是一个非常好的人，并且已经比大多数未来的婆婆对我更加慷慨亲切了，但是我和她在一起，有时候会害怕她将会完全像主导她丈夫和女儿那般对我。幸运的是，我的未婚夫已经度过了反叛期并且已经几乎完全成功地逃离她的掌控了。

"……当我内省的时候，我首先凝视我自己，视若无睹。然后，几乎是偷偷地，我暗中一瞥……如果我偶然碰见的事件是令人不悦的，我倾向于缓和它们，或者它们被其他想法封闭。

"我发现我自己在搜寻的症状是与性有关的。它大概可以被描述为一部我只看过一丁点儿的特别令人感到恶心的法国电影。我突然有个想法，已有过交媾经验的女人坐着时腿部分开而不在膝盖处交叠。当我的姐姐来探望我们的时候，我在她身上寻找这个想法。症状就在那儿。我看到那个画面已经三周了，但是它仍然时不时地进入我的脑海。"

实验 13：动员肌肉

在这个实验中我们开始抓住内转的机制。你接近环境中的物或人却受到挫败，或者被评价为太危险以致无法继续，由此你将你的攻击向内转向你自己，此时，你做这些所借助的肌肉运动可能保持它的形式或者被调整为与替代物相似。如果你用你的指甲抓你自己的肉，那么这恰恰是不内转的话你会对别人做的。另一方面，当你通过收缩对抗性肌肉并因此固定你的肩膀来控制用你的拳头打某人的冲动时，这个内转并不包含打你自己；相反，它是静止保持着的抵抗。它是以这种形式同时做一件事及它的对立面，以达到净效应为零。只要冲突持续，为其他目的而使用臂膀就会减少，精力被浪费，并且事务的状态和稳定战线的军事情境是一样的。此处这个战线在人格的内部。

内转是操控你自己的身体和冲动，以作为其他人或物的替代。当这种自我操控在你需要锻炼你的审慎、仔细、选择性的种种情境中，构建了克制、时机等待，使你适应周围环境，为你自己全面的最大利益服务时，它无疑是有用且健康的。你一劳永逸地删除你自己的一部分，阻抗并使之沉默，因此它可能就不再在你的觉察人格中提高它的声音了，此时就是神经症滥用。但是无论这个被删除的部分可能如何被挤压、阻止、压制，它都仍然会施加它的压力。这个纠缠在继续。你已经失去了对它的觉察。这种删除的最终结果，无论人们是否认识到，都或多或少一定是严重的心理躯体化功能失调：定向或者操控力量的损害，疼痛，虚弱，甚或组织的恶化。

想想在下面的例子中内转是多么无效吧。进行治疗的病人可能表现出极高频率和数量的哭泣，可能单独一个面谈出现若干次。这哭泣发生在一个人可能期待病人涌现责备或者某种其他类型的攻击的任何时刻。这就是所发生的：这个想要攻击但是不敢这么做的病人，将攻击内转向他自己，感到受伤，并且流泪，好像在说"看我是多么无害，是怎么被虐的啊"。当然，原来的目的是让某人 X 也许是治疗师 哭泣。当这一点无法实现时，阵阵的哭泣和长期的愤怒持续下去，直到攻击性能够得到认识并转向外部。

其他个案可能有频繁的头痛，这种头痛如同弗洛伊德学派之人所说的，是"转变的"哭泣。当一个人认识到，像大多数其他心理躯体化症状那样，这种头痛是内转的肌动活动时，此处的"转变过程"之谜就能容易地解开了。它们是通过对抗膨胀冲动的肌肉紧张而产生的。

如果你轻轻打开一个水龙头，并且用一根手指尝试阻止水以对抗水管中的压力，你会发现这越来越难。在它和许多你在其中挤压或者抑制排便的冲动、有一次勃起或者变得肿胀、呕吐或打嗝等等的内部冲突间，有一种严格的相似。如果你攥紧你的拳头，一段时间之后它会由于抽筋而疼痛。那个"心因性"头痛——或者，如它曾经有过的恰当称呼："功能性"头痛——是同一种现象。在一个特定的例子中，你开始哭泣，但是之后你通过挤压自己的脑袋来控制这个冲动，以便不娘娘腔或者带给他人看到他们把你弄哭了的满足。你想把人生从使你如此不悦的某人 X 那里挤出来，但是你内转了这个挤压并且用它来抑制你的哭泣。你的头痛不算什么，但是你肌肉的体验在缩紧。如果你放松肌肉，你将会开始哭泣，同时头痛将会消失。（当然，并非所有的头痛都通过这种方式产生；哭泣也可能为那些脑袋里以外的紧张所抑制——例如，通过收紧膈对抗哭泣的阵阵抽动。）

我们再次重复我们对不成熟放松的反对。设想你试图放松你脖颈、眉毛和眼睛的肌肉并且开始哭泣。这绝不解决原先的冲突。这只是避开了它。这个症状重要的一个部分——攻击性挤压的倾向——没有被分析。当一个人伤害了你时，就会有以伤害他来回敬的愿望。这种倾向得到某些表达——你做了一些伤害的事——就算它只是内转的挤压，使你成为你自己的和他人的攻击的受害者。如果你并不反转这个内转，而仅仅放弃了内转的行

195

为——这种情况下，你的自我挤压——那么你只有以某种方式才能成功，这种方式同样也用以克服你被伤害的倾向。这需要一个比内转更加严肃的技术，也就是去敏化（desensitization）。不想去伤害取决于不被伤害，它取决于停止对环境的情绪化回应。这个过程可以进行直到去人格化（depersonalization）。无可否认，一个人可能超级敏感并且几乎每一件事都"令一个人的感觉受伤"；相应地，一个人就有更强的冲动去"伤害回来"。这个状态的解决方式是重组人格，而非以麻木的形式继续。健康的有机体，在被真实地攻击时，以一种适合情境的方式和程度回击。

此外，当肌肉被故意放松时，它们更少地听你指挥，甚至对并不卷入此冲突的行为也是如此。你失去了敏捷、优美，以及对特性的调动。这解释了某些"被分析"的人放松的无个性（face-lessness）。他们已经通过变得冷漠来"掌握"他们的问题——过于"冷漠"，以致不具有充分的人性。

在健康的有机体内，肌肉既不被紧缩也不被松弛（软弱），而是处于中间基调，准备好执行保持平衡姿势、提供移动或者操控对象的运动。在开始这个实验的肌肉活动时，不要放松。稍后我们会说不要放松，直到你能够解决这个因此将被释放的兴奋为止，通过这种方式来对此进行修改。如果放松过早发生而你被疏通的兴奋惊吓，你将比以前更用力地固定住它并感受到很大的焦虑。但是，带着对你自己运动操控的正确的专注，在你感到自己在运用压力时缓慢而系统地适应压力，这个紧张的松弛通常将会理所当然地发生。

一开始要准备好愤怒、哭泣、呕吐、排尿和性欲行为等的突然爆发。但是在你开始时，体验的这种冲动将出现于觉察的表面附近，并且你有相当能力应对它们。尽管如此，为了避免自己可能的尴尬，首先可以建议的是独自演示这个肌肉实验。此外，如果你容易焦虑发作，在尝试强烈的肌肉收缩前，通过在心里言语化它来完成你所将要做的事。

当躺下但不是故意放松的时候，获得你身体的感受。注意你在哪里有疼痛——头痛、背痛、指痉挛、腹部痉挛、阴道痉挛等等。意识到在哪里你是紧张的。不要向这个紧张"投降"，也不要对它做任何事。觉察到你眼睛、脖颈、嘴巴周围的紧张。让你的注意力系统（不要盲目崇拜系统）游走过你的腿、下躯干、手臂、胸膛、脖颈、头。如果你发现你蜷曲地躺着，相应地调整姿势。不要痉挛性地动，而是让自体感（self-sense）轻柔地发展。注意你的有机体管理自己的倾向——在一处拉回更好的位置、在另一处伸展出去的倾向。

当你只是在视觉化或者理论化你的身体的时候，不要欺骗你自己你正在感受它。如果你容易进行理论化，你就是在对你自己的概念工作，而非对你自己。但是这个概念被你的"我"及其阻抗所影响；它不是自我管理的，同步的。它并非来自有机体感受到的觉察。通过等待，拒绝被视觉化和理论所阻止，你能够抓住得到照料的各部分直接产生的觉察的光芒吗？

随着你的进展，考虑你对自体觉察的每一个特定的点可能有的目标。你轻视身体功能运作吗？你羞愧于作为一具躯体吗？你将排便当作一个痛苦、肮脏的任务吗？你会被攥紧拳头的倾向吓到吗？你害怕你将暴击一拳吗？或者害怕你将被暴击吗？你喉咙中的感觉干扰你了吗？你害怕尖叫吗？

对你而言，你身体里的某些部分，你难以得到任何感觉，在这些部分之中，当感觉恢复时，你一开始体验到的可能是尖锐的疼痛、痛苦的麻木、痉挛。当这种痛发生时，专注于它们。

（不言自明的是，我们在此正在处理功能的或者"心因性"痛苦，而不是那些源于"生理的"损害或者感染的痛苦。试着不要过分担心健康，但是如果有疑问就咨询医生。如果可能的话，找个对功能症状有理解的医生。）

要理解特定疼痛或紧张，一个十分有效的方法是想出通俗言语的恰当的表达。这些必须包含经久考验的智慧。例如：

我傲慢而倔强：我固执吗？我脖颈疼痛：什么让我脖颈疼痛？我伸长我的脑袋：我淘气吗？我探出我的下巴：我行事鲁莽吗？我的眉毛拱起来：我傲慢自大吗？我喉咙有点卡：我想哭泣吗？我在黑暗中吹口哨：我在害怕什么吗？我的肉在起鸡皮疙瘩：我被吓到了吗？我的眉毛突起：我充满愤怒吗？我感受到吞咽：我准备好爆发愤怒了吗？我的喉咙发紧：有什么我无法吞咽的东西吗？我感到反胃：为什么我无法忍受？

现在，设想你已经开始重新探索你身体的存在、你的紧张，以及它们的特征和人际的重要性，我们必须进行到下一步了。你所做的——搜寻并且轻柔地调整以便进一步为你自己定向——现在必须给潜伏于收缩的肌肉中的其他功能让路了。带着定向我们必须开始去整合明显的表达，将肌肉收缩转变为可用于操控环境的可控行为。

解决长期肌肉紧张问题的——并且也是其他每一个心理躯体化症状的——下一个步骤，是发展与这个症状足够的接触并且将之接受为你自己所有。接受症状——恰是你感受到想要去除的东西——的概念，往往听起来可笑。所以让我们甚至冒着没必要的重复的风险，试着将此完美地澄清。你可能问："如果我有一个疼痛的症状或者一种不良的性格，我是不是就不应该试图克服它呢？"答案是："当然！"然后这个议题就被简化为选择一个将会有效的方法并且抛弃任何表面上看起来它应该有用——但是实际上并非如此——的方法。谴责症状、将之当作被强加于你的东西、为了促使它消失而求助于他人，这些直接的方式将不会有效。唯一奏效的方式是间接的：生动地觉察到这个症状，将冲突的两面都作为你而接受——这意味着去重新将你自己认同为你曾不认同为自己的人格部分——并且之后通过它冲突的两面，可能用调整的模式，发现能够被表达和满足的方式。因此，对你的头痛而言负责任比吃阿司匹林更好。药物暂时缓和疼痛，但是它不解决问题。只有你能够这么做。

疼痛、恶心、厌恶，都不被人所喜欢，但是它们是有机体的功能。它们的出现并非偶然。它们是将注意力吸引到需要注意的事情上的自然方式。在必要之处，为了摧毁并且同化症状中所包含的病理学材料，你必须学习面对疼痛并且忍耐。重新整合解离的部分往往涉及冲突、毁坏和忍耐。例如，如果你堤防某个"幼稚的"行为的话，你就必须学习接受它为你所有，以便给它一个成长的机会并且找到它在你人格的一般整合中的恰当位置。如果不被允许去引发关注并处理它，那么无论它可能是什么，它都无法被改变。给予关注并且允许和你的其他行为互动，它就肯定能发展并变化。

为了在这项艰难的任务中获得信心，从你容易犯的"错误"开始。在演奏一部音乐作品时你可能一直犯同样的错误。如果是这样，不要为此而沮丧并且试图挡住它，开始好奇并且故意重复它以找出它意味着什么。可能你的"错误"是一段乐章的自然指法，而"正确的"指法则大错特错。

重复的错误或者愚蠢的行动通常是内转的打扰。如果某人打扰你或者使你不悦，那么你不是回击他，而是搅动了下一杯水而且让你更乱。

暂时允许你自己搁置一段时间，再对你自己的道德判断做出声明。给你自己一个机会。当你基于道德而习惯性疏远的冲动能够学着用它们自己的声音说话时，你将常常会发现你改变了你对这件事好与坏的评价。至少，对自己的批判不要比对他人的更加严厉。毕竟，你也是个人！

很快你就会发现面对神经症的疼痛或者某些"不道德的"倾向不会如你所害怕的那么糟糕。当你已经获得了缓解疼痛且重新整合"不道德"的技术时，你将意识到你更加自由，更加有兴趣，更加有能量。

将专注实验的方法应用于头痛或其他某个症状。给它你的注意力，并且让图形/背景自发形成。如果你能够接受这个疼痛，它就是一个令人有动力的兴趣；它是一个重要的感觉。在缓解疼痛中重要的事是等待发展。允许它自己发生，不带有预设的想法和干扰。如果你有了接触，你就将得到一个更加清晰的图形并且能够解决痛苦的冲突。在你开始对这个技术工作后相当一段时间内发生的改变可能是如此微妙——特别是如果你从开始就在期待强烈的戏剧性的话——

以致你失去了耐心。

这个疼痛会改变方向，扩张或者收缩，会改变强度，在品质和种类上让自己变形。尝试去感受你收紧的特定肌肉的形状、大小和方向。对于任何战栗、发痒、"静电"、哆嗦——简而言之对于生理兴奋的任何迹象都有所警惕。这种植物神经的和肌肉的兴奋感觉，可能一阵阵到来或者是恒定的，可能增大或者减少。当发痒出现的时候，看看你是否能够避免过早抓挠或者将之去除；专注于此并且等待它的进一步发展。允许兴奋来到前景。正确地坚持下去，这个过程应该会给你留下幸福感。相同的技术不仅可应用于心理躯体化的疼痛，也可应用于疲劳抑郁、不明确的兴奋和焦虑发作。

在进行这些实验时你可能承受焦虑，我们将焦虑看作在逐渐增加的兴奋中对抗错误呼吸的自体调节的尝试。无论焦虑是否存在，练习下面的呼吸实验：

彻底地呼气，四到五次。之后轻轻地呼吸，确保呼气，但不要强迫。你能够感受到你的喉咙里、嘴里、头脑中的气流吗？允许气从你的嘴巴里吹出并且用你的手感受气流。你保持你的胸腔扩展，甚至在没有空气进入的时候吗？你在吸气的时候收紧你的腹部吗？你能够感受到吸气轻轻地下降到腹底和骨盆吗？你能够感受到你的肋骨扩张到你的周围和后背吗？注意你的喉咙、你的下巴的紧绷，以及鼻子的关闭。特别关注上腹部（膈）的紧张。集中于这些紧张并且允许它们发展。

在你的日常活动中，特别是有兴趣的时刻——在你的工作中，当你在某个引起你兴趣的人附近时，在引人入胜的艺术体验中，当你面对一个重要的问题时——注意你是如何倾向于屏住呼吸，而非如这个情境在生理上需要的那样呼吸得更深。通过屏住呼吸你束缚了什么？哭出来？尖叫？逃跑？捶打？呕吐？放气？流泪？

在撰写他们对这个实验的报告时，学生们在这一阶段工作中能够取得的进展量差异极大——从一无所有到对兴奋的重大开启。我们重申：同化在此介绍的概念没有标准的时间表，如果在这个阶段，就你而言目前的流程搞砸了，那当然不是对你的羞辱。

"没有什么比这些实验使我更快睡着。无论我是否想去睡觉这都有用。"

如果我们说这个人"逃入睡眠"，这没有任何他不应该如此的道德暗示。这仅仅是他现在功能运作的方式。如他所被构建的那样，他更愿意逃避他的问题而不是去解决它们。只要他持有下面一个或者两个主张，他就能够继续运用这个偏好：（1）这些问题不存在；（2）这些问题是必然的且无法被解决。

"在允许一个人的注意力在身体内游走时，留意紧张、痉挛、疼痛等等，我能够报告成功的情况，如果成功以我确实有这些躯体感受来衡量的话。将注意力集中在身体的各部分并且体验它们，这不是天大的玩笑。但不一定恰恰是注意力的集中——作者预先告知其中的结果——要对此负责？在需要医生的帮助或者此人使自己习惯于抑郁症的处境之前，一个人必须忍受多久不舒服的躯体感受？我不得不怀疑这个理论，即紧张肌肉中的每一次阵痛都与某个长长的被遗忘的体验有关。"

这个人仍然坚持分离他的"身"和"心"，以便"二者永不相交"。对他而言感受是对"身体的部分"自然并且任何人看看都会有的"躯体感受"。但是几乎同时他们将躯体感受的存在归因于我们的预测，即如果寻找它们就会找到，也就是说，它们是建议造成的。在这一点上他明显变得非常能够阻抗"我们的影响"，因为他回避了这样一个理论：紧张作为能够被发现并修通的冲突是有意义的。反之，他看到了更多不得不要一个医生的令人不快的后果。为了做什么？恢复对"身体"的不专注？不建议被建议的内容？开阿司匹林代替他原先的止痛药，不专注？告诉他去忘记它——或者，正如真实发生的，告诉他这是心理躯体化？

上面引用的最后一句话可能是谎报一个争论以便让它更好处理的例子。肌肉可能因为许多原因疼痛，包括日常疲劳、感染或者各种营养缺乏。此处我们在意的并非这些例子，而是一个人如果专注，就可能一次又一次地在没有通常的解释因素中留意到长期的收缩。正是这些收缩——如果被发展和分析——可能带来对情境的记忆，它们在这些情境中作为解决冲突的方式而被习得。但是这种对记忆的重新捕捉，如果发生并且当它发生时，就是偶然的，仅仅是发现和表达冲突所构成的紧张的副产品。

"我没有可以用以实验的头痛，所以我不得不使用'刮伤的皮肤'，以及它造成的疼痛。"

尽管专注于身体真实受伤的部分的确加快血液循环并且通过这种方式促进了康复，但这与此实验的目的没有关系。

"我对无论什么成功都没法定义。我坚持所有的方向，但是除了感到浪费我的时间和徒劳无功之外，没能获得任何东西。"

* * *

"……这个实验产生了一种有趣的阻碍。如果在躺下的时候，我感到痛或痒并且专注于它，它就消失了而不是来到前景，并且在身体完全不同地方的另一个痛或痒开始分散我的注意力。"

* * *

"我对这个被高估的冗长废话变得十分厌倦。我没有为我的任何冲动而难过，并且完全觉察到了它们全部。我没有欲望呕吐、继续狂暴的行为或者自我了结。关于我自己我没有什么可惭愧的——完全没有。我不害怕我想杀人的欲望。我不怕欢呼大叫，但出于对我邻居们的考虑我试着不这么做。我没有在道德基础上疏离冲动。我无疑具有精神病人格了。我偷了车，吸了毒，和女人住一起。试着证明它吧！"

* * *

"我在我的肩膀、脖颈，有时在腿周围感受到的紧张，源于我担心迟到并对此感到紧张这一事实。我感到内部都紧绷着，并且这种紧绷似乎在我刚提及的身体部位表现出来。"

接下来的引用来自一个学生，她在写报告时，可能展现了一定的进展，但是仍然为表达什么和如何表达它而困惑：

"我对把我真实的感受放在纸上有极大的阻抗。让我说吧，之前我认为你的陈述十分令人困惑，现在它们似乎更加清晰并且我觉察到是我在感到困惑。直到现在我都拒绝面对觉察的责任——并且仍没有真正地与之协调。但是我意识到我必须回忆许多被压抑的冲突，并且要么试图和它们共存要么解决它们。我已再次回到了开始的实验，并且就它们而言，伴着减退的阻抗，我发现它们是简单的。但是，当我尝试现在的这些实验时，一种紧张的愤怒似乎由我的腿开始并且在我全身缓缓蔓延，我为此而苦恼，以致我挠自己，而且似乎想要把我自己撕开。事实上，甚至在我敲下这些的时候它再一次开始了。我敲打着键盘，就好像这种由实验唤起的攻击性和愤怒会被机器的噪声所瓦解。我突然在左胳膊里有个疼痛，它似乎是在骨头中的。我左胳膊整个下面部分都是僵硬的。我的右胳膊不受影响。当这个抓挠的紧张反应开始的时候我在试图记住。

"我无法一直思考这个抓挠，反而开始考虑哭泣了。所以我将说说关于哭泣的事儿。我来自这样一个家庭，其中任何情绪的表现——特别是哭泣这种的——都不被赞同。我与父母有冲突，并且这是产生了愧疚冲突的某种东西，因为我感到我让他们不必要地痛苦，因而做错了。我拒绝回家。当我在那里的时候我物质上感到十分安全，但是在其他每个方面都因为他们对我想法和生活方式仅仅半遮半掩的厌恶而窒息。我接到了一封来自他们的信，这令我想哭。当我收到并阅读它的时候，或者想到它的任何时候，我都如鲠在喉，眼球后面发紧并且全身贯穿着紧张。现在因为我报告它，它又出现了。但我自己不让自己有机会为此而哭泣。令我惊奇的是，我容易为电影、书籍、戏剧或者艺术作品而哭泣，但是在我的个人关系中至今我都不允许自己拥有这个特权。

"现在我觉察到自己突然感到十分有攻击性，好像我想做某件暴力的事情，并且我击打打字机的方式是与这种感受相连的。这个疼痛回到了我的左胳膊。

"关于内在思考：我觉察到'我脑中'的奇怪的单词和不连贯的短语'在我脑中'开始变得清晰。我的想法似乎与冲突、妥协和我将自己隐藏其后的假象有关，不同于我所在任何团体的想法。在一生中一个人扮演了许多角色。哪一个是真正代表自体的呢？最使我震惊的是对我阻抗的大小及其强度的觉察。"

这个人当然与她父母有"未完成事件"。例如，一个人对将不接纳其本来样子的父母亏欠了什么呢？一个人如何使他们"开始意识到"呢？一个人会过怎样的生活——他所选择的还是为他选择的？或者某个介于其间的东西呢？这个人将不得不发现，在她扮演的各种角色之中，没有一个"真正代表自体"。相反地，她的部分自体被投入各个角色且在其中得到表达。问题在于整合它们以便她的自体全都集合起来并且连续地过她的人生。

接下来的摘录并非专门与被发现和发展的冲突的内容相关，但我们因为获得的部分释放和随之发生的原始冲动的分化而囊括了它。

"在尝试觉察我的身体时某些感受确实出现了；某些人被卷入了对唤起感受潜在的满足之中；并且某些尴尬不可避免地随之而来。我真的生作者的气，因为出现的，退一步说，也是某种程度上非正统且令人震惊的，无论如何都没有满足的可能。所发生的一切都是我开始觉察到某种功能或欲望，而且刚刚觉察到它的满足是毫无疑问的。我意识到这个欲望之前就在那里，因为我就躺在床上，突然这个东西迅速进入我的心里，充分地在它的所有细节上发展起来。这个全部的情节从开始到结束都是完整的。我不认为它在实验的短短时间内成长起来。它可能一直潜伏在那里，但是至少直到现在，我未觉察到它。它仅仅带来了活跃、持续自我辱骂的沮丧状态。我怎样能通过捶枕头或者尖叫释放它呢？只有一种克服这个的方式。那就是去做——而我做不到！"（这个报告在此处被打断了并且直到几天后才重新开始。）

"在再次阅读这个接下来的部分时我忍不住想要销毁它并且重新来过。但因为一个我认为相对好奇的结果我将它囊括。我对我身体紧张起因的突然觉察和我对未被满足的需要的发现实际上令我如此恼火，以致我忽略了我现在认为重要的东西。在重新开始这个报告的一小会儿之前，我特意尝试想象发怒的全部顺序，尽管我知道它可能永远不会实际发生。我突然发现我自己脸红到发根，并不是因为这是个被禁止的行为，而是因为它太蠢了！这是一种多么荒谬的尝试'报仇雪恨'的方式啊。我真诚地认为，如果现在有机会去做我过去认为我无法做的事情，那么现在我不会做了，因为它就是如此愚蠢且无效。有处理这个情境的其他更加合适的方式。而且很多我对于 X 的态度和姿态现在变得没有意义了。"

在现在的语境中重要的是，原始的内转攻击和它所阻止的行动没有因为它们的释放而要求真正地去执行被压抑的愿望以攻击某人X。原始攻击一旦进入觉察并且带着尴尬幻想，便经历分化而成为"处理这个情境的其他更加合适的方式"。正是压抑本身令攻击性保持原始并且无法释放。

在接下来的例子中一个消化道的症状受制于专注：

"几个月来——实际上，断断续续有一年了——我忍受腹泻，它可能是心因性的，因为没有发现其生理基础。在我的觉察实验中，我专注于腹部及腹腔神经丛肌肉，去看我能否开始觉察到可能导致它的紧张。我在那个区域发现了许多紧张，并且花了很多时间和几次治疗隔离并测试它们。之后我的腹泻就完全没有了。能否说它好转还为时过早，但是，既然我没有改变我的饮食或者我生活情境中的任何其他东西，这似乎是令人鼓舞的。"

作为最后一个例子，我们引述一名学生所取得的效果，通常这需要以这些技术进行长得多的工作：

"我在床上放松，体会我身体的'感受'。一小会儿之后我与之完全接触了，先是在一个地方然后是在另一个地方感受到。之后我深深地呼吸，完全地吐气。兴奋一直开始前进。我会感受到它微弱的涌动，以及它之后的退去。那发生了几次，而我意识到我在阻止呼吸变得急促。所以我刻意地开始喘气——并且兴奋到来了！它在我全身涌动！好像我的手和脚被固定住，而无数电流击中我。我的身体，像这样，向上绷紧，并且随着电流而扭摆转动——骨盆、肩膀、后背、腿、脑袋。全部的我在每一个方向循环移动。我的身体炙热如火；我其实燃烧了起来，而且感到我的手和脚好像在熊熊燃烧。我大汗淋漓，眼泪不断流下，我的呼吸气喘吁吁，并且我在说：'哦……哦……哦……' 我不知道这持续了多久，但是它起码持续了几分钟。在它结束之后（那个最紧张的部分）我瞧了瞧我的手，看它们是否被烧焦了。我不会为发现它们确实如此而惊奇。小小的寒意贯穿了我大约半个小时，并且我感受到非常有生命力，非常强壮！

"在我能体验所有兴奋之前我的后脑有一个地方不得不被放松。对于那个点和膈工作使我能够有上面的体验。通过放松我后脑的那个小点，我能有小小的寒意一直在我的脊柱上下流动。

"'轻轻地'（softly）这个词，它在指导语中出现了两次，对我来说在演示这个实验中十分重要。

"尽管我不知道就这些实验而言下一个转弯的附近是什么，但我绝对会找出来。目前是你在指导语中所说的'蜜月期'。可能它对我来说随着下一个实验就结束了，但是我会继续尝试的。"

实验 14：执行再次逆转行为

这是内转的第三个也是最后一个实验，前面的两个是为它做准备的。在它们之中，当你发现并且通过肌肉探索到某些内转活动时，我们建议你仅仅用幻想或者想象来逆转它。当然，核心的阶段是用导向外部环境的外显行为逆转它，因为只有通过这种方法，你的"内部冲突"才能被变回为你获得与"外部世界"的人和物的接触所需要的努力。

你还没有为此准备好——并且尝试它也为时过早——除非你已经通过专注于肌肉紧张，在某种程度上成功地使之放松并且将之分化为组成部分。设想你已经如此，接下来便是设法获得内转活动的明显逆转的工作。例如，假设你使自己窒息以防止尖叫，并且现在你终于能够感受到在你喉咙之中尖叫的冲动，以及你手指中的窒息冲动。无论这听起来多么奇怪，如果你还没有开始觉察到这一点或类似的冲突，那么我们都是在字面意义上这么说——并不仅仅是一种比喻的说法。如果你的确感受到这类事情，那么对此该怎么做呢？

用你最高的声音尖叫着，冲向某人并使他窒息，这当然并非解决之道！冲突的两个部分确实有这个意思——尖叫的愿望和使之窒息的愿望——但它们是原始且未分化的，并且确实是它们在你肌肉组织内的静态紧张使它们保持如此状态。如果你不因为它的"愚蠢"而变得麻痹，你现在可以对两边都通过十分安全的方式给予一些外显的表达。你可以使一个枕头窒息！将你的手指戳进它，好像它是一个喉咙。摇晃它，就像一只獒犬摇晃一只老鼠。不要对它留情！这么做的时候，狠狠地专注于从你的敌人那里挤出你的人生，你早晚会发现你自己在发声——咕哝、咆哮、谈话、喊叫。如果你能够在别人的听力范围之外演示这个实验，这个部分将会早点到来，但是一旦你完全进入其中，你可能就不在乎邻居们的想法了。

在此发生之前你可能感到你想要尖叫、捶打、挤压，但是"如果你尝试了也可能无法做到它"。在融合中保持恰当活动的肌肉结可能如此微妙，以至即使带着最佳的专注，也无法在它们最终的细节中放松。各种表达这种冲动的方式——例如上面建议的那种——可能失败，无法将行为带到生活中来并且富有意义。它保持着毫无生气，一种刻意的装腔作势。但是，如果你坚持，拓展变化，跟随它并且落入它们自己所建议的无论何种荒谬言行、古怪姿态、故作姿态，那么可能，这种刻意将会突然变为自发性；你将会变得十分兴奋，并且行为将会成为之前被阻碍内容的真诚表达。此刻之前对你而言不可能的东西，现在将会自相矛盾地变得可能并且被完成。

仅仅是身体执行你觉察到想要去做的事情，无论它是喊叫、捶打、窒息或者什么，都将是无用的，除非认识到它在你自己的人际情境中的特别角色，由此而增进了对行动的意义的觉察——你想对谁尖叫，你想捶打谁或者什么东西——并且通过执行来感知到是你在这么做并且对此负责。否则，这个行动是愚弄且仅是强迫的。如果你欺凌你自己去做你所"应该"做的以满足这个实验，那么你将会放粗你的嗓门，收缩你的肌肉，用新的错误兴奋破坏你自己，而你将不会获得你在寻找的整合。

在此，有机体的统一概念——身体、感受和环境的统一功能运作——被戏剧性地展示了。因为如果你的定向、你的感受和你外显的行动自发地聚集在一起并且时机合适，那么你将会突然发现你理解、感受并且能够带着意想不到的新的自体觉察和清晰而行动；你将自发地恢复一段失去的记忆，认识到你在现在的关系中真正的紧张是什么，等等。正是因为所有涉及因素的平行发展的重要性，我们重申：要使用全面的方法——幻想、分析人际情境、语言或语义分析、情绪训练、身体表达；不要为时过早地放松并因此忽视一些因素；不要强迫你自己或者强加先入之见，而是允许自发的发展。

当表达外显时，压抑的能量有一个正常的释放——例如，如果被释放，抑郁表面上的死气沉沉将会被它所掩盖的且郁结于胸的东西所替代，这种东西亦即暴怒或哭泣的痉挛性活动。当恐惧或者社会压力一直如此强大，以致这种表达无法突破时，微小且完全不充分的"思考"运动代替了它们——在此例中是某种无声的抱怨。足以释放能量的大型活动与在膈、喉咙和脑袋中自体控制的紧张相纠缠。因为释放能量的唯一方法是去表达它，而既然那个自体控制的"我"无论如何不想让这个特定的冲动找到合适的出口，这个纠缠就不会改变；没有改变，它不会保留注意力，而是成为"遗忘"——一种有机体内被孤立、未被觉察的冲突。如果受束缚的肌肉引起了心因性疼痛，那么这个"我"不理解且不将它们接纳为无休止自体控制的后果，而是将它们视为强加自"外部"并感到受到了迫害。有机体的能量无法流动了。

另一方面，如果你专注于头痛并且允许它发展，你可能迟早开始觉察头痛是通过你脑袋的肌肉挤压而产生的。你可能进一步意识到，你是悲伤的——实际上，你非常想哭。除非你是独自一人，否则你可能无法放松肌肉并且将它释放。为了使之更加简单，退回到你可以有隐私的地方去。如果你是男性，甚至在那里让你自己流泪可能都是困难的，因为你可能已经在"男儿有泪不轻弹"的谎言中长大。（接下来"内摄"和"投射"的实验将会帮助你克服这个反生物的偏见。）

当你发现一个做某事的冲动无法合理地通过它的原始形式找到直接的表达时，首先试着不要将它转向你自己；相反，将之转向对抗任何方便的对象。不要再使你自己窒息了，而是使一个枕头窒息，同时允许关于你真正想要让他窒息的人的幻想发展。挤压一个橙子而不是你自己的眼球。捶打一个包。为了运动而摔

跺。踢一个箱子。允许你自己的脑袋来回摇晃并且大喊"不
要!"。一开始你做这些事情会不太自然,但一段时间之后,如果
你坚信它们并不"愚蠢"——相反地,它们是接近你稍后将在更
少原始性的基础上所能做之事的第一安全方法——那么你将会允
许你自己用全部的情绪力量表达所有的踢、捶打和孩子脾气的尖
叫。尽管与传统概念相反,但这是有机体以此来外置受挫攻击性
的健康策略。

到目前为止,在我们的讨论中,症状可能更经常地被深藏而
不是被指明。如果一种特定冲突已经太痛苦以致无法忍受,你可
能已经对它的内容去敏化了,并且因此发展出了盲区(盲点)。
在这种情况下,你在身体专注的过程中可能会发现的,不是疼痛
和痛苦,而是麻木、模糊、虚无的感受。如果是这样,那么专注
于这些感受,直到你能够将它们作为你能够提起的面纱或毯子,
或者作为你能够驱散的迷雾。

理论上,男性和女性的性冷淡仅仅是这种盲区,并且可以通
过正确的专注治愈。尽管在实践中,这种类型的大多数情况有非
常复杂的阻抗。在冷淡中主要的肌肉阻碍是骨盆的抑制,主要是
在腰骶部和腹股沟中。这通常与不正确的手淫有联系。并且,因
为手淫是性的一种内转形式,它是正常的还是神经症的则取决于
情境,所以让我们简短地讨论一下它。

直到上一辈以前,手淫都被认为是极其有罪且有害的。现在
它被许多圈子允许了,甚至被"激进的父母"所鼓励,尽管在他
们那一边常常伴随着很多尴尬。两种态度——谴责和允许——都
是过度简化的。手淫是健康还是有害取决于它所表达的冲动、伴
随的态度,以及所使用的方法。

据说罪恶和懊悔构成了手淫所能造成的伤害,而这是对的;

没有这些感受，一个人就无须承受伤害。但是对于这点有一个普遍的误解。这个愧疚与这个行为本身关系不大，而是更多地关涉伴随它的幻想——例如，虐待狂，注视某个人去惊吓并惩罚之，野心勃勃的自命不凡，等等。因为健康的手淫表达了向外的动力——是性交的替代——所以健康的手淫幻想会是接近并与心爱的人性交。在手淫引起愧疚的情况下，问题在于去关注制造罪恶的幻想，并且将之与性行为分开处理。

手淫第二个危险的地方在于缺乏骨盆活动。这就成了在其中手是活跃、有侵略性的性交伙伴而生殖器仅仅被强暴的一个行为。一个男人，仰卧着，构建着一个被动女性的幻想。或者，在缺失自动发展的性兴奋之中，这个情境成为一种挣扎，一种为了胜利的努力——双手想要强暴而生殖器在阻抗并否定施暴者。与此同时，骨盆并不以有机体的波动和抽动运动，而是静止的，紧张的，僵硬的。没有令人满意的高潮结果，人工刺激的兴奋不足以释放，并且那里继而产生了疲惫和再试一次的需要。

进一步而言，手淫常常是尝试实践与性完全无关的紧张——例如，非性（non-sexual）的孤独、抑郁、打扰。或者，在另一方面，有时候它是一般违抗和逆反的非性表达。

在健康的手淫之中，作为健康的性交，带领必须来自骨盆或者——与此一致的——真实的性需要。如果腰骶部僵硬地紧张并且腿被拉向躯干，就没有有机体运动的可能。为了给予满足，性行为需要一个人屈服于感受。如果一个人在性交的时候"思考"，有与此人正在做的事情并非整合部分的幻想，避免对自己伴侣给予关注，或者忽略了感受此人自己的快乐，那么这个人是无法期待圆满的性表达的深层释放的。

让我们现在回到内转系统性瓦解的一般问题。在你允许发展产生时，通过专注于局部的肌肉紧张或麻木区域，你将会释放一定的之前被束缚且无法获得的能量。但是一段时间之后你将会发现，不对身体更广泛部分的功能运作关系给予关注，你就无法获得更大的进步。一部分与另一部分间的感受接触必须在实现重新整合前重建。当然，这些部分并非彼此分离的，因为它们在你继续走下去的时候也会与你同行；但是探索和生动地感受上身和下身、脑袋和躯干、躯干和腿、左半部分和右半部分结构及功能运作连接仍然是有必要的。当你做这项工作的时候，你将会被新颖而明显的自我彰显的关系吸引。你将直接理解弗洛伊德"向上转移"（displacement upward）概念意味着什么——例如，被压抑的性及肛门功能在不充足的替代基础上出现在说话和思考中，或者相反，口述阻碍在肛门紧张中重复它们自己。这并非展现神秘，因为系统作为整体进行功能运作，当像消化道的一段这样的大型子系统被扰乱时，其他部分逐渐调整，以进行补偿或者至少维持一个功能运作着的——尽管不那么有效的——统一体。

与身体各个部分具体的互相关联随各个人格而变。目前为止你应该能够发现并且弄明白你自己特定的功能运作模式中独特的方面了。这里为了进一步讨论，让我们仅仅对平衡、对左右之间所存在的关系做一些评论。

当肌肉行动被内转时，姿势显然一定从每一方面变形。例如，如果你收紧你的骨盆，那么上躯干、臂膀和脑袋的任何运动都无法拥有灵活的基础。通过"开始练习"来恢复正确的姿势和优雅的尝试将会证明无效，除非僵硬之中也有松弛。通过常常劝告"站直""把你的肩膀打开"或者"把头抬起来"，母亲对她们的孩子们除了愤怒什么也产生不了。只要某些部分被牢牢钳制住且不被允许自发运动，"坏"姿势就会感到"正确"并且将会持续。为了合适的姿势，不受紧张的脖颈肌肉束缚的脑袋，必须能自由地在躯干上保持平衡；上躯干——没有任何挺起的胸膛或者直起的后背——必须轻松地骑在骨盆上。这些人体结构被比作三棱锥，各个部分依靠它的顶点，以便它能够有准备地向任何方向转动。

脑袋与躯干之间的冲突在别处通常表现为左右手的纠缠。例如，当脑袋是道德的且"正确的"时，此人脖子是僵硬的——害怕失去他不牢靠的平衡。在此情况下脖颈不是作为脑袋与躯干之间的桥梁，而是作为人格的"较高"和"较低"功能之间的障碍——从字面意义上说，作为一个肌肉瓶颈（bottle-neck）——而工作。肩膀害怕扩展、工作或战斗，一直缩着。下身很好地"处于控制之下"。双手间的灵活合作是缺失的。一只手倾向于压制和废止另一只手的活动，双腿同样如此。在坐着的时候，平衡是不稳定的；上身把一个人的半边臀部压得像碎铅块。

　　通过专注于左/右的不同你能够恢复为恰当的姿势和运动所需要的大多数微妙平衡。仰卧在地上。首先对腰骶部的凹陷和脖颈的拱形工作。如果你的姿势正确的话，你躺在那里时，这些点中的任何一个都不会悬在空中，尽管如此，不要尝试放松或者强迫脊椎变平。抬起你的膝盖并且轻轻地将它们分开，将你的脚底放在地上。这将放松顺沿你脊柱的紧张，但是你仍然能够注意到你背部的僵硬，以及你腿部短暂的、收紧的感受。允许可能在一个更舒适姿势的方向上发生的任何自发性调整。将你右边每一部分骨骼与左边的相比较。你将会观察到许多与两侧对称不符合的地方。你正在"完全弯曲地"躺着，你对此的感受表明事实正是如此，尽管用了一种夸张的方式。随着你所注意到的有机体自身的压力，缓缓地纠正你的姿势——非常、非常地缓慢，动作不要急。比较你的左右眼、肩、脚、臂、手。

在这项工作中保持膝盖某种程度的分开，臂膀放松且不交叉。注意将它们集合起来的趋势。思考这个趋势可能的意义。你想保护你的生殖器吗？如果你用这种方式开放地躺着，你感到过多暴露且无所防御？什么将会攻击你？你想支撑住自己，你害怕否则你将会四分五裂吗？是你的左/右不一致表达了想要一只手牢牢抓住某人 X 而另一只手将他推开的愿望吗？要去某地又不要去，同时吗？随着你调整你的姿势，你是如何这么做的？你在蠕动、扭来扭去吗？你在陷阱之中吗？

身体的前后之间有一个十分重要的连接和不一致。例如，尽管对于所有的外观，你的凝视是被指向前方的，但你可能更加关心位于后方的是什么，在这种情况下你无法看到你身处何处。从后面而来的什么事物是令你害怕的呢？或者你希望什么将会赶超并袭击你？如果你倾向于蹒跚前行并且容易摔倒，那么专注于这种前后的不一致将会被证明是有用的。

因为你允许肌肉发展，所以有时你可能会体验一个空洞但相当强烈的冲动去演示某个特定种类的运动。例如，它可能是一种伸展。如果是这样的话，通过实验性地伸展来遵循它。如果感受变激烈了，之后就伸展出去，不只是用你的手，而是用你的臂膀，并且，若它是你正在做的运动的自然连续的话，就用你的全身。你在伸向谁？你的母亲？缺席的爱人？在某个阶段伸展开始成为推开了吗？如果是这样，那么就推吧。推推像墙一样坚实的事物。用根据你感受强度而调整的力量去这么做。

相似地，假设你感到你的嘴唇紧张而你的脑袋移开。那么让你的脑袋从一边移动到另一边并且说："不！"你能坚定而大声地这么说，还是你的声音中断了？你在辩护吗？或者，完全相反，你的拒绝发展成了一般的有捶、打和尖叫的违抗和叛逆感吗？它意味着什么？

在这种模拟运动的表现之中，没有什么可以通过强迫来获得。它之后就变得装模作样而且使你迷失方向。你对于什么要表达并见诸行动的理念一定要产生自对感受及其意义的探索与发展。如果这个运动是正确的并且时机合适，它们就会使你的感觉清晰并且明确你人际关系中的意义。

在引用对此实验的反应中，我们如往常一般用那些更为敌对的反应作为开始。

"我是习惯的创造物，而我现在的姿势十分舒适。我将不会躺在地板上转。我不会去伸向母亲或者缺席的爱人，把东西推开，辩护，打，尖叫，或者大喊'不！'。"

*　　*　　*

"我没有攻击性驱力。年轻时我喜怒无常，有攻击性又自以为是。在过去十年里学习去控制这些东西相当不容易，但是我做到了！实际上不是我现在控制住我的脾气；真相是我再也没有脾气了。我本希望从这些实验中获得而完全没得到的，并不是再次引导我发展出脾气，而是学习如何变得有自信。那是我的问题！解决那个问题的实验在哪里？"

*　　　*　　　*

"当我觉察到痒，我抓它。如果我不舒服，我就改变我的位置。四处走动询问'我感觉到什么了吗?'将不会把我变成一个更加开心或更加适应的人。"

*　　　*　　　*

"想要保护我免于显然并不在那里的东西，所有与此相关的东西是什么啊? 这越来越古怪了。"

*　　　*　　　*

"对于私通和手淫的直白讨论令我震惊。冒着听起来像一个故作正经之人的风险，尽管我并非如此，但我可能会说这种震惊阻止了我做这整个实验。"

*　　　*　　　*

"这个实验中的假设十分荒谬。我对我背后的东西无所畏惧! 在阅读这种东西之后，我开始对作者好奇。越好奇，我越认为我从这些实验中得到的唯一好处是将体会打成文字。"

现在我们抽取报告了更加积极结果的那些反应:

"当我吸气时，我的肚子似乎自然地运动，但我的下巴十分紧张，我的喉咙和脸的其他部分也是如此。我将此体验为含蓄的呐喊。当我父亲在我感觉我肯定正确的地方训斥我时，我对此有了确认的机会。我得到了恰恰相同的窒息感，但是我无法让它多多表达出来，甚至在他问我什么'使我烦恼'的时候。之后我感到这个方式就是，**我一定不能伤害他的感受**。但是我知道这恰恰是我之后的确通过愠怒和走来走去造成的。下一次我将会让自己避免这种痛苦——并且让他避免我的愠怒——通过公开表达的意见。"

*　　*　　*

"上周当我从一个聚会上晚归时我头痛剧烈。我没有吃阿司匹林，而是如你所建议的那样试着对它负责。我在那里躺了好一会儿，从内部探索我的前额，这个疼痛，我本以为它是一般性的，渐渐地好像实际上集中于两个不同的点，每个穿过一只眼睛。之后变得十分清楚，它不仅仅是一个疼痛，而且是非常确定的肌肉疼痛。在专注于我眼周的肌肉一段时间之后，我没有尝试任何放松它们的方法，突然，没有任何来自我这边的努力，它们放松了，并且疼痛消失了！这是一种奇妙的释放感，而且很自然地，我几乎立刻睡着了。直到第二天早晨，我才好奇于这个疼痛的意义，但是那个时候我猜去做任何开始觉察它的事情都太迟了。"

*　　*　　*

"我感受到的第一个紧张是膈中的这个紧绷，并且在觉察的提升状态中我感到微微的呕吐冲动。随着觉察的增强，我感到在膈的区域几次抽搐的起伏，但是这些从不过于严重，很快就停止了，并且整个区域似乎放松了。在恶心的整个阶段（实际上它并非寻常形式的恶心）我试图让我的感受出来，并且我几乎不由自主地感到我的手紧握着。我脑袋摇晃，好像在说'不'一般，相当剧烈，也很容易就晃起来，而在我知道它之前我已在大声地说出'不'了——是相当大声地说出了它并且情绪强烈。我遵循这个实验直到枕头窒息，并且在这么做的时候我看到了一些对我而言十分有趣且有启示的视觉图像。我并不觉得在此应该描述它们，因为它们是一些相对隐秘的个人本质。膈的紧张现在找不到了，并且我希望它们将不会带着任何程度的严重性回归。"

＊　　　＊　　　＊

"总算有一次屋里没人，而且之后一段时间也不会有，所以我决定在客厅做这个实验，因为把桌子推开我就会有相当大的空间来运动。一开始，当我在地上开始伸展时，我穿戴整齐。这阻碍了我。这是第一次我真的能够在操控实验上全力以赴并且知道我不会被打扰，所以我在地上扔了一条毯子，拉上百叶窗，并且脱去了衣服。

"在身体觉察中我比任何时候都更成功。我兴奋，并且呼吸急促。尽管它仍然急促，但我专注于它，直到它缓慢到允许充分的呼吸了。我试图言语化我的各种感受——我胸膛、肩膀和上肢的悸动，并且当我对这些感觉进行工作时，我意识到我正在发展出一次勃起。自然地我试图检查它，之后我的后背疼痛。这对我来说十分有趣，因为这种特定的疼痛是旧识，并且现在我开始根据事实推断。

"……我的脊柱十分紧张。我的腰骶部和我脖颈的拱起都没有触碰到地面。当我把腿抬起时我感到有些不舒服。我脊柱的底端压入地板，并且把我的脚垂直放下是相当费力的。我的腿感受起来十分紧张。

"当我开始比较我身体的两侧时，我发现右边远比左边更放松。我的右肩轻轻抬起，而我大部分重量都在我的左肩和左臀上。我明显地感觉我的骨盆拱起。随着我对各种肌肉群的探索，我突然有极大的冲动去伸展。我高高地举起我的臂膀并且伸展我的肩部肌肉。之后我自发地'架桥'，就像摔跤一样，抬起我的整个身体并使我悬浮于双脚和脖颈之上。当我躺下休息时我感到放松和奇妙的如释重负。我的脊柱不特别紧张了，而且我的腰骶部离地面近多了，尽管我的脖颈和背仍然被'抬高'……尽管这一切的意义没有清晰地传达于我，但我能够感受到它们正在开始浮现，并且总的来说，我几乎没有感到如我曾经那般困惑。"

＊　　　＊　　　＊

"当我躺在床上并尝试这个实验的时候，我开始觉察到对我的生殖器的羞耻感。我希望起床并遮住我自己，却仍然继续躺在那里，想看看可能发展出什么来。我想用双手遮住我自己的欲望变得十分强烈，并且我记得我母亲告诉我'好姑娘从不暴露她们自己'。我在极其注重伦理道德的家庭中长大。情绪——特别是那些与性调整有关的——在强烈的口头警告和说教之中被压制了。

"在做这个实验时，我意识到我自然的欲望，与此同时我感受到在童年时就根植于我的恐惧和警告。我意识到在我能最终学会对待自己之前，我有大量重新评估和规划要去做。我的人生中有大量的未完成事件，但是我对从事这个工作的方法和手段更加清楚了，并且我也已经感到我有一个良好的开端。"

＊　　　＊　　　＊

"在做这个特定的实验之前，我感到我对这件事已经获得了一些见解，但是去发现对立的力量是如何对身体起作用的，这对我来说是相当神奇的事情。直到最近我都无法体会生气，无论什么情况。取而代之的是，我感到受伤。我会变得紧张，之后这发展成了剧烈头痛。

"当我躺在地面上，膝盖提起双脚平放时，我开始觉察到我的右臂无力地靠在我身侧，而我的左臂远离我的身体弯曲着，拳头紧紧地握着。对我来说右边代表了我内部温驯且没有攻击性的倾向，而左边压抑了有攻击性的倾向。尽管一个人可能压抑攻击性，但它不可避免地用另一种形式来到表面，这对我来说是神奇的，但并不有趣。

"我曾经好挖苦人，但我甚至逐渐否定了自己这种或多或少有些微妙的攻击方式。我相信当我放弃它的时候我开始无法觉察愤怒了。做着这些实验，这个觉察回来了，但是我仍然无法明显地这么做。无论出于什么原因，攻击任何人总是令人感到残忍且不正当的。尽管如此，我知道我实际上想这么做，并且在一定的情境中这不仅是正当的而且是必要的。我在那个方向上做了某些努力，但是我已获得了太多要去撤销的内转了，并且我正在尝试屈服于一点，即这要花相当长一段时间。"

*　　*　　*

"我开始空拳练习（shadow-boxing），并允许不同的人从我的幻想中进出。最终 X 先生到来了。在这个时候我停止向我想象中的对手出拳并且放开我的右脚。突然我感到我皮肤的痉挛。这令我相当惊讶，不是痉挛，而是打人的想法。我一向憎恶这种行为并且认为对我来说甚至理解都是不可能的。但这里我在试图践踏 X 先生的脸！因为这个实验在这时停止了，所以我皮肤内的痉挛自然地消退了。但是，在我将此打成文字的同时，我能够感受到我皮肤中的紧张再次发展了起来！

"现在我问我自己这是不是内转行为的一个例子。它意味着这些年每当我想踢其他某个人的时候都在踢我自己吗？

尽管对这些问题没有清晰的回答，但是我会很快再次寻求它们的。"

因为对细节很好的关注，我们详细地引用以下的报告：

"随着时间的流逝，我发现我可以为了越来越多的伸展做肌肉运动实验，并且在各种成功的尝试中对内部的活动和紧张有更快更完整的觉察。第一次尝试它的时候，我有一段时间没有进展。之后我开始觉察到我的心跳，以及之后我心跳的结果，也就是说，穿透四肢的循环，还有血管的悸动。然后我失去了我的格式塔并睡着了。

"第二个实验消极地开始了。突然我开始觉察到我在内摄——仅仅凝视着内部以试图推动结果。我停下它的时候，结果是即刻的。我在实验期间没有记录，所以我无法报告我感到的全部感觉。由于我报告那些我确实回忆起来的感觉，因此我只能说，它们数量很大，并且到来得如此之快，以致不严重干扰觉察的流动我就无法报告它们。首先我第一次感到循环的觉察。但是，在这种情况下，我维持了格式塔，并且很快被回报以确切的肌肉运动觉察。有各种各样的刺痛、电流，特别是手脚的微小跳动。似乎极少或者没有焦虑，除了持续的过于热切，我将此记录为对于为时过早的成功的一部分强迫性驱力。有一次我几乎再次睡着了，但是随着我对图形/背景的重建，我感到了一种已经克服了对觉察的阻抗的不错感觉。

"之后我感到了腹部肌肉中严重的疼痛，几乎像某个人在腹腔神经丛里踢我一般。然而，在我试图专注于此的同时，它消失了。之后我感到上臂严重的疼痛。我专注于它五分钟，疼痛随之而持续着并且更加激烈了。现在我试图自由联想到我的生活情境，以观察是否可以与这个疼痛达成任何连接。我确实不记得我在这个时候是怎么想的了，但是某个事物显露出来，似乎导致了这个疼痛如蘑菇云一般炸开。我感到好像在我的手臂区域即将发生高潮，我可以这样来描述我的感受。这个感受达到几乎无法承受的紧张地步，之后没有最终解决地消退了，给我留下的感受很像期盼中的高潮并未发生一样。但是，当我结束了这个实验时，我感觉挺好的，没有不完整高潮典型的不愉快后遗症；但是，我的确感到某件极好的事情几乎发生了。我现在必须进一步汇报，当我打下这个报告时，这个实验的记忆不由自主地回来了，比我想象得可能更加具体，并且我突然在臂膀的相同区域感到了相同的疼痛。现在它就在那里。这引起了我的兴趣，但也使我莫名警惕。

"此时我暂停了我的报告以专注于我臂膀之中的疼痛。内部觉察立刻出现了，并且这个疼痛持续出现。突然，它遍及了我的全身并且我开始颤抖，带着恐惧（确实地），一种使我惊讶和厌恶的情绪。随着我这么做，我感到我想要将我的手臂伸向某个人——我的母亲。同时，一个当年我就是那么做的插曲浮现在脑海。它发生在我四岁的时候。我和我的父母一起在旅游，并且十分不喜欢我们旅馆的经理。我做了一件什么淘气的事儿，然后我妈说如果我不守规矩的话她就要离开并把我留给当时在场的旅馆经理。

"我开始哭泣并伸出双臂跑向我母亲。她安抚了我，并且和我保证她是开玩笑的，而这个经理嘲笑了我并且叫我

'妈宝'。这一切可能是虚构的，并且我也不会因为心存怀疑而责备你。我是我自己。然而，尽我所知，自从它发生我就没想过这个事了，而现在我将它回忆得如此清楚，好像它发生在昨天一般。我手臂中的疼痛仍然在持续，但是似乎不那么严重了并且覆盖了更大区域。

"在我的下一个肌肉紧张实验中，觉察到来得比上一次缓慢一些，这可能是由于上一次的结果所唤起的焦虑。形成强烈的觉察，花了大约十五分钟，并且这一次是在脸的区域。我首先注意到，我嘴角的肌肉在我想象去微笑的尝试之中朝上抽搐。这个朝上并不是微笑，而实际上是哭了一会儿的脸部运动的一部分，在我真的意识到之前大约过去了十分钟。我随即开始哭泣！从我儿时起就没有享受过它了。此刻对我自己行为的尴尬和发展相互干扰起来。我无法将我的行动与我生活情境中的任何事情联系起来，可能除了两年前我母亲去世，在那个场合中，尽管我希望哭泣，但我哭不出来。然而，我确实开始觉察，我下唇对抗上唇的压力，以及穿过我额头的紧张——两种我之前报告过的紧张——它们存在着，以防止我哭泣。在这个实验之后我感觉挺好，并且为我自己获得这种向外的行为而十分开心。"

第七章
内 摄

实验 15：内摄与进食

在处理内摄时，我们再一次使用同样应用于内转的专注和发展技术，但在程序上有关键不同。在内转之中，内转行动和它所制止的行为都是一个人自己人格的部分，并且必须做的是：首先，接受并认同两个部分；其次，找到两个部分都获得外显表达的新的整合。但是，内摄包括的材料——行动、感受、评价的一种方式——你已将其纳入你的行为系统，却还未将其以令它成为你有机体真正一部分的形式同化。你在强迫接纳的基础上吸收它，一种强迫的（且因此是假的）认同，所以，即使你现在将要阻挡它的移开，好像它是某个珍贵的事物一般，它实际上仍是一个异质的躯体。

作为有机体和人格，一个人通过内化新的材料来成长。将获得习惯、态度、信念或者理想与摄入物质食物到有机体内相比较，认为二者仅仅具有粗糙的相似性，一开始这是令人震惊的，但是一个人越多地检验每一个的详细顺序，他就越意识到它们的功能同一性（functional identity）。

物质食物，被恰当地消化和吸收，成为有机体的一部分；但是"大量停留在胃里"的食物就是一种内摄了。你觉察到它并且想把它吐出来。如果你这么做，你就使它"离开你的系统"。相反地，设想一下，你压抑你的不适、恶心，以及吐出它的倾向。之后你"压制它"，并且要么最终成功而痛苦地消化了它，要么它使你中毒。

当它并非物质食物而是概念、"事实"或者行为标准时，情况是一样的。你已掌握的理论——仔细地消化了它，因此你已使它为你所有——能够灵活且有效地加以使用，因为它已经成为你的"第二天性"。但是某些你全部咽下而没有理解的"教训"——例如，"根据权威"——你现在将之用为"仿佛"它们是你自己的，这些东西是一种内摄。尽管你已压抑了对强压给你的东西的困惑，但你不能真的使用这种异质的知识，而且到了你已用狼吞虎咽下一口口这个或那个来填充你人格的地步，而你已损害了你独立思考和行动的能力。

在这一点上我们与弗洛伊德不同。他支持某些内摄是健康的；例如，通过模范和模仿儿童的发展人格形成了——特别是对亲爱的父母的内摄。但是在此之中他明显无法对内摄和同化做区分。被同化的东西并非作为整体被吸收，而是首先被完全毁灭（解构）然后变形——再根据有机体的需要被选择性地吸收。无论孩子从他亲爱的父母那里得到了什么，他都同化，因为随着他的成长，这对他的需要是适宜且恰当的。不得不被内摄、全盘吸收的是可憎的父母，尽管他们与有机体的需要相对立。与此相伴的是儿童正当需要的不被满足，以及他压抑的叛逆与厌恶。由内摄组成的"我"无法自发地功能运作，因为它是由关于自体的概念组成的——责任、标准、从外界强加的"人类本质"的观点。

如果你能够意识到攻击的、毁灭的和重建的态度对于任何你真正要当作自己所有的体验的必要性，你就能够欣赏前面所提到的一点：需要高度评价攻击，不要肤浅地授之以"反社会"的称号——在内摄的基础之上。就像人们通常使用的那样，"社会"经常意味着愿意内摄与人们的健康兴趣及需要相异的准则、法规和习俗，并且在此过程中失去了真正的同盟和体验快乐的能力。

为了从你的人格中减少内摄，问题不在于像内转那样，接受且整合你自己分裂的部分。反之，要开始觉察什么并非真正为你所有，去获得对提供给你的事物的选择且批判的态度，尤其是去发展"咬掉"并"咀嚼"体验的能力，以榨出它的健康养分。

为了进一步明确内摄的过程，让我们回顾你的早年生活。胎儿与母亲是完全融合的，她提供氧气、食物和环境。在出生之后，婴儿必须立刻获得他自己的空气并且开始区分感官环境，但是他的食物，尽管现在只是间歇可得，仍然为消化做好了充分准备。对他的全部要求就是去吸吮和吞咽。这种流质摄入等同于完全的内摄，因为材料是被全部吞咽的。但是这在长牙前、哺乳阶段是合适的。

在接下来的口腔发展阶段，即咬和咀嚼阶段，婴儿对他的食物更加主动。他选择、占用并且从某种程度上改变环境所提供的东西。随着门牙的长出，他处于从吮吸到"咬"转变的时期。他区分了当他吮吸乳头时这是不能咬的，但是对于其他饮食，他从其他东西上咬下仍只是部分准备好的食物。随着臼齿的长出，他到达了咀嚼的阶段，这是最为重要的，因为它允许了对食物的完全消灭。"咀嚼"不是接受所给予的东西且毫无批判地将其内摄，而是彻查环境所提供的东西以确保他对其的同化。在这种竞争力的基础上，结合几乎完全发展的感官辨别和对对象的感知，孩子开始说话并且促进了形成他的"我"的过程。

断奶——"使"孩子放弃其吮吸的过程——一直被认为是困难且具有创伤性的。但是，如果没有之前的饥饿和情感失败（即，目前为止没有扰乱、扭曲或者早期未完成方面的积累），那么孩子很可能将准备好并渴望锻炼他新发展的能力并且离开内摄的融合。悲剧性事实是，这种正常的顺序几乎从未发生在我们的社会——因此，从一开始就有不完美的咬和咀嚼——导致弗洛伊德和其他人，将狼吞虎咽下去没好好咀嚼的一口又一口的这种或那种东西，构想为正常的"部分内摄"。

随着咬、咀嚼，以及十分重要的移动功能和接近能力，儿童得到了他成长所需要的、他可用并可控制的攻击的主要类型。显然，这些攻击并不"反社会"，尽管它们恰恰是被动融合的对立面。但是如果这些生物活动并非用来服务于成长功能——作为启动、选择、克服障碍、为同化而紧抓并毁灭——那么剩余的能量将释放作为错置的攻击——控制、易怒、虐待狂、权力欲、自杀、谋杀，以及它们大规模等效物——战争！有机体没有在与其环境的持续创造性调整中发展——因此"我"是一个关于定向和操作的执行运作系统。相反，它负担了一个由各种未经同化的内摄——从"权威"那里继承的他无法忍受的特征和品质、他无法咬掉并咀嚼的关系、他无法理解的知识、他无法消解的糟糕的固着、他无法释放的厌恶——东拼西凑在一起的"我"。

通过反转内转，当一些侵略性的能量作为受害者从自体分离的时候，它可能被重新有效使用于咬穿并咀嚼物质食物及其心理对应物：必须面对的问题、必须消解的固着、必须被毁灭的"我"的概念。那是在接下面的实验中尝试的，但就如同与肌肉专注工作一般，你必须慢慢来并且不要强迫你自己，否则你一定会失望且受挫。你将开始觉察到的主要阻抗将会是不耐烦和贪婪，它们在狼吞虎咽的阶段是十分常见的情绪，但并不处于更加成熟且分化的选择、咬和反刍阶段中。先满足于觉察的发展吧。通过专注于你进食的模式，当你学会了区分可以适当地饮下的液体食物和无法通过饮下它而恰当处理的固体食物的时候，你将会获得很多。

不加阅读或"思考"地专注于你的进食。单纯地投入你的食物中去。我们的就餐大部分成为社交活动。原始人自己开始进食。以他为例达到这种程度：每天留出独自的一餐，并且学习如何进食。这可能要花大约两个月，但是在那之后，你将获得一种新的品味、一种新的快乐之源，并且你将不会故态复萌。如果你没有耐心，这看起来就会太长。你将想要有奇效，立竿见影。对于克服你的内摄而言，你自己必须做毁灭和重整。

注意你对投身于食物的阻抗。你先尝了几口然后陷入了"思考"、白日梦、想要说话的恍惚——同时也失去了与味道的接触？你通过清爽、有效的前牙行为咬下你的食物吗？换句话说，你咬下你手里拿的夹肉三明治，还是你半闭着下巴之后扯下一大块呢？你曾经用你的白齿达到完全解构食物的程度，也就是液化（liquefaction）吗？只要注意到你做的任何事情，不要刻意改变任何东西。如果你保持和你食物的接触，许多改变将会自动发生的。

当你带着觉察进食时，你感觉贪婪吗？不耐烦吗？厌恶吗？你因为你狼吞虎咽地进餐责备现代生活的忙碌吗？当你有空的时候这会不同吗？你避免平淡而乏味的食物，还是你直接就毫无异议地吞下了？你体验到在你食物中味道和口感的"交响乐"了，还是你已经使你的味觉不再敏感，以至所有的味道都非常相似呢？

当它并非物质而是"精神"食物的时候，事情会怎样呢？考虑相同的问题，例如，关于你对印刷页面的摄取。你跳过了困难的段落还是你解决了它们？你只对甜美轻松的作品——消遣小说或者"专题"报道——有胃口吗？你可以不需要活跃的反应就能够吞下它们？还是说你强迫你自己只分享"大部头"作品，尽管你仅从你的努力中获得极少的乐趣呢？

你对电影的视觉摄取如何？你在情境中着迷而沉醉吗？将此作为融合的例子来研究吧。

在相同的情境中让我们考虑酗酒，尽管复杂并且伴随着许多衍生物（包括生理变化），但它是口腔发育不全中的肌肉固定。没有治疗能有持续的效果或者比压制更好，除非酗酒的（"成年人"的吮吸）进展到了咬和咀嚼的阶段。根本上，饮酒者想要饮进他的环境——以获得简单且全部的融合，而没有接触、毁灭和同化的兴奋（对他而言是痛苦的努力）。他是一个奶瓶婴儿、一个狼吞虎咽的人，拒绝吃固体食物和咀嚼它。这适用于他盘子里的牛排，以及他生活情境中更大的问题。他希望他的解决方法是以液体的形式、预先加工好的，这样他就只需将它们一饮而尽。

社交上，他希望没有与他人预先接触就立刻进入融合。那时他认识的人成为他将要对之"推心置腹"的朋友。他绕过了他那些需要进行辨别的人格部分；然后，在这些可能深刻真诚但实际十分肤浅的社交接触的基础上，他呈现出不耐烦、放纵的需要。

正如不加批判一般，他吸收了社交耻辱并且将它们的来源视为他自己，因为他有很强的自体攻击意识。他可能通过将之溺亡在酒精之中来平息它，但是当他清醒时，它的怀恨在心再次加倍。因为他的攻击性没有用在攻击他的物质食物或者他的问题上，没有投入他的意识内的剩余物，而是经常向外转化为粗暴、无关的斗争。

饮酒是获取流质的恰当方式，而且酒醉的易于交际是温暖且愉快的。但是这些只是体验中的片段，并非它的全部，并且当它们作为专横的需要持续占据前景时，其他种类和级别的体验的可能性就被排除了。

相似的机制在性滥交中证明了其自身。此处的需要是即刻的终极满足，没有预备的接触和关系的发展。因为他是冰冷的，而这个触觉匮乏的受害者、滥交者寻求皮肤表面粗暴的触觉接触，以作为他最终的性目标。当然，尽管有其他复杂的因素，再一次凸显的是不耐烦和贪婪。

大多数情况下，我们关于内摄的观点在一开始引起了几乎一致的反对。我们从学生中引用了少数评论：

"我珍惜这个幻觉——你无疑将它诊断为神经症了——身为人类意味着对灵魂壮丽的更多尊敬而非将自己投身于食物。"

* * *

"我无法领会改变你进食的习惯是如何被设想为帮助你拒绝内摄想法的能力的。我就是领悟不到。就算早期的进食习惯与此全都有关，仅仅改变你现在的习惯不会突然使你能够理解弗洛伊德的内摄概念是错误的，尽管这可能部分正确。为什么我们不能做点会真正有用的事来代替这种胡说八道呢？"

*　　*　　*

"所有关于强迫摄入食物和强迫摄入行为的类比都是站不住脚的，特别是当它作为一种比喻的说话方式被一语带过时。有机体并不呕出行为，也不咬和咀嚼体验。真实、复杂的行为可能被内摄，但是对我而言这与进食的功能没有什么关系，当然是婴儿期过去的时候。我忽视了这个进食实验，因为我先验地认为它们是无用的，我甚至不会给予它们我对于其他实验那般的有限注意力——也就是说，因为好奇而做它们。用作者自己的话来说，我拒绝内摄他们一定要谈论的关于内摄的东西。"

*　　*　　*

"跟其他训练一样，这个训练也没有给我更深的印象或促使我行动。尽管在阅读它的过程中已经学习了很多，即觉察一个人的想法、动机、习惯等等的敏锐感，伴随着从那里获得的可能的长久益处，我还是无法理解这大量言语谜团之后的基本思想。我猜想主要的想法是使个体更加了解他自己内部的各种过程，并且因此驱除他想法和行动中不想要的存在因素。尽管如此，如之前所说，我感到作者在学生这方面假定了太多的洞察，并且我进一步感到这些训练过于关心自体——这显然是一件危险的事，如果缺乏受训指导的话。"

在以上所有的引用中，有一种对言语证据和言语证明的惯常的现代式强调。事实上，有许多"客观的"实验结果能够在这个连接中应用，可能足以迫使上面引用的学生们对于此处展示的理论给予理智上的赞同；但是，我们所寻找的并非口头同意，而是动态效果，通过直接发现并且用你自己非言语的功能运作验证这些观点，可能获得这些效果。

少数人明显无法立刻反对这个理论，而是通过拖延它的非言语测试来暂且反对它：

> "我怀疑这所有事情关于——哦，此类事情中任何一件都怎么能有一个功能同一性啊？我将放下这整件事，直到这个夏天我回家，然后对它工作。"

无论他们对这个理论有什么怀疑，大多数学生抱着实验的态度检验他们的进食过程，并且报告了对他们平常的摄取模式的各种发现：

> "在专注于我的进食之后，我发现我不知道如何去进食，而是大口地吞下我的食物。甚至当没有理由匆匆忙忙的时候，我也忍不住十分迅速地进食。我发现我极少使用我的白齿。"

保持一个体面的身材是占据了许多报告的问题。

> "我会试一条在《VOGUE 服饰与美容》或者《时尚芭莎》里看起来漂亮的裙子。我在镜子中所看到的与修长、纤细、白皙的完美典范并不相像。我会心痛或者厌恶自己并且发誓要节食。然后我会开始为我自己感到十分抱歉，以至我

会坐下并且吃点糖果或者一块蛋糕。"

我们详细引用一个尝试咀嚼某些食物到液化程度的报告：

"因为我在家里是出了名的吞食者和'边看书边吃东西'的那种人，我兴致勃勃地期待这个进食实验。它们见效了，但是我怕它们可能太有用了，所以在过火之前停了下来。

"首先，我记录了我是如何进食的，并且不太惊奇地发现我是一个'咬一部分，撕下剩下的'的那种操作者。慢到足够在开始咀嚼前尽可能完全咬透我的食物是相对容易的。但是因为我很少在进食的时候不看书，仅仅这种专注于咬下而非撕下就令我陷入白日梦。我只是麻木地坐在那里，觉察不到我正在做什么并且没有思考任何事情——以至在我真正知晓它之前食物已经下去了。

"就我究竟是否液化我的食物而言，答案绝对是否（可能是一个反对我父亲的反应，他是一名热情的弗莱彻主义①者，尽管他不会真的数数，但因此是我见过的最慢的进食者）。我试着嚼啊嚼，直到食物达到我所能忍受的流质状态，然后我记录了两个反馈。

"首先，我的舌头开始向后疼痛。通常发生的是，在我有食物进嘴之后什么都不会发生，直到食物沿着食道下

---

① 弗莱彻主义（Fletcherism）：细嚼进食健康论。这一说法起源于美国一位因肥胖而疾病缠身的巨富霍雷斯·弗莱彻，在求遍名医不得好转时他接受了"只要充分咀嚼食物，就能治愈疾病"的忠告，在进食时，每一口都咀嚼60次以上才吞下肚。他的体重逐渐减轻，并且所有因肥胖引起的疾病都不药而愈。——译注

降——也就是说，我觉察不到吞咽、狼吞虎咽、呼吸或者任何其他东西。既然我试图彻底咀嚼，所发生的是我发现我自己的气用完了。我的舌头开始不适地疼痛起来，我似乎屏住呼吸。所以我不得不把食物推到我嘴巴的侧面，开始狼吞虎咽的运动（尽管我没有吞下任何东西），并在继续前深吸一口气。在这些开始练习之后我将不得不从分散在我嘴中角落的任何地方把食物带回，然后对这些上一口咬下的凌乱的残余工作。

"这个描述是尤其细致的，并且对我而言，是令人恶心的，因为那是我在咬了几口之后的感觉——恶心。食物开始尝起来很糟糕，并且我现在发现我自己刻意拒绝尝试品尝或者甚至感受（在感觉的形式上）我嘴巴里在进行着什么。反正我通常也不品尝或者感受在那里进行着什么，但是这个实验的确带回了许多感受，以至现在为了克服它所唤起的不悦我不得不试图使自己'去敏化'。

"之前当我写道，在我做得太过火之前，我停止了上述实验时，我的意思是我对我嘴里进行的事情感到十分厌恶，以致我感到了十分强烈的呕吐的倾向。我立刻转入白日梦或者恍惚状态，告诉我自己：'现在让我们不要因为变得恶心而糟蹋一整顿饭；毕竟，得有个限度。'所以我停了下来。现在这显然是个阻抗，但这是我做了两次的事。"

一个感到他有好的进食习惯的学生提到了内容：

"孩童时，这些好的进食习惯并不存在。我是一个极端可怜的进食者并且可能内摄了大多数我所吃下的食物，我试着去思考或者谈论任何东西，以阻止开始觉察我正在吃的是什么。这个变化大约发生在我十到十三岁之间。这个阶段我生活的主要事件是，当我父亲再婚时我们终于搬离了我们曾经居住的我叔伯的家。"

许多学生做了如下的评论：

"我十分惊讶于我处理有关问题、阅读、电影等等的方式，与我解决食物是如此相似的。"

实验16：驱逐与消化内摄

内摄以特定的情绪及行为倾向的群集为特征：不耐烦与贪婪；厌恶，以及它通过味道和胃口丧失而进行的否定；固着，伴随着它对已不再有益的事物令人绝望的坚持和依附。让我们仔细地检视这些。

婴儿和儿童据说是不耐烦且贪婪的。但是这些概念适用于发育迟缓的成年人，对儿童来说是误用的。一个婴儿，饿的时候想要乳房。如果他没有立刻得到，他就大哭大闹。不耐烦吗？不是的，因为这是在满足他需要的方向上他所能够做的全部。这不是要被改正的而是因长大而不再有的东西。成年人有机会通过获得解决技术去分化这些行为，运用它们时，就构建了耐心。儿童是没有的。

如果他拥有一个有爱的母亲，他的"饿哭"对她而言是恰当且不厌恶的信号。给予他乳房，他立刻急切地吞下乳汁。贪心吗？不是的，因为液体食物在摄入前不需要停留。显然在儿童的母亲融合情境中完全恰当的正是攻击，此时，儿童的行为被错误地称为不耐烦且贪婪。随着孩子的长大，只有当原始的攻击无法分化为处理和解决困难的技术时，我们才有权利说不耐烦和贪婪。尽管配备了装备和照顾他自己的机会，这种"大孩子"——仍然以他原本、原始的形式使用他的攻击——坚持为了他而完成它并且立刻完成！

如果你洞察你自己的不耐烦，你就能够确认这点。你将意识到它是原始的攻击——一种对挫折的粗鲁、愤怒的反应。表示"我对你不耐烦"等同于"我被你烦死了，因为你不为我现在想要的东西买单，并且我不想必须付出更多努力（解除困难）来让你买单"。

在婴儿和幼兽之中我们能够轻易地观察到在咬的阶段里攻击的进一步分化。他们喜欢通过将他们的牙齿陷入任何可以咬的东西来尝试这个新的能力。嘴巴也成为操控的器官。由于越来越多地被要求对食物区分和检查，嘴巴专门用于品尝和破坏。

在咬的阶段父母的打扰十分引人注目。一方面，咬作为粗暴和淘气被惩罚；在另一方面，孩子不想要的或者不想在那个时候要的被强加于他。在这些情况下他的牙齿对不想要的食物造成的障碍倾向被强制克服。否定了充分表达，儿童的口腔攻击一定会被错置。它的一部分被内转为压制食物拒绝，而这种拒绝是可惩罚的。它的一部分转向对抗人们。这包含了那些想"把你吃掉"的人所谓的"同类相食"。

为了吞下并压下不想要的事物，儿童不得不压抑他的厌恶。进一步地，他牙齿的自发使用被他否定了；因为他"粗暴而淘气"的咬，也因为咬紧牙关对抗不想要的食物，他受到惩罚。只有吮吸的行为——处于因长大而不需要了的过程之中——是完全安全的。他在这个阶段之外的发展被打扰了，并且因为他"咬"的行为的损害，他在某种程度上保留或者再次进入吮吸的"不耐烦和贪婪"。只有液体食物仍然味道好，但是这远不够满足饥饿。

因为"安排好的感受"以及其他"科学的"训练应用于作为婴儿的你，如上面所描述的口腔攻击的屏蔽在某种程度上也出现在你自己的情况中。这种情况是内摄倾向的基本前提——完全吞下并不属于你的有机体的东西。因此，我们会从源头，也就是从进食的过程，来攻克这个问题。解决方法涉及了重新动员厌恶，它令人不愉快并且将会唤起强烈的阻抗。因此，这一次，在陈述下面的运动实验中，我们不将之设想为某件以自发的形式去尝试的事情，以便看看发生了什么，而是要求你勇敢并且将它作为一个任务来承担。

在每一顿饭中，咬一口——记住，就咬一下，单独的一口！——然后通过咀嚼完全溶解食物。在消灭的过程中不要让一小口逃过解构，而是用你的舌头寻找它并将它带到进一步咀嚼的位置。当你满意于食物已经被完全溶解时，喝下它。

在演示这个任务中，你将在操作和吞咽中间"忘记你自己"。你将变得急慢。你将不会有时间。你偶尔会感到，对某个好东西，你"破坏了味道"。当你遭遇厌恶的时候，你将为你已开始了这个实验而感到遗憾。但是迟早，这个实验受欢迎的副产品将会是，你从你的一小口中得到比你想象的可能多得多的味道和营养，而这样，你将开始更多地感受到自己是一个活跃的施动者。

这个任务限制于每一餐仅仅咬一口，为此，无论听上去可能多么简单，它都难以做到。它需要对数量极大的能量进行重新整理。你所追求的并非咀嚼本身，而是解构并同化真实材料的态度。回避任何强迫的练习，例如数你的下颚运动（弗莱彻主义），因为这只会分散你的注意力。

作为咀嚼单独一口食物这个任务的功能性对应，在智识领域给你自己相同的训练。例如，从一本"难啃的"书中选出一个单独的难句，并且分析它，也就是说，彻底地剖析它。得到每个单词准确的隐含意义。就作为整体的这个句子而言，决定它的清晰或者模糊、它的正或误。使之成为你自己的东西，否则就让你自己清楚它的什么部分你不懂得。可能并非你无法理解，而是这个句子就是无法理解的。你自己决定这一点吧。

另一个有益的实验，它充分利用了摄取物质食物和"忍受"某些人际情境之间的功能同一性，实验如下：处于不耐烦的情绪——生气、心烦、愤恨——中并且因此易于狼吞虎咽时，将攻击性刻意地应用于某些固体食物。吃苹果或者面包坚硬的部分，将你的报复发泄于其上。根据你的心情，尽你所能地不耐烦地、匆忙地、有敌意地、粗暴地咀嚼。但是是咬和咀嚼——不要狼吞虎咽！

对攻击的神经症谴责有两个例外。第一个是当攻击被内转，之后他驱动或者惩罚自己时，而第二个是当攻击被投入意识和道德判断之中，然后被导向对抗他自己和别人时。如果他将使用某些牙齿的攻击——也就是说，在牙齿的生物攻击之中——他将相应地减少他对自己及其他人的攻击，而最重要的是，他将学着认识到攻击性作为健康的功能防止了内摄。他将学着拒绝在他的生理或心理系统内无法消化的东西，并咬下且咀嚼可能被消化，而且如果被充分解构和同化就有营养的东西。然后，关于他现有的内摄，他将学着将它们吐出来，然后摆脱它们，或者至少恰当地咀嚼它们，为真正的消化做准备。

"厌恶"（disgust）作为一个词源于前缀 *dis-*，意思是"没有"，以及 *gustus*，意思为"滋味"。这保守地表达了我们对于厌恶的体验。当厌恶的时候我们会反胃，即随着在消化道内的逆蠕动进行的身体感受。当然，这个胃和食道收缩改变的方向，是为了反流而设计并且因此使消除或者更多地咀嚼未消化的或未被恰当地粉碎的食物成为可能，就像在牛的反刍中一样。

环境呈现了客体或者情境，它们可能无法被错置为物质食物而能够被称为"感受食物"，此时，相同的过程在有机体中发生。我们甚至一看到已腐烂的马匹就要作呕。仅仅阅读这些文字你就可能微微"感到你想作呕"，并且你当然会作呕，如果我们进一步详细描述把这匹死马当作食物的可能性的话。换句话说，有机体对一定的对象和情境做出反应——并且我们无法给你留下太强烈的印象——好像它们被带入了消化道一般！

我们的语言充满了各种表达，这些表达反映了产生自物质食物的厌恶和产生自仅在心理形式上可消化的厌恶之间的身心同一性。例如，想想"你让我恶心""我不得不这么做拉开距离""这个景象令人恶心"。想到其他关于嗳气的一系列咬文嚼字是容易的，它相对柔和，却是消化不良无所不在的指标。

厌恶是想要呕吐、吐出来、拒绝与有机体不和的材料。一个人只有通过麻木并且使健康有机体自然的辨别、嗅、尝等等方式无效才能"吃下东西"。在这种活动中至关重要的是至少一个人之后感受到厌恶，并且因此能够"把东西重新带回来"。因为内摄物已经用这种形式吞下了，它们从你的系统中消除需要你重新动员厌恶。

神经症患者大量地谈论了被拒绝。也就是说，就大多数人而言，将他们自己的拒绝投射于他人（如我们在接下来的实验中要进一步考虑的那样）。他们拒绝的是去感受是他们对已吸收到自己人格中的东西的潜在厌恶。如果他们这么做了，他们就一定会呕吐并且拒绝许多他们"喜爱的"同一性——它们在被咽下时是不可口而可憎的。否则他们将必须经过实验室流程将它们带上来，修通它们，并且之后最终同化它们。

强迫的感受、强迫的教育、强迫的道德、强迫的对父母和兄弟姐妹的认同，导致了成千上万真正未同化的零碎物作为内摄停留在心身有机体内。它们都未被消化，并且就它们的立场而言，是难以消化的。而且男人和女人，长久地习惯于顺从"事情本来的样子"，就像吸住鼻子、使她们的上颚去敏化并且咽下更多。

在精神分析实践中，一个病人可能躺下并且口头带出所有未被消化的从上一次面谈积累下来的物质。这提供了释放，因为他已经演示了呕吐的心理对应。但是这个方式的治疗效果本身为零，因为他将会再次内摄。在摄入它的时刻他并不觉得厌恶他之后将要吐出的东西。如果他厌恶，他那时就会拒绝它并且不会将它留给他的治疗时间。他还没有学会咀嚼并且修通有营养且必要的东西。他也会饮下他分析师的话，作为新的去认同的东西，而非仔细斟酌它们并且同化它们。他期待他的治疗师为他做诠释的工作，然后他将对他无聊的朋友们倾吐这些诠释。否则，他"理智上接受"这些理解——而没有冲突、承受和厌恶——仅仅给自己强加了一个新的负担，一个他关于他自己的概念的进一步复杂化。

正统的精神分析犯了一个错误，不把所有的内摄都视为"未完成事件"来修通和同化；因此，在当下生活的态度中它被接受为十分正常的，它其实并不属于这个病人本身，也不是自发的。如果分析家们并不限制它们自身，仅仅去解决梦和更多引人注目的症状，而是专注于行为的每一个方面，他们就会发现内摄的"我"并非健康的"我"。后者是完全动态的，完全由功能，以及被接受的和被拒绝的之间的移动边界构成。

当一个人将内摄视为"未完成事件"的一项时，它的起源就准备好追溯到一个被干扰的兴奋情境了。每一个内摄都是在被化解前放弃的冲突的沉淀。其中一个竞争者——通常是以某种形式行动的冲动——已经离开了场；替换它，以便构成某种整合（尽管是错误且非有机体的一个）的，是主导性权威相应的愿望。这个自体被征服了。在投降之中，它勉强认可了次级整合——一种生存的方法，尽管被打败——通过认同征服者并且转向攻击自身。它通过征服它自己取代了胁迫者的角色，内转先前被导向外部的对胁迫者的敌意。这是传统概念通常所指的"自体控制"的情境。此处，尽管的确被打败，但受害者受到获胜的胁迫者的鼓励，通过在他是胜利者的欺骗性想法中永远高兴来使他的失败永存！

　　　　尽管是公认地不愉快，除了通过重新动员厌恶和相伴随的拒绝的冲动之外，没有别的方法去发现在你之中而非你自己的一部分的东西了。如果你想要让自己脱离那些你人格中内摄的异质躯体的负累，除了咀嚼实验之外，你必须增进品尝的觉察，找到你"味觉缺失"的点，使其重新变得敏感。

觉察咀嚼中味道的变化，以及结构、异质、温度中的不同。在这么做的时候，你一定能够令厌恶复苏。然后，如同带着你自己其他的痛苦体验一般，你必须也面质这个厌恶，开始觉察它，并且接受它。最终，有呕吐冲动的时候，就这么做。你将只因为你对它的阻抗而感到可怕和痛苦。小孩子会随着完美的放松在一阵极度的兴奋中呕吐；之后他立即再一次十分高兴，除去了使他不安的异质物。

"固着"形成了另一种内摄群集中的最重要的部分。它们是当情境已经发展到需要主动咬穿和咀嚼的地步时，静态附着并吮吸的趋势。被固着是与吮吸、皮肤接触、抓牢、梦的群集等等的情境融合。在我们看来，固着并非由一个特定的创伤性人际体验或俄狄浦斯体验造成的，而是性格结构的结果，是神经症患者的生活中持续重复的僵硬模式。你可能通过他紧咬的下巴、他难辨的嗓音和他咀嚼时的懒散辨认出固着、融合的类型。

他"顽固地"坚持。他将不会放开，但是他无法——而这是决定性的一点——咬掉那一块。他坚持着消耗关系，从中他和他的伴侣都不再会得到任何的好处。他坚持过时的习惯，坚持回忆，坚持积怨。他将不会完成未完成事件并且尝试一个新的冒险。有风险的时候，他只看见可能的损失而从不是补偿的收获。他的攻击，只限于保持他的下巴紧闭——好像试图咬他自己——既不能够用来消灭他固着的对象，也不能用来消灭这种可能自己出现的新困难。他对于伤害过于紧张——投射他未认识到的伤害愿望——害怕被伤害。

作为对伤害和被伤害的附着恐惧，以及"有牙阴道"（vagina dentata）——一种阉割焦虑的频繁幻想——的主要成分，阉割恐惧是男人自己向女人投射的未完成的咬。对阉割幻想工作鲜有成效，直到口腔攻击被再次动员；但是一旦这个自然的破坏性被重新整合到人格之中，不仅对阴茎伤害的恐惧，而且对其他伤害的恐惧——对于荣誉、财产、视力等等——就都被减少到适当的规模。

　　这里有一个简单的技术来动员固着的下巴。如果你注意到你的牙齿经常咬紧或者你在决心坚定的状态之中，而不是带着轻松和兴趣工作，就使你的上牙与下牙轻轻地接触。使它们保持既不夹紧也不分离状态。专注并等待着发展。你的牙齿可能迟早会开始咯咯作响，就像冷的时候。允许它发散为全面的颤抖兴奋，遍布你的肌肉，如果它将要这样的话。试着放开，直到你到处都在颤抖和摇晃。

　　如果你在这个实验中成功了，利用这个机会去尝试加大你下巴的松弛性与开阔性。从不同的位置把你的牙齿碰在一起——门牙、前臼齿、后臼齿——同时用你的手指按压你头上下巴与耳朵相连的那边。当你找到紧张的疼痛点时，将这些点作为专注的焦点使用。同样地，如果你在这个或其他实验中得到了普遍的战栗，利用它来尝试体验完全放弃所有僵硬——直到眩晕或者紧张瓦解的地步。

　　尝试从任何位置咬紧你牙齿的替代性选择——咬穿的情境。这将会造成下巴内部的疼痛性紧张，并且这种紧张将发散到牙龈、嘴巴、喉咙和眼睛。集中于紧张的模式，然后，尽你所能地突然放松你的下巴。

　　为了动员你僵硬的嘴巴，在说话的时候把嘴张大并且咬穿你的话语。像子弹从机枪中发出那样地吐出它们。

这个"纠缠的咬"并不局限于下巴，而是传播到喉咙和胸膛，阻碍了呼吸并且加重了焦虑。它也传播到了眼睛，产生了固着的凝视，并且阻碍了"穿透的"一瞥。如果你焦虑的状态在你说话的时候到来——例如，公开地，或者甚至在团体内部——你将从如下的想法中获益：说话是有条理的呼气。吸气为新陈代谢摄入氧气；呼气产生了声音。（看看吸气的时候说话是多么困难。）兴奋时，你加快了你说话的速度（不耐烦和贪婪并不在摄入时显现，这一次是在输出这边显示出来的），但吸气不够，因此呼吸变得困难了。

一个结构简单但极难演示的实验，除了作为一种让你感受到你非言语的存在与你的言语化有关的极佳方式之外，将会纠正这点。它调整了呼吸和思考（不出声地说话）。你已经在你之前内部沉默的工作中部分地完成了它。在幻想中说话，安静且默然地，面对特定的观众，可能只是单独一人。注意你在"说话"和呼吸。吸气的时候在你的喉咙（"心灵"）中尝试不含有任何一个词，但同时释放你的想法和你的呼吸。注意你多长时间屏住一次你的呼吸。

你将再一次感觉到，你的思考有多少是片面而非平等交换的人际关系；你总是在劝诫、评论、评判，或者恳求、质询等等。寻求说与听、给予与获得、呼气与吸气的节奏。（尽管这种呼吸与思考的调整单独而言是不充分的，但它是口吃主要的基本疗法。）

内摄实验唤起了比该系列中任何其他实验都要强烈的抗议。

"作者们将这种咀嚼和食物意识带得有点太远了并且令人反胃地坚持它。我们用来进食的方式通常不会被认识到，但是当然指出这一点一定有更容易的方式。"

＊　　　＊　　　＊

"你的陈述不外乎有条理的不理性。"

＊　　　＊　　　＊

"如果你真的邀请我们咀嚼一块食物，直到它令我们厌恶到呕吐，那么这是我所遇到过的最愚蠢的事情了。我的确同意我们经常因为许多原因想吐，并且如果我们确实吐了，可能就会感觉更好；但是，像其他任何事情一样它可能变成一个习惯，然后我们就会陷入不小的麻烦。"

＊　　　＊　　　＊

"进食就是进食，没别的了。遵照你的建议，我咬了一口并且嚼啊嚼，直到我累了而且无法继续咀嚼。然后我吞下了。好的，到此为止了。我不明白哪个人如何能够这么详细地描述呕吐。我没有感到恶心。要吐出来的是什么呢？是食物！他们每天都吃它。然后，突然，在阅读你的实验之后，他们再一次吃它并且吐了。他们对建议真开放！"

最后这个陈述来自极少数学生中的一个，他表达了对食物在被彻底地咀嚼时，应该在每个人之中唤起厌恶的震惊。大多数人仅仅对咀嚼到液化的地步会感到恶心，而且会持续如此！但为什么应该这样呢？正如上面所陈述的："要吐出来的是什么呢？是食物！"

如果对特定的这一口食物有天生的厌恶——换句话说，如果它是好的食物，而你是饥饿的——那么，如果彻底地咀嚼它引起了恶心，那么你一定是犯了一个错误！你一定是激起了某个被压抑的厌恶，它被唤起了，但在过去的情形中没有被表达。当不得不吃下某个难吃的东西时，你的方法是抑制咀嚼并且使自己对进食的过程脱敏。你现在表现得好像你仍然不得不这么做——并且是对所有的食物都这么做。

实际上，你正处在去识别的立场上。你不再需要做如一个学生所说的，"一个吃下所有东西的好孩子"了。使你厌恶的东西，你可以拒绝；你发现有营养且可口的食物，你能够津津有味地享用。但只有在你已动员并表达了被压抑的厌恶之后！

让我们再次对此进行回顾。厌恶是每一个健康的有机体所拥有的天然屏障。它防止有机体摄入并不属于有机体的东西——无法消化或者与其本质相异的东西。但是凭借大量的努力，父母及其他权威者使孩子遭散了厌恶——也就是说，攻击并使自己对不健康之物的防御无法运转。这个孩子本来选择与其需要相适应的平衡饮食的原初能力——它已被实验性地一次又一次展示——被在"正确"时间以"正确"数量官方指定"正确"食物的肆意安排给推翻了。通过吞下无论哪种被给予的东西，尽可能少地与之接触，这个孩子对此逐渐"适应"了。一旦这个有机体的自然防御被破坏，让这个孩子吞下所有类型的不自然且任意的"精神食粮"并因此仍为下一代"维护社会"就是相对容易的。

不幸的是，健康有机体的进食方式——或者，在它更广的意义上，它从其环境中为它自己的生存和生长选择并同化所需要的东西——无法被隔夜储存。完整地重新动员对令人厌恶之物的厌恶停止了进一步内摄，但它不会立刻导致已经被内摄并且现在"沉重地躺在精神的胃中"的东西。这需要时间，以及多多少少频繁且长期恶心的过渡时期。

　　人们对于呕吐的态度差异很大。对一些人来说，它的到来相对容易并且带来深刻的释放。其他人对它有着十分有组织的防御。

　　"我还没能动员所提及的厌恶感受，这可能是因为对呕吐十分恐惧吧。我不记得这种恐惧的根源，但是我能够记得作为一个小孩子时，为了防止呕吐我挣扎了几个小时。我不知道这是否与强迫喂食有联系，但是我母亲确实仍然谈道，当我小的时候，她如何不得不将食物强制地喂给我，一口又一口。"

＊　　　＊　　　＊

　　"在做这个实验当中我的确感到厌恶和反流的欲望。但是那就是我能做到的，因为我一直不喜欢呕吐。当我知道它是对我好的并且尝试它时，这种努力几乎一直太大了。通过手指插进喉咙的技术来强迫呕吐的尝试一直在我的胸腔之内造成疼痛，它是我压制完成这个行动的欲望的原因。"

＊　　　＊　　　＊

　　"我能够轻松地呕吐。作为一个孩子，当我胃不舒服的时候，我父母把我送到卫生间并指导我如何呕吐。结果是，对我而言，这是一个十分自然并且极其释放的过程。"

＊　　　＊　　　＊

　　"我吞下我的食物，不一会儿之后，我胃里有种压力，或者，更为经常的是在我的食道更高的地方。感觉好像某个东西卡在了那里，并且我无法向前或向后移动。这和我小时候上学迟到时所具有的感受非常相似。在那些情况下，我常在去学校的路上呕吐。"

$$*\qquad*\qquad*$$

"当我是个孩子的时候，吃饭时间是我父亲选择去扮演严厉的家长并且制定规则的场合。有时这使我失去了胃口，以致我一口也吃不下，并且我记得有几次我不得不为自己找理由离开饭桌，然后去吐。"

重新动员与进食有关的厌恶使过去的许多体验浮现出来以重新思考。

"可能它就是某种泛化，但是我在进食实验中得到的结果使我开始思考我人生中的许多东西。我父亲一直进入我的脑海。他是一个十分专制跋扈的人，一个想阻止他孩子长大的人。我认为对他而言，与他的专业相比，扮演父母在更大程度上是他毕生的事业，并且我认为他永远不会想由此退休。我认为，许多他灌进我喉咙里的主意我正在开始'吐出来'。它们涌进我的心里，并且我从当下生活的社会及道德视角来分析它们。有多少我理所当然视为自己观点的东西，现在看来显然是他的，看到这一点是多么神奇。它们并不适用于我的人生，抛弃它们中的一些，对此我已经感到十分放松了。它们已经使我的生活如此没有必要地复杂化了。"

一个学生十分详细地报告了倾吐并将自己从儿时与他手足意外离世有关的"内摄责备"中释放出来。驱逐内摄的过程始于胃中的燃烧感。这些感觉在他开始演示进食实验后的一小段时间后开始了。

另一个学生报告了几乎在这些实验的开头胃中就开始有燃烧

感了，但是直到对内摄工作，下述事件才有所发展：

"与想知道我可能已经将什么内摄作为外来物留在我的体内有关，我回到了我们关于融合的工作，在其中我们考虑了特质、言语、打扮等等，以及我们所模仿的人。我开始觉察对忍耐这个问题的思考。之后出现了：'我多么恨她！'词语'我'和'她'得到了强调——真的强调，伴随着拳头握紧，二头肌收缩，嘴唇压扁，牙齿咬在一起，眉头紧锁，鬓角搏动，耳朵竖起，并且整个身体重重地压在地上和长椅上（这个实验是在公园进行的）。同时——并且这是我认为重要的——胃的紧张和之前微弱的燃烧感到达了让我不舒服的程度。之后出现了词语'阿格尼丝阿姨！'——然后所有的紧张、燃烧感、压力和搏动突然消失了。唯一停留——并且之后只有几分钟——的症状是发酸的口腔味觉。'阿格尼丝阿姨'是一个男性化的、跋扈、独裁的女性，我三岁时她暂时照顾我。

"在觉察实验开始之前，以及贯穿我所记得的人生跨度中，我容易入睡并且很少做梦。但是，就在融合实验之前，我开始做噩梦，并且我每夜都做噩梦。当我吐出这个'可恨的内摄'时，噩梦消失了，而我的睡眠从此没有了问题。"

第八章
投 射

实验 17：发现投射

投射是实际上属于你自己人格的特质、态度、感受或者少数的行为，但人们对它的体验并非如此；相反，它被认为属于环境中的物或人，然后被体验为通过它们指向你，而不是反过来。例如投射者没有觉察到他正在拒绝他人，而认为他们正在拒绝他；或者，他未觉察到对他人的性接触倾向，而感到他们对他有性接触。

像内转和内摄那样，这种机制运行以中断一个不断上升的兴奋，这个兴奋的种类及其所达到的程度，此人无法处理。它似乎需要下面的东西：（1）你觉察到所涉及的冲动的本质；但是（2）你中断了对环境侵略性的接近，而这对它的充分表达是必要的；结果（3）你将它从你的"我"的外向活动之中驱除；然后，（4）它必须来自外界——尤其是你环境中的一人或多人；并且（5）它似乎被强制性地指向你，因为你的"我"，没有觉察到它，正强制地中断你自己指向外部的冲动。

投射机制的一个清晰明了的例子可通过一位拘谨的女士来展现，她一直在抱怨男人不得体地向她献殷勤。

为了投射发生，内转和融合也是必要的，正如它们在内摄中那样；并且，一般而言，如我们之前所说，各种神经症机制彼此间功能性地相关且紧密相连。在内转之中，冲突的两个组成部分都是人格中固有的，但是，因为它们的交织，这个人实际上失去了他部分的环境，因为在他向外的冲动能够开始应对人或物之前，他用内转的行为中断了它。

在投射之中，一个人对冲动和环境对象有所觉察，但是他不认同且完成不了他侵略性的接近——并且因此失去了他在感受冲动的这种感觉。反之，他完全静止地站着，对此毫无意识，等待他的问题从外部被解决。

这些机制只有当它们是不恰当且长期的时候才会造成神经症；当暂时用于特定的情况时，它们都是有用且健康的。在真正危险的情境中，当内转为了谨慎而构建了阻碍时，它是健康的行为。内摄无趣且不重要的学校必修课材料可能是健康的，如果一个人有机会在期末考试时使之涌出并将他自己从其中释放的话。健康的暂时性投射的例子是计划与预设的活动。在这些活动之中一个人在未来的情境中"感受他自己"——将自己投射到环境中——然后，一个人用一种实际的方式坚持到底，将自己与投射整合起来。同样地，在某种特定的同情中一个人将自己感受为另一个人，并且通过解决他的问题来解决自己的问题。富于想象的艺术家通过将他们的问题投射在他们的作品上来解决它们。一个孩子在很小的时候将他的泰迪熊从婴儿床投到地板上，这可能意味着他自己想到那里去。当然，使所有这些机制不健康的，是结构性地固着于某个不可能或者不存在的对象上，是觉察的丧失、孤立融合的存在，以及随之而来地对整合的阻碍。

被拒绝的恐惧对每一个神经症患者都是至关重要的，所以我们可以有效地从这里开始我们的实验。被拒绝——先是被他的父母，现在是被他的朋友们——的画面是一个神经症患者不遗余力地去构建并保持的。这种声称可能有事实根据，但是反过来当然也是真的——神经症患者因为他强加于他们身上的美好典范或者标准没有满足而拒绝其他人，他未感到对此情境有责任，会将他自己视为所有不合理困境、不友善对待或者甚至伤害的被动对象。

在你自己的例子中，你感到过去或者现在被谁拒绝吗？你的母亲、父亲、姐妹、兄弟？为此你忍受了对他们的积怨吗？你根据什么拒绝他们呢？他们是如何无法符合标准的？

现在在幻想中回忆起某个认识的人。你喜欢还是不喜欢这个某人 X？将他视觉化并且对他或她大声说话。告诉他你接受这个怪癖或者特性，将不会再那样做，当他这么做的时候不能忍受它等等。多次重复这个实验。你说的时候生硬吗？缺乏说服力吗？有自体意识吗？你感受到你所说的了吗？焦虑有所发展吗？你感到愧疚，害怕你可能因为你的坦率而无可挽回地毁掉这段关系吗？向你自己保证幻想和物质现实之间的不同，因为这就是投射者所拒绝的。现在决定性的问题到来了：你觉得是你在正如相信你自己被拒绝一样地在拒绝吗？你感到人们对你"盛气凌人"了吗？如果是这样，你能够觉察到你的确或者想要对别人"盛气凌人"的例子吗？你在你自己身上恰恰拒绝了你认为别人因此拒绝你的东西吗？如果你很瘦、胖、有龅牙——或者无论什么关于自己你所不喜欢的地方——你认为其他人和你自己一样对这些缺点不屑一顾吗？还有，你能够注意到你将自己身上不想要的东西归因于他人吗？如果你不公平地利用了某个人，那么你会说"他就要准备好对我这么做了"吗？

区分什么是真正被观察到的和什么是想象的，这不总是容易的。当错误产生了某种清晰的矛盾时它就迅速地消除了；投射的行为之后被认为是疯狂、幻觉，并且如你说的："我不知道我怎么会那么想的。"但是，在很大程度上，投射者能够找到"证明"被想象之物是被观察到之物。这种合理化和辩解对于想要找到它们的人们来说总是可获得的。在大多数情境的微妙性及多面性之中，投射者（一直到真正偏执的阶段）能揪住一个真正的细节，然后将它难以置信地夸张和渲染。因此他施加了他的伤害——或者，用他的话来说，被伤害了。

一个人对某人 X 未感受到的需要将导致在他自己的行为中寻找某些东西，他认为这些东西可以解释 X 对他的拒绝但无法合理化这一拒绝。如果 X 在投射者设想的基础上行动并且会真的拒绝他，那么这个投射者的目的就完成了——也就是说，它会引起他们的分离，这恰恰是投射者所想要却未觉察到的。

假设一个人与某人 X 有个预约并且他来迟了。如果没有更进一步的证据，一个人就过早地下了这是轻视的迹象的结论，那么他就是在投射他自己的轻视。

在日常生活中偏执性投射的一般例子，当然是猜疑的丈夫或者妻子。如果你对这种猜疑易感并且一直怀疑并"证明"背叛，那么看看你自己是否没有压抑不忠的想法，正如同你将它归因于你的伴侣那样。将可疑的细节作为线索应用到你自己身上——也就是说，你会用那种方式来处理，比如偷偷摸摸地打电话，诸如此类。

偏执性猜疑第二个重要的来源也是投射。猜疑的伴侣压抑他（她）自己的同性恋冲动，并因此想象伴侣爱着另一个男人或另一个女人——并且想出他们在一起的画面。他之后指向幻想情侣的形容词就恰恰是他会应用于他自己禁忌冲动的那些。

在所有这些例子中证据或者矛盾的程度是不重要的。如果一个人是猜疑的丈夫或者容易生气的岳母，被证明是错的并无益处，因为相同的情境将会随着其他站不住脚的证据自我重复。投射者依附于他被动忍受的角色并且逃避走出来。

投射的一个非常重要并且危险的种类是偏见：种族偏见、阶级偏见、势利、反犹太主义、厌女症等等。在这每一个情形中，伴随着其他因素，下面的投射都在进行着：被贬低的群体被分配了其实属于抱有偏见之人的特质，而他将之从觉察中压抑了。憎恶并且拒绝与他的"野蛮"妥协（当它出现在恰当的情境中，通常无非是有机体有用的驱力罢了），他感到并且"证明"受轻视的种族或者群体是"野蛮的"。

尽可能坦诚地检视你自己在这种事情上的态度，并看看它们中有多少是偏见。一个有益的迹象是特别突出的"确定的"例子在你心中若隐若现。当然，这些单独的例子，在涉及了大量的人且只能在冰冷的数据方面理智考虑的事件之中是无关的。当你注意到在你最爱的主意之中任何这种突出的确定例子时，看看是不是你自己没有拥有这个特质。

与投射者被动忍受的态度只属于受虐狂和被动女性类型的观念相反，我们相信它是典型的解离的现代人。它埋藏于我们的语言、我们的世界观和我们的制度之中。向外行动和主动权的阻止、攻击性驱力的社会贬低，以及自体控制和自体征服的流行病，这些已经导致了一种自体很少做或者表达任何东西的语言；相反，"它"发生了。这些限制性的应对措施已经导致了一种完全中性、"客观"且与我们的考虑无关的世界观，导致了取代我们功能的种种制度，那是要"责备"的，因为它们"控制"了我们，并且向我们发泄了敌意，而我们如此谨慎地防止自己使用这种敌意——就好像人们从未将任何自己拥有的力量借给制度用！

在这个投射的世界中，一个人并不暴怒，而是被他无法"控制"的怒火"占有"。不是思考，而是一个想法"发生"在他身上。他被一个问题"吓到了"。他的困难让他"担心"——实际上他在担心他自己，以及其他任何他能够担心的人。

与他自己的冲动疏离，但也无法抹杀它们所引起的感受和行动，一个人让"东西"离开他自己的行为。因为他之后不把它体验为"行动中的自己"，他就可以否认对它的责任，试图忘记或者掩盖它，或者投射它且将它当作外来物去忍受它。他不会做梦或许愿，但是这个梦想"降临在他身上"。他没有发光，但是获取光芒成为渴望的事情。他没有进步却想要进步，但是**进展**（Progress），带着大写的 P，成为他的迷信。

当早期的精神分析家们引入本我（Id）或者它（It）以作为动力和梦的根源时，他们在表达这个有力量的真相：人格并不局限于"我"的狭隘范围，以及它"能感觉到的"自体控制的微小想法及计划；这些其他的动力与梦并非空虚的影子而是人格的真正事实。但是，获得了这个洞见，传统的分析并未充分坚持下一步——松开并放大"我"的习惯，并且将之从一个固着的形式改变为移动过程的系统，以便它能够将本我事实感受为它自己的事实，利用它的幻觉（如同小孩在游戏中所做的那样），并为了创造性调整而使用它的驱力。

一个对我们所惯用语言的认真的批评指出了这种松开和调整的方式。让我们通过反转"它"的语言来反转疏离、自体征服和投射的过程。这个目的是再一次开始意识到你在你的环境中是有创造性的并且对于自己的现实负责——并非责备，是你让它停留或使它改变的，从这个意义上来说，这是负责。

检验你的言语表达。将那些"它"是主语而你是宾语的句子翻译为"我"是主语的句子，好像它们是外语一样。例如，"有一个预约发生在我身上"（It occurred to me that I had an appointment）翻译为"我记得我有一个预约"（I remember that I had an appointment）。进一步地，将你自己放置在关涉你的句子的中心，寻找不确切的隐蔽的表达。例如，"我必须这么做"经常意味着要么"我想这么做"，要么"我不想且将不会这么做，同时我在找借口"或者"我无法做其他某件事了"。同样地，将你在其中意为宾语的句子彻底改变为表达这样一个事实的句子：尽管你是宾语，但你在体验某事。例如，将"他打了我"变为"他打了我并且我在挨打"；将"他告诉了我"变为"他对我说了某事并且我在听"。

仔细考虑你的"它"表达的详细内容；将言语结构翻译为视觉幻想。如果你说："一个想法向我来袭。"它是在哪里并且如何袭击的呢？它使用了一个武器吗？你在那时想要袭击谁？如果你说："我的心在痛。"你的整个心脏是在为了某事而痛吗？如果你说："我头痛。"你是在收缩你的肌肉，以致你伤到你的脑袋——或者甚至就是为了伤害你的脑袋吗？

倾听并且用同样的方式翻译其他人的语言。这将向你揭示很多与他们的人际关系相关的事。渐渐地，你将理解，如同在艺术中那样，尽管所说的内容是重要的，结构、语法、风格，会更多地反映特性和根本的动力。

对此实验的一些反馈如下：

"……你一定认为我的智力和孩子一样！"

*   *   *

"这个实验的最后一部分相当于对语义学粗暴的涉猎。翻译'它'的短语在心理学意义上几乎和做一个填字游戏一样有建设性。"

*   *   *

"人们告诉过我我说太多的'我'了，在写信的时候我不得不寻求替代，以免看上去太自我中心。"

*   *   *

"我不认为大多数人投射的数量比健康的多。从阅读这些介绍资料中我留下了作者将整个世界视为充满偏执者的印象。在我看来这表明了作者这边的某种投射！"

*   *   *

"我惊奇地发现我是多么经常地使用话语的无人称形式。'发生在我身上……'，'发生了……'，等等，所有的看起来都十分平常并且我相当广泛地使用它们。当我有意识地改变我话语的语法时，我能感到对即刻环境提升的觉察，以及我对它是如何有责任的。对此我能够很好地理解——我几乎说了：'这很有道理。'我将会继续这么做，因为我发现这最为重要。"

*   *   *

"有一个朋友，我想批评她，因为她在学业上花的时间太少了。她只在考试之前恶补，而其他的时间她用来出门找乐子。她公开这样做，并且似乎不羞愧。我呢，相反，待在家里，手里有本打开的书。我所刚刚意识到的是，这就是在假装学习，而且我可能最好把我的时间花在她所做的事情上！"

*   *   *

"对我而言将'它'变为'我'简直大开眼界。当我掉了某个东西时，我发现我自己在辩解：'它从我手上掉了。'或者当我因为闲逛而错过了我的火车，我解释道：'它开走了并且离开了我。'一样地，这些令人不愉快的真相中有一些相当难以接受！"

*   *   *

"当我不公正地利用了某人时，我不会说：'他几乎就要对我这么做了。'相反，我会说：'他不先这么做，是个傻子。'"

*   *   *

"我感到我在拒绝我的姐妹，因为她像对流浪汉一样对我父亲。我所发现的是，我在为我所克制住的表达谴责她。实际上，我为他没能为我们做更多而生气。他是那种勉强度日的人，没有更大的雄心的人。"

*   *   *

"几天前，我感到我父亲在一件事和我兄弟站在一边，以此来拒绝我。回想这个实验，我检视了我自己的态度。非常令我惊奇的是，我发现我是那个真正在拒绝的人，而他们都在试图给我帮助和建议。"

实验18：同化投射

在电影院里，除了小孩子，对每个人而言，显然画面不是从屏幕上发射出来的，而是通过投影仪投在屏幕上的光带的反射。呈现在屏幕——它仅仅是一块空白的表面——上的东西，是严格依据机器中胶片上的内容而定的。在另一方面，当一个人投射他的部分人格时，它通常不是投射在一个空白的表面上，而是在一个屏幕——另一个人、物、情境——上，它已经凭借自己的权利拥有了某种程度的投射在它身上的东西。我们向是"合适屏幕"的人投射——也就是说，这些人显现出足够的特质或态度，使我们易于证明用我们的这一份特质或态度填装他们也是合理的。

抽象、概念、理论也能够担当投射屏幕。关于此这一点，一个引人注目的例子发生在目前心理治疗的术语中。神经症患者用以攻击和挤压他自发冲动的肌肉收缩系统被称为他的"性格铠甲"（据威廉·赖希）。这给予了它一个"客观的"障碍，必须以某种方式加以攻击且克服。实际上它正是一个人自己转向自身的攻击。与将这个铠甲当作无声的对象、一个壳或要被碾碎的僵硬外皮相反，恰当的治疗技术一定是将之看作这个人自己被误导的活动。在此基础上他将能够说："我背痛而且腹部僵硬——也就是说，我收紧我的背直到它痛了，而且我中断了骨盆不得体的运动并抑制了邪恶的欲望。"如果这实现了，他就将会说："我恨性和我的性欲。"然后，它将可能与这个人对社会禁忌错误的认同工作并且试图消除他所内摄的东西。换句话说，在这种情况下我们一定首先要撤销投射（"我在忍受我的铠甲"），接着是内转

（"我压制住了我的骨盆"），然后是内摄（"我恨性"）。

毫无疑问，最重要的抽象的投射屏幕是良心或者道德法规。当实际上是这个人他自己以社会或者道德的名义要求或者需要的时候，良心被言语化为"社会要求"或者"道德需要"，就这个意义而言就是抽象的！良心在其表现上总是攻击性的，因为像任何屏幕一样，它将我们投射其上的东西反射回给我们。在这种连接之中考虑下面的明显事实：并不是那些十分"干净地"活着、有坚定的正气、对规则有持续的关注的人，有最少的良心。恰恰相反！他们的良心永远在激励且谴责着他们。

是他们苛求的良心使他们限制了自己并行走于礼节的钢丝上吗？在你自己的情形中考虑某个你成功了并且玩得开心的恶作剧。在这些情形下你的良心很少带给你麻烦；但是如果你失败了，被抓了，或者失望了，那么你感到愧疚并且你的良心告诉你你不应这么做。逻辑上我们一定说它是此人对令人沮丧的困难的愤怒——但是，这愤怒他无法发泄或者甚至无法作为愤怒去感受，因为他认同（内摄）的社会标准——现在他投射进了他的良心。那么他就承受了它的谴责。

并不是内摄的标准给了良心力量；它仅仅提供了内核——此人可能将攻击投射其上的合适的屏幕。这通过一个事实显示，良心总是比禁忌更加苛求，并且有时甚至提出在社会上无人知晓的要求。良心的力量是一个人自己回应的愤怒的力量！

完美主义是另一个投射屏幕。这是基于所谓的自我理想（ego-ideal）的（有别于超我或者良心）。尽管，如我们所言，良心担当了人从他自身解离的攻击和苛刻要求的投射屏幕，自我理想通过投射接收了他解离的爱与赞美。这种解离之爱通常是同性的，并且同性的爱能经常被分析为一个对更为基础的自体之爱

（self-love）仍是较早期的投射——它是一个内转，一个人因这个内转而被惩罚或者"为之而感到羞愧"。

为了解离非理性的良心，你必须采取两个步骤：首先，将"我的良心或者道德要求……"翻译为"我要求我自己……"；也就是说，将投射改变为内转。其次，将此从两个方向都逆转为"我要求X"和"X（例如，社会）要求了我"。你必须区分来自你自己的个人要求和你内摄的实际的社会强制。在你的良心之中，你在唠叨，威胁，勒索，投来悲伤、责备的一瞥吗？如果你专注于这些幻想，你将发现你的道德责任中有多少是你自己掩藏的攻击，多少是由特定的内摄的影响组成的，又有多少是理性的。

不要害怕通过解除良心你将成为一个犯罪分子或者一个冲动的精神病人。当你允许有机体的自体调节去发展并允许你向外的驱力去接触其他人时，你将会惊喜，你应该依此而生活的原则将如何似乎就从你骨子里浮现出来并且将显然适合于生存，无论你所在的社会情境是什么。

犯罪在很大程度上是不正确的定向、对个人在社会中角色的误解的问题。如同苏格拉底很久之前所说的，邪恶只是错误。病理性犯罪通常以过度坚定的良心为特征。与自体控制一样，良心同样如此：过多的自体控制导致精神崩溃；过多的良心导致道德崩溃。服从于良心是在认同不起作用且总是缺乏爱心的僵硬原则。有机体的功能和自体觉察意味着对具体情境的欣赏。良心强加了责任而收效甚微；觉察的功能是有兴趣的、有吸引力的并且将任务完成。

　　当你来到解除良心的第二步，将你对自己的要求逆转为对 X 的要求时，你将体验到最大的不情愿，因为将你的良心当作你自己的一部分意味着承认对他人的强势而独断的欲望和要求——成为他们的良心！当然，你能够成为一个道德家并且试图让我们全都痛苦；或者让我们希望你将把自己限制于幻想，并且在那里将自己成为我们的统治者法官的欲望解决掉，直到你已经发展出了一个更加整合的定向并且与世界接触。当你意识到，过去投入你良心中的同一种不宽容现在是如何出现在你自己的欲望中的时候，它将改变你对良心的定义。

　　投射者向外扔出他不想要的感受，但是他并没有摆脱它们。真正摆脱"不想要的感受"的唯一方法是接受它，表达它并且因此消除它。投射仍然束缚在这个人身上，就像被压抑的内容仍然在那个人"心里"一样。投射者与他通过敬畏投射的全能有关，伴随着他通过恐惧投射的攻击。因此，怀有偏见的人要令他自己摆脱他的"兽性"，仅仅通过将之投射到被诽谤的群体是不可能的；他一定要成为一个反犹太主义者、反活体解剖者，或者其他种种，并且用这种愚蠢的行为毁掉他的生活。偏见和关于一个人太懒或者与正确无关的某个简单、愚蠢的概念可以根据你是否能够让这事过去来区分。如果你不能——如果是迫近的、不易忘怀的危险——那么你就是有偏见。

　　在梦里攻击的投射变成了噩梦。带有投射的口腔攻击的梦，其中你被鳄鱼、狗、有牙阴道威胁，这对内摄者而言是典型的。在试图理解一个梦时，至少一开始，将梦中所有的人和梦的特征都当作投射——也就是说，当作你自己人格的部分。毕竟，你是梦的制造人，并且你所放入其中的任何东西都一定是在你内部的东西并因此可用于构筑这个梦。

正如梦一样，许多"记忆"是现在情境的投射。这在关于童年记忆的精神分析中经常出现。当分析情境的简单事实足以解释所发生的无论什么事情时，移情（对分析师的情感连接）被理解为重现童年事件，完全不用提及过去。例如，这个病人，在当下的情境中对他的分析师生气，没有公开地表达他的愤怒，而是引起了当他父亲用相似的方式"虐待"他的时候的记忆。为了同化这种投射，当相关的事件公然发生时没有必要迂回地重温长远的记忆。无论这个病人说"你无聊"，还是说"我认为这样那样的"或者"你希望摆脱我"，投射都是明显的。

你的"现实"（对你来说的真实世界）正在上演两个功能中的一个：要么是你的需要的重要环境，并且通过尖锐、引人注目的图像对比于空白背景而被知晓，要么就是你投射的屏幕。如果是后者，你将试图使投射与观察相一致——你将一直在寻找证据，小题大做，或相反地，扭曲你的观点。

　　相反地，做下面的这个试验：经历一个时期，在其中你对一切都说，"梵我合一"（Tat Twam Asi）①——他物就是我自己！并且接下来，在你感到强烈反应，特别是恐惧或者被动无助反应的任何时候，都做同样的实验。密切注意投射的启动、拒绝、羡慕、攻击。站在攻击者、羡慕者、拒绝者、莽撞者的角度思考你自己。通常，这个逆转会让人恍然大悟。

对这个实验的一些反馈如下：

―――――――

① 印度谚语。——译注

"'站在攻击者、羡慕者等等的角度思考你自己。通常，这个逆转会让人恍然大悟'的指导语对你来说是完美的结束语。它简直胜过荒谬之最!"

*　　*　　*

"我相信要经过很长时间我才能够接受对我所有投射的责任，因为我已经将我人格的各部分分得非常开了。但是我将继续将我自己置身于我的各种境况之中，就我目前所能判断的而言，所有的境况都合适!"

*　　*　　*

"我尝试了'梵我合一'实验并且发现了我有过于坚定的良心。我希望早晚能大大地减少它，但是我能够看到这将要花点时间。"

*　　*　　*

"仅仅对一个人的行为负责并不意味着责怪它，我认为因此而居功毫无根据。同时，尽管由于我继续按道德主义思考，我发现，因我的所为而表示赞赏且因他人的行为而赞赏他们，这令人愉快而放松。我越来越注意到，当我或者我认识的人承受失败的时候，它总是会被视为——至少部分地——一个'内在问题'。"

*　　*　　*

"我'解离'了一些早在我能够记忆时就已有的非理性的良心。我总是感到我必须完成我开始的任何工作，此外，我必须在既定的时间完成它（例如，一天内）。在某些特定的例子中我最近已经开始将之作为'我的良心要求我今天完成这项工作'。然后我将之详述为'虽然我之后有大量的时间，但我的良心要求我今天完成这项工作'。尽管当我把它继续发展成'社会要求我今天完成这项工作'的时候，我的愚蠢变得十分清楚了，因为显然社会并没有这么做。没有任何情绪类型的火花，这已经使我对我工作的态度有了根本的变化。现在当我开始一项工作时没有加足马力的情景剧了（覆水难收、无路可退的那种感觉），相反地，我意识到有许多的时间，并且如果在我把这项工作做完之前出现任何更加重要的事情，我就可以给它优先权而且不会让世界末日到来。当我回头看我操作的方式，我想问：'你能有多蠢啊？'"

* * *

"你可能将用一些华丽的名头来诊断，但是我一样想说说心里话。在你想要引起'宽容的'氛围的尝试之中，你向另一个方向倾斜过度了。带着无法随意的随意，你告诉我们如何手淫、呕吐并使枕头窒息。你一直都是道德主义的，尽管不是用寻常的方式。你在试图让我们内摄你的观点，以此替代我们现在所有的观点。晚上睡觉的时候，你高兴地在想，这个时候无数的人因为你而在吐出他们的内在吗？"

* * *

"一开始，对于将我自己放在所有这些看起来和我如此不同的人们的角度之中所包含的东西，我理解起来有些困难。我觉察不到投射，并且整件事情完全失败了。然后我发觉，或许当我认为别人在投射时，先尝试着去注意，由此我可以悄悄靠近它。天哪，多么出乎意料！我体验到了很久以前你所说的'啊哈！'现象。它正击中我两眼之间的时刻，是在我所属俱乐部为选举推选候选人的委员会议上。一个特

定的名字出现且某人想否定它的任何时候，他都必须陈述他
的理由。好吧，他给出的不喜欢这个候选人并且不想要他在
俱乐部的原因实际上是**他自己最糟糕的错误的清单**！在看到
了这种事情发生之后，我确信明白了要尝试站在其他伙伴的
位置上并且检查他们是否合适。不幸的是，他们确实合适！"

第二卷

新奇、兴奋与成长

第一部分

引　论

第一章
成长的结构

1. 接触边界

体验发生在有机体和环境的边界上，主要是皮肤表面，以及其他感觉和运动反应的器官。体验是这个边界的功能，并且在心理上，真实的东西是这个功能运作、某个被获得的意义、某个被完成的行动的"整体"排布。体验的各个整体并不包括"每一件事"，但它们是确定的、统一的结构；心理上其他的一切，包括有机体或者环境的特有概念，是一种抽象或者可能的建构，又或是发生在这个体验中的一种潜力，暗示了其他某个体验。我们谈论有机体与环境接触，但是这个接触是最为简单且最早的现实。如果并非仅仅看着你前面的对象，你也开始觉察到它们是你椭圆形视野中的对象这个事实，比方说，如果你感到这个椭圆形视野贴近你的眼睛——确实，它正是你眼睛所看见的——你就可能立刻感受到这一点。然后，注意在这个椭圆形视野中，对象是如何开始有审美的空间和色彩明度关系的。因此你可以随着"就在那里"的声音体验它：它们现实的根源是在接触边界上的，并且在边界上它们在统一的结构中被体验。同样，在肌肉运动上，如果你觉察到正在扔一个球，那么距离变近了并且你的肌肉冲动已经——可以说——冲出表面去接住它。现在，在这本书中，所有实践实验和理论讨论的目的都是分析接触的功能并加强对现实的觉察。

我们使用"接触"这个词——与对象有"触碰"——作为感觉觉察和运动行为的基础。可能有原始有机体，其中觉察和肌肉运动反应是一样的行动；而在更高等级的有机体中，在有好的接触的地方，一个人总是能够表现出感觉和运动（以及感受）的协调。

2. 有机体与环境的互动

现在在无论什么生物、心理或者社会学调查之中，我们都必须从有机体与环境的互动开始。例如，一个动物呼吸而不将空气和氧气考虑为它的定义的一部分，或是谈论进食而不提及食物，或是没有光线地看见，或是移动而没有重力与地面支持，或是说话而没有交流，这么说都是没有意义的。任何动物都没有一个单独的功能，不需要对象和环境，就靠自己完成，无论一个人想到的是植物性功能，如营养和性，还是感觉功能或运动功能，抑或感受或推理。让我们把在任何功能之中的有机体与环境的互动称为"有机体/环境场"；让我们记住无论我们对于冲动、驱力等如何理论化，我们涉及的永远是这种互动场，而非一个孤立的动物。一个有机体在一个庞大的场中运动并且有一个复杂的内部结构，就像动物那样，在这种情况下，它自己谈论自己貌似是可信的——例如，就像皮肤和它所包含于其中的东西——但这仅仅是一个假象，因为事实是贯通空间和内部细节的运动唤起了它们在背景的相对稳定性和简单性之下对自己的注意力。

当然，人类的有机体/环境场，并非物理的而是社会的。因此在例如人体生理学、心理学或者心理治疗等任何人的研究中，我们都必须提及一个场，其中至少社会文化、动物和物理因素有所互动。我们试图以详细的方式考虑每一个问题，认为它们发生在一个社会-动物-物理的场中，从这个意义上来说，本书中我们的取向是"统一的"。从这个角度看，如历史和文化等因素不能被视为一个更简单的生物物理情境的复杂化或者修正性状态，而是任何问题呈现给我们的方式中固有的。

3. 什么是心理学的主题？

在反思的时候，接下来的两节看起来一定是显而易见的，而且当然不算特别。它们断言了（1）体验最终是接触，即有机体及其环境边界的功能运作，并且（2）每一个人的功能都是在有机体/环境场中的互动，是社会文化的、动物的和物理的。但是现在让我们专注于这两个主张的结合上。

在所有处理在有机体/环境场中互动的生物及社会科学之中，心理学研究有机体/环境场之中接触边界的操作。这是一个特殊的主题，并且就容易理解为什么心理学家一直发觉难以界定它们的主题①了。当我们说"边界"的时候我们考虑的是"之间的边

---

① 现代心理学家（特别是19世纪的）效仿亚里士多德，仅起步于感知客体的物理学，之后转向了器官生物学，等等。但是他们缺乏亚里士多德精简且精确的理解，在"行动"中、在感觉中，客体和器官是完全相同的。

界"；但是接触边界——体验发生的地方，没有分离有机体和它的环境；相反，它限制了有机体，包含并且保护了它，与此同时它触碰了环境；也就是说，用一种看起来肯定古怪的方式来说，接触边界——例如，敏感的皮肤——与其说是"有机体"的一部分，不如说本质上是有机体与环境特定关系的器官。基本上，如我们很快试图展示的那样，这个特定的关系是成长。一个人敏感的东西并非器官的状态（这会是疼痛），而是场的互动。接触是对场或者场内运动反应的觉察。正是因为这个原因，接触——有机体仅有边界的功能运作，能够假装辨别现实，某事物不只是有机体的驱动或者被动性。让我们从最广阔的意义上，理解接触、觉察和运动反应，包括欲望和拒绝，接近和回避，感觉、感受、操控、评价、交流、斗争，等等——每一种发生在有机体和环境的互动边界上鲜活的关系。所有这种接触处都是心理学的主题。（被称为"有意识的"东西似乎是一种特殊的觉察，一种在其中有调整延迟和困难的接触功能。）

4. 接触与新奇

想象一个动物自由地在广阔且多样的环境中漫游，我们看到接触功能的数量和范围一定是巨大的，因为根本上一个有机体通过保持它的差异性，更重要的是，通过将环境同化于它的差异性，生存在它的环境中；正是在边界上，危险被拒绝了，困难被克服了，并且可同化的东西被选择且占有。现在被选择且被同化的东西一直是新奇的；有机体通过同化新奇的东西，通过改变和成长而持续。例如，如同亚里士多德曾经说过的，食物是能够变为"像的"和"不像的"东西；并且，在同化的过程中有机体被轮流改变了。基本上，接触是对可同化的新奇的觉察和行为，以及对不可同化的新奇的拒绝。普遍的、一成不变的或中立的东西并非接触的对象。（因此，在健康状态下，器官本身并不被接触，因为它们是守旧的。）

5. 心理学和变态心理学的定义

我们之后必须得出结论，所有的接触都是有创造性的且动态的。它不能够被常规化、刻板印象化，或者仅仅是守旧的，因为它一定要处理新奇的事物，因为只有新奇的才是滋养的。（但是像感觉器官本身，有机体内部非接触性的生理机能是保守的。）另一方面，接触不能被动地接受或者仅仅适应于新奇，因为新奇一定要被同化。所有的接触都是有机体和环境的创造性调整。场内的觉察反应（如同定向和操控一般）是场内成长的中介。成长是有机体/环境场内的接触边界的功能；复杂的有机统一体正是通过创造性调整、改变和成长在场的更大统一体中生存。

然后我们就可以定义：心理学是对创造性调整的研究。它的主题是新奇和常规间永远更新的过渡，带来了同化与成长。

相应地，变态心理学是对中断、抑制，或者对创造性调整过程中的其他意外的研究。例如，我们会认为焦虑——神经症中的普遍因素，是创造性成长的兴奋中断的结果（带有相伴随的上气不接下气），并且我们会将各种神经症"特性"分析为刻板模式，认为它们限制了创造性地处理新奇的灵活过程。进一步地，因为真实是在接触中逐步给予的，所以在有机体和环境的创造性调整中，当这一点被神经症所抑制时，他的世界是"触碰不到的"，并且因此逐渐引起幻觉、投射、感知丧失，或相反是不真实的。

创造性与调整是正好相反的，它们同样有必要。自发性是对环境中令人感兴趣且滋养的东西的捕捉、兴奋和成长。（不幸的是，大多心理治疗的"调整"、"与现实相一致的原则"是在生吞刻板印象。）

6. 有机体/环境场背景下的接触图像

让我们回到我们开始的想法，体验的整体一定是统一的结构。接触——引起同化和成长的工作，是在有机体/环境场的背景或情境之下形成兴趣的图形。觉察中的图形（格式塔）是一种清晰而生动的感觉、图像或者理解；在运动行为中，正是优美有活力的运动拥有韵律、跟随等等。无论在哪一种情况之中，有机体的需要、能量和环境的可能性都结合并统一在图形之中。

图形/背景的形成过程是动态的，其中场的驱动和资源逐渐将它们的能量借给兴趣、亮度，以及主导性图形的力量。因此，试图在心理行为的社会文化、生物和物理情境之外解决它的尝试是没有意义的。同时，这个图形尤其是心理的：它拥有专门的且可观察的光明、清晰、统一、魅力、优雅、活力、释放等等特性。格式塔拥有可观察的心理独特属性这一事实是心理治疗中最重要的一点，因为它给予了体验的深度及真实性的自发标准。拥有关于"正常行为"或"现实调整"的理论是没有必要的，除非是为了探索。当图形迟钝、混乱、粗野、缺乏能量的时候（一个"虚弱的格式塔"），我们可能确定缺乏接触，环境中的某个东西被屏蔽了，某个有活力的有机体需要没有被表达；这个人没有"全部在那里"，也就是说，他整个的场无法将它的驱动和资源借出以完成这个图形。

7. 作为格式塔分析的治疗

因此，治疗主要在于分析真实体验的内在结构，带着它具有的无论何种程度的接触：什么被体验了、记住了、完成了、表述了等等，不如被记住的是怎么被记住的，或者被表述的是如何被表述的，带着什么表情、什么语调、什么语法、什么姿态、什么感情、什么疏忽，什么与他人有关或者无关，等等。通过对此时此地体验的这一结构的统一和不统一工作，重新制造图形和背景的动态关系，直到接触被加强、觉察被活化并且行为被激励，这是可能的。最重要的是，获得一个强大的格式塔本身就是治愈，因为接触的图形并非体验的创造性整合的标志，而是它自己就是体验的创造性整合。

当然，精神分析伊始，一个特定的格式塔属性，即认识上的"啊哈!"，就拥有至高的地位。但是为何应该"仅仅"是觉察——例如回忆——治愈了神经症，这似乎一直是个谜。但是，注意，觉察并非对问题的想法，它本身就是对问题的创造性整合。我们也能看到，通常"觉察"不起作用，因为它完全不是一个觉察的格式塔、一个结构化的内容，而仅仅是言语化的或者回忆的内容，并且就其本身而论，它没有利用当下的有机体需要的能量，以及当下的环境的帮助。

8. 作为图形/背景形成的一部分而毁灭

对新材料及情况的创造性调整过程总是涉及攻击和毁灭的阶段，因为不相似之物正是通过接近、控制和改变旧有结构而变得相似。当一个新的排布出现时，已获得的旧有的接触有机体的习惯，以及被接近及接触之物的先前状态，在新接触的兴趣中被毁灭了。这种对现状的毁灭可能唤起更大比例的恐惧、干扰和焦虑，因为一个人神经症性地顽固；但是这个过程伴随着新发现的安全感实验性地形成。此处如同每一处一样，人类问题的唯一解决方法就是实验性的发现。焦虑并非被斯巴达勇气所"忍受"——尽管勇气是美好且不可或缺的美德——而是因为被打扰的能量流进了新的图形。

没有重建的攻击和毁灭，每一分获得的满足很快成为过去的事并且没有被感受到。通常被称为"安全"的东西依附于未感受到的东西，降低了任何吸引人的满足中所涉及的未知风险，并带着相应的脱敏和运动抑制。当然，正是对攻击、毁灭和丧失的恐惧导致了未被觉察的攻击和毁灭，转向内部和外部。"安全"更好的意义会是对一个坚定支持的信心，这个信心来自已被同化的先前体验和获得的成长，并且不带有未完成情境；但在这种情况下，所有的注意力倾向于从一个人是什么的背景流向一个人在成为什么的图形。安全的状态让人没有兴趣，它未被注意到；安全的人永远不知道它，而是一直感到他在承受它的风险并且将会胜任。

9. 兴奋是现实的证据

接触，即图形/背景的形成，是逐渐增长的兴奋，充满感情而且重要；相反地，展现于一个人的不重要的东西，在心理上则并不真实。感受的不同种类——例如，快乐或者各种情绪——揭示了在真实的情境中有机体投入的改变，并且这种投入是真实情境的一部分。没有中立、中性的现实。现代流行的科学深信，大多数甚或全部的现实都是中性的，这是对自发的快乐、玩乐、生气、愤慨和恐惧的抑制（随着学术人格的创造，由这种社会的和性的条件而引起的抑制）。

情绪是某些心理紧张的统一或统一的倾向，其环境情境是有利的或不利的，并因此它们给予了根本的、不可缺少的（尽管不充足）且合乎需要的对象的知识，就如同审美的感受给予了我们根本的（充足的）关于我们敏感性及其对象的知识一样。总之，关注及图形/背景形成的兴奋是有机体/环境场的即刻证据。一个时刻的反馈将表明一定如此，否则，动物如何会有动力并且根据它们的动力去努力，而又获得成功，因为成功是通过击中现实才实现的。

10. 接触是"找到并且制造"即将到来的解决方法

关注为了一个当下的问题而被感受到，而兴奋为正在到来但仍是未知的解决方法而增长。对新奇的同化在当下发生，因为它进入了未来。它的结果从来不仅仅是对有机体未完成情境的重新整理，而是一个包含了来自环境的新材料的排布，并且因此与能够被记住的（或者猜到的）东西不同，恰如一个艺术家的作品对他来说变得不可预见地新颖，因为他处理了材料媒介。

因此在心理治疗中，我们在现在的情境中寻找对未完成情境的驱动，并且通过对来自真实日常体验的新态度和新材料的当下实验，我们以更好的整合为目标。这个病人并不记得他自己，仅仅是重新洗牌，但"找到并制造"他自己。（当弗洛伊德提及童年固着对分析师本人不可避免的移情时，他很好地理解了目前新状态的重要性；但是它的治疗意义并不在于它是同样的古老故事，而恰恰是现在将之当作一个当下的冒险，以不同的方式对之工作：分析师并不是同种类型的家长。而不幸的是，某些紧张和阻碍无法被释放，没有什么比这一点更加清楚的了，除非有一个真正的环境变化提供了新的可能性。如果体系和习惯被改变，许多顽固症状就会很突然地消失。）

11. 自体及其认同

让我们将"自体"称为任何时刻接触的系统。就其本身而言，自体是灵活多样的，因为它随着占主导地位的有机体需要和迫切的环境刺激而变化；它是反馈的系统；它在睡觉时减少，当要回应的需要较少时。自体是起作用的接触边界；它的活动在于形成图形和背景。

我们必须将自体这个概念和正统精神分析学派无用的"意识"做对比，这个意识的功能仅仅是旁观和向分析师汇报，并且通过不干扰来合作。并且相应地，持修正主义的衍生弗洛伊德学派——例如，赖希流派和华盛顿学派（Washington School）——倾向于完全减少自体进入有机体的系统或者人际社会；严格来说他们完全不是心理学家，而是生物学家、社会学家等等。但是自体恰恰是整合者；如康德所说，它是合成的统一体。它是生活的艺术家。它只是全部有机体/环境互动中的一个小因素，但它扮演了至关重要的角色，找到并制造我们赖以成长的意义。

对心理健康与疾病的描述是简单的。它是关于认同与疏离的问题：如果一个人认同他形成中的自体，不抑制他自己创造性的兴奋并且迎接即将到来的解决方式，或相反地，如果他疏离原本并非他自己的东西，并且因此无法富有生命力地充满兴趣，而是破坏图形/背景，那么他在心理上是健康的，因为他在使用他最大的力量并且将在世界上的困境中尽他所能。但是相反，如果他疏离自己，并且他因为错误的认同而试图占领自己的自发性，那么他将使得他的生活麻木、困惑并且痛苦。认同和疏离的系统我们将称为"自我"（ego）。

从这个角度来说，我们的治疗方法如下：去训练自我，即各种认同和疏离，方式是刻意觉察一个人各种功能的实验，直到"是我正在思考、感觉、感受并这么做"的感觉自发地苏醒。在这个时候病人就能够管理他自己了。

第二章
一般观点的不同和治疗中的不同

1. 格式塔治疗和精神分析取向

前面章节所提议的心理治疗强调了：专注于现实情境的结构；通过找到社会文化、动物和物理因素间固有的关系来保存对现实的整合；实验；推动病人的创造性力量以重新整合解离的部分。

现在，对于读者而言，指出此处的每一个在精神分析史上相似的元素都是有帮助的；从广义上说，这些元素的综合是目前的趋势。当弗洛伊德对将压抑的感受移情到分析师身上工作时，他是在解决现实情境；并且借由一种更加普遍且系统的方式，那些提及"内在人格"的人通过分析现实访谈的结构来实践。大多数分析师现在践行由赖希率先系统提出的"性格分析"（charac-ter-analysis），而且这大量地包含了通过分析观察到的行为的结构来疏通。至于想法和图像的结构，弗洛伊德在《梦的解析》中令人难忘地将之教给了我们，因为每一个象征性的解析都专注于内容的结构。好的内科医生对心身统一体和社会与个体统一体的关注不只是空头支票。再一次地，从原始的"把场景见诸行动"（acting out the scene）和费伦齐的"主动方法"（active method），到最近的"植物疗法"（vegeto-therapy）和"心理剧"的各种方法，实验方法不仅为紧张的宣泄性释放，而且为重新训练而使用。最终，荣格（Jung）、兰克、进步教育家、游戏治疗师及其他人充分依赖创造性表达以作为重新整合的方式；特别是兰克，他突然发现了创造性行动，将之作为心理健康本身。

我们所增添的仅仅是这个：坚持重新整合正常心理和变态心理，并且据此对被视为正常心理功能运作的东西进行重新评价。用有些戏剧化的方式来说：一开始弗洛伊德指出了日常生活中的神经症元素，并且他和其他人越来越多地发现了许多习俗的非理性基础；现在我们绕了一圈回到原点，并且冒险坚称，比起常态的神经症，心理治疗的体验和神经症结构的重新整合通常给予现实更好的信息。

我们已经说过，广义上，心理治疗的趋势是朝着专注于现实情境的结构的。另一方面，心理治疗（以及心理治疗的历史）使我们在看待现实情境上有所不同。并且，治疗越紧密地专注于现实的此时此地，常见的科学、政治和个人关于"现实"是什么的预设就会出现越多的不满，无论是感觉上的、社会上的还是道德上的。就想想一个内科医生，以"使病人适应现实"为目标，他可能会发现，伴随着治疗进程（并且因为它已经前进了半个世纪了），这个"现实"开始看起来与他自己的及公认的预设十分不同了；之后他必须修改他的目标和方式。

他必须在什么方向上修改它们呢？他必须对人格本质假设一个新的规则并且试图使他的病人适应它吗？实际上这是一些治疗师已经做过的事。在这本书中我们尝试某些更为适度的事：将真实体验的发展视为给予自主的标准；也就是说，不把体验的动态结构当作某个"无意识的"未知或者症状线索，而将其当作一个重要的东西本身。这是为了对正常或者变态不带预先评判地进行心理分析，而从这个角度来说，心理治疗并非纠正而是成长的一种方式。

2. 格式塔治疗与格式塔心理学

在另一方面，让我们考虑我们与正常心理学的关系。我们带着格式塔心理的主要洞察来工作：图形与背景的关系；就现实情境的总体环境而言解析图形一致或分裂的重要性；明确结构化的整体（它不是那么兼收并蓄，但也不仅仅是一个原子）；有意义的整体所具有的活跃的组织力量，以及对形式的简单性的自然倾向；未完成情境完成自身的倾向。我们对此要增加什么呢？

例如，考虑一下单一取向，以正式获取在每一个具体的体验中不可简化的社会文化、动物和物理场。当然，这是格式塔心理的主要假设：作为单一整体呈现的现象一定使它们的完整性得到了尊重，并且，仅以废止一个人想要研究的东西为代价，就能够被分析性地分解为小块。现在将这个假设主要应用于感觉和学习的实验室情境，就像正常心理学家已经所做的那样，一个人发现了许多美丽的真相，能够展示联想论者们和反射心理学的不足，等等。但是一个人得到保护而免于常见的科学假设过于广泛的拒绝，因为实验室情境自身设置了关于他将想多远和他将会发现什么的限制。这个情境是决定了浮现之物的意义的全部背景，而从限制中浮现之物是大多数格式塔理论特有的正式且静止的特质。

关于图形和背景的动态关系，或者关于一个图形为了下一个即将浮现的图形而迅速将自己变为背景的紧急序发事件极少被提及，直到接触和满足到达了顶峰并且必不可少的情境真正被完成了。

但是这些东西能够得到多少讨论呢？因为一个被控制的实验室情境实际上并不是一个极为迫切的情境。唯一一个极度关切的人是实验者，而他的行为并非这个研究的主题。相反，带着对客观性值得赞赏的热情，格式塔学者有时可笑地反对纯洁性，避免了全部处理有激情和有兴趣的事物；他们分析了对并非特别迫切的人类问题的处理。的确，他们通常似乎在说，在整体的场中一切都是相关的，除了人类有兴趣的因素；这些是"主观的"并且是不相关的！但是，在另一方面，只有令人感兴趣之物制造了一个强大的结构。（但是，关于动物实验，这种迫切和兴趣并不是相关的，特别是因为猿和鸡并非这种温顺的实验室被试。）

当然，最终的结果是，格式塔心理学本身与心理学正在进行的运动、精神分析以及精神分析的其他分支保持无关和独立，因为这些未能避免——在治疗、教学、政治、犯罪学等等之中的——迫切要求。

3."意识"和"无意识"的心理学

然而精神分析家们绕过了格式塔心理学是十分不幸的，因为格式塔心理学充分地提供了关于觉察的理论，而从一开始，精神分析家们就被关于觉察的不充分的理论所妨碍了，尽管事实是，心理治疗的主要目标就是加强觉察。心理治疗的不同流派专注于加强觉察的不同方式，无论是通过话语、模仿的肌肉练习、性格分析、实验性的社会情境，还是通过梦的捷径。

几乎从一开始弗洛伊德就偶然发现了"无意识"有力的真相，而这些真相滋生了对心理躯体化统一、人的性格、社会中的人际关系的绝妙洞察。但是从某种程度上来说，这些并没有凝聚为关于自体的令人满意的理论，并且我们认为，这是因为对所谓的"意识"生活的误解。在精神分析及其大多数分支之中（兰克是例外），意识仍然被认为是印象的被动接收者，或者是印象附加的联想者，是合理化者，又或者是言语化者。它是被摇摆的，反馈的，谈论的，并且毫无作为。

那么，在这本书中，因为心理治疗师们强调了格式塔心理学，所以我们探究了创造性觉察、图形/背景形成的理论与方法，来作为关于"潜意识"有力但分散的洞察，以及关于"意识"不充分概念的汇聚中心。

4."意识"心理学和"无意识"心理学的重新整合

但是，当我们不是在令人没有兴趣的实验室情境中，而是在心理治疗、教学、个人与社会关系的迫切情境中，坚持单一假设、坚持有结构整体的创造性等等时，突然我们发现自己在拒绝许多被普遍接受的假设、划分和种类上，走得很远了——拉得很远而且被驱使得很远——我们将它们视为本质上不可接受的，认为它们"将有意研究的东西打碎并消灭"。与陈述这个情况的本质的真实情况相反，我们发现它们正是病人和社会之中神经症分裂的表达。并且，为了引起对神经症的基本假定的注意，唤起了焦虑（在作者和读者之中都是的）。

在神经症的分裂中，一个部分被保持在未觉察之中，或者它被冷淡地认识到但从远离关注，或者两个部分都被小心地彼此孤立并且看上去彼此无关，回避冲突并且保持现状。但是如果处在一个迫切的当下情境中，无论是在一个内科医生的办公室还是在社会中，一个人就会将觉察专注于未觉察到的部分或者"不相关"的连接，然后焦虑产生，这是抑制创造性统一的结果。治疗的方法就是越来越近地接触当下的危机，直到一个人冒险跃入未知，认同于即将到来的对分裂的创造性整合。

5. 本书的计划

本书专注于且力图诠释一系列这种理论的基本的神经症二元分裂（neurotic dichotomy），逐渐引导到关于自体及其创造性行动的理论。我们通过对人类发展和言说的思考，从基本感知和现实的问题入手，说到社会、道德和人格的问题。接着，我们将注意力放到接下来的神经症二元分裂上，它们中的某些是广泛流行的，某些在心理治疗的历史中已经被化解，但是仍然被设想，而某些（当然）是心理治疗本身的偏见。

"身体"与"心灵"：这个分裂仍然是广泛地通用，尽管在最好的医生中，心身的统一被认为是理所当然的。我们会说明，正是在长期突发事件的层面上，习惯性的且最终未觉察到的刻意的运用，特别是对有机体功能运作的威胁，使得这个有害的分割不可避免并且极为普遍，导致了我们文化中的不悦和不雅。（第三章）

"自体"与"外部世界"：这个区分是现代西方科学中一致的

信仰规则。它遵循之前的分裂，但是可能更多地强调政治和人际本质的胁迫。不幸的是，近代哲学史中将这个分割视为荒谬的那些人，大多自己已经被唯心主义或者唯物主义感染了。（第三章及第四章）

"情绪的"（主观的）与"现实的"（客观的）：这个分裂也是信仰的一般科学规则，与前文有统一的关联。它是回避接触和卷入，以及刻意孤立感觉和肌肉运动功能的结果。（近期的统计社会学史是对这些被提高到精湛技艺的回避的研究。）我们会尝试说明真实是一种固有的卷入或"介入"。（第四章）

"幼稚的"与"成熟的"：这个分裂是心理治疗本身的职业病，源于治疗师的人格和"治愈"的社会角色，一方面，是对久远过去令人干着急的全神贯注，另一方面是对于适应不值得适应的成人现实标准的尝试。童年的特质被轻视了，正是它们的缺失使成年人衰弱；而其他被称为幼稚的特质是成年人神经症的内摄。（第五章）

"生物的"与"文化的"：这个二元分裂是人类学要消除的基本主题，在近几十年里恰恰是在人类学之中开始得到巩固；因此（不去提及单方面的愚蠢的种族主义）人类本质变得完全是相关的，并且一无是处，好像它是无限可塑的。我们会试着说明，这是对人造物和象征物、对它们的政治和文化神经症般着迷的结果，好像它们感动了自己。（第六章）

"诗歌"与"散文"：这个分裂，与前面提到的所有一切统一地相关，它是神经症的言语化（以及其他替代性的体验）和作为回应的言语化厌恶的结果；并且它导致了近期某些语义学家以及科学语言和"基本"语言发明者轻视人类的语言，好像我们已有足够的其他交流媒体一般。其实并没有，有的是交流的失败。通

用语言，再一次被当作机械的抽象而非洞察的表达。而相应地，诗歌（以及造型艺术）变得愈加孤立而晦涩。（第七章）

"自发的"与"刻意的"：更一般地，人们相信未被要求的且受启发的事物属于在特有的情绪状态之中的特别的个体，或者，属于宴会上处于酒精或者大麻的影响下的人们，而非全部体验的一个特质。相应地，有计划的行为以并非特别依据一个人的幻想而占有的东西为目标，而是依次只对其他别的东西有益（因此快乐它自身作为健康和效率的方法而延续）。"做自己"意味着行为莽撞，好像欲望是没有道理的，"理智地行动"则意味着压抑和无趣。

"个人的"与"社会的"：这个普通的区分继续毁灭着群体生活。由于它对"任务"（job）和"爱好"而非工作（work）或职业（vocation）的分裂，它正是我们所拥有的这种技术与经济的因与果，也是怯懦的官僚主义和间接感受到的"前线"政治的因与果。试图愈合这个分裂的正是人际关系治疗师，然而就算是这个焦虑地控制着场中动物及性因素的学派，同样通常达成正式且象征性的而非真实的共同满意。（第八章和第九章）

"爱"与"攻击"：这个分裂一直是本能的沮丧和自体征服的结果，它将敌意转向自体并且认可一个反应性的毫无激情的温和，只有当攻击和毁灭旧有情形的意愿释放时才能恢复情欲的接触。但是在近几十年，对性爱的新的高度肯定已经使这个状态复杂化了，同时作为各种攻击性驱力尤其被贬低为反社会。性满足的质量可能通过下列事实来衡量：我们默许的战争持续地更加具有毁灭性而更少生气。（第八章和第九章）

"无意识的"与"有意识的"：如果全然接受，这个精神分析所完美化的值得注意的分裂，就会在原则上使所有的心理治疗变得不可能，因为一个病人无法学会对他而言未知的关于他自己的东西。（他觉察到，或者能够使他觉察到，他实际体验结构之中的扭曲。）这个理论上的分裂伴随着对梦的现实、幻觉、游戏和艺术的贬低，以及对刻意演说、思考和内省的现实的过高评价，而且一般而言，伴随着弗洛伊德对"初级的"（很早的）思考过程和"次级的"过程绝对的分裂。相应地，这个"本我"和"自我"不被看作自体在程度上不同的交替的结构——一个是极度放松且松散的联系，另一个是为了认同的目的而极度刻意的组织——然而这个画面在心理治疗的每一个时刻都是既定的。（第十至十四章）

6. 辩论的语境方法

按顺序，接下来的是我们会尝试化解主要的神经症二元分裂。关于这些及其他"错误的"区分，我们使用一种乍看之下似乎是不公平的辩论方式，但那是无可避免的，并且它自己便是格式塔取向的一种练习。让我们称之为"语境方法"，并且立即关注它，以便读者在我们使用它的时候能认出它来。

基本的理论错误必然是与性格有关的，是感知、感受或者行动的神经症失败的结果。（这是显而易见的，因为在任何基本的议题中证据可以说是"无处不在的"并且将被注意到，除非一个人将不会或者不能够注意到它。）一个基本的理论错误是观察者体验中所赋予的一个重要的意义；他必须真诚地做出错误的评判；只通过举出反面证据的"科学"反驳是没有意义的，因为他对这个证据的体验与其重要性并不相合——他没有看见你所看见的，它被他遗忘了，它看似没有关联，他为它辩解，等等。那么辩论唯一有用的方法是将这个问题的全部语境带进图像之中，这个语境包括体验它的状态，以及观察者的社会环境和个人"防御"。也就是说，使这个观点及他对之的持有服从于格式塔分析。一个基本的错误未加反驳——其实，如圣托马斯所说，一个强大的错误好过一个虚弱的真相——它只能通过改变未经处理的体验的状态来变更。

然后，我们的方法如下：我们表明了，在观察者的体验状态中他必须持有这个观点，然后，通过在有限制的状态中发挥觉察，我们允许一个更好的评判浮现（在他和我们自己身上）。我们意识到，这是人身攻击式的辩论，只是更加无礼，因为我们不仅把我们的反对者叫作无赖并且因此是错的，而且我们也仁慈地帮助他修补了他的方式！但是通过这个不公平的辩论方法，我们相信，与一般科学的激烈抨击相比，我们对反对者通常更加公正，因为我们从一开始就认识到，一个强大的错误已经是一个创造性举动，并且一定正在为持有它的人解决一个重要的问题。

7. 应用于心理治疗理论的情境方法

但是如果我们意在表明，心理治疗对常见的先入之见有影响，那么我们也必须谈一谈我们自己将心理治疗看作什么，因为它仅仅处于成为某物的过程之中。所以在接下来的章节里，随着我们对许多一般想法的批评，我们必须同时持续参考许多专家的治疗实践细节，因为一般观点的每一个新阶段的获得都对实践目标和方法有影响。

你的理论、你的流程和你所发现了的东西之间存在整体关系。这在每个研究领域当然都是正确的，但是它在心理治疗流派的争辩中被严重轻视，以致有对不守信用甚至疯狂的愚蠢控告。治疗师的态度和性格（包括他自己的训练）决定了他的理论定向，他的临床过程方法则源于他的态度和他的理论；而且，一个人的理论所得到的确认源自他所使用的方法，因为方法（以及治疗师的期待）部分地创造了这些发现，就像这个治疗师是自己定向为一个受训者的。此外，再一次地，这个关系必须在挑选出来的每个流派所吸引——根据各个流派观察到的材料、不同的治愈标准——的病人的社会情境中、在一个人对有关"可接受"行为和可获得幸福的社会评价的态度中被考察。所有这一切都是在这个案例的本质之中，并且接受它比抱怨或谴责它有益。

在这本书中，我们直率而诚恳地将许多不同的理论和技术接纳为有力的取向：它们在总体的场中相关，无论在它们的个别提议者看来它们有多么不相容，它们都一定是相容的，如果一个人允许通过接纳和释放冲突来使它们的合成发生的话——因为我们无法看到最佳冠军是愚蠢的还是不诚实的，并且既然我们在同一个世界里工作，就一定有某个地方是创造性的统一。情况是，随着治疗的进展，改变取向的重点通常是必要的，从性格到肌肉紧张到语言习惯到情感默契到梦，再回来。我们相信避免漫无目的的循环往复是可能的，如果恰恰通过接受全部的这些来给予环境多样性，一个人就会专注于图形/背景结构，并且逐渐提供自由的情形让自体去整合自体。

8. 创造性调整：艺术创作和儿童游戏的结构

我们通常参考创造性艺术家和艺术创作，以及儿童和儿童游戏，以作为逐渐整合的例子。

现在，精神分析文献中对艺术家和儿童的参考有趣地不统一。一方面，这些群体一贯被视为"自发的"而单独挑出，并且自发性被视为健康的中心；在一个成功的治疗面谈中，治愈的洞察以自发性为标志。另一方面，艺术家被认为是特别神经症的而儿童是——不成熟的。并且，艺术的心理学一直与精神分析余下的理论有种不稳定的关系，看似奇特地相关，却是神秘的；为什么艺术家的梦与其他的梦有所不同呢？为什么艺术家有意识的深思熟虑比其他有意识的深思熟虑更有价值呢？

对这个谜团的破解是相对简单的。艺术心理学的重要部分并不在梦中或者批判意识中；它（在精神分析学家们并不寻找它的地方）在专注的感觉和对物质媒介游戏的操控之中。艺术家以媒介中的鲜明感受和游戏为他的中心行动，之后接受了他的梦，并且使用了他批判的刻意性；并且，他自发地意识到了一个客观的形式。艺术家对他正在做的事情相当地有觉察——在完成了它之后，他能够详细地向你说明步骤；他在他的工作中不是没有意识的，但他也并不是主要在刻意地思量。他的觉察是一种中间模式，既不是主动的也不是被动的，而是接受这个状态，致力于这个工作，并且向着解决方式成长。并且就如儿童一般：正是他们鲜明的感觉和自由且显然无目的地的游戏允许了能量自发地流动，并成就了如此可爱的发明创造。

在这两种情况中，正是感觉运动整合、对冲动的接受和对新环境物质的全神贯注的接触带来了有价值的作品。但是，这些毕竟是相对特别的情况。艺术作品和儿童游戏用完的社会福利很少并且需要无伤害的结果。同样的接受与成长的中间模式能够在成年人的生活中带着更加"严肃"的关切运行吗？我们相信可以。

9. 创造性调整：一般而言

我们相信机能的相互作用，专注于某个当下的问题，并不为混乱或者疯狂的幻想而来，而是为了一个解决现实问题的格式塔而来。我们认为这可以通过引人注目的例子被一遍又一遍地说明（而经过仔细的分析，并无其他东西可以被说明）。然而现代人和大多数现代心理治疗拒绝容纳的正是这个简单的可能性。相反，有的是摇摇头，以及对刻意和遵从"现实原则"的怯懦的需要。这种惯性刻意的结构使我们越来越脱离与我们现在的情境的接触，因为当下永远是新奇的，而怯懦的刻意并没有为新奇做好准备——它依靠了别的东西，某个像是过去的东西。然后，如果我们无法接触现实，我们的自发性失败的爆发的确可能错过标志（尽管并非必然比我们小心翼翼错过了标志更糟糕）；而其后，这成为对创造性自发的可能性的反证明，因为它是"不切实际的"。

但是在一个人与需要和环境相接触的地方，现实并非某个僵化且不变的东西，而是准备好被重造的东西；并且一个人越是自发地运用定向和操控的每一分力量，不加以抑制，对重塑的证明就越是可行。让任何人考虑他自己在工作或游戏、爱情或友情之中的最佳尝试，并且看看是不是这个情况。

10. 创造性调整："有机体的自体调节"

关于有机体的运转，在这一方面的理论之中近来有一个有益的变化。许多治疗师现在谈论"有机体的自体调节"，即，并不一定刻意为了健康或道德去规划、鼓励或抑制对胃口、性等等的刺激。如果这些事情不加干涉，它们将自发地调节它们自己，而如果它们已经错乱了，它们将倾向于纠正它们自己。但是对于更加完整的自体调节、灵魂的所有功能的建议，包括它的培育和学习，它的攻击和它做具有吸引力的工作，还有幻觉的自由游戏，这是相反的。如果这些东西是不加干涉的，那么在与现实的接触之中，甚至连它们现在的错乱都将倾向于纠正它们自己并且成为某个有价值的东西，这种可能性，将遭遇焦虑并且被当作一种虚无主义而排斥。（但是我们重申，这个建议惊人地守旧，因为这不过就是道家古老的建议——"无为"①。）

相反，每一个治疗师都知道——如何呢？——这个病人应该遵从的"现实"是什么，或者这个病人应该意识到的"健康"或者"人类本质"是什么。他是如何知道它的呢？极有可能的是，通过"现实原则"，这意味着存在被内摄的社会安排，并作为人与社会不可改变的规则而重现。要注意一下，我们说社会安排，在物理现象方面，完全没有感受到这种需要，但是物理科学家普遍自由地假设、实验、失败或成功，一点也没有罪恶感或者对"本质"的恐惧，并且他们由此做出别出心裁的工具，这些工具能够"驾驭旋风"或者愚蠢地激起它。

---

① 原文为"stand out of the way"。——译注

11. 创造性调整："自体"的功能

我们把创造性调整作为自体的基本功能来谈论（或者更好地，自体是创造性调整的系统）。但是自体调节的创造性功能、对新奇的欢迎、毁灭并重新整合体验——一旦这个工作无效，就剩下不了什么可以构建一个关于自体的理论了。在精神分析的文献中，众所周知的是最薄弱的章节就是自体或者自我的理论。在本书中，我们通过不要使创造性调整无效、通过肯定它强有力的作用来继续，尝试一个关于自体和自我的新理论。读者将在它所在的地方得到它。在这里让我们继续指出它在治疗实践中所产生的不同，无论自体是不是一个无用的"意识"加上一个无意识的自我，或者是不是一个创造性的接触。

12. 在一般治疗态度中的不同

（1）病人前来求助，因为他无法帮助他自己。现在如果这个病人的自体觉察是多余的，仅仅意识到继续了什么，这不会让他的舒适有什么不同——尽管确定造成的不同是他到来了，挪动了他自己的双脚——那么这个病人的角色是，对他做了某件事情；他只是被要求别去干涉。但相反，如果自体觉察是一种整合的力量，那么从一开始这个病人在这项工作中就是一个主动的同伴，是心理治疗中的受训者。并且重点从他病了这个相对舒适的感想，转变为他正在学习某件事的感想，因为显然心理治疗是一门人道的学科，是苏格拉底式对话的发展。而且，治疗的期限并不在于化解大多数的情结或者解放一定的反射作用，而是在自体觉察的技术中到达这个病人能够在没有帮助的情况下继续进行的地步——因为在这里，如同在医学的其他地方，康复靠自然而非医生，只有一个人自己（在环境之中）能够治愈自己。

（2）自体只有在环境中才能发现并且造就自己。如果这个病人是会谈中一个主动的实验伙伴，他将会把这个观点带到外部并且更快地进步，因为这个环境材料更加令人感兴趣并且迫切。比起他服从于自下而上的心情被动地出门，这并不是更加危险，而是没那么危险。

（3）如果自体觉察是无力的并且只有无意识自我的反射，那么这个病人合作的尝试就是困难的；因此，在通常的性格分析中，阻抗被"攻击"，"防御"被溶解，等等。但是相反，如果觉察是创造性的，那么这些阻抗和防御——它们的确是对自体的反击和攻击——被当作活力的主动表达，无论在总体图景之中它们可能是多么神经症的。[1] 它们没有被抹杀，而是只看表面就被接受并因此被公开地满足：治疗师，根据他自己的自体觉察，拒绝无聊、被威胁、被说服等等；他根据情境的真相，用对误解的解释，或者有时是道歉，或甚至用愤怒，去满足愤怒；他在更大耐心的框架之中用不耐烦满足困难。用这种方式未觉察到的东西能够成为前景，以便它的结构能够被体验。这不同于下述情形：当这个病人没有感受到它的时候"攻击"攻击性，然后，当它有少量感受到的现实时，将之解释为"消极的移情"。这个病人从来没有机会公开地运用他的愤怒和固执吗？但是其结果是，如果他

----

① 兰克的反意志（Gegenwille）——负面意志。

现在敢在真实的情况中运用他的攻击并且遇到了正常回应，而糟糕的事情没有发生，那么他将会看见他正在做什么，记住谁是他真正的敌人，而整合便继续了。所以再一次，我们不要求病人不去审查，而是专注于他是如何审查、撤退、陷入沉默的，用什么肌肉、影像或者空白。因此一座桥梁为他而建，以开始感受他自己在主动地压抑，之后他自己能够开始放松这种压抑。

（4）巨大的能量和之前的创造性决定被投入阻抗和压抑的模式之中。那么要绕开阻抗，或者"攻击"它们，意味着这个病人将以比他来时更少自由而结束，尽管在某些方面更自由。但是通过实验性地意识到阻抗，然后让它们行动并开始与他自己或者治疗中被阻抗的东西搏斗，就有了化解而非消灭的可能性。

（5）如果自体觉察是多余的，这个病人的痛苦就是没有意义的了，并且当医生继续对他的被动做些什么的时候，这个痛苦也已被阿司匹林缓解了。而且阻抗确实正是部分地基于这个理论而被迅速化解的，这是为了避免真正冲突的痛苦，以免这个病人把他自己摧毁。但是痛苦和冲突并不是没有意义或者不必要的：它们揭示了发生在所有图形/背景形成中的为了新图形可以浮现的毁灭。这不是旧有问题的缺乏而是解决旧有问题，通过它特有的困难而被充实，并且合并了新的物质——恰如一个伟大的研究者并不回避对他的理论令人不悦的反面证据，而是将其找出来并扩大且深化这个理论。这个病人不是通过缓解困难而被保护，而是因为这个苦难恰恰在能力和创造性活力也被感受到的地方被感受了。相反地，如果一个人尝试去化解阻抗、症状、冲突、倒错、退行，而不是扩展觉察与冒险的领域并且让自体活出它自己创造性的综合——必须指出的是，这意味着治疗师以其优势地位把这样那样的人类材料评判为不值得重新获得一个完整的生活。

（6）最终，无论自体的理论是什么，正如一开始这个病人凭他自己的力量来一般，在最后他也都必须凭他自己的力量走。这对每一个流派而言都是真的。如果在治疗中这个病人的过去被重新找到了，那么他最终必须将它当作他自己的过去。如果他在他的人际行为中进行调整，他必须自己成为这个社交情境中的演员。如果他的身体被带去用一种生动的方式回应，这个病人必须感受到是他而不是他的身体在这么做。但是这个新的强大自体是突然从何而来的呢？它从如同催眠一般的恍惚中苏醒着浮现吗？或者它是一直在那里，来到会谈之中，交谈或者陷入沉默，做运动或者僵硬地躺下？既然实际上它在行动中使用了和这个一样多的力量，在它自身的接触行为、觉察、操控、承受、选择等等，以及身体、性格、历史、行为上，集中一些注意力，法律上就不是貌似可信的。后者对治疗师来说是找到更近接触的情境不可或缺的方式，但是只有自体能够专注于接触的结构。

我们已经尝试去说明了在一般观点和治疗态度中我们的取向所具有的不同。这本书是格式塔治疗的理论与实践，是有机体/环境场中图形/背景形成的科学与技术。我们认为在临床实践中它将具有价值。甚至，我们相信它将会对许多能够自助和助人的人有益。但是最重要的是，我们希望它可能包含了某些对我们所有人都有用的洞察，在我们当下迫切的危机之中，朝向一个创造性改变。

对于我们当下的情境，在一个人所看到的任何人生的范围中，它都必须被当作一个可能性之场，这些可能性深具创造性；或者它确实难以忍受。通过使他们去敏化并且抑制他们美丽的人类力量，大多数人似乎说服自己，或者允许自己被说服，它是可以忍受的，或者甚至够好了。用他们的那种在意去判断，他们似乎构思了一个可以忍耐的、他们能用一定程度的快乐去适应的"现实"。但是那个快乐的标准太低了，低得卑鄙；一个人为我们的人道而羞耻。但幸运的是，他们所构思的现实完全不是现实，而是令人不适的假象（而对假象的利用至少不会给予安慰！）

　　情况是，总体上来说，我们存在于一个长期的突发事件之中，并且我们大多数爱与智慧、愤怒与愤慨的力量，被压抑或者麻木了。那些更锐利地看、更强烈地感受并且更勇敢地行动的人，大多浪费了自己并处于痛苦之中，因为对任何一个人来说，在我们更加普遍地快乐之前，极度快乐是不可能的。但是如果我们开始与这个可怕的现实接触，那里在它之中也存在一个创造性的可能性。

第二部分

现实、人类本质与社会

第三章
"心智""身体"与"外部世界"

1. 良好接触中的情境

从心理治疗的观点来看，当有一个良好接触的时候——例如，一个清晰明亮的图形自由地从空旷的背景中充沛起来——就没有关于"心智"与"身体"或者"自体"与"外部世界"关系的特殊问题了。当然，关于特定的功能运作，有许多特定的问题和观察，比如如何使下巴和手变红且紧张在功能上与一定的愤怒感受有关，并且这个感受和这个行为在功能上与毁坏一个令人沮丧的困难有关；但是在这种情况下总体的情境容易被接受并且它是澄清部分的关系的问题；并且随着澄清详细地进展，关系的纽带再一次被感受到并且易于被接受。

这暗示了一点：一个特定的"心身问题"或者"外部世界的问题"的分离并非远古的规则。亚里士多德提到了植物性功能、感觉，以及作为心灵行动主要种类的动力，并且继续认为它们与食物的本质、感觉的对象等等"在行动中是相同的"①。在现代心理学中，科勒说："这整个过程被整个情境固有的特性所决定；有意义的行为可能被认为是组织的例子；并且这对一定的感知也适用。因为过程的意识只是次要的②。"或者，引用另一个格式塔心理学家韦特海默所说的："想象一段充满优雅和喜悦的舞蹈。这段舞蹈中的情境是什么？我们有生理的隔膜运动和心理的意识吗？没有。一个人发现在许多过程之中它们的动态形式是相同的，尽管它们元素的物质特性各异。"③

但是，对一个心理治疗师来说，认识到这些特定的问题是不存在的立刻引起了另一个相关的问题：这么久以来，在这么多善良聪明的人之中，这种不存在的问题被感受为一个重要的问题是如何发生的呢？因为，如我们所说，这种基本的分裂绝不是通过举出新证据就能改正的简单错误，而是在体验的证据中它们就自己被给定了。

2. 弗洛伊德和这些"问题"

弗洛伊德的精神分析理论介于将这些问题作为特定痛苦的早期误解和通过各种现代单一的心理学化解这些问题之间。

---

① 关于身体及世界之中的心灵的古老的柏拉图问题并不是现代的问题，尽管在神经症方面与之并非毫无关联。身体与精神等等的同样的神学困境也会被提及。

② 我们在分析任何这样的整体中都会怀疑"意识只是次要的"这句话，但是我们因其所持的态度而予以引用。

③ 引用来自 Willis D. Ellis, *Source Book of Gestalt Psychology*, Kegan Paul, Trench, Trubner & Co., Ltd., London.

弗洛伊德在长久的"心智"与"身体"、"自体"与"现实"分裂的传统中——他通过忽略而不自在地接受了这个传统——写作。为了统一这个分裂，这个传统产生了各种策略，例如心理-生理相似性和预先建立的和谐，或者是将意识简化为偶发现象或将物质简化为假象，抑或是对从一个中性的东西构建两者，再或者（在实验心理学家之中）完全拒绝将内省视为一种方法或者一个科学对象的简化。

对于这个讨论弗洛伊德做出了著名的补充，即心智如同冰山，只有一小部分在表面上并且意识得到，而九分之八是在水下或者意识不到的。这个补充首先只增加了难度，因为我们现在不得不联系在一起的东西不是两件而是三件：意识得到的心理、意识不到的心理和身体。如果"心智"在内省的意义上被定义，那么"意识不到的心理"则令人不解；但是如果如同弗洛伊德肯定地感受到的那样，意识不到的东西是逻辑上独立于或者优先于意识得到的东西，那么我们有第三种元素，就其本性它不能被直接观察到。但在这里，如同一直以来的情况，因为实践的紧迫（在此例中是药物的紧迫），对进一步的复杂性的介绍已经通过提出基本的功能关系来最终简化。

为什么弗洛伊德一直坚持称无意识心理，而且不简简单单地将无意识的东西归入物理，如同之前的精神病学中人们习惯的那样呢？（而确实，为了满足精神病学家，他不得不增加了"躯体性依从"［somatic compliance］的概念，这是易于使心智丧失它的一些内容而进入无意识的一种身体状态——所以现在他不是有三个元素而是有四个了！）正是"无意识"对心智和身体二者的影响使得所有的特性通常都被指定给心理：它们是对体验有目标、有意义、有意图、象征性的组织，它们是除了意识之外的一切。甚至进一步地，当无意识内容恢复到了意识之中时，有意识的体验被相当大地修改了，就如同通常未注意到时一般，但是显然，例如记忆和习惯等心理内容被听取了。所以弗洛伊德最终分了五个等级：意识心理、前意识心理（记忆等）、无意识心理、躯体性依从和身体。意识是能够被内省到的意图；潜意识是未被留意到的意图，但是如果留意则能被意识到，并且注意力的转移是有意识的力量；无意识是无法通过自体任何有意识的行动变为意识的意图（这是心理治疗师进入的地方，拥有使原则上无法被知晓的东西实际上被知晓的特别力量）；躯体性依从和身体则并非意图。

3. 精神分析和格式塔心理学在这些"问题"上的对比

然而通过这个不合常理的扩展系列，精神分析能够并且已经变得越来越能够产生统一功能运作和良好的接触，并且这提供了一个被感受到的情境，在其中各部分凝聚起来。

从一个正式的角度来看，弗洛伊德所称的无意识心理并非必要的。在格式塔学者的生理和心理理论之中，我们看见有意义的整体贯穿自然而存在，在生理的也在意识的行为之中，在身体和心智之中。就整体解释了部分而言，它们是有意义的；它们是有目标的，因为在部分之中能够看到完成整体的趋势。且不说意识，这种有意图的整体带着正式的相似性在任何事件的感觉和行为之中发生，并且这是谈论"象征符"（symbols）所需要的一切。（根本上，弗洛伊德为了反对当代神经病学的偏见而称无意识心理，这种偏见是联想论和机械论的。）

但是，实际的身心问题和外部世界的问题没有通过这些正式的考量被应对；它们不得不处理诸如"我将要伸出我的手，然后我伸出了它，然后它就在那里了"或者"我睁开了我的眼睛，然后那景象朝我压来，或者它就站在那里"等既定证据；这些问题涉及的不是哪种整合，而是意识的整体与其他整体的关系。而这些问题被某些格式塔学者所回避，尽管他们不断地求助于"洞察"显著的意识功能，但他们确实倾向于将意识和一般而言的心智，当作令人尴尬的、"次级"或者"不重要"偶发现象的。就好像它们如此地为自己对机械化偏见的攻击而尴尬，以致不得不持续地为自己开脱，免于"理想主义者"或者"生机论者"① 的控诉。

造成问题关系的特殊性的东西，是体验身体与世界中的断裂和"非我"的既定感受。而这恰恰就是心理治疗带着强大的力量所积极处理的问题。让我们探索这种感受的发生，并且说明它最终是如何给予了错误的概念的。

4. 接触边界和意识

每一个接触的行动都是觉察、运动反应和感受的整体——一种感觉、肌肉和植物系统的合作——并且接触发生在有机体/环境场内的表面边界上。

我们用这种奇怪的方式，而非"在有机体和环境之间的边界上"谈论它，这是因为，如同前面讨论的，一个动物的定义包含

---

① 生机论者（vitalist）认为生物的功能和活动产生于生命力。——译注

了它的环境：脱离空气定义一个呼吸者，脱离重力和地面定义一个行走者，脱离困难定义一个暴躁者，等等，对于每一种动物功能来说，都是没有意义的。对一个有机体的定义是对一个有机体/环境场的定义；而接触边界，可以说，是对这个场新奇情境的觉察的特定器官，这与例如更加内部的"有机体的"新陈代谢或者循环器官形成对比，这些器官不需要觉察、刻意、选择或者回避新奇就保守地进行功能运作。在常见植物的例子中，一个有机体/土壤、空气等等的场，接触边界的这种内性（*in*-ness）设想起来是相对简单的：渗透膜是有机体与环境互动的器官；两个部分显然都是主动的。在移动的复杂动物的例子中是一样的，但是一定的感受错觉使之更难以设想。[①]

（在这里这种言语尴尬深入我们的语言中。想想在这个情境中，当我们说"内部的"和"外部的"之时常见的哲学演讲的困惑。"内部的"意味着"皮肤内部的"，"外部的"意味着"皮肤外部的"。但是那些谈论"外部世界"的人意在将身体作为外部世界的一部分而包括进来，而"内部的"意为"心智内部的"，在心智内部而不在身体内部。）

现在再一次地，如同弗洛伊德特别是威廉·詹姆士所指出的，意识是边界上延迟互动的结果。（当然，詹姆士的意思是被干扰的反射弧，但是让我们在此进入格式塔理论中去。）然后我们能够立刻看到意识是有功能的。因为如果接触边界上的互动是相对简单的，就有极少的觉察、反射、运动调整和刻意性了；但是在它困难且复杂的地方，就有增强的意识。增加感觉器官的复

---

① 错觉，重复它们，就是运动的物体相对于静止的背景赢得了注意力，而更坚固的复杂的物体对比于相对更容易的物体赢得了注意。但是在边界上，互动是两个部分都在进展的。

杂性意味着有更多选择性的需要，如同一个动物变得更加动态且在更多的新奇中冒险。因此，带着增加的复杂性我们可能构思这个系列：趋光性成为有意识的看见，而这成为刻意的留意；或者渗透成为进食，而这成为刻意的食物获取。

5. 简化场的趋势

最终，这一切都是去简化有机体/环境场的组织，去完成它的未完成情境。现在让我们更近地看看这个有趣的接触边界。

作为互动的边界，它的敏感性、运动反馈和感受都被转向环境的部分和有机体的部分。神经学上，它有感受器和本体感受器。但是在行动中，在接触中，那里被给予了一个单独的被感受渲染的感知启动运动（perception-initiating movement）的整体。它并不是自体感受——例如口渴——作为一个信号被注意到，参考了水感受的系统，等等；而在相同行动中水被当作鲜明、想要、触动的趋向，或者没有水是匮乏、讨厌、有问题的。

如果你专注于一个"近"的感知，例如味觉，显然食物的味道与你嘴巴品尝它的味道是一样的，因此这种感知在感受中绝不是中性的，而一直是愉快或不愉快的，沉闷也是不愉快的一种。或者想想在交配中的生殖器：觉察、运动反应和感受是被同样给予的。但是当我们考虑视野，其中有距离并且景象无趣的时候，统一是不那么明显的；尽管如此，一旦我们专注于椭圆的、其中的物体被视为"我的视野"的视野场时，看见就开始接近于我自己的看见（[myself-seeing] 通常注意到我们已经在凝视了），并且景象开始有了审美的价值。

趋于场的最简单结构，这是有机体与环境的紧张在接触边界上的互动，直到相对的平衡被建立（延迟——意识——是完成这个过程中的困难）。注意，在这个过程中所谓的传入神经远非仅仅是接受性的；它们伸展出去——如果一个人口渴的话，水被看作鲜明且生动的东西；它们并非仅仅回应一个刺激，可以说，甚至在刺激之前，它们就回应了。

6. 接触边界的可能性

让我们考虑在接触边界上随着互动多样地展开的各种可能性。

（1）如果平衡很容易地得到建立，那么觉察、运动调整和刻意得以放松；动物过得挺好，好像睡着了一般。

（2）如果边界两边的紧张都难以平衡，就会因此有许多刻意和调整，不过现在有了放松：之后，当自发的觉察和肌肉的强壮尽情欣赏并在环境中忘我一般地舞蹈，但实际上感受到自体更深的各个部分对客体增强的意义的回应时，有一个美学的、情欲的全神贯注的美妙体验。这个时刻的美妙来源于对刻意性的放松，以及和谐的互动中的扩展。这个时刻是适合休养的，并且再一次以失去兴趣及沉睡而结束。

（3）危险的情境：如果环境力量必须被非同寻常的选择性和回避所拒绝，边界就会因为这些力量而变得不可忍受地过度运作。

（4）沮丧、饥饿和疾病的情境：如果本体感受的需要无法从

环境中得到平衡，边界就会因为这些需要而变得无法忍受地
紧张。①

　　在这些过于危险和沮丧的情况下，都有着通过保护敏感表面
的功能健康地满足突发事件的暂时功能。这些反应在动物王国之
中到处可以被观察到，并且可分为两种：低于正常的或超常的。
在一方面，惊恐的"无心的"逃走、震惊、麻醉、眩晕、装死、
抹去一部分、健忘：这些通过暂时地使它去敏化或者在肌肉上使
其麻痹来保护边界，等待这个突发事件过去。在另一方面，存在
通过消耗边界本身的扰动中的某些能量来缓解紧张的机制，例如
幻觉与做梦、生动的想象、强迫思维、沉思，以及伴随这些的运
动性不安。不活跃的机制似乎被调整以保护边界不受环境的过
量，排除危险；过于活跃的机制则必须对本体感受的过度工作，
消耗能量——除了在饥饿或者疾病之中，当危险点已经来临，昏
迷已经发生的时候。

7. 意识的突发事件功能

　　我们由此来到了意识的另一个功能：消耗无法获得平衡的能
量。但是注意，由于处在基本功能之中，这又是一种延迟；之
前，延迟由了为了解决问题而增强的觉察、实验和刻意性组成；此
处则是，当问题否则无法被解决的时候，为了休息和回避的一种
延迟。

---

① 这两个对比的情境引起了两个对立最为强烈的衍生弗洛伊德学派之间的意
见不合，这两个学派是：那些把神经症追溯到不安全感的人和那些将之追
溯为本能焦虑的人。

　　本质上，意识的消耗功能是弗洛伊德关于梦的理论，让我们抽象出那个理论的要素。在睡眠中，（1）对环境的探索和操控是搁置的，因此任何"生理"解决方式都受挫。（2）某些本体感受的冲动继续制造紧张——"梦是对愿望的满足"；这是隐梦（latent-dream）。（3）但是表面的内容大多是感官表面自身的扰动，白天事件的结束。注意到这个是十分重要的。弗洛伊德对于"显性"与"隐性"梦的美妙的区分恰恰意味着梦的意识与环境和有机体都是隔离的；做梦的人觉察到的"自体"大部分仅仅是表面边界。如此是有必要地，因为如果不仅仅是边界可进入整体的形成，那么这会涉及实际的调整，运动肌肉和整个动物就会因此而醒来。矛盾的是，整个梦是完全有意识的；这就是为何它拥有电影的特质。梦得越深，它越缺乏清醒感知中模糊的身体感受。做梦者惊人地觉察不到他所梦到的本体感受内容的意义；当这些开始涌入他的梦，例如，口渴变得十分强烈时，做梦者容易醒来。最终，（4）梦的功能是使动物保持沉睡。

　　如同威廉·赖希所强调的，意识的同样的功能，作为消耗能量的尝试，可能仅仅在暂时的性挫折中发生的鲜明的情色图片之中可观察到。的确，在这个例子中我们可能看见意识表面简单功能运作的全部图景：在有机体的需要上，神经分布活跃了，到达了它的目标；伴随着延迟，存在刻意的阻挡，以及更快地寻找权宜之计的速度；伴随着满足，这个图像立刻变得无趣了；而伴随着挫折，它更为鲜明，试图消耗能量。

　　因此，在接触边界上这两个过程满足了突发事件：抹除和幻觉。让我们强调一下，它们是在复杂的有机体/环境场中健康的暂时功能。

8. 上述统一概念的充分科学性

现在我们终于有资格解释"心智"这一同时对抗"身体"和"外部世界"的令人惊讶的概念了，它代替了我们发展出的相对表面的概念，代替了作为困难的有机体/环境场中接触功能的意识。

这个表面的概念，它是现代的但并不十分出众的标志，像亚里士多德敏感而理性的灵魂，并未提供特定的科学困难。在这个实体与其他实体之间必定有可观察且可实验的功能联系。例如，有"良好接触"的标准，比如：图形/背景的专一、清晰、封闭；运动的优雅与力量；自发性和感受的紧张性。也有观察到的觉察结构、运动和整体中的感受正式的相似性，以及一些意义或者目的的矛盾的缺失。并且，来自"良好接触"的规范的变化能够被分析性且实验性地说明，以包含环境和躯体异常效果与原因的关系。

尽管如此，现在我们必须表明，作为一个独特且孤立的实体，"心智"的概念是没有可比性的，这并非仅仅在本质上是明确的，而且在某种意义上，是一般体验中，凭经验而给定的、不可抗拒的一个错觉。

9. 在接触边界上的神经症可能性

我们仍应考虑在接触边界上的另一种可能性。设想（5）在过度危险和挫败的暂时突发事件中，要么重建平衡，要么抹去和幻想，与此相反①，那里存在一个慢性的低紧张程度的不平衡，一个对危险和挫折的持续的烦恼，夹杂着偶尔的急性危机，并且从未完全放松下来。

这是一个忧郁的假设，但不幸的是，对我们大多数人来说，它是一个历史事实。注意我们提及的双重低等级的过度、危险与挫败，这创造了对感受器和本体感受器的长期过度要求。这是因为，尽管可以设想，但长期的危险或者是长期的挫折长期持续彼此分离，这十分不可能。只需考虑一点：危险会削弱在一个场中满足的机会，这个场得到相对良好的调整，以便由此开始；然后挫折就会被增强。但是挫折增加了探索的迫切性并且减少了谨慎选择的机会；它引起了错觉，压倒了刻意性，并因此增加了危险。（也就是说，无论一个人将主要的压力放在不安还是本能焦虑上，所有的咨询师都会一致同意，这些错乱将共同地让彼此恶化而导致神经症。）

在我们所描述的长期低等级的突发事件之中，接触边界的什么特性倾向于场可能的简单性呢？突发事件功能、刻意抹去和不刻意的过度活跃都发挥了如下作用：在不同于急性突发事件的反应里，注意力从本体感受的需要中离开并且"身体作为自体的一部分"的感觉消退了。其原因是本体感受的兴奋在共同恶化的麻烦中是更加可控的威胁。另一方面，面对一个更加直接的环境威胁，注意力被加强来面对危险，甚至在没有危险的时候。但是通

---

① 一个长期的突发事件会毁灭结构，例如，将它简化到一个更低次序的结构。一个在更低级别上简化的医学案例是脑叶切断术或者其他任何切除。问题是，各种"休克疗法"通过创造有限的致命突发事件是否无法起到相似的作用。

过这种注意所给予的东西是"异质的",与一个人自己感受到的任何觉察都无关,因为本体感受已经减少了。并且在这个注意之中,感觉官能(感受器)没有广泛地外展,而是回避预期的打击。所以,如果这个过程被长久地延续,对危险刻意的警觉状态会变成一种肌肉准备状态而非感官的接纳:一个人凝视着,因此看不到任何更好的东西,他的确很快会看到更糟的东西。如此一来,再一次地,他进入了习惯性的准备逃走,却没有真正地逃走并释放肌肉紧张。

总结一下,我们在此有了神经症的典型画面:未觉察的本体感受和最终感知,以及刻意性和肌肉性的过高压力。(但让我们再次强调一下,在既定的长期低等级的突发事件之中,这个状态并非无功能的,这是因为,由于疏离,被看见和被感受的东西是无趣的,而由于欲望的诱惑,这也是危险的刺激;并且这危险是即将来临的。)

但是,同时,意识的安全功能,通过隔离中的边界的活动去消耗内在紧张的尝试,上升到它可能的最大值——有梦、无效的愿望、错觉(投射、偏见、强迫思维等等)。但是注意,这个功能的安全性恰恰取决于保持它与系统的其他部分的隔离。做梦是自发的、不刻意,然而保护白日梦以使其不逐渐变为运动是刻意的。

10."心智"

在我们已经描述过的长期低等级的突发事件情境之中,感觉、运动的启动和感受必然被呈现为**"心智"**,一个独特、独立的系统。让我们从如下视角回顾这个观点。

（1）本体感受减退或者被选择性地抹去（例如，通过收紧下巴、收紧胸膛或者腹部等等）。因此器官与意识的功能性关系无法被立刻感受到，而传达的刺激必须被"转介"（之后抽象的理论——如现在的这个——创造出来了）。

（2）"所欲-所感（desired-perceived）"的统一体是分裂的；感觉既没有提前也没有回应性地伸展，图形失去了活力。因此有机体与环境的功能性统一体没有立刻被觉察和调动。由此**"外部世界"**被感受为不相容的、"中立的"并因此染上敌对的色彩，因为"每一个陌生人都是敌人"。（这解释了实证主义科学某些强迫且偏执的"消毒"行为。）

（3）习惯性的刻意性和不放松的自我约束歪曲了觉察的整个前景并产生了对**"意志"**运动的夸张感受，并且这被当作自体普遍的性质。当"我愿意动动我的手"时，我感受到了这个意愿，但是我没有感受到我的手；然而手动了，因此这个意愿是在某处的某个东西，它在心智之中。

（4）梦和思辨的安全上演被最大化并且在有机体的自体觉察之中扮演了不恰当的角色。之后边界的延迟、计算和恢复的功能被当作心智主要且最终的活动。

之后，我们所争论的并不是这些概念，**身体**、**心智**、**世界**、**意志**、**理念**是会被对立的假设和验证纠正的普通错误；再一次地，它们也并非语义学上的用词不当。相反，它们在某一个类型的即刻体验中是既定的，并且只有在体验被改变的状态下才会失去它们紧迫且可作为证据的重要性。

让我们强调心理学的逻辑重要性。如果某个不放松的刻意性正在创造一个不连续，并且因此改变了习惯于呈现在感知中的图形的种类，那么一个人正是从这些作为基本观察的感知上进行逻辑推演的。求助于新的"协议"将不会轻易或者迅速改变图景，因为这些再一次通过同样的习惯被感知。因此这个观察者的社会心理特征，与这个种类有关，被认为是观察所形成的情境的部分。这样说就是支持"起源谬误"的形式，更糟的是，一种特别冒犯性的对人不对事的争论的形式：但那就是如此。

（这一切都说明了为什么心理治疗并不是学习一种有关一个人自身的真正理论——因为，该如何学习与一个人的感觉证据相对立的这个东西呢？但它是探索黑暗与不连续物的冒险的实验性生活情境的过程，同时是安全的，因此刻意的态度会被放松。）

11. 作为"心智"行动的抽象与言语化

目前为止我们已经提及了最基本的、我们与田野和森林中残暴的野兽共同拥有的意识。让我们将场景提亮一点并且寻找一个更高级的实例——抽象和言语化的过程（并且甚至为学习日志写作）。

心理学上，抽象是为了更有效率地动员其他活动来制造相对静止的某些活动。可以有感官的、位置的、态度的、想象的、言语的、理想的、制度上的和其他种类的抽象。抽象是整个活动之中相对固定的部分；这种部分的内部结构是未被注意的，并且成为习惯性的——静止物是移动物的背景——因此这个整体更加有趣，更大，而若非如此庞大则是可管理的；当然，正是这个整体选择、固定并且组织部分。例如，想一想，确实有上千种固定的

321

形式进入一位读者从这些句子中收集（我们希望）意义（我们希望）的过程中；对幼稚的言语化和交流的态度的抽象，对上学、正确拼字和作业的抽象、对印刷和编书的抽象；对分类、风格和观众的期待的抽象；对建筑和阅览室姿态的抽象；对在学术上被当作理所当然的知识和对这个特定的争论而言被当作理所当然的猜想的抽象。在我们注意到争论时，所有的这些几乎都未被注意到。一个人可以注意到它们却没有，除非有个问题，如一个糟糕的排字错误、辞藻华丽的章节或者不合适的玩笑。这一切都是常见的。（抽象在定义上是有效率且"正常"的，但实际上不可否认，"确实有上千的抽象"——数量造成了不同——始终预示了训练和功能运作的僵化，这是一个言语化特征，它其实无法注意到整个系列，除非在理论中。）

设想现在朝着言语抽象等级的底端，在象征性表达与非言语想象、感受和强烈抗议相近的早期部分——设想在基本等级上，存在并且持续进行着对觉察的抹除和运动的麻痹。那么，将有一个人无法注意到的连接。例如（从华盛顿精神病学学派的工作中选择一个例子），一个学话的儿童有一个愤怒的母亲，他发现某些词语或者某些主题，或者甚至咿呀学语本身，都是危险的；他扭曲、掩藏或者抑制他的表达；渐渐地，他结结巴巴，然后，因为太过尴尬，他压抑结巴并且再一次学习用其他紧急的嘴巴部分来说话。这种说话习惯的历史重要地构建了一个人的分裂人格，这一点是被普遍认同的；但是我们在这里想要引起关注的并不是人格的消亡，而是言语的消亡。随着他的体验在社会即艺术与科学中变得广泛，我们的发言者制造了更广且更高的言语概括。因为他仍然在抹去觉察并且麻痹较低等的前语言连接的表达，所以他将与实际上更高等级的各种抽象的功能运作——它们对他自己的意义，以及它们真正如何——存在有缺陷的接触，难道不是一定如此吗？它们确实有意义，但是最终，它们确实存在于虚空之中。它们是"精神的"。

一个一般的主张被提出了；对他而言它的重要性——例如，使某些证据在一个场中突出并且被他观察到或者忽视掉——对任何他可以注意到的行为或者观察都是绝对不可简化的。其他的观察者可以注意到他没有注意到的东西，但不幸的是，如此一来，他们被投入一个反对他的普遍共谋之中，蔑视他的"私人的"传送，认为它们并非自然系统的一部分。他在学术上被训练为赞同共识，但是他无法赞同意义的残留一无是处；他知道它是值得注意的。那么，表面上看，这些确实没有根据但并非虚无的抽象被感受到存在于"心智"之中——可能是"个人的"心智。伴随着意志，没有根据但并非虚无的抽象是心智卓越的证明。

依靠他的性格，他根据其他的体验和共识做出抽象的各种调整。（注意，这个**心智**并非一定要忙碌地消耗它思辨中紧张的能量。）他注意到他的抽象和**外部世界**的不可比较性，可能求助于不同的权宜之计：如果他有相对枯燥且无情绪色彩的实证主义疾病的综合征，他就会发现它们是没有意义的，并且更进一步地轻视他自己。如果他有情绪高涨的诗意的躁狂，他就会把这个矛盾看作针对外部世界的一个黑色标记，并且通过使它们押韵而给予他的理念一个世界。这个有格式塔式迟钝的人陷于淤泥一般术语的混乱之中。诸如此类。

12. 心理躯体化疾病

在长期低等级的突发事件中，认为存在像"**心智**"一样的东西，这个"不可避免的错误想法"在一个人开始忍受心理躯体化疾病的时候，变得更加令人恐惧。

我们人坚定地根植于他被爱或者被轻视的心智，觉察不到他在刻意控制他的身体。是他的身体——他通过它才有某些外部接触——但不是他；他不会感受到他自己。现在设想一下，他有很多要为之哭泣的事情。每次他都被搅动到泪点，然而他没有"感到要哭"并且他没有哭：这是因为他长久以来使自己习惯于不去觉察他是如何在肌肉上抑制这个功能并切断这个感受——因为很久以前它导致了他被羞辱甚至被打。相反地，他现在忍受了头痛、呼吸短促，甚至鼻窦炎。（现在有更多的事情要为之哭泣。）眼部肌肉、喉咙、膈被固定以阻止即将到来的哭泣的表达和觉察。但是这个自我扭曲和自我克制依次唤起了必须被依次抹去的（关于疼痛、愤怒或者遁逃的）刺激，因为一个人有比生活的艺术和隐晦的自体认识更加重要的艺术和科学来让他的心智忙碌起来。

最终，当他开始病重，伴随着严重的头痛、哮喘，并且头晕时，这个冲击从一个完全陌生的世界中，来到他的身体。他忍受头痛、哮喘等等。他没有说："我在让我的头疼痛而且屏住我的呼吸，尽管我没有觉察到我是如何这么做的，或者为什么我在这么做。"

好的。他的身体在伤害他，所以他去看了医生。并且，假设这个情绪至今仍然"仅仅是功能上的"，也就是说，还没有任何总的解剖或生理上的毁坏：医生断定他没什么事儿并且给了他阿司匹林。因为医生过于相信身体是没有情绪的生理系统。伟大的学府建立在有一个身体和一个心智的前提下。估计有超过60％去诊所的来访者没有什么与它们有关，但是他们显然有某些东西与它们有关。

但是，幸运的是，在必须被注意到的事情中疾病受到重视，并且我们人类现在有了一个有活力的新兴趣。因为在他身体中的强烈兴趣，他人格的其他部分越来越成为背景。心智与身体起码变得相熟，并且他提及了"我的头痛、我的哮喘等等。"疾病是一个显著的未完成情境，它只能通过死亡或者治愈被完成。

13. 弗洛伊德的现实理论

为了概括这一章节，让我们对**外部世界**这个概念的起源做少量更进一步的评论。

如果我们回到弗洛伊德的精神分析理论，我们就会发现除了身体和各种"精神"，他还提到**现实**，以及之后的"现实原则"（reality-principle），他将之作为针对安全功能运作的痛苦的自体调整原则，与"快乐原则"（pleasure-principle）做了对比。

我们认为，能够看出他用两种不同的方式构想了现实（并且没有理解它们之间的关系）。一方面，心智和身体是快乐系统的一部分，现实基本上是其他心智与身体通过剥夺或惩罚来痛苦地压缩一个人快乐的社会"**外部世界**"。另一方面，他在既定的感知之中提及"**外部世界**"，包括一个人自己的身体，并与幻觉和梦的想象元素对立。

　　他所思考的社会的**外部世界**尤其与所谓的无助和人类婴儿妄想的全能有关联。这个婴儿孤独地躺在那里，存有自己全能的念头，尽管他依赖于一切东西，除了自己的身体的满足。

　　但是让我们在其完全的社会环境中考虑这个图景，而它将会被视为一个成年人情境的投射：这个成年人压抑的感受源于这个小孩。为什么这个婴儿本质上是无助或者孤独的呢？这是场的一部分，母亲是这个场的另一个部分。这个孩子极度痛苦的哭泣是一种充分的交流；母亲必须回应他；这个婴儿需要爱抚，她就需要去爱抚；其他功能同样如此。全能的错觉（只要它们存在并且不是成年人的投射），以及被彻底抛弃的暴怒和发火，这些是在延迟期对表面紧张的有效的耗竭，为的是相互功能运作能够不带着过去的未完成情境进行下去。而在理想化的考虑之下，婴儿和母亲分离，这个场分裂为分开的人们，这与这个孩子在大小和力量、长牙和学习咀嚼（以及喝光牛奶并离开母亲，转移到其他兴趣上）、学习走路和说话等等上的增长上是相同的。也就是说，这个孩子不是在学习一个陌生的现实，而是"发现并创造"他自己增长的现实。

　　当然，麻烦的是理想的状况无法获得。但是之后我们必须说，并非这个孩子本质上是孤独且无助的，而是他很快被塑造成这样，被丢进了长期的突发事件之中，并且渐渐地构造了一个外部的社会世界。那么这个成年人的情境是什么呢？在我们的社会中没有情同手足的社群，一个人存在于并且更深入地成长于这个同样的隔离之中。成年人把他人当作敌人，并且把他们的孩子轮番当作奴隶或者暴君来对待。然后，通过投射，这个婴儿不可避免地被视为孤独无助且全能的。这种最安全的状态之后被真正地视为，原本统一的场的连续之中的一种破坏、断裂。

（科学的**外部世界**热情的特质揭示了相同的投射。"事实"的世界至少是中立的：这没有反映出，在离开家庭并进入与合理存在物的接触时——即使它们就是仅有的东西——松了一口气吗？但是当然，它也是无动于衷的；并且随着一个人将要做的尝试，他无法从"自然主义"之中榨取出伦理，除了禁欲主义的漠不关心。自然资源是被"利用的"：也就是说，我们没有在生态之中参与它们，然而我们使用了它们，一个导致十分低效的行为的安全态度。我们"战胜"了自然，我们是自然的主人。并且固执而相反地，有一个"**自然母亲**"［Mother Nature］的压力在。）

14. 弗洛伊德的感知"外部世界"

然而，当我们仔细查看弗洛伊德考虑**外部世界**的其他方式，即将它当作与梦相对立的感知中的既定之物时——并且这是与普遍且科学的先入之见和谐共处的方式——我们突然发现他十分地不安。这里并不是详细讨论其困难的地方（见下文第十二章）。但是让我们通过引用一些章节来描摹这个问题。

在探索梦的世界中，弗洛伊德发现，梦的世界孤立于肌肉操控和环境——人们假设它们赋予意义分类——尽管如此，它还是可以理解的。它并非固定实体，而是可塑操作的世界，是一些创造性过程：在言语化之下进入意象（image）和言语行为，象征化，毁灭、扭曲特定事物并简缩它，等等。弗洛伊德称这个可塑操作为"原初过程"（primary process），并观察了它早年生活特有的心理功能运作。

　　"原初过程追求刺激的释放，结合如此聚集起来的刺激的数量来建立感知认同。次级过程（secondary process）抛弃了这个意图，并且作为替代采纳了思维同一的目的。"

　　"原初过程一开始便存在于装置之中，而次级过程只是逐渐从生命进程中形成，抑制并覆盖原初过程，只有在生命的最佳时候才能获得对它们的完整的控制。"[①]

　　现在对于弗洛伊德而言，问题是这个原初过程是否如设想的那样，仅仅是主观的或者输送了某些现实。并且，他一次又一次地大胆地确认它们给予了现实，例如：

　　"被描述为'不正确'的那些过程并非对我们正常进程的歪曲，或是有缺陷的思维，而是精神装置从抑制中释放出来时的操作模式。"（强调为我们所加）[②]

　　而相反的情况则是我们曾说过的，这种对普通概念而言看似真实的世界是一种长期低等级的突发事件，是神经症的抑制；只有幼稚的或者梦的世界是真实的！

　　这两者都并不令人十分满意，并且弗洛伊德可以理解地倾向于回避它。但是，从正式的观点来看，他麻烦的根源是简单的。他并非被他梦的心理学所阻止（他自己知道这是一个不朽的洞见），而是被他与同时代人所分享的"正常"觉醒意识的琐碎的心理学而阻止。因为显然，对于一个正确的正常心理学而言，无

---

① Sigmund Freud, *The Interpretation of Dreams*, trans. by A. A. Brill, Macmillan Co., New York, 1933, pp. 553 and 555.

② Sigmund Freud, *The Interpretation of Dreams*, p. 556.

论何处，可塑结构中的体验都是既定的，而梦是一个特例。（当遭到艺术与发明的心理学质疑时，思考弗洛伊德的阻碍和克制是令人触动的。）

但是，一个对他的苦难更重要的线索，来自并列对照他的两个"现实"理论：因为他相信婴儿成长进入的社会"外部世界"是不灵活的，所以他必然相信，"原初过程"的世界，带着它的自发性、可塑性、多形态的性等等，为成熟所压抑并无法操作。

第四章
现实、突发事件与评估

我们说过，现实是在"良好接触"的时刻中被赋予的，是一种觉察、运动反应和感受的统一体。现在让我们开始更深入地分析这个统一体，并且将它与我们的心理治疗方法联系起来。在本章中我们会证明，现实和价值作为自体调节的结果而浮现，无论自体调节是健康的还是神经症的；并且我们会讨论，在神经症的自体调节框架之中，如何去增加接触领域的问题。我们会通过将心理治疗定义为实验性的安全突发事件中的自体调节来回答这个问题。

1. 主导与自体调节

让我们将一种显著突出并组织觉察和行为的强烈紧张趋势称为它的主导（dominance）。当在场中获得平衡有困难和延迟的时候，主导及其完成组织的尝试是有意识的（其实它们就是意识）。

每一个十分迫切的未完成情境承担了主导并且调动了所有可得的努力直到这个任务完成；之后它变得漠然并失去了意识，而下一个迫切的需要唤起了注意力。这个需要并非刻意地而是自发地变得迫切。刻意性、选择和计划被卷入以完成未完成情境，但是意识并不一定要找到问题，而是与问题同一化。主导需要的自发意识及其接触功能的组织是有机体自体调节的心理形式。

在有机体内的每一个地方命令、保留、选择等等的许多过程总是无意识地继续着，例如命令某些酶消化某些食物。这个无意识的内部组织能够有最佳的敏锐性和数量上的精确性，但它总是不得不处理相对保守的问题。但是当这些过程要求完成来自环境的新材料时——而这是每一个有机体过程依次出现的情况——某些意识的图形变亮并成为前景；我们不得不处理接触。在一个危险的情境中，当紧张从外部被启动时，谨慎和刻意是同样地自发的。

2. 主导与评估

自发的主导是对这个场合中什么重要的判断。它们并非充分的评估，但它们是当下情境中一种需要层级的基本证据。它们并不"冲动"且不一定模糊，而是系统的并且通常相当特别，因为它们表达了有机体关于它自己的需要和从环境中选择满足那些需要的东西的智慧。它们提供了一种即刻的伦理，并不是绝无错误的，但处在一个有特权的位置上。

这个特权仅仅是来源于此：看似自发重要的东西事实上确实集结了行为的大多数能量；自体调节的行动更加明亮、强烈且机敏。任何其他被假设为"更好"的行为路线必须带着减少的力量、更好的动机和更多困惑的觉察而前进，也必须涉及贡献一定量的能量，并且分散一定量的注意力，以控制在自体调节中寻求表达的自发的自体。甚至当自体调节在明显的自体兴趣中被抑制时也是如此：例如，一个小孩被阻止在汽车前跑来跑去，在这个情境中他的自体调节容易出错——而我们使社会运转的方式似乎主要由这种情境组成。这个抑制之后是必要的，但是让我们记住，以我们接受的情境为限，在这些情境中自体调节很少运作，少到我们必须满足于带着减少的能量和亮度生存的地步。

最明显地击中普通人的问题是：在我们的社会和技术中，也可能在事物的本质之中，有机自体调节在多大范围内是可能的，被允许的，可冒险的。我们相信比我们现在刻意允许的多得多；人们能够比他们所是的更加明亮且更有能量，之后他们也会更加机敏。我们困难的很大一部分是自我施加的。许多既"客观"又"主观"的情况能够并且一定可以被改变。甚至，当"客观"情境无法被改变的时候，就像当一个心爱的人死去的时候，会有有机体自身的调节反应，例如哭泣和哀悼，那有助于重获平衡，只要我们允许它们这么做。但是让我们将这个讨论推迟一点。（第八章）

3. 神经症的自体调节

现在神经症体验也是自体调节。我们说过，神经症接触的结构特点被描绘过度的刻意、固着的注意力，并具有为某个特定反应而准备好的肌肉。因此，某些冲动及其对象被阻止成为前景（抑制）；自体无法灵活地从一个情境转向另一个（刻板且强制）；能量被约束在一个无法完成（很久之前构想）的任务之中。

如果极端的刻意是合理的，面对长期存在的危险，我们就不能够说"过度"，而可能说一个其安排超出了人类范围的"神经症社会"比较好。但是神经症患者对危险有一触即发的敏感；当他能够安全地放松时，他自发地刻意。让我们把这个说得更精确一点。神经症患者对于他现实的情境无法安全地感到放松，包括他对它过时的评估，因为为了它，他刻意地通过他的自体调节进行调整，发现它是危险的，并且变得刻意了。但是在帮助下，那个现实的情境能够被变为他的优势。将之用这个复杂的方式表达出来是有用的，而不是简单地说："神经症患者正在犯一个错误。"因为神经症患者在进行自体调节，并且正是为了完成一个真正的未完成情境他才来找治疗师的。

如果治疗师据此将治疗情境作为这个病人正在进行的未完成情境，即作为这个病人正在以他自己的自体调节面对的那个情境来看待，就可能比将这个病人看作错误的、生病的、"死亡的"更有帮助。因为当然，最终病人完成这个情境凭借的并不是治疗师的能量，而是他自己的能量。

那么，我们被引到我们想要在本章中讨论的令人苦恼的问题：神经症病人正在进行的自体调节和治疗师健康的有机体自体调节的科学概念之间有什么关系？关于这个问题，我们最好仔细关注库尔特·勒温接下来的话：

> "一个打算研究整个现象的人应该防止使整体尽可能包罗万象的倾向，这尤其是必要的。真正的任务是调研一个既定整体的结构属性，确定各个附属整体的关系，并且决定一个人正在处理的这个系统的边界。'每个事物都取决于其他每个事物'，这在心理学之中不见得比在物理学之中更加正确。"[①]

---

① In Willis D. Ellis, *Source Book of Gestalt Psychology*, Kegan Paul, Trench, Trubner & Co., Ltd., London.

4. 一个突发事件中健康的自体调节

首先让我们考虑一个相对健康①的关于主导和有机自体调节的事件。

下士琼斯（Corporal Jones）在沙漠中进行巡逻。他迷失了他的方向，但是最终，他精疲力尽，回到了营地。他的朋友吉米（Jimmy）见到他很高兴，并且立刻大声说出一个重要消息：在他不在期间他的晋升已经通过了。他用呆滞的眼神凝视着吉米，喃喃自语道："水。"然后看到通常一个人不会注意到的肮脏泥坑，他跪倒在它旁边并且试图舔它，但是几乎立刻就呛到了，他起身并且蹒跚着走到营地中间的井。之后吉米将中士的军衔臂章带给他，而他问："我要这些做什么？我不是一个中士啊。""但是在你走进营地的时候我告诉过你晋升的事了呀。""不，你没有。""别傻了，我说了。""我没听见你说啊。"

实际上他没有听见吉米所说的；他在那个时候除了水以外一切都注意不到。当他在沙漠中的时候，就在到达营地前的一小时，他被一艘敌军的飞机攻击了。他迅速地躲了起来。因此他确实听见了飞机声；水无法唤起他全部的注意。

我们看到存在一个主导的等级：急性的威胁支配了口渴，口渴主导了雄心。所有即刻的努力被调动到主导性的未完成情境中，直到它被完成了并且下一个任务能够获取主导。

---

① 我们说"相对健康"是因为，这个事件的军事情境本身是无法确定的；并且一个人所选择的任何真实情境在某种程度上都将是无法确定的。

　　我们有目的地选择了一个突发事件的例子，因为在这种例子之中，潜在的等级非常容易显现。要紧的事先做并且我们毫无保留地承诺去做。在突发事件中我们发现的普遍感受是"这就是人类啊"。

　　这是存在主义者当代流派的智慧，他们为了现实的真相坚持探索"极端情境"：在极端情境中，对于我们所做的事，我们是当真的。但是当然一个人总是说话当真，如果我们正确地分析他的情境的话。矛盾的是，正是因为我们的时代是一个长期低等级的突发事件，我们的哲学家们才宣称只有在一个严重的突发事件中真相才会得以揭露。相反地，我们显然没有更多地带着我们有时在突发事件中才表现出来的紧迫性和生动性行动，这才是我们普遍的不幸。

5. 通过自体调节的主导所给予的价值等级

　　我们已经看到了，通过自体调节所给予的评价占据了伦理上的优势位置，因为它独自集结了最明亮的觉察和最强烈的力量；其他任何类型的评价都必须带着减少的能量行动。现在我们可能对此补充道，实际上，当现实紧迫的时候，某些价值驱逐了其他的价值，提供了实际上集结了它的执行之中亮度和活力的东西的等级。

　　疾病和躯体的不足或过度在主导的等级中排名很高。环境危险也是如此。但是对爱的需要、对某人的向往、对隔离和孤独的回避，以及对自尊的需要也是如此。保全自己和发展自己同样如此：独立。严重的智识困惑被注意到了。还有，与一个人的人生事业的组织方式和习惯方式紧密联系的任何东西：以致有时候英雄主义和亲眼见证主导了死亡恐惧。在重要的意义上，这些价值不是被选择的；它们仅仅若隐若现。作为替代，甚至是救了一个人的性命，实际上也是无意义的，它不组织行为并且缺乏精神。当然一个人没有这样的印象，即英雄主义、创造性牺牲或创造性成就是一种意志的行动或者刻意的自我约束；如果是这样，它就不会释放这种力量和光芒。

在现实情境中，任何这种主导的有序集合对道德和政治而言都是重要的。它真的不亚于人类本质的归纳理论；人类本质的理论是"健康的"自体调节的范畴。让我们用一个段落来对此进行思辨。考虑一下这个口渴的下士的简单例子，我们可能构想了一条规则，它被负面地陈述为"阻止了任何一种行为的无论什么东西，主导了这个种类的一个特定行为，属（genus）位于种（species）之前"——例如，在解渴前避免了突然的死亡，或者在自我舒适（ego-comfort）之前维护了物质享受；或者，给出一个政治的例子，对社会来说，抑制无论什么感受然后来培养艺术，这是愚蠢的。或者这个规则可能转化为一个肯定原则："生命的基本规则是自体维护（self-preservation）和成长。"或者再一次我们可能构想这个规则"更为脆弱且有价值的东西首先被维护"——就像敏感的眼睛中的一粒灰尘带来最尖锐的疼痛并且需要注意；这是"身体的智慧"。

6. 作为价值层级的心理治疗理论

无论如何，每一个医学、心理治疗或者教育的理论都是基于某个"有机体自体调节"概念及其相应的价值等级的。这个概念是对某种东西的操作，科学家们认为这种东西实际上是生活和社会中的主要动力因素。

在达尔文著作之后发展起来的精神分析理论中，动力因素在基因上通常作为历史而使用。例如，对于仔细地注意到力比多及其躯体发展的弗洛伊德而言，人类本质是以口欲、肛门、性器和生殖期为顺序的。（在弗洛伊德的理论中，一个人没有这样的印象，即女性有完整的人类本质——但的确她们因此在某种程度上是神圣的。）其他重要的行为与这些发展有关，例如虐待狂-肛门期，口欲-肛门-自相残杀，性器期-自恋，等等。治疗的目标是在可行的社会整体中重新建立关于前期快乐（fore-pleasure）、升华（sublimation）和后期快乐（final pleasure）的自然序列。哈里·斯塔克·沙利文给出了一个反例，他发现社会整体本质上是人的东西；正是人际关系和交流在释放能量。所以他将他的幼儿发展阶段排列为未分化模式（prototaxic）、不完善反应模式（parataxic）和综合模式（syntaxic），并且在这些术语中定义了弗洛伊德的性欲特征（erotic characters）。治疗的目标在于克服孤独，恢复自尊，并且获得综合模式的交流。霍尼和弗洛姆，沿着一样的线索（在阿德勒之后），对婴儿的成长到独立印象深刻；他们在个体与社会退行的力量关系中发现了神经症，并且他们以个体的自主为目标。所以我们能够继续。

心理治疗的每一个学派都有关于人类本质——在神经症中它是被压抑且退行的——的某种构想，并且以"恢复"它或者"使它成熟"为目的。根据这个构想，在健康的自体调节之中有应该占据主导的特定驱力或者行为，目的则在于创造一种现实，其中它们是主导。

详述学派间不同的关键并非从它们中选择，也不是反向拒绝它们全部，当然更不是把心理治疗诋毁为宗派主义。其实，总的来说，各种理论并非逻辑上无法比较，而且通常巧妙地补充并间接证明了另一个。此外，如同我们已经揭示的，如果我们记住，出于人格和名声上的各种原因，不同学派的治疗师得到不同种类的病人，负责的科学家能够触及如此不同的理论就并不令人惊奇了，并且这些为它们的理论和沿着同样线索的进一步假设提供了经验主义的证明。让我们对此简单地描绘一下。如同一开始自然发生的，弗洛伊德接诊了大量有惊人症状的长程病人：歇斯底里、强迫、恐怖、性变态。这种情况既是方法选择的结果又成为其原因，他用对象征的诠释作为他的方法；因此他必定会得出某个有关童年和人类本质的理论。但是荣格学派的人开始于一边治疗收容的精神病患者，一边治疗中年"神经衰弱"（nervous-breakdown），由此发展出了有艺术治疗并且构想了充满高雅文化和原始文化理念的理论，较少强调性欲。但是赖希主要应对更年轻的、通常未婚的人们，并且他的病人和他的洞察规定了一个更具生理性的方法。而沙利文，应对门诊的精神分裂患者，很少求助于谈话之外的方式并且尝试建立他的病人们的信心。莫雷诺（Moreno）应对寄宿学校中的不良行为，逐渐形成一种团体治疗的方法、一个情境，在这个情境中，原则上应该不强调移情现象，并走向一种更具有服从性的社会性。

在每一个学派之中，偏差、病人的范围、方法和理论是连贯的。这并非科学意义上的诽谤。一个人可能希望理论家们不那么迅速地从他们自己的实践外推到"人类本质"上——其实也希望所有的医师都不那么迅速地外推到"人类本质"上，好像人类本质上是个病人；但是反之，一个人可能希望外行的评论家和逻辑学家更好地告知他们自己关于他们所贬低的理论的实证基础。

7. 神经症患者的自体调节和治疗师的构想

但是任何同情地调查心理治疗的各种学派和方法的人，如同我们所做的一样，无论多么肤浅，也都想到了新的想法：基本的人类本质有几分是既定的，如他们所假设的一样，但是，也有几分调整以适应各种治疗，由此它创造了自身；这种支持性情况下的创造性调整本身是基本的人类本质的基础。在任何值得的人类体验中乍看上去都是显而易见的，正是同样基础的力量。心理治疗的问题是去获得这个病人创造性调整力量的支持且不强制它进入治疗师科学构想的刻板印象之中。

所以我们来到了我们关于神经症患者正在进行的自体调节和治疗师有关要"恢复"什么人类本质的构想之间关系的问题。因为病人将大都根据治疗师的概念正确地创造他自己，但是他无疑也有其他可能的方向。因此，我们能够看到我们所引用的勒温警告的重要性，不要在过于深远的整体意义上分析现实情境的结构。

用下面的方式考虑一下它：一般的"人类本质"（不管这个概念是什么）不仅是动物的，而且是文化因素的共享；而特别是在我们的社会中，文化因素非常地不同——不同的共存可能是我们文化的定义属性。此外，个体和家庭原本就反常的特性是无疑存在的。并且，仍然更重要的是，自体创造（self-creation），即各种情况之中的创造性调整，并非完全像一个外来的"条件"，能够被"去除条件"，还主要作为真正的成长而从一开始就持续着。考虑到病人身上的所有这些变量和异常因素，此时此地，拥有这样一种治疗显然是令人渴望的，它建立尽可能少的规范并试图从现实情境的结构之中尽可能多地有所得。

必须说，治疗师经常试图将他的健康标准强加到病人身上，而当他不能如此的时候，他大声喊道："自体调节啊，该死的！我正在告诉你自体调节是什么！"病人十分努力且无法做到，然后他无法逃脱"你废了"或者"你不想"的责备，这一部分作为治疗技术而一部分作为坦率的愤怒而说出。（可能愤怒比技术更好。）

通常的情境如下：治疗师正在将他的科学构想作为治疗的一般计划而使用，使它适用于每一个病人。通过这个构想他选择了任务，注意有什么阻抗，何时追踪它们，以及何时放过它们；根据他的构想，他对进展抱有希望或感到绝望。现在每一个这种计划当然都是从这个具体的情境抽象出来的，这个治疗师必然信任这个抽象。比如，如果他的动力因素是植物神经能量并且他的方式是生理的，当他看见肌肉的释放和电流时他就抱有希望，如果这个病人无法或者不会做这个练习他就会绝望。他相信，这个电流必定揭示了进展。但是对另一个学派的观察者而言，这个情境可能看起来像这样：欺骗性地将他的身体屈从于治疗师的操控，或者在指令下操控他自己，病人其实是在这些情况下被改变的。但是在咨询室之外"做他自己"的情境中，他仅仅学会了一个新的防御以对抗"自下而来的威胁"，或者更糟，他学会了搁置"自己"并表现得好像他一直在咨询室中一样。当然，病人自己一般很快就相信他的治疗师的那同一个抽象，无论它是什么。在他对于正在发生之事的观察者的能力之中，他看见了那个令人兴奋的事件的确发生了。这给予了他的生命崭新的维度并值得这笔花费。长期以来，某个东西起了一些作用。

我们在带着讽刺地说这个，但是每个人都不可避免地在同一条船上。即便如此，直言不讳是好事。

8."跟随阻抗"并"解释发生了什么"

让我们再一次将它放在古老的"解释发生的无论什么事情"与后来的"跟随阻抗"（最终"性格分析"）的经典矛盾的框架之中。但这些是密不可分地关联着的。

一个人通常开始于"发生了什么"——病人走进来时自发带来的东西，要么是一个噩梦，要么是不诚实的态度、无精打采的言语或者僵硬的下巴——偶然引起一个人注意的任何东西。尽管此处的情况（通常为了方便而被轻视）是，对他而言，能走进来就部分地是对他自己创造性调整的一种"防御"，对他自己的一种阻抗，以及求助的一种至关重要的呼喊。[①] 无论如何，治疗师从病人所带来的东西开始。但是被普遍感受到的是，如果他长期持续跟随病人所带来的东西，那么病人将会逃避然后兜圈子。因此，一旦一个人注意到一个关键的阻抗（根据个人的构想），他"敲打"这个阻抗。但是在这个敲打持续时，病人肯定忙着疏离于这个危险点并且建立起另一个防御。然后同时攻击两个防御的问题就来了，因为一个无法替代另一个。但是这不就等于跟随了"发生了什么"即病人所带进来的东西吗？当然，这个新的情境有很大的优势：治疗师现在更加理解了，因为他被卷入了他自己

---

① 而反之亦然：我们的社会具有神经症的隔离，而且需要"自己完成它"，在这个社会中，不求助是一种阻抗。

部分地创造了的情境之中；发生的反应要么确认了他的猜测，要么在某种方向上改变了它们；通过让步于被带入的东西并且让自己抵御其中的神经症元素，治疗师自己正在成长而进入一个真实的情境。而希望是，有一天，逐渐衰败的神经症元素的结构将会瓦解。

在给出"发生了什么"这个令人好奇的复杂画面时，我们的意图何在呢？我们想要说"解释发生了什么"并且"跟随阻抗"在真实情境中是密不可分的；如果有任何成长，病人自发的输送和他神经症的阻抗，以及治疗师的构想和他对带入、操控等等的非神经症防御，这些就都在发展的情境中被摧毁了。然后正是通过专注于现实情境的具体框架，一个人能够最有希望化解神经症元素。而当然，与在这个专业中通常所观察到的相比，这意味着不那么僵硬地依附于一个人的科学概念。

9. 症状的双重本质

情境的结构是其形式及内容的内在凝聚；并且我们正在试图证明专注于此给予了病人正在进行的自体调节和治疗师的概念之间合适的关系。

弗洛伊德最重要的观察之一是神经症症状的双重本质：症状既是活力的表达也是对活力的"防御"（我们会更愿意说成"对一个人活力的自体征服般的攻击"）。现在治疗师的常识是"用健康的元素与神经症战斗"。这听起来非常好：它意味着合作、与生俱来的诚实、极度兴奋、要健康快乐的愿望。但是假如最有活力和创造力的元素恰恰是"神经症"的，是病人特有的神经症自体调节呢？

这个问题非常重要。一般的使用健康元素的概念意味着神经症仅仅是活力的反面。但它不就是如下情况，即自体调节的神经症行为有积极特质，这些特质通常是开创性的，并且有时属于高成就等级吗？神经症驱力显然并不仅仅是负面的，因为它的确在病人身上发挥了强大的塑造效果，而且一个人无法用消极的原因解释积极的效果。

如果健康的人类本质（无论它是什么）的基本概念是正确的，那么所有的病人都会相似地被治愈。是这个情况吗？相反，正是在健康和自发性之中人们显得十分不同，十分不可预测，十分"反常"。作为一类神经症患者，人们更为相似：这是疾病使人麻木的作用。所以在此我们能够再一次看见症状有两个方面：作为僵化（rigidity），它使一个人仅仅成为一种"性格"的一个例子，而种类有好多。但是作为他自己创造性自体的作品，症状表达了一个人的独特性。是否可能有某个科学构想，它先验地假设了涵盖人类独特性范围的演绎推理？

10. 治愈症状并压抑病人

终于，让我们在病人焦虑的情境中考虑我们的问题。为了"恢复"人类本质，治疗师敲打了性格，增加了焦虑，到了降低自尊的地步。病人被他无法达到的健康标准质疑，感到愧疚。他曾经因为手淫愧疚，现在他因为他手淫时没有充分享受而愧疚（过去当他感到愧疚时他更加享受它）。医生越来越正确而病人越来越错误。

但是我们知道潜于"防御性"特征之下的，其实是，在防御性特质里，总有一个美好的、确定的、孩子气的感受：违抗中的愤愤不平、依附中的忠诚钦佩、孤独中的独处、敌意中的攻击性、困惑中的创造性。这个部分与当下的情境绝非无关，因为甚至在此时此地还有大量令人愤愤不平的东西、某个需要忠于并钦佩的东西、一个被毁灭并同化的老师，还有黑暗，其中只有创造者的精神才拥有少许光亮。当然没有治疗能够将这些与生俱来的表达连根拔起。但是我们正在谈论的与生俱来的表达和它们神经症的使用现在形成了一个整体图形（whole-figure），因为它们是病人正在进行的自体调节的作品。

敲击阻抗的必然结果是什么？焦虑而愧疚，被正面攻击所困扰，病人压抑了全部的整体。假设大体上有所收获，受约束的能量被释放了，但重要的是，病人已经丢失了他自己的武器，以及他在这个世界的定向；可用的新能量无法起作用和在体验中证明它自己。对这个病人富有同情心和智慧的朋友而言，结果看起来如下：分析的过程要么是平衡且"调整"的，要么就是狭隘且狂热的，这取决于基本科学构想更强调人际还是个人释放。这个病人其实接近了这个理论的规范——因此这个理论再一次被证明了！

11. 对好方法的需要

让我们集合并总结我们说过的关于神经症患者的自体调节与治疗师的有机体自体调节之间的关系。

我们找到了相信创造性调整对治疗的力量在每一个方法中存

在的理由。我们看到了，在此时此地情境的抽象之中尽可能少地将常态视作理所当然，这是可取的。病人只在治疗的情境中接近抽象的规范，这将是危险的。并且我们试图说明"发生了什么"和"对治疗的阻抗"在现实性之中都是存在的，并且治疗师的卷入并不仅仅是病人移情的对象，而是他自己成长而进入这个情境，将他的先入之见置于危险之中。再一次，我们想到了神经症症状是有活力的和减弱的元素所固有的结构，并且病人最好的自体被投入其中。最终，化解阻抗是危险的，病人将剩下的比他原先拥有的更少。

在所有这些考虑之中我们看见了作为创造性调整的任务专注于现实情境结构的理由；为了一个整体的新合成去尝试并且将此作为整节的关键点。

但是在另一方面，不去与阻抗斗争、不唤起焦虑、不说明神经症反应不起作用、不使过去复苏、抑制所有解释并抛弃一个人的科学性，这些甚至只想一下都是荒唐的。因为结果将是肤浅的，没有能量会被释放，等等。符合人性地说，在合作者中的一方即治疗师抑制了他最佳力量的面谈之中，现实是什么，他知道了什么并因此评估了什么？

因此而归结到一个具体的问题，即面谈的结构是什么：如何使用并且展开冲突、焦虑、过去、概念和解释，以到达创造性调整的顶峰？

12. 实验性安全的突发事件中的自体觉察

现在，回到琼斯下士和他在突发事件里健康反应的等级之中，对面谈的结构，我们提议：通过专注于现实情境激起一个安全的突发事件。这看起来像是一个奇怪的构想，但这就是每一个学派的治疗师在成功时刻所做的事情。考虑一个大致如下的情境。

（1）病人，作为实验中主动的合作者，专注于他正在真实地感受、思考、做、说的东西；他试图在图像、身体感受、运动反应、言语描述等等之中与它更近地接触；

（2）这是对他而言富有生动兴趣的东西，所以他不需要刻意地关注它，而它吸引了他的注意。情境是治疗师从他对这个病人的所知中并根据他关于阻抗在何处的科学构想而选择的。

（3）它是病人模糊地觉察到的某个东西，并且他因为这个练习更加觉察到它了。

（4）做这个练习，病人被鼓励跟随他本身的兴趣，去自由地想象或夸大，因为它是安全的演示。他将态度和被夸大的态度应用于他的现实情境：他对自己的、对治疗师的、对他的一般行为（他在家庭、性、工作中的一般行为）的态度。

（5）作为代替，他夸张地抑制了态度并且在相同的情境中应用这种抑制。

（6）随着接触变得更近而内容变得更丰满，他的焦虑被唤起了。这构建了一个感受到的突发事件，但这个突发事件是安全可控的并且为合作双方所知。

（7）目标是，在安全的突发事件之中，潜在的（被压抑的）意图——行动、态度、当天目标、记忆——将成为主导并且重新形成图形。

（8）病人将新的图形当作他自己的，感到"是我在感受、思考和这么做"。

这肯定不是一个不熟悉的治疗情境；它没有预判任何方法的使用，无论是记忆的、人际的还是生理的；它不是任何基本构想。新的内容是，焦虑的期望不是作为不可避免的副产品，而是作为功能性的优势；这是有可能的，因为这个病人感兴趣的活动被从头到尾都保持在中心。认识到突发事件，他没有逃走或吓住，而是保持他的勇气，变得机警，并且主动地意识到开始主导的行为。正是他在创造突发事件；并不是某个东西将他从其他地方淹没。并且，对焦虑的忍耐和新图形的形成是一样的。

如果神经症状态是对不存在的长期低等级的突发事件的反应，带有中度肌肉紧张、麻木和固着的警觉，而非放松，或者触电般的基调和尖锐灵活的警觉，那么目标就是专注于一个存在的高等级突发事件，病人能够真实地处理它并因此成长。对病人说"当你真的身处险境时你就采取这个行为了——例如，当你是小孩的时候；但是现在你是安全的，长大了"，这是普遍的。就它其进展而言，这是对的。但是，只要神经症行为没有被卷入，如当他躺着和一个友善的人说话时等等，病人就确实感到安全。或者相反，治疗师攻击了阻抗，而病人被焦虑所淹没。但重点是，对病人而言，在这个行为特有的突发事件使用中感受它，同时感到他是安全的，因为他能够处理这个情境。这是把长期低等级的突发事件增强到一个安全的高等级突发事件，通过焦虑而留意到，但对于主动的病人又是可控制的。技术性问题是（1）通过正确的领导增加紧张，以及（2）保持情境的可控性而非被控制：被感受为安全的，因为病人处在足以创造所需的调整的阶段，并且不刻意地将之避开。

这个方法是将每一个功能运作的部分当作功能性的来采用，在现实情境中悬搁不进行功能运作的部分或者对之进行抽象。将

347

会激活它们，正是去找到情境和实验，将它们全部作为所需种类的整体。功能运作的部分是：这个病人的自体调节、治疗师的知识、释放的焦虑，以及（相当重要的）每个人身上的勇气和创造性的形成力量。

13. 评估

最终关于治疗师概念的正确使用问题归结到了评估的本质上。

评估有两种：固有的和比较的。固有评价在每一个正在进行的行动中呈现；它是进展的最终指导，未完成情境朝着完成的情境移动，达到性高潮的紧张，等等。评价的标准浮现于行动自身之中，并且最终是作为一个整体的行动自身。

在比较评估当中，标准是在行动之外的，这个行动被对比于其他某物来评价。神经症患者（以及正常的社会神经症）非常容易受这种评估的影响：每一个行动被对比于理想自我、赞许的需要、金钱、名誉。如每一个有创造性的艺术家或者教育家所知，这种比较评估带来的任何好的收获是一种假象；在它似乎是一种有益鼓舞的情况下，假象是，比较代表了需要的爱、没有愧疚等等，并且这些驱力如果没有被掩盖就会更加有用（更少的伤害）。

在治疗师做出的比较评估之中，反对他自己的健康本质概念是无用的。为了引导和建议，他必须描述性地使用他的概念和其他知识，从属于从正在进行的自体调节中浮现的本质评估。

第五章
成熟，以及对童年的回想

1. 在当下现实之中的过去和将来

当我们强调自体觉察、实验、感受到的突发事件和创造性调整时，我们正更少地强调对过去回忆的恢复（"童年回想"）或者对未来的期望或抱负（"人生计划"）。但是记忆和预期是现在的行动，并且，在现实性的结构中分析它们的位置对我们而言是重要的。如果你说"此时，此地，我正在记住某某事"并且注意到了这与仅仅是游离而进入记忆之间的不同，以及"此时此地我正在计划或者期待某某事"，那么你可能实验性地理解了这个章节的情境。

记忆和预期是当下的想象。想象的温暖上演总体而言不是解离的而是整合的。为什么习惯于回忆或投射的人们如此明显地飘忽，而且之后不会精力充沛而是空虚且倦怠？正是因为这些事件并不被感受为他们自己的，没有使他们完全领会，没有被再创造及同化；这个叙述总是似乎没有尽头而且变得越来越干巴巴和言语化。（以艺术作品作为对比例子，其中记忆在媒介的当下处理中变得生动起来。）同时现实性是不被满足的，过去缺失了，未来还没有。这个喋喋不休的人当下的情感是什么？并非温暖的想象，而是后悔、责备、自责，或者沮丧、因不足而愧疚、试图运用意志；并且这些仍更进一步地减弱了自尊。因为一个人"值得"（worthiness）的情感无法通过开脱的解释或者通过与外在标准的比较而被给予："这不是我的错；我和任何其他人一样好。我不好，但是很快我将会出名的。"只有充足才能给予值得的感受，这种充足是一个人在正在进行的活动之中，或在情境完成后的放松的活动之中体会到的（所以当"愧疚"的情色游戏被满足时没有懊悔，只有当它匮乏时才会）。去解释或者比较总是被感受为一个谎言，要么安慰要么自我惩罚。但是做某事和做自己是一个证明；它是自我验证的，因为它完成了一个情境。所以我们强调病人在他自己坚持着的一个实验中的自体觉察，并且期待他将创造一种更加有益的整体。

2. 治疗中过去与未来的重要性

但是，困扰在于，可获得的、在那里的"自体"在内容上非常贫乏并且分裂成了六个方面。它是某个东西，但不足以给予病人"感受他自己"的东西（亚历山大）；我们必须也触及"隐含的基础"，即自体是未被觉察到的，以增加自体的力量。问题是这个隐含的基础在当下怎样。

为了回答这个问题，弗洛伊德在他人生的晚年直截了当地重申，没有恢复婴儿期记忆的方法不能被称为精神分析。从我们的观点来看，由此他的意思是，自体的一大部分仍然在践行着旧有

的未完成情境。这必须是正确的，因为我们通过同化新事物到我们已经成为的样子中去，以我们已经成为的方式来生活，

相反，一些衍生弗洛伊德学派的学者坚称，早期的记忆是完全没有必要的，必要的是得到一种成熟的态度。这个可能意味着（当然是正确的）一个人内在的许多成长的力量被挫伤了，他无法成为他自己。

我们要试图说明"幼稚/成熟"的差异是错误的分裂和对语言误导性的使用。而没有这个区分，童年的恢复和成熟的需要呈现出不同的角度。在这章中我们主要探讨记忆。（关于预期的问题是一种攻击——第八章）

3. 作为当下固着形式的过去的影响

弗洛伊德似乎已经确信过去的时光除了其当下的影响外在心理上确实存在。在对被重重掩埋的城市的著名描绘之中，他暗示了各种过去和现在的相互渗透，占据了相同的空间，并与那些瞬时连续有其他联系。这是一个有力的思辨。[①]

但是，对于治疗的目的而言，只有感觉、内省、行为的当下结构是可获得的；并且我们的问题必须是，记住（remembering）在这个结构之中扮演了什么样的角色。在正式思考下，记忆是在正在进行的当下过程中某种更加固着的（无法改变的）形式之一。

---

① 其实，弗洛伊德的梦的理论、欧几里得的几何学和相对论物理学都是驳斥康德关于空间及时间概念的相似尝试。它们的影响在于将康德的先验感性论限制于感官和内省的真实体验：但这无疑是他所想要的。

（我们已经提及了作为这种固着形式的"抽象"，它们变得相对静止，以便其他某事物运动得更加有效率。抽象从体验的感官和物质的特殊性上离开；相对地，记忆是感官和物质特定部分固着的想象，但是它们从运动反应上抽象——于是过去就是无法改变的了；它就是被体验成无法被改变的东西。[①] 例如，习惯、技术或者知识，是其他的固着形式；它们是对更加保守的有机体结构的同化。）

许多这种固着形式是健康的，对于正在进行的过程是可调动的，例如一个有用的习惯、一种艺术、一个现在用于与另一特殊情况相比来放弃抽象的特别记忆。有些固着的形式是神经症性的，例如"性格"、强迫性重复。但无论是健康的还是神经症性的，过去和其他的每一个固着都通过它们当下的运作而持续：当一个抽象在当下的演说中证明自己的时候它持续了，当一个技术被实践时它持续了，当一个神经症特性反抗"危险的"反复冲动时它持续了。

一旦它们不再具有当下的作用，有机体就通过自己的自体调节暂停了过去固着的影响；无用的知识被忘记了，性格化解了。这个规则的作用是双向的：并非通过惯性而是通过功能使一个形式持续，并且也不是通过实践的暂停而是通过功能的丧失使一个形式被遗忘了。

---

① 当然我们并不是在这里讨论形而上学的问题：过去是什么？也就是说，无论在记忆的体验之中被赋予的东西是否存在，是何种存在。

4. 对重复的强迫

神经症性重复强迫是过去的未完成情境在当下仍未完成的迹象。每一次足够的紧张在有机体内积累，使这个任务成为主导，就都有另一次解决的尝试。从这个角度看，神经症性重复与如饥饿或者性悸动等其他任何重复的累积紧张没有不同；没必要说通过这些其他的重复累积，神经症性重复被激活了。它与在健康中获得的内容的不同之处在于，每一次健康的重复发生时，任务完成了，平衡重获了，并且有机体保持了它自己，或者通过同化新的东西成长了。情境总是在变化，有机体无负担地带着其他特殊情境的固着感觉碰上它们（但是只带着有用抽象和保守习惯的灵活工具）；而正是新情境的创新令人感兴趣——不是这块牛排像我上周吃的那块（它可能唤起恶心），而是它是牛排（某个我知道我大体上喜欢的东西，并且它释放出它自己的、新颖的味道）。

但是这个神经症性紧张并未被完成；然而它是主导性的，它必须在任何其他事情被注意到之前被完成；所以，没有通过成功和同化而成长的有机体采取相同的态度去再一次做同样的努力。不幸的是，这个固着的态度，之前失败过，在变化了的情境之中必定变得更不恰当了，以致完成越来越不可能。这里有一个悲惨的循环论证：只有通过同化、完成，一个人才会学习任何事物并且对新的情境有所准备，但是未能完成的东西是不知道的且无法触及，因此变得越来越不完整。

因此，正是对当下满足的当下需要导致看起来"幼稚"。并非本能或者愿望是幼稚的，不再与成人有关，而是这个固着的态度，它抽象的构想及图像，这些是过时、不可靠、无效的。给出一个经典例子：被爱抚的愿望只有以母亲的图像作为它的语言和指导才能明白；随着这个愿望被进一步地挫败，它更加明亮了；但是任何地方都看不到母亲；其他可能的爱抚者是先验的失望，或者至少一个人不会看向那个方向。过去的既非愿望也非图像，因为这个情境没有完成，但这个图像是无力且过时的。最终，当期望是无望的而痛苦过于强烈时，尝试抑制并使这整个体系脱敏。

5. 一个被遗忘场景的结构及对其的回想

现在想想一个显然被遗忘了的记忆——不是仅仅忘记了（如无用的知识），也不是受制于回想，因为它是现在的背景的机动部分（如有用的知识一样）——但被压抑了。

在结构之中，这最好被看作一个坏习惯，一个要去摧毁的无效努力，伴随着一个作为它的中心的被遗忘且不可摧毁的情结。这个坏习惯是当下刻意的限制——一个总是单一的肌肉、感官和感受上的限制（例如，眼部肌肉让一个人保持向前看而阻止了看见的自由；愿望的后撤阻止了某种程度的视野变得更明亮；实际上被看见的事物在相反方向上分散了情感和行为）。而被限制的东西，即在中心的情结，包含了一个特殊的场景，因其特殊而无法重现或者在那个形式之中有用——为了在当下有用，它本应该不被摧毁而是被毁灭（被分解）并且跟上发展。显然这是一个非常持久的固着：一个遗忘，带着当下的力量而持续地更新并且通过其内容的无关性而免于回想。

它是如何发生的呢？设想曾经有一个当下情境，其中，一个人在有对象的场景中觉察到强烈的愿望。（为了简化起见，让我们想一个单独的戏剧化时刻，一个"创伤"。）欲望被挫败了：在满足之中有一个危险，而挫折的紧张是无法承受的。之后一个人为了不要去忍受并避开危险，就会刻意地抑制这个欲望和对欲望的觉察。感受、表达、动作，以及由于大量地未完成而特别深刻的感官印象，现在无法使用了；在每一个当下，大量能量被继续扩张以保持它不被使用。（由于创伤性场景，大量能量未被完成并且必须强烈地对抗。）

现在，回想是如何发生的呢？设想一下，刻意抑制被放松了，例如通过锻炼眼部肌肉并且让视野运转，通过想象想要的目标，通过对分心之事变得满意，等等。始终存在的潜在感受和动作立刻表达了它们自己，并且随着它们旧有场景的图像到来了。并不是旧有图像，而是当下抑制的放松释放了这个感受。旧有场景被复原是因为那恰好成为在感官环境中感受和动作最后的自由练习，试图完成未完成的情境。可以说，旧有的情境，是一个人在其中学习表达感受的最后标志。

因为如果相对地，图像偶然地首先出现，就像当一个人惊讶于一张经过的面孔时，或者在一系列自由联想的末尾，那么一个人可能突然感到一个"陌生"的情绪，一种异样的吸引、无名的哀伤。但它是无意义的，转瞬即逝的，通过继续当下的抑制立刻停止。

因此在经典精神分析之中，被遗忘的场景必须被"诠释"以完成释放，也就是说，它必须与当下的态度和体验有关。但是，只有当诠释到了改变当下态度的结构即那个坏习惯的程度，它才将会成功地起作用。

6. 作为未完成情境的"创伤"

可能从未有过如我们所描述那般的单独的创伤时刻，有过的是一个创伤系列，多少有点像沮丧且危险的时刻，其中感受的紧张性和回应的危险爆炸性逐渐增强，对这些的抑制也习惯性地增强，直到在经济利益之下，感受和反应被完全抹杀。这个系列中的任何一个都可能作为稍迟记得的场景代表被抑制的内容。（"我记得爸爸在一个特定的情境中打了我。"）注意，这个创伤性场景并不表达习惯性的抑制、特质或者自体征服——它们是当下持续更新的，而恰恰是自由的"还未抑制"的感受，更加有机且始终存在，例如，我想要与爸爸亲近的愿望、我对他的恨，或者两者皆有。

创伤并不吸引重复，如弗洛伊德认为的那样。正是有机体对满足其需要的重复努力带来了重复，但是这个努力被当下的刻意行动重复地抑制了。按照这个需要获得表达的程度，它使用了过时的技术（"被压抑物的回归"）。如果这个感受被释放了，它可能或不能立刻使一个旧有场景复原；但是在任何情况下它都将立刻寻求一个当下的满足。因此，早期场景是改变坏习惯与期待释放感受的副产品，但这是它既非充足也非必要的原因。

显然压抑的创伤将倾向于回归，因为它在某种程度上是有机体最有活力的部分，它利用了更多的有机体能量。做一个严格的类比，一个梦显然是一个"愿望"，无论多么可怕，因为伴随着在暂停之中醒着的刻意性，潜在的更加有机的情境坚定了它自己——而评估就是未完成向完成的移动。

7. 恢复的场景的治疗性使用

恢复的场景并不产生释放，但是当它伴随着复原感受的洪流时，它在自体觉察之中十分重要。正如同它代表了最后一次被抑制的兴奋被激活了，现在是恢复的兴奋第一次活动。它立刻为不习惯的、长久不用的感受的"意义"提供了一种"解释"，这是它所适用于的那种对象；但是当然，目前，感受完全不意味着古老的对象。正是在这个时刻，诠释是有价值的，对这个病人关于他自己的新感受自己做了解释。他必须学习区分在感受中得到表达的当下需要，以及仅仅是一个特别的梦，并且作为失去且无法改变的特殊部分的这个对象。这样的诠释并不晦涩难解；它只是在指出显而易见的东西，尽管那可能难以咀嚼。

8. "幼稚"相对于"成熟"的错误概念

然而，通常的观点是，这个需要、这个感受是"幼稚的"，是一件过去的东西。我们已经看到（并且如我们在第十三章之中会详细讨论的那样），弗洛伊德甚至说，不仅是某些需要，而且思考的整个模式，即"基本过程"，都是幼稚且有必要压抑的。大多数理论家将一定的性需要及一定的人际态度视为孩子气且不成熟的。

我们的观点是，没有持续的欲望可以被视作幼稚或者虚假的。例如，设想一下，被一个"自我牺牲"的护士照顾是一个

"孩子气"的需要。说这个欲望是对母亲的依附是没有意义的。相反地，我们必须说这个欲望肯定了它自己；它是不可能的"母亲"的图像和名称，并且的确没有这个意义。① 相反，现在这个欲望是相对安全的，并且可能在某种程度上是可以满足的。（可能是"为了改变而照顾你自己；停止帮助每一个他人的尝试"。）说服一个人不要有某些愿望并不是治疗的目标。其实，我们必须进一步说：现在，如果这个需要是不可实现的，并且实际上没有实现，那么紧张和挫折的全部过程将会重新开始，并且这个人将要么再次抹杀觉察并屈服于神经症，或者如现在可能的那样，他将认识他自己并且忍受痛苦，直到他能够制造一个环境的改变。

我们现在能够回到我们的问题，即恢复童年的重要性，并且描绘出一个更加全面的答案。我们已经说过，对旧有场景的回想是不必要的；它最多是意义和感受的一条重要线索，但甚至是那样它也可有可无。比如，它像霍尼主张的那样遵循一点，即孩童生活的恢复并不在心理治疗之中占主导吗？不是这样的。于我们的想法而言，恢复场景的内容是相对不重要的，而经历那个场景的孩子气的感受和态度是极为重要的。孩子气的感受并不是作为必须被撤销的过去而是作为某些力量而重要，这些力量是必须被恢复的成人生活最美好的力量：自发性、想象、觉察和操控的直接性。如同沙赫特尔（Schachtel）所说的，所需要的是恢复这个儿童体验世界的方式；释放的并不是事实传记，而是"思考的基本过程"。

---

① 对于情感需要的语言是极其粗糙的，除了在诗歌和其他艺术之中。精神分析通过在成年人的生活中展示早年的相似性来大量充实这种语言。不幸的是，人们如此轻视童年，以致如果一个术语也应用于婴儿那便是诋毁。因此"母亲的"被视作好的特性，而"吮吸"则被视作一个荒谬的特性。

没有什么比现在不加区分地使用"幼稚"和"成熟"这些词更加不幸的了。甚至当"幼稚的态度"没有被儿童自己视为邪恶之时，它的特质在"成熟"之中也一股脑儿地被否定了，而没有区分什么是自然地因长大而不再具有的，什么是无论如何都不会有所不同的，以及什么是应该坚持而在几乎所有成年人之中都被抹杀的。恰恰在那些声称关心"自由人格"的人之中，为了对一个普通社会并非必要的紧张调整，"成熟"得到构想，这个社会是否具有价值并不确定，并且受制于它的负债和责任。

9. 区分儿童态度和他们的目标

我们看到了，如果我们将婴儿作为一个场的构成整体所必需的一个部分，而成人们是场中另一部分，那么不能说这个婴儿是隔离的或无助的。现在随着他在力量、交流、知识和技术上的成长，某些属于之前整体的功能在另一种整体之中被改变了：例如，更多的独立，一个更多移动的自体能够被称为他自己的自体，因此之前的整体中所具有的抚养照顾的功能，在许多方面成为自体抚养的照顾。但是让我们看一看相关的感受和动机。当"作为社交整体一部分的依赖"确实是一种幼稚态度的温暖延续时，如果甚至在被改变的整体之中，它之前的意义都被简单地抹杀并且不得不被"引介为"成熟态度的一部分，这就是悲剧性的。再一次地，当这种典型的幼稚行为作为身体探索和对前性器期快感的迷恋已经被探索了，并且性器欲望的主导已经自己建立了的时候，它自然变得不那么令人感兴趣了；但是，如果身体满足和身体探索的冲动被抹杀了，这就是悲剧性的——它当然造就了一位无能的爱人。当亲近或吮吸这些所谓的幼稚特征在压抑之后重现时，它们回应了一个成熟的需要，但是它们的语言和比例通常喜剧般地陈旧。但是这大多是一些成年人的投射所导致的，这些成年人强迫不成熟的成长。或者，再一次地，婴儿尝试无意义音节并且与声音和发声器官做游戏；在延续之中，伟大的诗人亦然，并非因为这是"幼稚的"，而是因为这是人类语言完整性的一部分。当一个病人如此尴尬，以致他只能用单调的语调造出"正确的"句子时，这并不真的是成熟的标志。

10. 弗洛伊德如何区分"幼稚"和"成熟"；

儿童的性欲、依赖

我们能够区分弗洛伊德提及成熟的四个语境：（1）力比多地带；（2）与父母的关系；（3）对"现实"的适应；（4）父母责任的假定。在所有这些语境之中，弗洛伊德让这个分裂过于绝对，每一个都功能性地强化了其他的分裂；但是总的来说，弗洛伊德并不倾向于使用"幼稚"和"成熟"之间甚或"基本"和"次级"过程之间的区别，这对儿童不利。

（1）在前性器期阶段，生殖器官的"首要性"。"有机体自体调节"的工作在最早的几年就完成了。但是大多数治疗师太过冰冷地看待孩子气的实践的延续。前戏并未被阻止，对它的谈论也令人不愉快。为了唤起性兴奋的艺术不被赞许，它与原始的证据和最为至关重要的高雅文化相对立。但如果一个人无法以此为乐，一个人还能以什么为乐趣呢？对性爱的好奇被憎恶，但是它靠近所有小说写作和阅读，以及每一种戏剧的核心。并且，在一般的礼仪中，几乎没有足够的朋友之间的亲吻和爱抚，以及对陌生人友好的探索，这与其他群居动物的证据相对立。所以再一次地，基于自恋的探索，一种基本的同性之爱，是相对不受鼓励的而不是被鼓励的，如费伦齐所指出的，这导致了一种强迫性的异性之爱，这种爱使真实的群体生活变得不可能，因为每一个人都对每一个他人怀有嫉妒的敌意。

（2）对父母个人依赖的超越。通过增加卷入成员的数量，以及各成员的调动、选择和抽象至更高层级的能力，我们能够将这个"有机体自体调节"的工作视为有机体/社会场的改变和复杂化。因此一个儿童学习走路、说话、咀嚼，并且运用更多力量，自发地停止作为乳儿的附着并不再发出特有的需要。但是，信任、顺从、在社群中一个人的依赖感，得到营养和爱抚这项不可否认的权利要求，以及作为本性自由的继承者，对在世界上感到自在的要求：这些指向外部的孝顺态度在其他客体上持续。如果我们所创造的这个世界和社区并没有真诚地拥抱信任和支持的自信，一个人将不需要医生告诉他就会自己发现，他的态度是幼稚的。在教育之中也一样："不接受任何不是你自己发现的东西"是美好的，但是这个过程的一部分是亲切的老师和经典的权威者，他们的观点我们事先试探性地接受了，然后测试、拒绝，成为我们自己的或拒绝。当不再有这个意义上的个体教师时，我们将相同的态度转移到作为整体的自然世界。治疗师对独立的排他性崇拜是对我们如此孤独而受胁迫的当下社会的一种反射（通过模仿和反应）。值得注意的，是看见他们的治疗流程中值得注意的东西——不是作为一个老师，接受被自由给予的权威性，训练学生帮助自己——是做一个开始是坏的、之后又太好的家长，而神经症性依恋被转移到这样的家长身上：之后他将之中断并将这个孩子送出来，令其自谋生计。

11. 孩子气的情绪和不现实：不耐烦、幻觉、攻击性

（3）弗洛伊德也说到成熟是对现实的"适应"和对"快乐原则"的抑制。他感觉，这些是通过如下方式来完成的：等待时机并且做出各种顺从，并且找到种种"升华"①，即社会可接受的紧张的释放。弗洛伊德在父权主义的厚重掩藏之下经常背叛孩子气的内心，用悲观的眼睛看待这种成熟，这是相当清楚的；他认为它是以每个人的成长和快乐为代价来为社会和文明进步服务的；他经常力劝，这种成长已经偏离得太远而不安全。并且，用他所提到的术语冰冷地看待，对"现实"的适应就是神经症：它是对"有机体自体调节"的刻意干扰，并且将自发的释放转为症状。被如此建构的文明是一种疾病。按照这全部都是必要的程度，则合理的态度肯定不是赞许成熟，而是治疗师和病人都学会暴露自己的缺点，如布拉德莱②所说："暴露缺点是所有可能的世界里最好的，也是每一个诚实的人的责任。"这也具有用合乎情理的抱怨释放攻击性的功效。

但是我们认为这个问题被错误地提出了。首先，众所周知，对于社会现实之中激进的改变会让它更遵循儿童内心（延续的）

---

① "升华"，我们看作不存在的某种东西；它可能意味什么，我们后面会讨论（第十二章）。

② 弗兰西斯·赫伯特·布拉德莱（Francis Herbert Bradley, 1846—1924），英国唯心主义哲学家、新黑格尔主义者。——译注

欲望的可能性——例如，多一点的障碍、灰尘、情感、缺乏管理等等的可能性——弗洛伊德缺乏信心。[1] 他似乎在他理论的大胆和他感受的令人苦恼的尴尬之间犹豫不决。并且，他将儿童自身行为置于其情境之外考虑，由此从一个十分刻意的成年人的角度误解了它。

例如，考虑一下，"等待一个人的时机"。成熟的拥护者们同意，儿童无法等待；他们是没有耐心的。对此的证据是什么呢？当小孩"知道"他将会得到什么，因而暂时感到沮丧时，他会尖叫并捶打。但我们之后看到，当他得到了这个东西时——或者之后不久——他的心情立刻令人不解地明媚起来。没有迹象表明之前的戏剧化场景意味着它自己之外的任何事物，它只是意味着它自己。它意味着什么呢？部分地，这个场景是有计划的说服；部分地，它是对于真正损失的潜在恐惧，因为并不真正知道证明这个东西终究会被给予的情况。这两者都是单纯无知，随着知识而消失；它们并非来自"幼稚的态度"。但令人感兴趣的是剩余的东西：这个场景为了它自己的利益继续释放少量的紧张。那不好吗？这完全不是证明了一个孩子无法等待，而恰恰证明了他能够等待；也就是说，通过不耐心地跳起来：他对于紧张有一个有机体的平衡技术；因此，后来，他的满足是纯粹、饱满、明朗的。无法等待的是这个成年人——他已经失去了这个技术；我们不会制造一个场景，所以我们的愤怒和恐惧增加，之后我们享受了苦涩与不安。在孩子气的戏剧之中伤害是什么？它冒犯了成年观众，因为他们对类似的发怒的压抑，并不是由于声音和暴怒，而

---

[1]　有人会有印象，弗洛伊德曾经就禁止乱伦的必要性说服自己："最致残的伤口终究是人类遭受了。"他认为没有其他东西会造成更大不同。

是由于无意识的分心。在此被称作成熟的东西可能是神经症。但是如果我们想到希腊史诗或悲剧或者《圣经》的《创世记》中的成年人和君王们，我们就会注意到他们——并非对于他们的智力或者责任感没有区分——的的确确以一种十分幼稚的方式继续着。

再考虑一下一个小孩在游戏中惊人的幻想能力，他对待木棍好像它们是船，对待沙子好像它们是食物，对待石头好像它们是玩伴。"成熟的"成年人勇敢地面对现实——当他失败时他陷入追忆和计划，并从来不会进入纯粹的幻觉，除非他走得太远。那样好吗？问题是，什么才是重要的现实？只要感受活动足够好地继续，这个孩子就将接受任何的支持；真实的核心是任何情况下的行动。"成熟的"人是相对被束缚的，不是束缚于现实而是束缚于它神经症性固着的抽象。也就是已失去了其与使用、行动和快乐的从属关系的"知识"。（我们并不意指着纯粹的知识，它是游戏的困难形式。）当对于抽象的固着变得严重，想象就被堵住了，同样被堵住的还有与之相伴的所有的主动、实验、观点，对任何新事物的开放性，以及所有的创新，这种创新对现实性进行测试，就好像它是其他的样子——因此而测试的还有长期以来全部提高的效率。但是除了伟大的艺术家和科学家，所有的成年人在这个方面都或多或少是神经症的。他们的成熟是关于现实性恐惧的刻意；并不是因为它所值得的东西而坦诚接纳它。并且当然，在紧密坚持现实性的同时，成年人在将最坏的疯狂投射于它并且制造最愚蠢的合理化。

一个儿童完美地区分梦与现实性。其实他区分了四个东西：现实性、"仿佛"（the as-if）、伪装，以及让我们假装（最后这个最弱，因为他幽默感不强）。他能够做一个真正的印第安人，好像棍子是枪一般地使用它，而仍然避开真正的汽车。我们没有观察到儿童学习的好奇心或者能力被他们自由的幻想所伤害。相反，幻想的功能是快乐原则和现实原则间基本的媒介：一方面，它是要尝试并变得专业的戏剧；另一方面，它是对陌生且苦涩的现实性变得友好的治疗（例如，玩学校游戏）。简而言之，当一个治疗师努力让他的病人成长并面对现实时，他的意图通常不是具体现实性，其中创造性调整是可能，而是某种日常情境，通过不直接面对它经常可以更好地应对。

另一种被设想为给成熟让路的幼稚特质是儿童的自由攻击性。我们会贡献一个章节给我们成人习俗中的攻击抑制（第八章）。此处我们只需要指出，一个小孩子的无区别殴打恰恰发生于他的力量最薄弱的时候——他试图毁灭的推论可能是一个成年人的投射。一个男孩的重拳只砸向敌人。所以，游戏中的狗咬人，但他不咬人。

最终，关于成熟的人对于现实的调整，我们不应该问——一个人耻于不得不提及它——"现实"是以西方城市工业社会、资本主义或者国家社会为蓝图，并且是为了其利益而设想的吗？其他文化这样吗？这些文化穿着更俗气，生理享受更贪婪，礼貌更恶劣，管理更混乱，行为更争斗且冒险，因此在过去或现在更加不成熟。

12. 孩子般的不负责任

（4）最后，弗洛伊德将成熟看作成为一位负责任的家长（父亲）而不是不负责任的孩子。在弗洛伊德的方案中，这会在客体选择的演变之后发生，这一演变是从自我性欲（auto-erotic）经由自恋性同性恋（理想自我和党群［gang］）到异性恋。他构建了对父亲健康的早期内摄（认同）；然后成熟就是去将这个内摄接纳为自己所有并且承担亲职（parental role）。（我们稍后会对他此处的语言表示反对，但是他显然在宣读他自己的性格。）

后来，衍生弗洛伊德学派的学者学会了质疑父亲及其他权威，并且他们把重点放在"不负责任的儿童"与"负责任的成年人"的对比上，对他的行为及行为的结果是有责任的。在这个意义上责任几乎意味着一种与其他成年人的合约关系。

我们能够再一次将这个朝向责任的成长解释为在变化的场中的"有机体自体调节"。儿童的不负责任产生于他的依赖；只要他是父母场中紧密的一部分，他就无法对他的行为负责。给予他更多的移动、有意义的讲话、个人关系和选择，他开始要求他自己，言出必行，在承诺与表现、意图与投入、选择与结果之间做出更紧密的解释。并且这个合约关系并不那么像对称感受的发展那样被承担，在最年幼的人身上这种发展是十分强烈的。伴随着成为权威、老师、父母的阶段，这个场被再一次改变了：因为这个独立的人现在不那么独立，因为其他人自发性地依恋他们自己或者仅仅因为他有能力就依赖于他，并且他们反过来给予了他新的外向行为的机会。成长为如此成熟的人是罕见的：不带有难堪和专制主导等的建议、指导和照顾，而是仅仅位高而责重，放弃了他"独立的"兴趣，因为它们真的不那么有趣了。

在这些方面儿童是不负责任的。但是责任有一个潜在的基础，其中任何儿童都超越了大多数成年人。这就是真挚（earnestness），它严肃地进入任务，即使这个任务是个游戏。儿童反复无常地停止，但是当他正在进行时他投入自己。成年人，部分地由于他被对自己负责所占据，不那么真挚地投入自己。再一次，只有有天赋的人才会保留这个童年的能力；一般的成年人发现他自己深陷于对于他并不深感兴趣事物的责任。在我们的时代，并非一般人都不负责任，都没有将他自己保持完整；相反，他们太负责任了，一直满足打卡钟，不向疾病或疲惫低头，在他确保他有食物之前买单，过于狭隘地在意他自己的事，不去冒险。那么，为了起到积极的作用，童年的真挚和反复无常的对立代替责任和它单纯的否定，这不是更加明智吗？

真挚是一个人献身并且无法停止的活动，因为作为一个更紧密整体的自体被卷入以完成一个包含了现实的情境；游戏更加反复无常，因为现实是被幻觉化的并且一个人能够停止。如果一个人对另一个人说"这是不负责任的行为"，另一个人会觉得愧疚并且寻求改善，会约束自己。但是如果一个人说"你对此并不真挚"，那么他可以决定要或者不要真挚；他能够承认他正在游戏，或者甚至那仅仅是反复无常。如果他想要真挚，那么他留意到了对象的现实性，以及他与它的关系，并且这是成长的动作。一个不负责任的人是对必要的事物不真挚。一个一知半解的人反复无常地玩弄着艺术，他在取悦自己而对结果不负责任；一个爱好者真挚地与艺术互动，他对艺术是负责任的（比如，对于其媒介和结构），但是他不需要从事它；一个艺术家对艺术是真挚的，他献身于此。

13. 结论

我们得出结论：谈论"孩子气的态度"，将其当作某个要被超越的东西，谈论"成熟态度"，则将其当作要获得的对比目标的东西，这是词语的不良使用。

伴随着成长，有机体/环境场改变了：这带来了各种感受中的变化，以及持续感受的意义和有关对象中的变化。许多儿童的特质和态度不再重要；有新的成年人的特质，因为力量、知识、生产和技术能力中的增长确实逐渐构建了一个新的整体。同时，经常只有相关的对象被改变了；我们一定不能忽视感受的持续性，因为投射一个童年期的错误评价，以及认为显示在最有创造性的人们身上的成年期许多最美好且有用的力量仅仅是孩子气的，这些在神经症社会中都是习惯性的。

特别是在心理治疗之中：习惯性的刻意、事实性、不投入，以及过度负责，即大多数成年人的特质，它们是神经症的；而自发性、想象、真挚和嬉戏，以及感受的直接表达，即儿童的特质，它们是健康的。

14. 开启未来

这是失去了并且必须复原的"过去"。

然而，在本章的开始，我们提到过去和将来，提到那些追忆，以及建立早期场景和人生计划项目的人们。为什么我们将我们所有的空间奉献给了前者？正是那些回忆过去的未完成情境并试图用一些语言加以实现的人才需要恢复失去的感受和态度。对于那些制订计划并试图仅用话语实现他们受挫的力量的人来说，对问题更好的定位不在于现在所错误呈现的东西，而在于失去的东西、内摄、错误的理想和强制性的认同，它们阻碍道路，如果这个人要找到他自己就必须被摧毁。因此我们更愿意在有关**攻击**的那章讨论它。

言语回忆倾向于枯燥且无味，因为过去由无法改变的细节组成。它只有在与现在有改变可能的需要有关时才变得富有生机。

另一方面，言语预期倾向于愚蠢且空洞，因为未来由在每一个可构想的方面都可以改变的细节组成，除非它被现在感受到的需要和现存力量限制了，正是这种力量造就了它。在神经症性的预期中，不确定的未来之中有一种固着的形式，由某些自我的内摄的理想或者概念所给予，亦即一个人生计划。言语期望是悲哀地无趣的，因为它不是作为正在说话的人；它像是一个口技者的模型，并且一个人无论说什么都不会产生影响。

再一次地，使用这些术语，我们能够给予当下的现实性一个暂时的定义。当下是一个人开始溶解为几个有意义的可能性，并且将这些可能性重组为一个单独而具体的新细节的体验。

第六章
人类本质与神经症的人类学

1. 人类学的主题

在之前的章节中，我们讨论了恢复成熟个体之中"失去的"，即被抑制的童年力量的重要性。现在让我们拓宽这个视角，并且对我们的成人文化之中"失去的"东西和人类力量的当下使用稍加讨论，对于英雄也一样，在被新力量和新客体所改变的场中，许多被忽视和抑制的感受和态度应当被健康地继续和应用下去。

这是变态人类学（abnormal anthropology）之中的一章。人类学的主题是人的解剖学、生理学和官能（faculties）与其活动和文化之间的关系。在 17、18 世纪，人类学一直是被这样研究的（可能在康德的《人类学》之中达到高峰），例如：什么是大笑？文化上它是如何为人类幸福而证明它自己的？稍近些时候，人类学家忽略了关系，因为他们的特殊研究和他们的书籍呈现了惊人的分裂，变成两个无关联的部分：体质人类学（physical anthropology），即人的进化和种族；文化人类学（cultural anthropology），即一种历史社会学。例如，技术创新（比如，新的一种犁）迅速传播到邻近的区域，但是道德创新传播缓慢而困难，这是文化人类学的一个重要假设。但是这个假设被没有根据地放置了，好像它是这些文化客体本质的一部分，而非被证明是这个本质或者涉及的动物调节的一部分，人们携带着文化，反过来，这些人也被他们所携带的文化所塑造。然而，最近主要由于精神分析的影响，经典的动物/文化互相关系再一次得到研究了，涉及早期儿童培养、性行为等等方面。从变态心理学的角度来看，我们在此处提供了一些生物/文化上的思辨。

2. 该主题对于心理治疗的重要性

如果我们能够考虑到医学心理学困难的双重忠诚，我们就能够看到人类学问题的重要性："人类是什么？"作为医学的一个分支，它的目的"仅仅"在于生理健康。这所包括的不仅有健康的功能运作和疼痛的消失，而且有感受和快乐；不仅有感觉，而且有锐利的觉察；不仅有麻痹的消失，而且有优雅和活力。处理身心的统一，如果心理治疗能够达到这种健康，它的存在就会是正当合理的。而且，在医学之中，健康的标准是相对确定并且科学建立的；当一个器官功能运作良好，我们是知晓的。"人类本质"的这个方面并不模糊。

但是没有"仅仅"进行生理功能运作的东西（例如，没有"仅仅"是驱力，不带有爱或回避爱的性）。所以医学的方法是不充分的。

然而，一旦超越了医学，治疗特有的目的、健康的规范和"本质"，就变成了观念的问题。病人是一个生了病的人，并且因为他总是改变自己和他的状态，所以他最终无法被了解。他的本质令人惊奇地可塑。然而同时，它并非如此完全地可塑，以致本质可以被忽视，如同民主的社会学家和法西斯主义的政治家们似乎设想的一般；它也是令人惊奇地顽固，以致突然有个体的神经症反应，以及普通人的愚蠢、麻木和僵硬。

此外，在心理治疗之中，这些状态的变化都是重要的，因为它们是引起病人兴趣的东西；它们包含了他的恐惧和愧疚，以及他对将从自己身上得出的东西的希望。它们唤起了他的兴奋——它们是唯一唤起兴奋的东西——它们组织觉察和行为。没有这些特别"人类"的兴趣，就没有生理健康和通过心理治疗获得它的方法。

3."人类本质"和普通人

所以，医生焦急地搜寻何为人类般有生气的模型和理论。（在第四章之中我们讨论了几个这种理论。）这就是为什么弗洛伊德坚持认为，能成为最好的治疗师的人不是医疗工作者，而是与之合作的文人、教师、律师、社会工作者，因为他们理解人类的本质，他们融合了想法和人，并且不满足于浪费他们的青春而获得一项专长。

当然，如果我们享受给予满足并促进成长的良好社会制度、习俗，这个任务会大大地容易起来，因为那样的话，这些就会被当作特定文化中做一个完整的人意味着什么的初步规范；这就不会是一个原则问题，而是对各个情况诡辩的应用问题。但是如果我们有合理的制度，也就不会有任何神经症患者了。事实上，我们的制度甚至都不"仅仅"是生理健康的，而个体症状的形式是对僵硬的社会错误的反应。所以，一个医生根本无法将健康作为初步规则带到社会制度中，如果这个病人学会了调整环境以适应他自己，那么与他试图学会将自己不良地调整以适应社会相比，这个医生更有希望带来一个病人自体发展的整合。

在需要和社会习俗的动态统一中，人们发现自己和他人并且创造自己和他人，反之，我们被迫思考三种冲突的抽象：纯粹动物、受折磨的个体自体，以及社会压力。正常的人要么使自己保持对他人格中的这个暴怒战争的无觉察，注意不到它在他行为中的体现，并且将之保持得相对隐蔽，要么他觉察到了它并以不安的休战作为结束，抓取安全的机会。在任何一种情况之中，都有太多的力量被花费在和解之中，而有价值的人类力量被牺牲了。在神经症患者身上，冲突爆发到了筋疲力尽、矛盾且崩溃的地步——不能得出他因此在某个方面比正常人弱的结论，因为经常恰恰是更强大的天赋在社会上是灾难性的。正常人和神经症患者之间有一个重要的不同，但这个不同并不在于，当一个神经症患者作为病人到来并且对医生摆出一个重要的实际问题时，这个医生能够将他的目标设置为正常的调整，比他给确诊肺结核患者一个健康证明更有可能，尽管他可能不得不批准这个病人离开；相反地，他必须希望，随着这个病人开始重新整合他自己，他将会变得比人们所期待的，或者比这个医生本身，更加"人性化"。

（进一步地，我们必须记住，在心理治疗病人当下的趋势之中，正常和神经症的区别变得不那么不相关了；这无疑是令人误解的。因为越来越多的病人完全没有"病"；他们做出了"恰当的"调整；他们因为他们想要更多的某种超出生命和自身的东西而来，并且他们相信心理治疗能够帮助他们。可能这显露了他们

那部分过于乐观的性情，但是他们比一般人更好也是显然的，反
之不然。①)

4. 作为健康功能的神经症机制

神经症也是人类本质的一部分，并且有它的人类学。

人格的分裂——作为平衡的一种形式的崩溃——可能是最近
获得的人类本质的力量，仅有几千年之久。但是在进化发展的长
线之中，它值得简要回顾，以认识到我们身处何处。

如果我们思考"有机体自体调节"——通过这个过程，主导
需要随着它们的上升来到了觉察的最前面——我们就不仅被特定
的适应、信号、协调，以及去维持一般平衡的微妙判断，而且被
作为气垫和安全阀以保护接触边界的设备所影响。我们已经提到
了抹除、幻想、梦，以及考虑仿佛和接受替代；还有固定（装
死）、孤立、机械性试误（强迫性重做）、惊恐逃离等等。人是超
乎寻常的力量与效率的有机体，但也是一个能经历粗暴的治疗和
糟糕时刻的有机体。这两面一起运作：能力带来了冒险，而冒险
导致了麻烦。人不得不具有延展性。所有这些安全的功能，当
然，在精神障碍之中起到了主要作用，但它们自身是健康的。

---

① 我们在上面提到，病人的选择性集合是各种精神分析理论固有的因素，因
为他们既是被观察的材料也是对方法的回应的确定性证据。显然，病人朝
着"足够好"或者甚至"比足够好还好"的趋势是最近理论趋向那些理
论——就像本书中提到的那个理论——的一个重要因素。心理治疗正在以
这种方式取代教育的功能，但那是因为在家里、学校、大学和教堂中，通
常的教育越来越不恰当。当然，我们希望的是，教育会取代心理治疗的
功能。

的确，一个人可以并不自相矛盾地说，在神经症之中恰恰是这些看起来如此惊人地"疯狂"的安全功能——抹除、扭曲、孤立、重复——在相对健康地运作着。不一致且无法起作用的，正是那些更值得尊重的功能，即在世界——特别是社交世界——上定向和操控的功能。在一个调整良好的整体之中，安全设备为麻烦而建立，并且当更有用的功能为修复而休整时继续工作。或者换言之，当定向失去了并且操控失败时，兴奋、有机体的活力，尤其在自闭或者固定化之中表达自己。所以再一次地，如果如同我们所必须做的，我们讨论社会性或者流行性神经症，病理上重要的并不是症状性社交怪癖（独裁、战争、令人费解的艺术，诸如此类），而是正常的知识和技术，是生活的一般方式。

变态人类学的问题是展示了文化或者甚至人类国度的一般的神经症方式是怎样的，以及如何变成这样。它是去展示人类本质已经"失去"了什么，尤其是在实践上，是为了它的恢复而去设计实验。（人类学和社会学的治疗部分是政治；但我们认为政治——可能幸运地——完全没有献身于此。）

因此，在回顾通向现代人和我们的文明的阶段之中，我们将重点放在与它通常被置于之处相反的地方：不放在人类发展的每一步所获得的更多力量和成就上，而是放在招致的危险和暴露的脆弱之处上，这些危险和脆弱之处之后在溃败中变得病态。新的力量需要更多复杂的整合，而这些整合经常崩溃。

5. 直立姿势、手和脑的自由

（1）直立姿势随着肢体及最终的手指分化而发展。这对定向和操控都有极大的好处。一个挺直的大型动物有长远的视野。立于宽大的脚上，当脑袋自由的时候，它能够使用它的手去获得食物并撕开它，并且处理客体和它自己的身体。

但在另一方面，脑袋从近感知（close-perception）中除去，而"近"感觉、嗅觉和味觉衰退了一些。嘴和牙齿变得对操控不那么有用了；同样地，在一个紧张操控的动物身上，它们倾向于从感受到的觉察和反应中通过（例如，消化和自发的拒绝之间有一定的间隙）。下巴和口鼻恶化了——并且之后将会变成僵硬的主要地方之一。

简而言之，有机体及其环境的整个场被极大地改进了，都处在既广大又细微的错综复杂之中；但是接触的亲密性就更有问题了。并且，直立姿势带来了平衡的需要，以及在之后的心理学中如此重大的倒下的危险。后背不那么灵活了，而头与身体的其他部分及地面更趋于分离。

（2）当头部更加自由并且更少地被占用时，一个更加锐利的立体视角发展起来，能够欣赏透视。眼和手在绘画轮廓时合作，因此动物学会了看见更多形状并区分其场中的客体。通过画出轮廓，一个人将体验分化为客体。透视、客体的区分、处理的能力：这些大大增大了印象之间连接的数量和对它们的刻意选择。大脑长得更大而且很可能意识的明度加大了。将客体从情境中分离的能力增强了记忆力并且是抽象的开始。

但是相反，即时性，以及准备好随环境而流动的感觉，现在可能暂时消失。客体的图像和对它们的抽象带来阻碍：为了更加刻意地区分，这个人暂停了，意识增强，但是之后可能遗忘或者注意力从目标上转移了，而情境没有完成。某种可能有关或无关的过去性更加影响了当下。

最终，一个人自己的身体也成为一个客体了——尽管更晚一些，因为这被十分"近"地感受到。

6. 工具、语言、性分化，以及社会

（3）事物和其他人一旦成为轮廓和抽象的客体，它们就能够进入与自体的关系之中，这些关系是有用且刻意的，被固着下来而成为习惯性的。永久性的工具被开发出来，同样得到开发的还有临时性的从肢体自发延伸出的客体；指意语言（denotative language）随着固有的情境性强烈抗议而发展。客体被控制了，工具被运用于它们，而工具也是客体，可能被改善且其用处被学习和教授。语言也是被习得的。自发的模仿是被刻意增强的，并且社会纽带变紧了。

但是当然，这个社会纽带是先前就存在的；有对物理和社会环境的交流和操控。将人们或者工作者及客体带到一起的，并非工具和语言的使用；它们已经在人们感受到已组织好的接触中了——工具和语言是存在的接触的便利分化。带来的危险是这样的：如果原来感受到的统一变弱，这些高阶的抽象——客体、人、工具、话语——将开始被当作接触的原始背景，好像它需要某些刻意的高阶精神活动以得到接触一样。因此，人际关系变得基本上是言语的了；或者没有了合适的工具，工人感到无助。"伴随"潜在组织而存在的分化现在替代它而存在。于是接触减少了，演说失去了感受，而行为失去了优雅。

（4）语言和工具与性、养育和模仿等亲密的早期前语言纽带相融合，以拓宽社会的视野。但是这个新的复杂可能会扰乱对动

物的福祉来说至关重要的精巧的平衡活动。例如，考虑一下，从种系发生的古物之中我们如何继承了极其复杂的性器官，它们涉及作为刺激物的各种感觉，以及肿大、包围还有插入的运动反应，这些都很好地向升起的高潮做出调整。（所谓的"青春期不育"［阿什利·蒙塔古①］，在初潮和生育之间的时间，似乎象征了游戏和实践的时期。）除了它在性选择和杂交繁育上的好处之外，这所有的复杂都需要至少是暂时的合作关系：在自己的皮囊之中没有动物是完整的。而分泌乳汁、哺乳和看护的强烈情感纽带使社会性更加紧密。在更高的类群中，年幼的动物也从模仿学习中获得了它的许多行为。那么想一想高潮的功能（赖希），紧张的基本周期性释放，被良好调整的生殖器官的加工所捆绑。生殖的社会风俗有多重要，而它使动物的幸福有多脆弱，这些就都清楚了。

7. 感官、运动和植物神经的分化

（5）另一个相对久远的古物的重要发展是运动-肌肉和感觉-思考神经中枢的分离。在像狗这样的动物体内，感觉和运动是无法大大脱离的；在很久之前，当亚里士多德说狗能够推理但它只得出实践性三段论时便指出了这一点。当然，在人身上更松散的连接的好处是无尽的：调查、抑制、深思的能力，简而言之，让感觉和思维演绎时保持刻意且在肌肉上抑制身体时，伴随着在眼

---

① 阿什利·蒙塔古（Ashley Montagu, 1905—1999），英国人类学家。——译注

睛、手、声带等等之中更细微运动的即刻自发移动。

但是在神经症患者体内，这个相同的区分是灾难性的，因为它被利用来阻止自发性，而感觉和运动最终的实际统一丧失了。刻意出现了"替代"而非"伴随"：神经症患者失去了对更微小运动正在发生并准备更大运动的觉察。

（6）在早期，性、养育和亲密的约束是社会而前个人（prepersonal）的，即它们可能不需要作为客体或个人意义上的伙伴，而仅仅将其作为被接触的事物。但是在工具制造、语言和其他抽象行动的阶段，社交功能在我们特有的人性意义上构建了社会：人之间的纽带。人们被他们所拥有的社交接触所塑造，并且他们将自己认同于社交统一体，作为他们进一步活动的总体。由此抽象出从未分化的"感受到的自体"（felt-self）——反映了他人的"自体"的概念、图像、行为和感受。这是劳动分工的社会，其中人们刻意使用另一个人作为工具。正是在这个社会之中禁忌和法律发展起来，为了超级有机体（super-organism）的利益而控制了有机体，或者好一点：使人们在人际关系之中为人，而在接触之中为动物。而这个社会，当然是大多数人类学家会认为的确定的人类所有物、文化、经历数代幸存的社会遗产的持有人。

这所有的益处是明显的，而坏处也是如此。（此处我们能够开始说的不是"潜在的危险"而是实际留存的麻烦。）被禁忌所控制，模仿变成了未同化的内摄，即包含于自体内部并且最终侵袭了有机体的社会；人们仅仅变成了人，而非同时是接触中的动物。内化的权威为人对人的和整体对多的制度性利用打开了道路。劳工的分配能够通过这样的方式追求，以致工作对工人来说是无意义的而且是苦活。被继承的文化能够成为一个人痛苦地习得的重负，被尽责的年长者强迫学习，却可能从来不会单独使用。

8. 这一阐述中言语的困难

在讨论这个主题之中，注意到言语的困难开始增加是有益的："人类"（man）、"人"（person）、"自体"、"个体"、"人类动物"、"有机体"有时候是可以互换的，有时则有必要去区分。例如，把"个体"想成原始且合并于社会关系之中，这就是欺骗性的，因为无疑，"个体"存在的发生是极复杂的社会结果。再一次地，既然说通过有机体自体调节一个人模仿，同情，变得"独立"，并且能够学习艺术和科学是有意义的，"动物"接触的表达就不会"仅仅"意味着动物接触。再一次地，"人"是人际整体的映射，而人格最好被当作通过共享的社会态度而形成自体。但是在一个重要意义上，自体作为兴奋、定向、操控和各种认同与异化的系统，一直是独特具有创造性的。

当然，这些困难可以通过谨慎的定义和一致的使用来部分避免——并且我们试图尽我们所能地一致。但是在一定程度上，它们内在于主体问题："人"，在不同的方面塑造他自己。例如，现代的早期哲学人类学家，在17、18世纪，通常说个体使人类紧密结合；在卢梭之后，19世纪的社会学家退回到作为基础的社会；将这些有区别的概念复原到一种动态的互动，这是精神分析的巨大功绩。如果这个理论通常是令人困惑而模糊的，那么可能它在本质上也是令人困惑而模糊的。

9. 象征符

我们现在已经将我们的历史带到了自写作和阅读的发明以来的最近几千年。人类让自己适应文化在知识上和技术上的大量积累，在高度的抽象中受到教育。对定向的抽象与重要的感知相距甚远：科学与科学的系统。对操控的抽象与肌肉参与相距甚远：生产、交换和管理的系统。他生活在象征符的世界之中。他象征性地将自己作为象征符而定向至其他象征符。曾有方法之处，现在也有了方法论：一切都成为假设和实验的对象，与投入保持一定距离。这包括了社会、禁忌、超级感官、宗教幻觉、科学、方法论本身，以及人本身。所有这一切都在范围和力量上给予了无限的提升，因为象征性地固定一个人曾经完全投入进去的事物的能力允许了一定的创造性的中立。

不幸的是，其中的危险，并非潜在的而是已实现的。象征性结构——例如，钱财或名望，或者王者般的平静，再或学习的提升——成为所有活动独有的结局，其中没有动物满足，甚至可能没有个人满足；然而除了动物或者至少个人利益之外，可能没有稳定的固有方法，只有一个人永远无法获得的迷惑和标准。因此，从经济上来说，一个庞大的机制正在运行，它并不一定产生足够的生存物资，并且可能的确如同珀西瓦尔·古德曼（Percival Goodman）和保罗·古德曼在《共同体》（*Communitas*）中所指出的一般，几乎如同用高速齿轮行进而完全没有产生任何存在，除非生产者和消费者都死亡了。一个工人不成熟地或富有技巧地适应于这个充足的机械象征，但是他在其中的工作并不源于工艺或者职业的快乐。他可能不理解他正在做的是什么，也不理解如何做、所做的来源于谁。无尽的能量在纸张上标志的操纵中被耗尽；回馈在某种纸张中被给予，而名望遵循着纸张的拥有。政治上，在象征性宪法结构之中，象征性代表指出，人们的意志在象征性投票之中被表达；几乎没有人不再理解发挥政治主动性或者达成一致的意义。情感上，少数艺术家从真实体验之中获得激情和感官兴奋的象征符；这些象征符通过商业模仿者被抽象或刻板印象化；并且，人们根据这些美丽的规则制造爱、浪漫或冒险。医学家和社工提供了情绪和安全的其他象征符，而人们根据药方制造浪漫，享受娱乐，等等。在工程之中，对空间、时间和力量的控制通过使其去向不那么有趣的地方且更容易得到更少想要的物品来获得。在纯科学之中，觉察聚焦于每一个细节上，除了心理恐惧和这个活动本身的征服，因此，例如，当存在一个关于制造某些致命武器的问题时，辩论议题是，国家优胜于敌人的需要是否比科学家发表他的发现的责任更重要；但是同情、争斗、反抗的更简单反应完全不起作用。

在这些情况之中，人们不认真地考虑独裁和战争的施虐与受虐，这并不令人惊讶，其中至少存在通过人而非象征符来控制人的现象，而且存在肉体形式的痛苦。

10. 神经症分裂

所以最终，我们到达了人类最近的收获：作为获得平衡的一种方式的神经症分裂人格。面对在任何情况下对任何功能运作的长期威胁，有机体回落到它的抹除、幻觉、置换、隔离、争斗、退行的安全设置上来，并且人们尝试使"焦虑不安"的情况取得一个新的进展。

在早期阶段，存在健康有机体能够每一次都融合成一个新的整合整体的发展。但是现在，好像神经症回来了并且选出了种族过去发展的脆弱点：这个任务并不是将直立姿势整合到动物的生活之中，而是一方面好像头部自己立于空中，而另一方面好像完全没有直立姿势或者头部；对于其他发展也是一样。潜在的"危险"已经成为事实症状：无接触、隔离、对于失败的害怕、无力、言语化和冷酷无情。

这个神经症的转变是不是我们物种可行的命运仍然有待观察。

11. 黄金时代、文明和内摄

在这里，我们已经大体将神经症调整定义为应用新力量"替代"先前的本质的那些调整，先前的本质是被压抑的，而不是在一个新的整合之中"伴随"它。被压抑而未使用的本质之后倾向于作为**黄金时代**或者**天堂**的**图像**回归，或者作为**快乐的原始人**理论回归。我们能够看到荷马和莎士比亚等伟大的诗人，如何将自己奉献于准确地赞美从前时代的美德，好像防止人们忘记过去人是什么样子是他们的主要功能。

而的确，最好的结果也就是，使文明生活前进的状态似乎使人类本质的重要力量不仅神经症地未被使用，而且理性上无法使用了。例如，文明安全和技术充裕对于狩猎的动物并不十分合适，并且可能需要狩猎的兴奋以激活它的全部力量。如果这个动物应该经常使相当无关的需要——例如，性欲——用危险和狩猎复杂化，以唤起兴奋，那么这并不令人惊讶。

进一步地，现在可能在十分需要的社交和谐与十分需要的个体表达之间有不可调和的冲突。如果我们处在这种向更紧的社会性过渡的阶段，那么个体身上将会有许多社交特质，这些特质必须表现为不可同化的内摄、神经症，而且次于竞争个体的要求。我们英雄的伦理标准（来自富有创意的艺术家们振奋人心的梦想）当然倾向于回看更加动物性的、性的、个人的、勇敢的、光荣的等等的东西；我们的表现则另当别论，并且缺乏兴奋。

在另一方面，不仅是现在，而且有可能这些"不可调和"的冲突一直是人类状态（就算不同的可能性是矛盾的）；而伴随着的痛苦和向未知解决方式的移动是人类兴奋的根据。

12. 结论

无论它是什么样的，"人类本质"是一种潜力。它只能作为它在成就和历史中实现的东西并作为如今它所塑造的自己而得到认识。

问题可能相当严肃地被提出，一个人偏好以什么样的准则将"人类本质"视为在儿童自发性、英雄的作品、经典时代的文化、普通乡民的社区、爱人的感受、一些人在突发事件之中的锐利觉察和不可思议的技能之中的实际的东西呢？神经症也是人类本质的一个反映，现在是流行且正常的，并且可能有些可行的社会前景。

我们无法回答这个问题。但是一个医学心理学家根据三个准则进行：（1）身体的健康，以确定的标准被知晓；（2）这位病人朝着自助的进展；以及（3）图形/背景形成的弹性。

第七章
言语化与诗歌

在人类的进化发展之中，语言是特别重要的并且值得一个独立的章节。因为伴随着其他的发展，神经症虐待存在于使用一种"替代"而非"伴随"潜在力量的话语形式之中。这是语言人格的孤立。

1. 社交、人际和个人

人们通常注意到他们关于伦理要求和责任的情绪冲突：他们发现在自己身上面临着他们的"个人"愿望和他们的社会角色。这个冲突，带着它随后而来的抑制或者愧疚，被认为是介于"个人"和"社会"之间的。此后的章节将致力于这种合并的相异标准的结构：遵从和反社会，侵略性和自体征服。

但是如我们所指出的，在有机体/环境场之中，个体的分化就是一个晚期的发展。社会关系，例如依赖、交流、模仿、客体之爱，在任何人类场之中都是原初的，远早于一个人将自己辨识为一个特殊的个人或者将其他人认同为构造了社会。人格是创造自这种早期人际关系的一种结构，并且在它的形式之中通常有大量的相异、未同化或者甚至无法同化的物质（而这个物质当然使后来发生在个体和社会之间的冲突更加难以解决）的合并。

从某个角度来看，将"人格"定义为话语习惯的结构并且将之视为两至三岁的创造性行为，这是有用的；大多数思考是无声的说话；基本信念是句法和风格的重要习惯；并且几乎所有不直接来自有机体欲望的评价都可能成为修辞态度的集合。以这种方式定义并不是去贬低人格或者为之辩解，因为话语本身就是意义深远的自发活动。一个儿童通过学习说话形成他的人格是在制造一个引人注目的成就，而自古以来，哲学家们就感受到教育基本上是在学习人类话语和字母，例如，"语法、修辞和辩证逻辑"或者"经典的著作和科学的方法"。

也就是说，我们可以想到这个顺序：（1）有机体的前语言社会关系；（2）在有机体/环境场中言语人格的形成；（3）这个人格随之而来的与他人的关系。显然，对话语的正确培养是，保持这个顺序灵活开放并且自始至终富有创造性；允许前语言内容自由流动，并且能够从他人那里学习并能够被改变的习惯。

但是正如同从我们作为一个整体的文化中，生长出一种缺乏接触或感染的象征性文化，孤立于动物满足和自发的社交发明，在各个自体之中，当原本的人际关系的成长被打扰，冲突没有得到结果，而是在一种合并了相异标准的不成熟休战之中平息时，一种"言语化"人格形成了，这是一种不敏感、单调、无感染力、单一的话语，内容上千篇一律，修辞态度上不灵活，句法上机械化，无意义。这是对一个接受了的疏离和未同化的话语的反应或者认同。并且，如果我们将觉察集中在这些话语"单纯"的习惯上，我们就会遇见惊人的回避、借口的制造，以及最终的急性焦虑——远超过与暴露重要的"道德"过失相伴的抗议和道歉。因为唤起对话语（或者衣服）的注意，这的确是一个个人的侮辱。

但是困难在于，由于对惯常的空洞象征及言语感到反感，近来的语言哲学家启动了话语甚至更加模式化且无感染力的收敛性规范；而有些心理咨询师在绝望中放弃并且试图绕过一同说话，好像只有内在沉默和非言语行为是潜在地健康的。但是神经症言语化的反面是多种多样且富有创造性的话语；它既非科学语义学也非沉默；它是诗歌。

2. 接触性话语和诗歌

当话语从三个语法人称之中汲取能量并构建结构时，它是良好的接触，三个人称即我（I）、汝（Thou）和它（It），亦即说话者、被说话者和被谈及的内容；当有一个需要——去交流某个东西的时候。作为话语流的性质，这三个人称是：（1）风格，特别是音韵、生命力和高潮，表达了说话者的有机需要；（2）在人际情境之中有效的修辞学态度（例如，追求、谴责、教导、霸凌）；（3）内容，或者被提及的客观对象的真相。

再一次地，特别是作为有机体和环境的接触变得更加接近，下面的各种力量互动了：

1. 发出声音的话语——发出和听到的物理活动；

2. 思维——用各种骨骼组织的内容填充；

3. 无声话语——重复的未完成的言语情境；

4. 前人类社交交流（例如，大声疾呼），以及安静的觉察（图像、身体-感受等等）。

在良好接触的话语之中，这些层级在当下的现实性之中凝聚。思维被导向有效率的定向和操控；当下的情境被当作解决未完成情境的充分可能的场；社会动物在表达它自己；而物理活动开启了作为前期快乐的流动并且使整体成为环境现实。

记住说话、思维、无声话语、大声疾呼和安静的觉察这些心理层级，现在让我们将诗歌作为一种艺术来考虑且与一般接触性话语相区别，然后将这两者与神经症言语做对比。

一首诗是良好话语的特别案例。在一首诗之中，正如其他好的话语那样，三个人称，内容、态度和特征，以及语调和音韵，彼此表达，而这造就了这首诗的结构统一。例如，性格在很大程度上是词汇和句法的选择，但是这些随着主题起起落落，并且在音韵上通过感受所期待的内容被扭曲；或者再一次，音韵集中了高潮的紧急，态度变得更加直接，而命题被证明了；等等。但是诗人的说话活动如同哲学家所言，是"自为目的"；即，仅仅通过公开讲话的行为，仅仅通过处理媒介，他就解决了他的问题。不同于平常的好演说，这个活动在进一步的社交情境之中并不是有帮助的，这种社交情境包括说服听众、娱乐他、通知某事等，旨在操控他解决问题。

基本上，在问题是解决一个"内部冲突"的情况下，诗人是一个特例（如弗洛伊德所言，艺术品代替了症状）：诗人正专注于某个未完成的沉默话语，以及随之而来的想法；通过自由地与他现在的话语游戏，他最终完成了未完成的言语场景，他实际上表达了他本应表达的抱怨、谴责、对爱的申诉、自我谴责；现在至少他自由地专注于潜在的有机体需要，并且他找到了词语。我们必须因此准确地注意到，诗人的"我""汝"和"它"在他当下的现实性中是什么。他的"汝"、他的观众，既不是某个可看见的人也不是一般群众，而是"理想化的观众"：它不过就是设想恰当的态度和特征（选择一个类别和方向），让未完成的话语随着精度和力量流动。他的内容并不是要传达的体验的当下真相，但是他在体验、记忆或幻想中发现了一个象征符，它实际上使他兴奋而他（或我们）无须知道其潜在内容。他的"我"是在其当下使用之中的他的风格，并不是他的传记。

同时，随着外显话语的形成，诗人能够保持对图像、感受、记忆等等的安静觉察，以及社交交流、清晰和言语责任的纯粹态度。因此话语并非言语刻板印象，而是被可塑地毁坏并朝着更加有活力的图形合并。诗歌因此恰恰是神经症言语化的对立，因为它是作为有机问题解决活动的话语，它是专注的一种形式；然而言语化是试图在说话中消散能量的话语，压制了有机体需要，并且重复而不是专注于一个未完成的无声场景。

在另一方面，诗歌仅仅是作为一个类别中的一种而有别于普通的接触性话语——例如，良好的对话性散文——一首诗解决了一个能够单独被言语创造解决的问题，然而大多数话语在如下情境中才出现：解决方式也需要其他种类的行为、听者的反应等等。它遵循一点，即在诗歌之中——当全部的现实性必须被说话所携载——话语的活力被加强了；它更加有韵律，更加准确，更加有感受性，更具有意象，等等；最重要的是，一首诗有开头、中间和结尾；它完成了一个情境。其他接触性话语可以更加粗糙且相近；它能够依靠于非言语的方式，例如姿势；它仅仅需要提到，什么是为了表达而施压的东西；它暂停而进入了非言语行为。

3. 言语化与诗歌

当话语在进一步的社会情境之中从它作为工具的使用中分离，或者再一次从它自己作为有活力的诗歌活动的规则中分离时，话语简单地镜映了任何体验。如果一个人说了或"想"了感觉到或者做到某事，他就容易被欺骗，认为他正在感受或者做它。所以言语化容易作为生活的替代；它是一个准备好了的方式，通过它，一个内摄的疏离的人格，带着它的信念和态度，能够代替一个人自己生活。（唯一的不便是，言语化的饮食、会面等等，没有给予养分、性快感，诸如此类。）因此，重提前面的一个讨论：大多数明显的追忆和计划完全不是真的记忆或设想——它们是想象的形式——而是一个人对自己的概念在告诉他自己的东西；大多数的愤怒和判断与感受到的生气或理性衡量无关，而是爸妈声音的运用。

这并不是言语化的人在说话，而是他怎么说。关于这三个语法人称，即我、汝和它，他证明了一种僵硬、固着或者刻板印象，它只抽象出实际情境的可能性贫乏的部分，足以保持社交面目并且避免沉默、揭露和自体确认（self-assertion）的焦虑与尴尬，也足以先消耗话语能量，以至一个人听不到否则可能变得喧嚣的未完成无声场景。也就是说，言语化并非交流或表达的方式，而是保护了一个人对环境和有机体的隔离。

与"我"缺乏接触通常在以下分裂中可观察到：身体分裂为出声的嘴巴，带有坚硬而敏捷的唇舌，以及没有回响的发声，伴随着身体的其他部分陷入困境地保持着不卷入。或者有时眼睛和一些来自手腕或手肘的姿势加入了言语化的嘴巴；或者有时是一只眼睛，而另一只呆滞，游离，或者不同意唠唠叨叨的话；或者脸被分成了两半。词语爆发式地到来，与呼吸无关，而音调单一。另一方面，在诗一般的话语之中，通过移动和舞蹈的步法（计量），通过三段论、对照或者其他想法的敲打（节与段），并且通过感受的极度兴奋的紧张（高潮），节奏由呼吸（诗句）的停顿所给予，然后减退到安静。各种引导和弦外之音的丰富是随着情况的出现而在原始疾呼中响起的可能性。言语化者极少听到他自己的声音，当他去听的时候，他是惊讶的；但是诗人注意到无声的嘟囔和耳语，他使它们被听见，批评这些声音并且返回去。（存在一种介于两者之间的人物，一种不带诗人的解读演员，他除了自己的声音之外什么也不去注意，他调节话语的音调和风味；推测起来，他从其中得到了真正的口腔满足，在观众溜走的时候保持在舞台的中央。）

　　言语化者的修辞学态度，即"汝"，与实际社交场景没有关系，但是音调听起来表明，他在固着地让某些未完成的无声情境见诸行动。无论这个情况是什么，这个声音在抱怨、责备或谴责，或者相反，在争吵、自己做辩护或证明无罪。在这个场景的重复之中——可能轮流扮演两个角色——有机体的其余部分被僵硬地固定。我们曾说过，这位诗人利用了无声的情境：他专注于它，发现了对的观众，即文学的理想观众；他可塑地塑造了语言来表达相关的有机体需要并达到洞见、解决之道。无声的疏离之物因此被再一次同化进他自己的人格。人们经常断言，艺术作品不解决任何问题或仅仅暂时解决它，因为艺术家不知道他符号的潜在内容；如果的确如此，那么诗歌会在一个重复的情境之中，像言语化那样，再一次强迫性地消耗能量。这既对又错：艺术家没有解决的问题是使他仅仅成为艺术家的那个问题，只有在说话富有活力的活动之中自由，但是无法在进一步的自由行动中有帮助地使用词语；并且，许多诗人在这方面感受到他们艺术的强迫性——完成了使他们筋疲力尽的作品，并且仍然没有恢复失乐园。（顺便说一下，许多其他的活动——甚至心理治疗——为我们赢得了那个失乐园。）但是这些特定的无声问题，它们真的被解决了，一个接着一个；证据是，连续的艺术作品本质上是不同的，存在一个正在深化的艺术问题；的确，这个活动有时前进得太远，以致诗人最终被迫面对他无法仅仅通过艺术途径解决的生活问题。

在他话语的内容即"它"之中，言语化者存在于一个困境中：他必须忠于现实性的事实，以便看起来不会狂乱或荒谬，但它们不是他真正在意的，他也不能允许自己带着感觉和感受，过于接近地注意它们，因为那样的话，既然任何现实都是动态的，它们就会扰乱他的休战，毁坏他的投射与合理化，并且唤起焦虑；实际的生活会侵扰替代的生活。言语化者变得无聊，因为他意在变得无聊，不被打扰。妥协就是在刻板印象、空洞的抽象或肤浅的特殊性中说话，或以谈及真相而什么都不说的其他方式说话。（当然同时，内容因他未感受到的需要的投射而活跃起来。）这个诗人再一次做出了与内容相对立的选择：现实的真相被自由地扭曲，并且被塑造为潜在关注的符号；他对说谎或非理性毫不迟疑；并且他丰富地发展了符号，带有他感觉的生动使用，敏锐地注意到所见、所闻、所听，与各种情绪的情境共情并将他自己投射入其中，而不是疏离自己的感受并且投射它们。

最终，言语化者被说话活动本身弄得尴尬。他使用了无意义的表达去获得肯定，"你不这么认为吗?""你知道的""在我看来"，或者他用咕哝声填补安静；他对句法有自体意识；并且在他以他自己的谈论冒险之前，他用文学框架保护他的话语，例如"它可能是牵强的，但是在我看来……"但是对于诗人而言，对于话语的处理是活动本身；形式，例如十四行诗，并不是框架，而是离不开情节的；他对句法功能负责，在形式上却是自由的；随着他在艺术上的进展，他的词汇越来越变成自己的——如果他无声的问题是模糊的并难以捕捉，就更加特殊，如果它们是他在其他人身上认出的问题，则更加经典。

4. 对于作为治疗技术的自由联想的批判

让我们现在考虑言语化的特殊情况：传统精神分析学家实践下的自由联想实验。我们想引起注意的是这个技术之中病人和治疗师行为的不同，并且从这个批判之中我们会再一次得出关于良好话语的本质的结论，它与我们已经提出的那些结论相似。

在自由联想之中，病人被给予了某个内容 A 来开始，通常是他曾有过的梦的细节；他将之联想到词语 B——无论来到他舌尖的是什么——然后到达另一个词语 C；等等。他"自由地"联想，也就是说他并不试图组织成系列以言之有理或者具有完整意义，或者解决一个问题。他必须也不做审查（随着词语的流动，由于他对它们的批评而拒绝做出联想）。这样的一个行为能够被称为言语化限制性或理想案例。

根据更古老的联想理论，词语的顺序会遵循这个规则：如果 A 经常和 B 一起出现，或者与之相似，或者在最大限度上与经常出现的东西相似，那么对它而言就有想起 B 的倾向，以及相似地 B 想起 C，等等。整个链条会用这个方式逐一被分析和"解释"。正是精神分析的天才证明了这个规则，即，自由联想实际上不仅仅遵循逐一联想的；相反，它们有一种倾向，在有意义的整体或者集群之中组织它们自己，并且向着一定的方向前进，并且这些集群和方向与原本的刺激、梦的细节和病人潜在的问题有重要的、有意义的联系。病人实际上并非"机械地"产生了这个流动，而是尽管未觉察到它，还是表达了一定的倾向，绕回到某些情绪需要，并且试图填补未完成的图形。当然，这是潜意识存在的重要证明；问题是，它是否对心理治疗有用。

注意，治疗师正专注于这个流动并在其中创造整个图形（找到并塑造它们）：他照料集群，选择延迟并指明阻抗的联想的时机，注意到音调和表情。在这种方式之中，他开始觉察病人的某些东西，即病人在未觉察之中的行为。

但是心理治疗的目的并不是让治疗师变得对病人的某些东西有觉察，而是让病人开始觉察到他自己。因此，此后必须开始这个过程，治疗师通过此过程对病人解释他（治疗师）现在知道了关于他（病人）的什么东西。这样，病人获得了关于自己的许多有趣内容，这一点毋庸置疑；但他是否因此提高了对自己的觉察，这是个问题。因为有关的知识有一定的抽象性，它不重要的，而且它再一次出现在他内摄权威智慧的惯常情境之中。如果他能够将知识客体作为他自己来认识，那么这种知识——过去一个人知道却并不知道自己知道——会变得亲近且极其重要。治疗的目的是让他自己认识到这一点，而这只是我们首先开始的地方。

问题是，在他所投入的这个活动之中，他已经在言语化无意义话语之流了。这个活动完全没有特别加入他的体验——相反，它是普通体验的精美仿制品：他在那个角色之中认识他自己。"不要审查"的规则，将他从对词语的责任中解脱出来——对许多人而言，这并非不寻常的态度。但是现在向他解释的这个知识与那个活动相当不相容；它属于相当不同的常见活动，即：接受不愉快的真相并全盘接受，并且再一次地，这个老人在说关于他的可怕事情。（但可能是一个更友善的人，所以他可能会想，如同斯特克尔［Stekel］过去所言："我将会变好，只为取悦年迈的愚人。"这并非治愈的方法，而就其本身而言也并非自由联想。）

这个技术的危险会是，暂时不考虑感到关切并做出决定的负责任的自体，病人可能将他的新知识与他的言语化严格地联系在一起，愉快地伴随着温暖氛围的愉悦，以及一位友好的父亲般的观众。然后，这个技术非但不治愈分裂，还会进一步使它困惑。

5. 语言中作为自由联想的实验

但是让我们考虑自由联想有用而美好的方面：将它当作在它自身之中的东西，当作语言的一种模式。

作为开始，自由联想围绕着梦的细节。让我们设想病人将这个梦接受为他自己的，记住并能够说他梦见了它，而不是一个梦降临于他。如果现在他能够将新的词语和想法与那个行动相连接，语言就得到极大的丰富。这个梦在童年的图像语言中诉说；好处是不会回忆起幼儿期的内容，而是再一次学习关于儿童话语的感受和态度的东西，并且重新捕捉关于极为逼真的视像的心情，以及语言和前语言的内容。但是从这个角度来看，最好的练习可能不是从图像和冰冷知识的应用到图像的自由联想，而恰恰相反：它谨慎的文学和图像的再现（超现实主义）。

然而仍未有什么能够为自由联想本身而辩护。在其话语之中过于谨慎和单一，以致无法模糊地说话并发现没有什么大不了，对于这样的病人而言这是有益的。这是诗歌玩乐性的发源之地：无论它是怎么到来的，让话语貌似自我发展，从图像到思维到音韵到感叹到图像到音韵，但同时感到是一个人自己正在说话，它并非自动的话语。然而此处再一次地，最好的练习可能更加直接：专注于话语行为的同时自由联想，或者利用歌曲无意义的音节或片段。

在自由联想之中有一个更为根本的益处，更接近精神分析中由其组成的经典应用。一个病人被要求自由联想，而非阐述他的故事并回答问题，其原因当然是他习惯性地论述神经症的僵硬，这是对他体验的错误整合。他所意识到的图形是混乱、黑暗且无趣的，因为这个背景包含了其他被压抑的图形，他未觉察到这些图形，但它们分散了他的注意力，吸收了能量并且阻止了创造性的发展。自由联想干扰了图形和背景僵化的关系，并且允许了其他东西成为前景。治疗师将它们记下，但对于病人的好处是什么呢？我们看到，好处并非使得新图形能够符合他体验的习惯性图形，因为自由联想的态度与体验是分离的。反之，好处是：他得知，不知道为他所有的某个东西来自他未知而有意义之处；因此他可能被鼓励去探索，去将他的未觉察视为未知领域而非混沌。从这个角度看，他当然必须在诠释之中被当作伙伴。此处的这个想法就是，"认识你自己"这句格言，是高尚的伦理；它并非对一个在困境之中的人所做的事，而是一个人为自己作为人类而做的事。回避它或者在正确的时刻释放它，治疗师对于诠释的这种神秘态度，与此相反。他并不跟随着分析师来揭示他所有的诠释；更确切地说，极少诠释，而是给予病人分析师的工具。显然，人们可怕的不好奇是流行性的神经症症状。苏格拉底明白，这是因为对自知的恐惧（弗洛伊德强调了对回避了儿童的性知识的特定恐惧）。那么，在确认这个分裂的情境中进行治疗是不明智的：治疗师，即成年人，知道一切，而一个人自己除非被告知，否则绝对无法知晓这个秘密。但正是对工具的拥有克服了被排除的感觉。

最终，让我们对比在自由联想实验中使用的三种话语模式：病人自由联想，咨询师了解了某事并将之告诉自己，并且治疗师向病人解释他所知道的东西。在此我们对存在的一个情况有三套不同的说法。对于病人而言，他的联想等同于无意义音节：他们纯粹在言语化。然而，从这些话语之中，治疗师开始觉察这个病人，而这个觉察，产生于他告诉自己的句子之中，陈述了存在的一个情况，它们是真相。不过在这个情境中，告知病人的这些相同的句子，不再是真的了——既对病人来说不是真的，现在对治疗师来说也不是真的：它们不是真的了，因为它们不起作用，没有作为证据的价值，它们仅仅是一些抽象。对于逻辑学家而言，治疗师关切或病人不关切的这个因素，即将这个命题接受为一个人的现实之中或者不接受它们，看起来可能是没有关联的；他会说这仅仅是"心理"问题，治疗上至关重要但逻辑上无关紧要，无论病人是否抓住了诠释的真相，或者他在什么层级上抓住了真相。但是我们其实应该这样看待：在此"存在的情况"至今仍是潜在的，它是一种抽象；而是否有一个关于"真相"的现实性或相当不同的现实性，取决于这个提法的用语、关切和了解它时的态度。

对于一个接受过物理学训练的逻辑学家而言，词语的"正确"使用，即关于"现实"最有意义的话语，拥有一套贫瘠的"事物象征符"（thing-symbol）词汇，一个通过增加表达复杂性的分析语法，以及一种激情腔调的缺失；他会在这个方向上改革语言（比如，朝着基础英语）。但对于一个关心我们时代感情缺乏的心理学家而言，正确的话语有着恰恰相反的特质：儿童期话语充满激情的音调，它的词语是复杂的功能性结构，像原始人的话语，而它的语法是诗性的。

6. 语言改革的哲学

象征性社会制度在现代蔓延，替代了社区，而言语化替代了体验，有鉴于此，已经有通过修辞分析和逻辑分析改革语言的无数尝试了。说话者潜在的修辞动机被揭示了；通过经验性批判，人们测量并且打击空洞的刻板印象和抽象，以反对具体事物和行为的标准。为了我们的目的，我们会将好语言的哲学总结为"经验性""操作性"和"工具性"。

经验性语言减少了感知物、可观察现象或简单可控对象及简单行为的符号词语的良好使用。（具体化最高等级被普遍分配到无生命的"物理"对象中，但这是形而上学的偏见；例如，奥古斯特·孔德［Auguste Comte］考虑了社会关系和制度，以便给出最具体的协议。）因此，事物词语就通过简单的合并逻辑被合成了。

操作性语言将基本重点放在了操控事物，而不是事物本身上。这至少提供了作为基础的感受运动统一体。

　　工具性语言要求基本统一体也包括预定目的（ends-in-view），并因而包括了话语的动机和修辞态度。

　　因此，有一系列越来越包容的接触因素；然而没有这样的分析性语言能够到达接触性话语本身，因为接触性话语是现实性的部分创造，并且词语的创造性使用可塑地毁坏并重塑了词语：仅仅从物、非言语行为或暂时结论中，无法给出一个基本词语清单。接触包括了定向、操控和感受——而在言语上，感受特别通过节奏、音调，以及词语和语法的选择及扭曲而给出的。良好话语的规范和协议无法被分析为简单的具体事物及驱力——这些不够具体；它们在具体并经常十分复杂的整体结构之中被给出。坦白说，语言学改革——对空洞象征符和言语化的治愈——可能只有通过学习诗歌和人类文学的结构，并且最终通过创作诗歌和使一般话语诗性才是可能的。

　　这件事具有远超越了语言学改革的哲学重要性。恰恰是在实证主义者和工具主义者之中，有一个对"自然主义伦理"的持续搜寻，一个人在前进过程之外将不涉及规范。但是如果正确语言的准则是精心挑选的，以至言语的感受性和创造性方面不借给"意义"，"仅仅是主观"的，那么在原则上没有这种伦理是可能的，因为没有评价在逻辑基础上获得赞同。另一方面，一旦理解了——这应该是显然的——感受并非孤立的冲动，而是现实结构性的证据即有机体-环境场的互动，因为除了感受没有其他直接证据，并且进一步地，理解了一个复杂的创造性获得是甚至更加强烈的现实证据，语言的规则就可以被建立，这样每一个接触性话语就是有意义的，而评价也就能够有逻辑依据了。

第八章
反社会与攻击

1. 社会与反社会

我们已经尽力说明了在有机体最终能够被称为人格之前，以及在人格的形成之中，社会因素是最重要的。现在让我们花几个章节，在更加常见的意义上、在关系和人们的公共制度之中考虑"社会"。正是在这个意义上，我们能够谈论个体与社会的冲突，并且将某些行为称为"反社会的"。也是在这个意义上，我们当然必须将某些道德观念和社会公共制度称为"反个人的"。

有机体和形成中的人格的潜在社会本质——养育与依赖、交流、亲密与学习、爱的选择与陪伴、同情与憎恶的热情、互助与一定的竞争——这一切都是极其保守、压抑但根深蒂固的。并且，去考虑一个具有在这个意义上"反社会的"、与其社会本质相对立的种种驱力的有机体是没有意义的，因为这会是一个保守的内部矛盾；它并不是保守的。但是，相反，个体发展、成长、实现一个人所有的天性的困难是存在的。

但是，人类的社会很大程度上是人造的，就像言语人格本身。它一直在每一个细节中被改变；的确，开始社会变化、创造人为的公共制度，可能是潜在的保守社会本质的一部分，在一个人选择考虑的任何社会中被压抑了。在这个意义上，如果一个个人行为倾向于毁灭某个习俗、公共制度或者处于目前的时间地点的人格，这个行为就是有意图地"反社会的"。在治疗之中，我们必须假设，一个与人的社会本质相矛盾的过失行为是可以改变的，并且它过失的方面将随着进一步的整合而消失。但是对于一个仅是反社会的、与社会人造之物相悖的过失行为来说，随着进一步的整合，它是否可能不变得更加显著，而这个人更加努力尝试的会不会并非让自己适应社会，而是使社会适应他自己，这总是一个问题。

2. 反社会中的变化

在思考反社会的时候，让我们首先将神经症患者所认为的反社会从反社会之物中区分出来。

任何我们拥有但将不被接受为我们自己所有的、我们保持无觉察或者投射到其他人身上的驱力或者目标，我们都害怕是反社会的。显然，我们由于它与我们可以接受的自身图像并不一致而抑制了它，并且将之驱除出觉察，而我们自身的这个图像是对建构了我们的第一个社会的那些权威的认同和模仿。但是当然，当这个驱力被释放并接受为我们自己的一部分时，它的反社会程度就小了很多；我们突然看到，在我们的成人社会之中，它并不是不寻常的，而是或多或少被接受的——而我们归因于它的破坏性紧张比我们所害怕的要少。被空洞地感受为地狱般的或者残忍的冲动变成了避免或拒绝某个事物的简单愿望，没有人在乎我们是否如此。但是，正是压抑本身（1）使一个想法成为持续的威胁，（2）模糊了它有限的意图并且让我们看不到社会现实性，（3）涂抹上禁忌之物的可怕颜色，并且（4）它本身创造了毁灭性的想法，因为这个压抑是一种对自体的攻击并且这个攻击被归因为这个驱力。（引用一个经典的例子：在1895年，弗洛伊德认为手淫导致了神经症；后来他发现是罪恶的手淫，即压抑手淫并且抑制高潮快感的尝试，导致了神经症。因此正是对伤害的恐惧，诱发了性禁忌的错误的药品，导致了伤害。）自从弗洛伊德首先这么写以来，"本我的内容"已经变得不那么如地狱一般，并且更加易于驾驭。可能他现在不会觉得受召唤去使用那个傲慢的座右铭了：

> 假如我不能上撼天堂，我将下震地狱
>
> ——这本来会成为一桩憾事。

然而神经症的评价也是有道理的。理论家们已经在证明潜在的驱力是"好的"和"社会的"上面走得太远了；他们已经在道义的那边太过努力了。事实上所发生的是，过去的五十年里，在社会习俗和评价上有了重大的变革，到了过去被视为奇怪的东西现在并不被视为奇怪的地步。并不是某个行为现在可接受，因为它被认为是好的、社会的或无伤害的，而是它被认为是好的，因为它现在是人类图像被接受了的部分。人并不是努力变好；这个好是人所追求的。换句话说，某些"本我的内容"是地狱般的，这不仅是因为压抑通过上面提到的四个方式让它们如此，而且是因为（5）它们包含了一个对后来的社会规则的确有破坏性的残留物，这个残留物是真实的诱惑和罪恶——并且是真正的社会压力，通过早期的权威们，导致了神经症性压抑。

然而，在被压抑的诱惑相对广泛地呈现的情况下，一旦它被显露为普通的且或多或少被接受，就公开地用惊人的迅速创造了它自己的方式；它变得公开并且或多或少满意，失去了它地狱般的方面；在一代人之中，社会规范变化了。的确，社会带着怎样的一致性形成作为整体的它自己的新图像，这是值得注意的；一个人本会预期，部分道德准则会更为顽固地保守（但是当然有每一种社会因素的合作：变化的经济、城市化、国际交流、生活标准的提升等等）。只有通过参观一个很守旧的社区，或者通过选择1890年的育儿手册或《基督教与戏剧》上的一篇文章，一个人才能意识到这变化的尖锐。而重要的是：较古老的态度并不一定是耸人听闻、夸张或者尤其无知的；相反，我们现在认为十分有用或者有益的，常常是一种清醒而考虑全面的判断，认为某事物是不明智或毁灭性的。例如，严格的如厕训练对于形成有秩序的性格是有用的，这在过去看来是十分清楚的；这无论如何是无知的，它有可能是正确的。但是他们曾经说了，因此这么做；而我们现在说了，因此不这么做。一个改变的原因是，例如，在我们现在的经济和技术之中，紧密、辛苦和责任在社会性上是有害的。

弗洛伊德严肃地拿走了这个有敌意的残留物，在社会性上它其实是毁灭性的。对于精神分析的社会阻抗他保持警惕。如果我们的现代精神卫生学家发现他们所释放的东西总是好的、不反社会的，因此他们不需要遭遇对于自由和宽容的阻抗，那么这仅仅是他们正在打一场基本已经获胜的战斗，并且无疑有必要进行扫荡。但是攻击性的心理治疗必然是一种社会风险。这应该是显然的，因为当它被恰当地理解并用可接受的话语说出的时候，社会压力不会使"良好的"并且"不反社会的"有机体自体调节变形。没有语义学的错误，而是一个真实的冲突。

3. 不平衡的进展和社会反应

让我们考虑两个在习俗上相当惊人的改变，其中精神分析扮演了主导角色：对于性快感的肯定态度，以及对儿童养育的允许态度。这些改变现在传播得如此广泛，以至它们应该是积累的；即，应该有足够的真实满足和自体调节（在某些领域中），它们相当普遍，以便减少公众的怨恨和妖怪的投射；因此，仍然应该较少地强化禁忌，仍然应该有更多的满足和自体调节，诸如此类。特别是在儿童的情况之中，对于吸吮手指的允许、更多自体调节的养育标准、手淫的允许、如厕训练的放松、身体接触和抚慰需要的辨识、体罚的缺失：所有的这些都应该在上升中的一代的快乐中体现成果。但是让我们更近地检查这个情况。

在此我们有一个关于不均衡发展的有趣例子，在某些方面朝向自体调节取得进展，而在其他方面保持甚至增加了神经症的刻意性。社会是如何调节自己以获得在不均衡发展中的新平衡，以防止潜伏于任何新的自由中的革命性的动态——因为任何自由都会被期待去释放能量并且导致更强烈的挣扎。这个社会的努力是去隔离、划分并且抓住"自下而来的威胁"的爪牙。

因此，相对不受限的性欲的数量增加伴随着在兴奋和快感深度上的减少。这意味着什么呢？有人争辩说，如此的剥夺对于紧张的积累是必要的，但是有机体自体调节应该足以测量欲望的次数，并且没有外部干扰地释放。据说流行的模仿和"过分放纵"使性快感变得粗俗；这是对的，但是如果有更多的满足、更多的接触和爱，就会有更少的强迫而自动的放纵；而我们所问的是为何有更少的满足之类的问题。将这种特别的去敏化之物考虑为在性质上与余下的去敏化之物、无接触和现在流行的无感情相似，这是更高明的。它们是焦虑和震惊的结果。在不平衡的发展之中，性的释放碰到一块未被释放的东西；焦虑被唤起了；行动被展现了，但是意义和感受被阻碍了。这些行动未被全部完成，它们被重复了。罪恶由焦虑和不满而产生。诸如此类。

我们将简短讨论的一个主要的阻碍，是对攻击的抑制。无论如何，这显然都来自性欲在电影、小说、连环漫画等等之中利用的事实，（如莱格曼-基思［Legman-Keith］所示），专注于虐待和谋杀。（这种商业化的梦的类型一直是对发生了什么从不出错的指标，因为除了满足需要和卖它没有其他标准了。）

隔离性欲的主要社会机制，自相矛盾地，是在教育者和进步的父母这方对性教育健康、理智、科学的态度。这个态度滋养了性欲并且使本质上善变、非理性并且在心理上具有爆发性的（尽管是有机地自我限制的）东西变得官方、权威并且几乎是强制的。性欲无疑是有机地周期性的，但一个人并不是按处方去爱的。正是因为反对这种隔离，当兰克说贫民窟是学习生活事实的地方，在那里它们的神秘被尊重并且被亵渎时——因为只有真的信仰者才亵渎——他发出了警告。现在人们被教导的是，性欲是美好而热烈的，并不"肮脏"；但是本质上，它当然是肮脏的，在屎尿之间；而绝大多数人的攻击性被阻碍，因此他们既无法屈从于自己又无法毁灭他人身上的阻抗。教导他们道，它是热情的（而非让此成为某个时刻的惊喜），这一定会只导致失望并且使他们问道："什么，就只是这样了吗？"这比允许一切而什么都不说要好得多。但是这个所谓的整体的态度，将生活的行动转化为卫生的实践，是一种控制和划分的方式。

当然，先进的性教育者是革命性的；他们被强迫解除现代的压抑并揭开伪善的面具；因此，他们高明地捕捉所有美好的、天使般的话语。但是这些相同的话语现在是一个新的禁忌——"性是美好的，将之保持洁净"——它们是深入的社会防御。这就是为什么剥夺和被禁止物似乎导致了更多紧张的性兴奋；并不是有机体需要这些外向的帮助，而是在受阻的有机体之中，它们防止了划分，它们让如下联结保持开放：对怨恨、愤怒、未觉察的对权威的攻击，以及在一个很深的层面上，自体不顾一切的冒险。这是因为，在一个人公然反抗禁忌并且冒着致命的危险时，他可能有自发的快乐瞬间。

再一次地，对于儿童养育的允许态度，是关于不平衡发展和社会反防御的美妙研究，只有像阿里斯托芬①一般的喜剧天才能够真正公正地做这个研究。仅仅考虑一下：一方面，我们这一代已经学习了释放儿童大量的喧闹的野性；另一方面，我们已经收紧了所有我们的物理和社会环境的团体命令。我们在大城市里有最小的房屋供给——以及洁净的操场，其中人们看到不自重的男孩毫无生气。自然地，家长们在两者之间被击败了。我们文化中对儿童的惊人的过高评价，本会迷惑希腊人或者文艺复兴时期的贵族，却除了是对成年人自发性的压抑的反应（包括屠杀他们孩子的自发冲动）之外什么也不是。同时，我们被我们自己的自卑

---

① 阿里斯托芬（Aristophanes，约前 446—约前 385 年），古希腊喜剧代表作家，有"喜剧之父"之称。——译注

所超越，认同儿童并试图保护他们原本的活力。然后随着孩子们的成长，他们不得不针对科学、技术和超级政府文明而做出越来越多刻意且复杂的调整。因此，依赖的周期必然越来越长。儿童被允许每一种自由，除了一项根本自由，即被允许长大并且行使经济的和家庭的主动性。他们没有还完成学业。

矛盾的划分是显然的：在进步的家庭和学校之中，我们鼓励自体调节、生动的好奇心、从做中学、民主自由。而这一切在城市规划、在谋生、在有一个家庭、在管理一个国家之中，都小心翼翼地不可行。到了漫长的调整被做出时，没有锐利的沮丧能够唤起根深蒂固的叛逆，只有稳定的模式压力造就了良好健康的市民，他们有早期精神崩溃并抱怨"我的人生荒废了"。或者，如我们会见到的，另一个结果是去发动一场好的、表现优良的、有序的并具有无限破坏性的战争。

精神分析的历史本身就是对牙齿是如何体面地被拔掉的研究。它是对马克斯·韦伯先知的官僚化规则的完美描绘。但是这个规则并不是不可避免的；它是不平衡发展的结果和随之产生的焦虑，整体将自身适应于新力量并将新力量适应于它自己的需要。心理治疗必须做什么去防止这官僚化的体面？很简单，向前推进下一个阻抗。

4. 反社会在当下是攻击性

我们时代最显著的激情特性是暴力和驯服。存在公共敌人与公开战争，它们在范围、紧张程度和恐怖氛围上令人难以置信；与此同时，无范例的文明和平和对于个人爆发几乎是彻底的压制，伴随着相应的对接触的神经症性丧失、转向自身的敌意，以及被压抑的愤怒的身体症状（溃疡、蛀牙等等）。在弗洛伊德的时间和地点之中，激情的氛围似乎更多地被关于快乐和营养的剥夺与愤怒所标记。现在在美国，对于生活有普遍的高标准，而性也没有到不令人满意的沮丧地步。在一个更加表面的层级上，神经症患者不得不处理隔离和自卑；但是这些普遍被感受到并因此不那么严重；社会风气是更加好胜并且渴望社交。潜在的是被抑制的恨和自我仇恨。深刻的神经症，在漫画书和外国政策中的那种梦的掩饰下表现出来，是被内转和投射的攻击。

被称为攻击性的驱力和反常的群集——摧毁、毁坏、杀死、好战、主动、狩猎、施虐受虐狂、征服和主导——这些现在被感受为出类拔萃的反社会。"但是!"一个人能够听到慌张的反对声，"这些显然是反社会的，是对社会秩序的毁坏!"对各种攻击立刻不加反问的社会拒绝会被当作基于初步印象的证据，正是在分析、在释放攻击之中，我们必须寻求社会朝向更快乐的规范的下一次的进步。①

———————————

① 自从弗洛伊德时代以来，在反社会之中的改变也通过心理治疗方式从症状分析到性格分析以及更进一步的改变而显示。这部分地是技术上的进步，但部分地它满足了一种不同的情况。症状原本是"神经衰弱"；如同弗洛伊德所言（约1895年），它们是性挫败的直接结果；心理症状显然是性行动。（医生们提到歇斯底里消失的情况。）现在看起来，这个直接的性茶毒不是那么常见，例如，显然有更多不带有令人难以应对的愧疚的手淫。在性格神经症之中，性阻碍与释放无关，而在某种程度上与这个行动并且在很大程度上与接触和感受有关。治疗态度也一样被改变了：较为古老的正统说法是一种诱惑（带着不赞成），而性格分析是好战的。

5. 灭绝与毁坏

被称为"攻击性"的态度和行动减少了基本不同的接触功能集群，它们通常在行动之中动态地相互连接，并因此得到一个普通的名字。我们会试图证明，至少灭绝（annihilating）、毁坏（destroying）、主动（initiative）和愤怒（anger）在有机体/环境场之中对于成长是根本的；它们被给予了理性的客体，总是"健康的"，并且在任何情况下它们都无须丧失人格有价值的部分就是不可削减的，这些部分特别包括自信、感受和创造力。其他的攻击，例如施虐受虐狂、征服和主导，以及自杀，我们会解读为神经症的偏离。但是，最经常发生的是，整个的混合体不会被精确地分析，并且总的而言被"减少"太多。（根深蒂固的原因依次被抑制了。）

让我们开始从毁坏中区分灭绝。灭绝是使之虚无，拒绝客体并将之从存在中抹去。这个格式塔不带有那个客体地完成了自己。毁坏（去-结构 [de-structuring]）是将一个整体拆解为片段，以便将它们作为部分而同化为一个新的整体。基本上，灭绝是对于疼痛、身体侵犯或危险的防御反应。在回避和逃跑之中，动物将自己带离这个痛苦的场；在杀死之中，他"冷酷地"将侵犯的客体从这个场之中去除了。在行为上，紧闭嘴巴、歪头、粉碎和踢打。这个防御性的反应是"冷酷的"，因为不涉及什么嗜欲（[appetite] 这个威胁是外在的）。这个客体的存在是痛苦的，但是它的不存在并不令人愉快，它在完成这个场之时是不被感受到的；这快乐有时是明显的，它是放松一个人的紧缩时的回流：

舒了一口气，流汗，等等。

当无论是逃跑还是去除都不可能的时候，有机体依靠的是抹除它自己的觉察、从接触中收缩、咬紧牙齿。这些机制在情形对于"相同"客体要求相反的反应（事实上，是对于紧密联系在一个事物中的不同属性的反应）时变得非常重要，特别是当需要或者愿望使一个令人痛苦且危险的客体的在场有必要时。因此一个人被迫没有自发享乐地拥有，没有接触地抱持（hold）。这通常是儿童不可避免的困境，也经常是成年人不可避免的困境。分析必须明确在这个客体中恰恰什么属性是被需要的，以及什么是被拒绝的，因此这个冲突可以公开并且被决定或被忍受。

相反，毁坏是嗜欲的功能。每一个有机体都在一个场之中通过合并、消化和同化新物质来成长，并且这需要将存在着的形式毁坏为其可以同化的元素，无论它是食物、一堂课、父亲的影响，还是伴侣的居家习惯与自己的居家习惯之间的不同。这个新的物质只有根据它在新的自发功能运作中的位置才一定会被接受。如果先前的形式并没有被完全毁坏和消化，那里就要么发生内摄要么出现无接触领域，而非同化。这个内摄可能有两种命运：要么它是身体之中痛苦的外来物质并且它被吐出了（一种灭绝）；要么自体部分地认同了这个内摄，压抑了痛苦，寻求对自体部分的灭绝——但是因为拒绝是根深蒂固的，所以存在一个持久的纠缠，一个神经症的分裂。

毁坏性嗜欲是温暖且令人愉快的。它接近，带着露出的牙齿，外展以捕捉，并且它在咀嚼时流着口水。这样的态度，特别是如果在字面上或比喻意义上存在杀死，当然会被认为是冷酷无情的。拒绝承认毁坏，自体可以要么内摄，要么完全抑制这个欲望（宣布放弃体验的特定领域）。首先是责任，特别是对于家庭和社会过往继承的责任；强制性喂食，并非按照一个人自己的时间和需要，由此自体内摄了父母和文化，并且既不能灭绝也不能同化父母和文化。存在多重的部分认同（partial-identification）；这些毁坏了自信，并且最终过去毁坏了当下。如果通过恶心或者对咬和嚼的恐惧，嗜欲被禁止，就会有感情的丧失。

在另一方面，对于个人关系中存在形式的温暖且令人愉快（并且愤怒）的毁坏通常带来相互利好和爱，如同诱惑和玷污一个害羞的处女，或化解朋友之间的偏见。这是因为，考虑到如果两个人的联系实际上将会更深刻地对他们有利，那么毁坏伴随他们而来的不兼容的存在形式就是向着他们更为固有的自体移动——那会在即将到来的新图形中实现；在这更为固有的东西的释放之中，受约束的能量自由了，而这将转化为作为爱的自由施动者（liberating agent）。共同毁坏的过程可能是深厚的兼容性的主要试验场。我们对于冒险的不情愿显然是一种恐惧：如果我们失去了这个，我们就会一无所有；我们更想要坏的食物，而非没有食物；我们开始习惯匮乏和饥饿。

6. 主动和愤怒

攻击是"迈向"嗜欲或敌意的客体。冲动逐渐进入这一步就是主动：将冲动接受为自己所有并且将运动执行接受为自己所有。如上所述，显然，主动会被对嗜欲总体的压抑所堵塞。但是在现代，更加普遍的情况可能是，这个嗜欲从运动执行中分离，以至它只有作为啰唆的计划或梦幻的预期才变得明显。一个人有这样一个印象：随着对狩猎和打斗的放弃，人们不再一起行动；

运动项目的动作与有机体需要无关，产业的动作并不是一个人自己的动作。

一名儿童陈述道："当我长大时，我要做某事。"这表明了他的主动，即行为的模仿假定，它将实现欲望，这个欲望在他心中仍然模糊，直到它被践行。当它被成年人重复时，未完成的欲望持续，但这个主动就消失了。中间发生了什么呢？那就是，在我们的经济、政治和教育之中，所谓的目标过于异化，达到它们的方法因此过于复杂，不足以支持。一切都是准备，没有实现和满足。结果是，问题无法被解决并同化。教育系统导致了许多未同化的内摄。一段时间之后，自体失去了在它自己嗜欲之中的信心。有一种信仰的缺失，因为信仰是认识，超越了觉察，如果一个人迈出一步，脚下就会有大地：一个人毫不犹豫地专心致力于行动，一个人抱着背景将会产生方法的信念。最终，同化的尝试被放弃了，存在的是阻碍和恶心。

在主动消失于困惑、消失于对过于困难的目标的追求之中的同时，追求简单目标是被直接阻止的，如同孩子因为"前进"而被打耳光。恐惧导致了对这种嗜欲的放弃。总体而言，有向更简单级别的嗜欲和非主动或依赖的简化：被喂食和照顾，并不理解怎么做，而这导致了持续的不安和自卑。

然而，让我们设想一下，一个嗜欲是强烈的且朝着它的目标行进着，之后它遇到了一个困难，因而被挫伤了：紧张激化了，而这就是强烈的愤怒。

愤怒包含了三种攻击性成分：毁坏、灭绝和主动。愤怒的温暖是嗜欲和主动本身的。一开始，困难仅仅被当作存在着的形式要被毁坏的一部分，并且它自己被令人愉快地热烈攻击。但随着这个困难令人沮丧的本质变得明显起来，参与的自体进行中的紧张变得痛苦，并且在那里被加到温暖的毁坏性嗜欲和灭绝的冰冷需要之中。在极端的情况下，嗜欲（朝向目标的动作）被相当大地超越了，并且存在可怕的狂怒。狂怒（残忍）与简单的灭绝（对某物不存在于这个场之中的需要）的不同在于自体外向的介入；一个人已经投入这个情境之中，并不仅仅是对它置之不理；残忍并非仅仅是一个防御，因为自己被参与并因此无法回避。所以，一个被打的人变得愤怒了。

一般而言，愤怒是富于同情的激情；它使人们联合，因为它与欲望相混合。（所以恨与爱臭名昭著地相互矛盾。当欲望朝向"纯粹的"愤怒的超越是基于对欲望的压抑时，自体就完全被投入敌意的攻击之中，而如果压抑突然化解——例如，通过发现一个人更强大并且安全了——这个愿望就会突然明确为爱。）

人们将会看到的是，通常的套话"沮丧导致了敌意"是正确的，但过于简单，因为它缺乏对于愤怒的攻击之中的温暖嗜欲的表述。然后去理解，为什么当对障碍的灭绝通过死亡或距离（例如，父母死去了，而孩子仍然对他们生气）而有效实现时，愤怒即一种发怒的性情仍在持续，又或者，为什么在报复和恨之中，对敌人的灭绝带来了满足，他的不存在并不是无感情的，而是用来喂养的：他不仅被灭绝也被毁坏和同化。不过，这是因为令人沮丧的障碍一开始被当作想要的目标的一部分；孩子对已去世的父母生气，因为他们仍然是未完成需要的一部分——作为障碍，他们已经不挡道了，对他而言，理解这一点是不够的。而报复和仇恨的受害者一部分是他自己，被爱着，没有觉察到。

另一方面，正是愤怒之中灭绝的混合唤起了如此紧张的关于艰难的被爱客体的愧疚；因为我们承担不起毁坏、不理解我们所需要东西的后果，甚至当它使我们沮丧的时候。因此，正是持续的愤怒，联合了嗜欲和灭绝，导致了对嗜欲的总体上的抑制，并且是无能、倒转等等的常见原因。

在面红耳赤的愤怒（red anger）之中，觉察在某种程度上是混乱的。在脸色发白的暴怒（white fury）中它通常是十分尖锐的，在阻碍了所有的身体欲望时，它还在利用属于被延迟嗜欲的意象的生动性，因为自体遭遇了它的客体来灭绝它。在脸色发青（purple）或超负荷的盛怒（congested rage）之中，自体伴随着它被挫伤的冲动爆发了，而且的确是困惑的。在面色阴沉的盛怒（black wrath）或者仇恨之中，自体开始为了它敌对目标的利益而毁坏自己；它不再看到现实而只有自己的想法了。

7. 上述诸功能的固着和施受虐

灭绝、毁坏、主动和愤怒是良好接触的功能，对于处于困难的场中的任何有机体的生活、快乐和保护都是有必要的。我们已经看到它们在各种结合中发生并且可能是令人愉快的。在践行攻击中，有机体可以说填满了它的皮囊，并且触碰了环境，不带有对自体的伤害；抑制攻击并没有将它们根除，而是将它们转向了自体（如我们会在下一章讨论的那样）。没有攻击，爱停滞了并且变得没有接触，因为毁坏是新生的方式。进一步来说，一个有敌意的攻击通常恰恰在被视为神经症的地方是理性的：例如，敌意可能被转向一个治疗师，这并不是因为他是"父亲"，而是因为他再一次成为某个正在强加无法同化的诠释并且冤枉别人的人。

然而，这些功能的固着——怨恨、报复和蓄意谋杀、野心和强迫性寻爱、习惯性好战——并非如此和善。对于这些稳定的激情而言，自体的其他功能被牺牲了；它们是自我毁坏的。怨恨一个事物涉及将能量与定义为痛苦或令人沮丧的事物相捆绑，并且通常减少了与变化的实际情境的接触。一个人执着于所怨恨之物并且紧紧地抓住它。在复仇和蓄意谋杀中，存在去灭绝一个"人"的需要，他的存在侮辱了一个人关于自己的概念；但是如果这个概念被分析了，人们就会发现这个戏剧是内部的。所以大多数正义的愤慨是被引向攻击一个人自己的诱惑。再一次地，冷血的杀手在系统地尝试灭绝他的环境，这等同于自杀："我不关心他们"意味着"我不关心自己"，并且这是认同可怕的评价："我们不关心你。"这个好斗的人打人，因为一个有嗜欲的人开启了一条途径并且突然挫败了他自己，因为他感到不足、不被允许；他的愤怒对着挫败者爆发出来；并且他将这个"困难"投射到任何可能或不可能的客体中；这样的一个人显然想被攻击。

一般而言（我们会在下一章中更详细地考虑它），当一个嗜欲被压抑、习惯性地保持不被觉察时，自体就对自己施行一个固着的敌对。以这个攻击保持向内为限度，存在一个表现良好的受虐；以它找到了自己的环境图像为限度，存在一个固着的施虐。施虐之中的快乐是通过宽容自体而释放的嗜欲的增加；去击打、刺伤等等是一种形式，其中施虐者充满欲望地触碰客体。并且这个客体被爱，因为它像一个人自己主导的自体。

在初级受虐（［primary masochism］威廉·赖希）中，被需要的并不是痛苦而是释放积蓄的本能。这个痛苦是"前痛"（fore-pain），即一个习惯性去敏化的人的体内感受，之后它会使更多的感受得到恢复①。本能的兴奋在增加，却未相应地觉察到这是一个人自身的兴奋，也是他自己在刻意限制这一兴奋，越是如此就越渴望受虐。（顺便提一下，这情境似乎会被赖希这样的生理治疗所实验性地诱发）。在受虐之中，嗜欲愈发扩展并增加了紧张，而限制也相应地变紧了；对释放的渴望被神经症地解读为将它完成于某人的愿望，被强制、破坏、刺破，让内在的压力松散。施虐者爱这样的残忍爱人，他既给予了潜在释放而又与他自身自我惩罚的自体相认同。

8. 现代战争是没有愧疚的大规模自杀

现在让我们转向更加广阔的社会情境，并且进一步说一说这种描绘了我们时代特征的暴力。

目前我们在美国拥有史无前例的普遍财富和史无前例的精神文明的结合。在经济上和社会上，这些是彼此的善行缘由：更多的文明秩序，更高的生产力；更多的财富，更少的去毁坏文明秩序的诱惑。通过文明秩序我们要说的并不是暴力犯罪的消失，而是城市与国家的普遍安全性。与所有其他时代及地方相比，旅行在任何地方无论白天黑夜都是没有危险的。几乎不存在打斗、暴乱或者武装团体。疯子并不会在街上游荡；不存在瘟疫。疾病被

① 我们想要用"前感受"（fore-feeling）——作为释放巨大感受流的小元素——的概念，替代弗洛伊德"前快感"（fore-pleasure）的概念。因为显然，前痛以相同的方式运行：一个人切断他的脚趾，既而切断大量的愤怒和悲伤。或者，前快感可以带来不能被称为快感的深刻感受：作为爱人，一个人用安慰的手触碰一个人，并如同 D. W. 格里菲斯（D. W. Griffith, 美国著名导演——译注）所言："这世上的所有眼泪洗涤我们的心灵。"

迅速隔离于医院之中；死亡从不被见到，生育很少。肉被吃了，但城市里没有人见过一只动物被宰杀。以前从未存在过这样无暴力、安全而不育的国家。再一次地，关于我们的财富，我们只需指出，辩论中的经济议题和生存都没有关系。工会要求的并非面包，而是更好的工资、工时，以及更多的安全；资本家要求更少的控制和更好的投资条件。仅仅一个饥饿的例子便是报刊上的丑闻。不到百分之十的经济投入基本生存物资。舒适、奢侈、娱乐比历史上任何时候都多。

在心理学上，这个图像更令人怀疑。生理生存挫折很少，而满足很少，并且有急性焦虑的迹象。被隔离的个体在过于庞大的社会中普遍的困惑和不安毁坏了自信和主动，而没有这些就无法有积极的享受。体育和娱乐是被动而象征性的；市场上的选择是被动而象征性的；人们什么也没有为自己做和制造，除了象征性地。性欲的数量是庞大的，而去敏化是极端的。人们曾经感觉，科学、技术和新的习惯会带来快乐的时代。这个希望已落空。每个地方的人都失望了。

因此，甚至在表面上，也有理由将事物弄坏，将系统的这部分或那部分毁坏（例如，上层阶级），除了整体上的全部系统，因为它没有进一步的承诺，它在它存在着的形式之中证明是不可同化的。这个情感甚至处于觉察之中，清晰程度各异。

但是，在对我们已提出内容更加深刻的考虑中，我们看到了这些状况几乎是基本受虐的兴奋所特有的。刺激持续而只有部分的紧张释放，未觉察的紧张无法承受地加强——未觉察，因为人们不知道他们想要什么，更不用说如何得到它，而可使用的方式过大并且无法管理。最终满足即高潮的欲望，被解释为彻底的自体毁坏（self-destruction）的愿望。那么，不可避免的是，应该有一个对于全球灾难的公共梦想，带着巨大的爆炸、火和电击，并且人们合力将这个灾难化为现实。

然而同时，所有毁坏、灭绝、愤怒、好战的明显表达在文明秩序的利益之中都被压抑了。愤怒的感受也被抑制甚至压抑了。人们在任由摆布之中是理智、容忍、礼貌且合作的。相反，当主动的更大运动被限制于办公室、官僚机构和工厂竞争性的常规之中时，就有遭到否认的小摩擦、受伤的感觉。小愤怒持续地产生，从未被释放；随着大主动而生的大愤怒，被压抑了。

因此，愤怒的情境在远处被投射了。人们必须找到遥远的足以解释显然无法被小挫折解释的愤怒压力的原因。有某个值得怨恨的事物，一个人自己未觉察地感到这个怨恨，这是有必要的。简而言之，一个人对**敌人**生气。

这个**敌人**，不用说，是残忍且不人道的；将他像人一般对待是没有用的。因为我们必须记住，如同在所有通俗电影和文学内容中所呈现的那样，美国式的爱的梦想是施虐受虐的，而做爱的行为并不是施虐受虐的，因为那会是反社会且不得体的。施虐的是"他人"；当然受虐的是"他人"。

我们已经说过，现在在文明生活之中，攻击的群集是反社会的。但幸运的是，在战争中它是良好且社交性的。所以，人们渴望全球的爆炸和灾难，对敌人发动战争，而这些敌人实际上通过其残忍和不人道的力量令他们愤怒并吸引他们。

大规模民主武装十分适合人们的需要。它提供了在文明生活之中缺乏的个人安全感；它强加了个人的权威，却对秘密自体毫无要求，因为毕竟一个人只是大众之中的一个单元。它将一个人从他不充足且得不到很大快乐的工作和家中带走，并且它将一个人的努力朝向施虐行动和受虐瓦解而更有效地加以组织。

人们观察到了瓦解的方法。他们听到了理性的警告并且制定了各种理性的政策。但是逃走或抵抗的力量已麻痹，或者危险是令人迷惑的。人们急于完成未完成情境。他们执意大规模自杀，这是一个不带有个人愧疚解决所有问题的结果。对于和平主义的相反宣传比无用还糟糕，因为它什么也没有解决并且它增加了个人愧疚。

9. 对弗洛伊德死本能的批判

正是在相似的情况下弗洛伊德创造了他的死本能理论。但是那些情况没有现在这么极端，因为那个时候，在力比多理论的洪流之中，他仍然能够提到死本能和爱欲（Eros）的冲突并且期待爱欲作为死本能的平衡。新的习俗还没有尝试。

弗洛伊德似乎将他的理论建基于三个证据上。（1）我们所描述的那种社会暴力：显然反对任何生命力和文化原则的第一次世界大战。（2）去重复或固着的神经症强迫，他归因于创伤的吸引力。然而，我们已经看到，强迫性重复可更简单地解释为有机体通过旧有方式完成当下的未完成情境，每一次足够的有机体紧张都积累以做出困难的尝试。然而在一个重要的意义中，围绕着创伤的这个重复与循环可以被正确地称为死亡愿望（death-wish）；但是，为了更为关键的根本情境的利益所盼望的，恰恰是更加刻意抑制的自体的死亡（带着它明显的当下需要和方式）。有必要被神经症地解释为对死亡的愿望的东西，是对更饱满生活的愿望。（3）但是，弗洛伊德最重要的证据，可能是基本受虐显而易见的不可化约性。因为他发现了，他们的梦（无疑还有弗洛伊德自己的梦）远不是被减少，而恰恰是随着病人开始更多地进行功能运作而变得更具灾难性；这个理论家之后迫于证据而推断出一个功能运作完美且完全受虐的情况：死亡是本能的渴望。但是有关受虐的理论我们已经提出，这个证据可以更好地解释如下：本能释放，自体用新能量创造某物的能力却并未相应地增长，越是如此，场中的紧张就越是破坏性且暴力的。并且，恰如赖希的生理方法实验性地引发了这个状况一样，弗洛伊德的记忆自由联想也一样：存在没有整合的释放。但是赖希对情境更好的控制使得他找到了更简单的解释。

然而作为一个生物学推断，弗洛伊德的理论无论如何都是微不足道的，而且它自己一定是推测性的。让我们将之嵌入下面的图解形式：这个理论说，每一个有机体都寻求减少紧张并获得平衡；但是通过回到结构的更低等级，它能够达到一个仍然更加稳定的平衡；所以最终每一个有机体都试图变得了无生气。这是它的死亡本能，也是朝着熵的普遍趋势的情况。与之相反是倾向于更加复杂的进化结构的嗜欲（爱欲）。

这是一个强有力的推测。如果我们接受了19世纪科学的各种假设和奥义，反驳就困难了。一个人感到，大多数理论家——包括许多正统人士——反对它，很大程度上是因为它是冒犯的、反社会的，而非因为它似乎是错误的。

但是如弗洛伊德所做的那般，想出一个由首尾相连的基本环节构成的原因链，这是对进化史的误解；这是使抽象的东西即某种证据线索（例如，岩层里的化石）更加实际且具体，而我们通过这一线索学习历史。他说得就好像连续的复杂性被"加到"单独的运转力量之中，"生命"的力量能够从它具体的情境中隔离出来；就好像在一只原生动物之上加上了一只后生动物之类的灵魂；或者相反，就好像在一只脊椎动物里内摄了一只环节动物；等等——所以这只动物像脊椎动物一样入睡，之后致力于像环节动物，然后像扁形动物一样入睡，并且最终变得了无生气。但是事实上每一个连续的阶段都是一个新的整体，作为一个整体运转，带着它自己的生活模式；作为一个具体的整体，它是它自己的生活模式，它想要完成这个模式，它不关心寻求"一般平衡"。一个分子或一个单细胞生物的状态并不是一个关于哺乳动物的未完成情境，因为存在着的倾向于完整性的有机体部分在各种情况下是相当不同的。无法通过解决某些其他种类的部分问题而为有机体解决任何事情。

（将弗洛伊德的理论当作心理症状来考虑是有用的：如果一个人放弃了当下解决方案的可能性，他就必须抹除当下的需要，并因此突出结构中较低等级的某些其他需要。结构的较低等级因而通过当下顺从的行动得到一种存在。）

弗洛伊德似乎误解了"原因"的本质。一个"原因"并不是本身存在的一件事物，而是对某些当下问题的解释原则。因此有一条原因链——在其他方向前进，作为一个最终的目的论目标或者作为一个原始基因的起源——这条链变得越长，它就越变得什么也不是，因为我们为了在一个特定的个人问题中确定我们自己的方向而寻求原因，为的是改变这个情境或接受它。一个好的原因解决了问题（关于特别的定向），然后停止占据我们。我们在一条链上安置了一个原因，如同在一本教科书上那样，并非当我们在处理实际材料时，而是当我们教授它时。

最后，弗洛伊德的理论系统地将有机体从正在进行的有机体/环境场中隔离出来；并且，他将抽象的"时间"作为另一个因素隔离。但是这个场是存在的；它的在场性、它进行着的时间，带着新奇的持续事件，对于它的定义和"有机体"的定义来说是重要的。正是作为这个一直新奇的场的一部分，一个人才必须将有机体看成在成长，而将物种看成在改变。时光的流逝、时光中的变迁，并不是被加到原始动物上的某物，这一动物具有隔离于时间场并以某种方式适应常新情境的内部成长原则。而且，常新的情境的调整，既改变了有机体也改变了环境，这种调整恰恰是成长和有机体具有的时间种类——因为每一个科学科目都有它自己的时间种类。对于历史而言，新奇和不可改变性是基本的。一个试图完成它生命的动物必定寻求它的成长。渐渐地，这个动物衰退并死亡，并不是因为它在寻找结构的更低等级，而是因为作为整体的场不再能够将它自己与那个形式的那个部分相组织。我们恰如成长一样被毁坏，我们在毁坏。

攻击驱力与爱欲驱力没有根本的区别；它们是成长的不同阶段，要么作为选择、毁坏和同化，要么作为享受、吸收并且达到平衡。由此，当攻击驱力反社会时，要回到我们的起点，这个社会与生命和改变（以及爱）相对立；然后，它将要么被生命所毁坏，要么它将生命卷入普通的灭亡，让人类生命毁坏社会和自身。

第九章
冲突与自体征服

1. 冲突与创造性冷漠（creative disinterestedness）

现在我们必须说一说关于攻击的结局：胜利（或者击败）、征服和主导。因为在神经症中，对胜利的需要是中心；而考虑到这个需要，就有一个已经准备好的可获得的受害者，即自体。神经症可以被当作自体征服。

但是对于胜利的神经症需要并不是对于所争取的客体的需要，在开放的冲突中实行攻击；它是对已经获胜、做一名胜利者这样的需要。它的意义是一个人显然已经失败并蒙羞，而且没有同化这个失败，而是重复地尝试通过微小的胜利以挽回颜面。所以每一个人际关系，实际上，每一段体验，都被转化为与胜利并证明威力的机会之间的小型战斗。

但是，重要的冲突为一个将会产生不同的客体而战斗，并且在一个可能改变现状的主动中冒险，这恰恰是被回避的。小型象征性的冲突、大的错误，以及因此而来的无尽的冲突，如"心灵与身体""爱与攻击""快乐与现实"，它们是回避令人兴奋的冲突的方式，这些冲突本来是有解决方法的。相反，人们执着于安全，安全在此被认为是对背景的固着、潜在的有机需要，以及过去的习惯；背景必须被保持为背景。

对于胜利的需要的对立面是"创造性冷漠"。我们会稍后尝试描述这个特别的自发性自体的态度（第十章）。这个创造性公正的人接受他的担忧和客体，并且践行攻击，他因这个冲突而兴奋并且通过它来成长，或赢或输；他没有依附于可能失去的东西，因为他知道他正在改变，并且已经认同于他将要成为的样子了。伴随这种态度的是一种与安全感相对立的情绪，即信念（faith）：他全神贯注于实际的活动，没有保护背景而是从其中汲取能量，他抱有它将证明是合适的这一信念。

2. 对于"去除内在冲突"理论的批判："内在"的意义

精神分析已经经典地将自己投身于发现"内在冲突"及其"去除"了。粗略地说，这是一个精巧的概念（就像其他概念：对于情绪的"再教育"，但是现在是时候更近地仔细检查它了。

在此，"内部"大概意味着，要么在有机体的皮肤内部，要么在心智或者潜意识之中；例如，性紧张与痛苦之间的冲突，或者本能和意识之间的冲突，或者内摄的父亲和母亲之间的冲突。与这些相反，并且是非神经症的，大概会是与环境或其他人的有意识的冲突。但是可以这么说，"内在冲突"和其他冲突的区别是没有价值的，因为显然，存在可能被视为神经症的非"内部"冲突。例如，只要一名儿童还没有成长到独立于儿童/父母场——他仍然在吮吸，学习说话，经济上依赖，等等——将神经症扰动（觉察不到饥饿、敌意、接触剥夺）说成处于个体的皮下或心智内部就是没有意义的。这种扰动是在场内的；的确，它们源于父母的"内在冲突"，并且它们稍后会随着后代变得独立而导致他的内摄冲突；但是，它们在被扰动的感受到的关系（felt-relation）之中的本质不可化约为各个部分。因此儿童和父母必须一起治疗。又或者，在政治社会中，社区的过失不可化约为个体的神经症，他们确实由于社区过失而成为"个体"；它也不可化约为不良制度，因为这些制度通过公民而维持；它是场的疾病，并且只有某种团体治疗会有帮助。如我们经常说的，"个体内"和"个体间"的区别是不好的，因为所有的个体人格和所有有组织的社会都从对于个人和社会而言至关重要的一致性功能（爱、学习、交流、认同等等）发展而来；的确，划分的相反功能如拒绝、怨恨、异化等等对于二者也是至关重要的。接触/边界的概念比内（intra）和间（inter）或间部和外部（outer）更为基本。再者，进一步地，可能被称为神经症的扰动出现在有机体/自然环境场之中，例如原始人的神奇仪式，从饥饿和对雷的恐惧中发展出来，相当不带有个人神经症；或者我们"掌控"自然而不是共生的现代疾病，因为除了个人和社会的神经症（可以确定的，在此是加班），在纯粹的原料的数量和缺乏之间的互动中有一种错位，由觉察的滥用而导致。原始人说："地球在挨饿，因此我们也在挨饿。"而我们说："我们在挨饿，因此让我们从地球上夺取更多的东西。"在象征性上，两种态度都是坏的梦。

然而，经典的措辞"内在冲突"包含着一个非常重要的真相，被典型地颠倒陈述了。皮肤内部、精神内部的东西（生理系统相对立的紧张、检验和平衡，以及戏剧、梦、艺术等等）——所有的这些内在冲突大多数是可靠的并且不是神经症；可以相信它们是自律的；它们已经自我证明了上千年并且没有太多变化。这个意义上的内在冲突并不是心理治疗的主题；当它们未被觉察时，它们能够被置于不被觉察之地。相反，正是皮肤之外社会力量的向内干涉刻意地扰乱了自发的内部系统并且寻求心理治疗。这些力量是新来的并且常常计划不周。心理治疗的一大部分是这样一个过程：让这些实际上是皮肤之外的力量不再干涉皮肤内部并干扰"有机体自体调节"。而基于同一理由，这个过程是让竞争、金钱、声望、权力这样的遥远而不可靠的经济和政治力量，不在爱、悲伤、愤怒、群体、为人父母、依赖与独立的基本个人系统内部起干涉作用。

3. "冲突"的意义

在经典的说法中，"冲突"显然不是相互对立的内部紧张、检验和平衡，即身体的智慧；它们意味着坏的冲突，所以内部冲突必须被化解。为什么这是必要的呢？

冲突的坏处似乎意味着下面说法中的一种或全部：（1）所有的冲突都是坏的，因为它们浪费了能量并导致了痛苦；（2）所有的冲突都激起攻击和毁坏，这是不好的；（3）有些冲突是坏的，因为竞争者之一是不健康或反社会的，它应当被去除或净化，而不是被允许冲突，例如，生殖器发育前的性欲或各种攻击；（4）被误解的冲突是坏的，并且无意识的内容大多是陈旧并被误解的（被取代的）。

然而，此处我们所提出的观点是（为了更好的语言运用，它大体上但并非主要是一个建议），基本上，没有冲突能够通过心理治疗被化解。特别是，"内在"冲突被强烈地激活，它很重要而且是成长的方式；心理治疗的任务是使它们被觉察到，以便它们能够以新的环境物质为食并陷入危机。最不希望的冲突是觉察到的微小战斗，以及我们在这章开头所提到的基于语义学错误的无尽纠缠；我们解释这些并不是为了避免冲突，而恰恰为了使重要的冲突发生，对这些重要的冲突而言，它们是征兆。

　　然后让我们考虑冲突本身，它通过痛苦被觉察和注意。冲突这个概念，无论是社会的、人际的还是内心（intra-psychic）的，都是对能量的浪费，看似合理其实肤浅。它的看似合理性是基于如下假定的，即要完成的工作能够被直接获得；那么对竞争者来说，不得不完成工作，以便不得不抵抗或克服对手摩擦，这就是浪费；并且可能两个竞争者都能够和谐地参与整个工作。但这是肤浅的，因为它假定了一个人之前知道要完成的工作是什么，能量将会在哪里如何被消耗。这个假定是我们知道——并且这个病人的一部分知道——目的在于怎样的好处；那样的话，对立面就是被欺骗的或不正当的。但是在冲突十分重要之处，要做的东西，属于一个人而非属于刻板化规则的东西，就是被检测的东西。甚至，要被完成的真正的工作，甚至可能是真正的职业，首先在冲突中被发现；这至今不为任何人所知晓，并且在争辩要求下当然未得到恰当的表达。这个冲突是超越了所意欲的合作，朝向一个整体新图形。

　　对人们的任何创造性合作而言，这肯定都是正确的。最佳效率的获得并不是通过建立它们的利益相关者中的先验和谐，或是为了一个预先构想的目标而在个人利益上相互妥协。相反（只要它们保持接触并且认真地以最佳的创造性成就为目标），他们越是意见不一并且将之说个明白，就越可能集体想出一个主意，比他们任何一个人单独想出的都要好。所以在竞赛中，是竞争让选手超越他们自己。（为神经症的竞争性而烦恼的并不是竞争，而是竞争者对于比赛没有兴趣这一事实。）现在，在一个人单独的创造性行动之中，例如在艺术或理论的工作中，同样，正是不同的、无法和解的元素的交战突然迅速跃出一个创造性的解决方法。一个诗人不排斥一个顽固却"意外"出现并且有损于他计划的图像；他尊重这个闯入者并且突然发现"他的"计划是什么，他发现并且创造自己。而一个科学家也是这么找出反驳证据的。

问题是，对于内心的情绪冲突而言，同样的情况是否一定不正确。在平常未受阻碍的情境之中是没有问题的；通过"有机体自体调节"，一种本能主导灵活地建立了自己，例如，强烈的口渴将其他驱力搁置，直到它被满足。并且更大范围的指令灵活地以相同方式发生：通过冲突，咬—嚼—喝将它们自己建立于吮吸之上，而生殖器将自己确立为性欲之中的最终目的：生殖器高潮成为性兴奋的终点。在这些顺序的建立之中，存在冲突的紧张，但是这些冲突自己解决了——带着对习惯、毁坏、同化和新构成的干扰。现在假设这是一个被阻碍的情境：例如，设想一下，因为未完成的口腔情境、生殖器恐惧、所谓的"退行"等，生殖器首要性没有被牢固地建立。并且，假设所有的竞争者都被带到了公开之处，进入了公开的接触和公开的冲突，一方面与客体选择、社会行为、道德愧疚相关，另一方面则涉及对快乐的肯定。这个冲突和它伴随的痛苦与艰难一定不是得到自体创造性解决方法的途径吗？这样的一个冲突是严重的，因为要毁坏的很多；但是这个毁坏性被抑制了吗？如果解决方法——正常的首要性——被预先构建并且通过治疗师被推进（就好像它已经被病人的社会自体长久而有技巧地预先构建了一样），多数痛苦和危险会被回避，但是这个解决方法将会是更加疏离并且因此不那么有活力。也就是说，去缓和冲突，或者压抑或解释任何强大的竞争者，这是不明智的，因为之后结果一定会是去阻止一个完全的毁坏和同化，并因此将病人谴责为一个虚弱而从来无法完美地进行自体调节的系统。

综上所述，我们必须记住，当竞争者是自然驱力时——攻击、特别的天分、的确给予了快乐的性实践等等——它们无法被减少，而它们的表现仅仅是被刻意地压抑、霸凌或因感到羞耻而被避免。当所有的竞争都处在觉察和接触之中时，一个人会做出他自己艰难的决定；他不是一个病人。希望在于，在这样的一个情况下，通过创造性调整和恢复中的"有机体自体调节"，一个困难的驱力将自发地找到它在一个新配置中的方法。

4. 痛苦

让我们也考虑一下痛苦的意义。我们说过，创造性的解决方式，并不为交战的竞争者所知；它首先从冲突中产生。在冲突中，竞争者的习惯和兴趣被部分地毁坏了；他们失去并痛苦。因此，在社会合作之中，搭档们争吵并相互毁坏，他们怨恨并争斗。在诗歌创作中，诗人被闯入的图像或想法打扰并突然离题；他给自己找麻烦，他坚持自己的计划，变得困惑而懊恼。然而这些做法忙于这个冲突，都无法避免痛苦，因为现在去压抑它，带来的不是快乐，而是不快乐、麻木不安，以及不断的怀疑。此外，冲突本身是令人痛苦的兴奋。他们是如何最终缓解痛苦的呢？

用道家的伟大表述来说，通过最终"无为而治"①。他们将自己从他们关于它"应该"如何发展的先入之见中脱离开来。并且，进入由此形成的"盈空"（fertile void），解决方法就奔涌而来了。即，他们投入自己，推进他们的兴趣和技能并且让它们碰撞，以锐化这个冲突，并且被毁坏且变化为即将到来的想法；最终他们没有坚持这个兴趣，将其视为"他们的"。在创造性过程的兴奋中他们到达了对交战各部分的创造性公正；然后，带着极大的鲁莽和愉快的野性，各个竞争者可能实行他所有的攻击，既支持也反对他自己的部分。但是自体不再会被毁坏，因为它首先发现了它是什么。

再一次地，问题在于，缓解疼痛和忍受痛苦，对此二者的使用和方式的这种诠释是否同样适用于躯体及情绪的疼痛和痛苦。让我们在疼痛的功能上推论片刻。

疼痛基本上是一个信号；它引发人们关注一个当下的即刻危险，例如一个对有机体的威胁。对其的自发反应是离开，或者在无法离开时灭绝威胁者。动物的生活不会详细讨论疼痛和痛苦；当伤害持续并且没什么能够刻意被完成以便起作用的话，这个动物就会变得对疼痛麻木或者甚至晕倒。（触碰受伤的部分以去除疼痛的神经症反应，这是去敏化之物中对感受的需要；这也可能是有用的信号，尽管它难以解释。）

那么，在人类之中一般的持续痛苦，其功能是什么？我们冒险一猜，其功能是：使我们关注当下的即刻问题，随后站到一边；将我们所有的力量都给予威胁；随后站到一边；放松无用的刻意；让冲突爆发并且毁坏必须毁坏的东西。考虑两个简单的例

---

① 原文为"standing out of the way"。——译注

子：一个人病了，他试图着手做他的事情而且他痛苦；他被迫意识到他有其他的事情，他留意到了他的疾病，躺下并等待；痛苦减轻了，而他睡着了。或者，爱人去世了；一方面是理智上的接受，而另一方面是欲望和回忆，二者之间存在悲伤的冲突；一般人尝试让自己分心，但是优秀的人服从这个信号并将自己投入痛苦之中，回忆起过往，看见了他当下绝望的沮丧；他无法想象惨况空前的当下要做什么；悲伤、困惑和痛苦被延长了，因为有很多要被毁坏且灭绝，有很多要被同化，而在此期间，他一定不要着手做不重要的事情，他刻意地压抑着这个冲突。最终哀悼工作完成了，而这个人被改变了，他采取了一个创造性冷漠；新的兴趣立刻变成了主导。

情绪痛苦是防止问题疏离的方式，为了解决这个冲突，自体会在存在的场中成长。一个人越快愿意放松对抗毁坏性冲突的纠缠，放松疼痛和疑惑，痛苦就越快过去。（对于哀悼的痛苦的诠释，作为一种方式，释放旧有的自体以改变，它解释了为何哀悼通过诸如抓挠皮肤、捶胸、扯头发自体毁坏行为而被留意。）

当然，对于医生而言，蕴含于情绪冲突和痛苦中的危险是，暴怒会毁坏病人，将他粉碎。这是一个真正的危险。但是它并非必定地通过减弱冲突而是通过加强自体和自体觉察而得到满足。当一个人意识到这是自己的冲突，并且他在粉碎自己时，情境之中就有一个新的动态因素，即自己。然后，随着冲突被关注到并且锐化，一个人更快地达到创造性公正并且认同新到来的解决方法。

5. 自体攻击：不成熟的和解

然后，我们在说，神经症并不在任何冲突中，无论冲突是内在的还是外在，如一个欲望对立于另一个欲望，社会标准对立于动物需要，或个人需要（例如，野心）对立于社会标准和动物需要。所有这样的冲突都能和自体的整合相容，并且实际上正是自体整合的方式。但是神经症是对冲突不成熟的和解；它是纠缠、休战或者麻木，以回避进一步的冲突；其次，它将自己显示为在微小战斗中对胜利的需要，好像使潜在的羞辱消失一般。简而言之，它是自体征服。让我们在此区分满足的两个阶段：（1）对冲突停止的满足；（2）对征服的满足。

设想一下，与认同即将到来的解决方法相反，自体对解决方法感到绝望和没有希望，而有持续的痛苦和惨败。在我们的家庭和社会之中，通常就是这个情况，因为一个创造性的解决方式通常是不可能的。一个成年人，理解这个情境，可能会继续忍受，但孩子必定放弃。让我们考虑一下放弃意味着什么。

在极度冲突和绝望的时刻，有机体通过抹除，引人注目的情况下通过晕倒，更经常地通过麻木感受、麻痹或者其他暂时压抑的方式来回应。但是当即刻的危机过去时，如果这个情况不再有望得到解决方法，进一步的冲突就被避免了，自体不再攻击，而压抑更加可承受的情境稳定了；一个人被放弃了。但是之后在图形中就有一个空掉的空间，因为需要的一般情境、机会、困难等等，是相同的；但是在冲突中占据中心位置的自体确认缺失了。这个空掉的空间现在通过认同另一个人来填补，这个人是使冲突不可承受并且让一个人放弃的人。这个人通常是被惧怕和被爱的人——出于恐惧并且为了不冒被否定的风险，这个冲突被放弃了——而现在那个人成了"自己"。也就是说，一个人不是推进他在冲突的未知解决方法中可能会成为的新自体，而是内摄这另一个自体。一个人认同了它，借出了自己现在从自身需要的进展中脱离出来的攻击性力量。这些攻击现在被内转以对抗那些需要，将注意力从它们中转移，将肌肉收紧以对抗它们的兴奋，将这种需要称作愚蠢或恶毒，惩罚它们，等等。根据这个内摄的人的规范，一个人疏离并且攻击对抗冲突的自体。这做起来是容易的，因为他自己更加顺从的和社会的部分，那是竞争者之一，能够与内摄的权威联盟；有用的攻击和压抑态度就在眼前并且容易习得。一旦一个人同意了做好人，回避诱惑的情况就是容易的；当一个人与那些认为一个驱力恶毒且与自己疏离的人相认同时，他容易也这样看待这个驱力。

与冲突的兴奋相对的是放弃的麻木。当一个人获得了某种程度的冷漠时，"盈空"（而虚空是自体的创造性）的反面就是放弃的空掉的空间，自体过去的所在之处。而认同新到来的自体的反面是对一个相异人格的内摄。因此有一个不成熟的和解。当然，在后续之中，未完成的冲突仍然是未完成的，但是它将自己显示为微小战斗中的需要，而不是带着一定的冷漠性去考虑困难对立面的意愿；而且，它是对安全的执着而非拥有信念。

情绪的冲突是难以解决的，因为另一个人——例如，家长——既让人爱又让人怕；然而不幸的是，当冲突即自体自身复杂的需要和纠缠的困惑被放弃，家长被内摄，而且自体的攻击转而对抗自体时，这个爱也失去了，因为对所执着追求的东西没有接触，而对外向攻击没有重建的爱。

6. 自体征服：对征服的满足

现在让我们看一看所获得的平静。我们必须区分积极的和消极的平静。当一个冲突自己爆发并带着交战因素的改变和同化达到创造性解决时，有对痛苦的释放和新创造整体的完成的兴奋。这是积极的。没有征服的意义并且没有客体主导，因为的确受害者消失了，他们被毁坏并同化了。在积极的和平中，矛盾地存在不带征服情感的胜利之潮；主要的情感是种种新可能性的鲜活，因为有一个新的轮廓。所以胜利被描绘为会飞的，准备行动的，向前的。

如果一个人已经走到了他的极限，耗尽所有资源并且没有阻止爆发的最大化，那么在压倒性的战斗中也有积极的和平。因为通过发火和哀悼工作，对不可能的需要已经被灭绝了。新的自体是忧郁而完整的；即，它的活力在新情况中被限制，但是它没有内化并认同征服者。所以，佩吉①等人优美地描绘了希腊悲剧中的哀求者如何比傲慢的胜利者更加有力量。

然而，征服的和平，在受害者仍然存在并且必须被主导的地方，作为和平是负面的：冲突的痛苦停止了，但是觉察的图形并未带着新的可能性而活，因为没有什么被解决了；胜利者和受害者以及他们的关系继续填补了新事物。胜利者充满警惕，受害者充满憎恨。在社会战斗中，我们看到这样的负面和平是不稳定

---

① 夏尔·佩吉（Charles Péguy, 1873—1914），法国诗人、作家、社会文化评论家。诗作有《第二种德行的神秘门》(1912)、《神圣的老实人的神秘》(1912)、《夏娃》(1913) 等。——译注

的；有太多的未完成情境了。在自体征服中，和解被证明是完全稳定的，并且征服的自体能够持续几十年主导自己疏离的部分，如何能这样呢？因为任何自然驱力的活力的确都是强烈的；它能够疏离却无法灭绝。我们应该期待它太过强烈，以至不会长久地被恐惧或情感的需要克制。为什么这个冲突未在情境中得到支持性的改变就立即重新开始呢？

现在自体从它与强大权威的认同中得到了巨大的积极满足。作为一个整体，自体被攻击了，因为它的冲突没有被允许成熟，并且变成了某个积极的新事物，但是认同的自体现在能够说："我是胜利者。"这个有力的满足是自大。这些元素是什么呢？

首先，被补充到对停止忍受冲突的释放之中的，是来自对威胁性争斗、羞耻、羞辱的压力的进一步释放；通过假设另一个角色，自大是扩张性的、傲慢的、有信心的。第二，有对幸灾乐祸感到羞愧的满足，一种虚荣；在弗洛伊德的术语中，超我在对自我微笑。第三，自豪的自体妄称自己幻想的关于权威、力量、权利、智慧、无愧的美德。最后也是最重要的，绝不是幻觉，傲慢的自体现在能够使用它的攻击并且持续证明它是征服者，因为受害者总是可主导的。被放弃角色的稳定性并非来自"彻底的"放弃，而是来自攻击被持续执行的事实。不幸的是，攻击主要的受害者就是一个人自己，总是可以被打、镇压、压榨、咬等等。因此，力量和攻击性的明显增强是一个极为有害的弱点。（首先可能经常有健康上真实的蓬勃发展，一个人做出了调整，但是不良影响接踵而来。）能量被困于镇压疏离的驱力中。如果内在紧张变得过大，从下而来的威胁就被投射，并且一个人找到了替罪羊：这些是其他的人，他们具有自己的攻击和疏离的驱力，或者可以将攻击和疏离的驱力归因于他们。他们加入了受害者的花名册，并且增强了傲慢和自豪。

让我们仔细地看一看在这个过程中不幸的是什么。扩张、理想自我和美德的傲慢元素，不会像这样，构建一个没有吸引力的幼稚态度：这是令人惭愧的自豪，在自体认可（self-approval）和社会认可中感到舒适，并说道："看我是个大男孩啦！"它是展出的物种，可能只对那些失望和嫉妒的人来说是冒犯的。当第四个元素即不受限制的攻击被加入时，这个描绘就变得更黑暗、可怕却仍然并不丑陋。在自体有绝对的自豪和放纵的外向攻击之处，我们就有了真正的征服者，一个疯狂的场面像急流或其他不理智的力量，毁坏一切并且很快毁坏了自己；这是自爱、自信和力量的结合，不带自体调节或者对有机体需要或社交目的的人际调节。这种黑暗的疯狂不是不伟大；我们既对它好奇又试图灭绝它。

当然，弱小的自体征服者梦想的正是这个宏大的图像；他对于自己的概念是彻彻底底的错觉；它没有利用他的能量。真正的征服者是一个心烦意乱的创造者，他把自己指派到角色中去并且将之付予行动。这个自体征服者放弃了自己并且被别人指派到另一个角色。

7. 自控和"性格"

在对胜利和安全的表面需要之下，是一种显著的傲慢和狂妄；一个人最终放弃的时候它仅仅是潜在的。这个狂妄通过能够显示它实际上能产生好的东西、它是强大的来证明自己，因为它总是有受害者。典型的言辞是："我坚强，我独立，对它（性）

我能够拿得起也放得下。"每一次自控的行为，如它被称作的一般，是对一个人优越性的证明，

再一次，一个困难产生了，特别是在我们的习俗之中；自尊的社会基础是模糊的。有必要证明一个人不仅强壮而且"有力"，在性方面是易兴奋的。让爱的行动足够地施虐受虐，以便能够将攻击作为性的前感受释放，而性反过来作为被惩罚的方式以缓和焦虑，唯有如此，这个矛盾的需要才能够得到满足。

自体攻击被社会性地评价为"性格"。一个有性格的人不会屈服于"弱点"（这个"弱点"实际上是完成所有创造的自发的爱欲）。他能够引领他的攻击推迟他的"理想"（理想是一个人所遵循的规范）。反性欲社会让它的伦理建基于性格——可能在某种程度上在此前几个世纪中比现在更多——将所有的成就归因于压抑和自控。并且，我们文明的特定方面可能归因于性格，即巨大的空洞的假想、仅有的数量、强加的前部；因为这些构建了一直被需要的对主导者和自然的证明，它们是对效能的证明。但是，优雅、温暖、力量、明智、愉快、悲剧：这些对于一个有性格的人而言是不可能的。

即便如此，考虑到对自体的这种主要满足、行使攻击的自由，以及最高社会地位，自体攻击仍是可行的局部整合：它仅仅造成减少的快乐、个人疾病、他人的主导与痛苦，以及对社会能量的浪费。所有这些都能够被忍受。但是突然，因为奢侈和诱惑的传播，压抑开始失败；自尊由于社交不安和不显著而弱化；性格没有得到奖励；并且，外向的攻击在文明事业中被妨碍，以致攻击只能对自体实行；在这个今天的情境之中，自体征服在前景中作为神经症的中心若隐若现。

8. 理论与方法的关系

理论家将什么视为"神经症的中心"，部分地取决于我们所描述过的这种社会情境。但是当然，这部分地取决于所使用的治疗方法（而这个方法反过来取决于病人类型、健康标准等等社会因素）。

在本书所解释的方法之中，人们做出尝试以帮助自体整合自身，拓展活力的领域以包括更广阔的领域，在自体对成长的不情愿中，可发现主要的阻抗。自体保持了对抵抗它自己正在进行的发展的控制。

在早期的正统技术之中，在病人被动地、不假思索且不负责任地产生他的本我内容的地方，给咨询师留下深刻印象的自然就是这些与社会规则之间的冲突；整合的任务是一个更加可行的再调整。之后，人们感到这个概念并不充分；病人的放弃和性格的变形在中心若隐若现。但是我们必须指出性格分析理论家的术语中值得注意并几乎称得上荒谬的一个矛盾。

我们已经看到，自体认同权威，对它疏离的驱力——例如它的性欲——实施它的攻击。自体正是攻击者；它征服而主导。但奇怪的是，当性格分析开始提及自体和疏离者之间的边界时，他们突然不提"自体的武器"，而是说"自体的防御"，它的"防御铠甲"（威廉·赖希）。自体控制了运动系统，刻意转移注意力并压制兴奋，被认为是保卫自己以对抗从下而来的威胁！这个奇怪的巨大错误的原因是什么？没有被咨询师认真对待的是自体。他能够以任何他方便的方式提及自体，因为实际上它什么也不是。

对它而言只有两种力量存在：权威和本能。而且，首先，咨询师而非病人，将力量分配给第一个，然后他叛逆地将力量分配给了第二个。

但是有另一个存在的东西——病人的自体，而这必须被咨询师认真地对待，因为重申一下，只有自体是可帮助的。社会规范无法被心理治疗改变，本能则完全无法被改变。

9. 在自体征服之中什么被抑制了？

自体攻击的起源逆序如下：

> 对胜利的需要
>
> 对安全的执着
>
> 对僭越人格的自负
>
> 内摄
>
> 放弃
>
> 自体的后撤

现在，在自体征服中，什么被根本地抑制了，什么是自体让自己承担的基本丧失呢？是这个冲突的被抑制的"即将到来的解决方法"。正是成长的兴奋被潜在地驱动。性兴奋、攻击和悲伤在一定程度上以一种分割的方式被释放；但是，除非一个人感受到他让自己在它们之中冒险，否则基本的迟钝、无聊与放弃必须坚持；外向的行动是没有意义的。无意义和即将到来的解决方式的兴奋是一样的。对冲突不成熟的干扰，通过绝望、对丧失的恐惧、对痛苦的回避，抑制了自体的创造性，即它同化冲突并形成一个新整体的力量。

相反地，治疗必须将攻击从它固着的目标即有机体中释放；让各种内摄有觉察，以便它们可被毁灭；将被分割的兴趣、性、社交等等带回到接触和冲突中；并且，依靠自体整合的力量，即它的特别风格，如同在神经症的活力中被精确表达的那样。

许多问题立刻产生了。"即将到来的解决方式"不是某个未来且不存在的东西吗？不存在的东西是如何能大大地被抑制并且伤害很大呢？自体是如何再创造自身的：从什么样的物质中？带着什么能量？以什么形式？"依靠整合的力量"不是治疗性放任态度吗？而如果冲突进一步被扰动且进一步分解自体，那么自体究竟将如何维持自己，更不用说成长？什么是"自体"？我们会在下一章中回答这些问题。在此让我们只提一提主要观点。

自体是有机体/环境场中的接触系统，并且这些基础是对现实的当下情境的结构化体验。它不是有机体的自体本身，也不是环境的被动接收者。创造性是在发明一个新情境；对它的发明是既找到它又设计它；但是，这个新方式无法在有机体中或在它的"潜意识"中产生，因为那里只有保守的方式；它也不能处于新颖的环境本身之中，因为即便一个人在那里忽然想到了它，他也不会将之视为自己的。然而进入下一个时刻的现存的场是丰富的，带着潜在的新奇，而接触是实现。发明是原创的；它是有机体，在成长、同化新物质并且吸收新的能量来源。自体之前不知道它将要发明的是什么，因为知识是已经发生的形式；一个咨询师当然不知道它，因为他无法经历某个别人的成长——他仅仅是这个场的一部分。但是在成长中，这个自体冒险了——带着痛苦冒险，如果它过去长久地回避冒险，因而必须毁坏许多偏见、内摄、对固着过去的依恋、安全、计划与雄心的话；带着兴奋冒险，如果它能够接受活在当下的话。

第三部分

自体的理论

第十章
自体、自我、本我与人格

1. 对接下来章节的安排

在已经进行的内容中我们已经讨论了一些问题，涉及对现实的基本感觉、人类动物性本质和成熟、语言和人格，以及社会的形成。在所有这些之中，我们已经尝试说明了表现其创造性调整功能的自体，通常在突发事件和强制放弃情境之中，那里新创造出的整体是"神经症"的，并且似乎完全不是创造性调整的成果。的确，我们已经选择主要讨论那些问题和情境——例如，关于外部世界的想法、幼稚的或反社会的想法——对此的误解倾向于模糊我们所认为自体的真正本质。

现在，让我们重新开始并且更加系统地发现我们的自体概念及其神经症抑制。首先，从介绍性章节《成长的结构》① 中抽取材料（在此我们建议重读它），我们将自体看作一种功能——接触瞬时的现实当下；我们询问它的属性和活动是什么；我们讨论三个主要的部分系统，自我、本我和人格，它们在特殊情况下看似是自体。接下来，在对各种心理理论的批判中，我们试图说明

---

① 即第二卷第二部分第一章（第275—285页）。——编注

为什么我们的概念被轻视了，以及为何其他不完整或错误的观点看起来貌似可信。之后，我们将自体的活动作为一个暂时过程而展开，讨论前接触、接触、最终接触和后接触，而这是对创造性调整成长本质的解释。最终，在首先澄清了有关压抑和神经症缘由的惯常的弗洛伊德式分析，并且尝试使之一致之后，我们解释了各种神经症结构，将之作为对接触当下这一过程的各种抑制。

2. 自体是当下接触的系统和成长的施动者

我们已经看到，在任何生物的或社会的心理调研中，具体的主题总是一个有机体/环境场。任何动物都没有一个可定义的功能，除了作为一个这样的场的功能。① 有机体的生理、思维和情

---

① 这应该是显然的，而抽象已经变得如此根深蒂固，以至坚持这个显而易见的东西并且指出一般错误的种类是有用的。

    (1) 站立、行走、躺下是与重力和支持间的互动。呼吸是关于空气的。有外部或内部的皮囊或包裹，这是与温度、天气、液态、气态、固态压力及渗透性密度的互动。营养和成长是对选择的新奇物质的同化，它们被咬、咀嚼、吮吸、消化。然而，在这样的情况下，有一种普遍的对"有机体"进行抽象的倾向，就像一个人"为了健康而进食"而没有将自己专注在食物上；或者，他试图"放松"，而没有在地上休息；或者，他尝试"呼吸"，而没有呼气和吸气。

    (2) 所有的感知和思考都不仅仅是回应，以及从场中出去和进入。可视物（视觉椭圆）通过眼睛被触及，它是视力；发声物（可听见范围）在听见之中触及了耳朵并且被它们触碰。视觉的"客体"和听见物通过兴趣、面质、区别、操作性留意而存在。改变的原因和表现形式是定向及操控的解决方式。然而，在这样的情况下，有对"环境"或现实进行抽象的倾向并且将之视为优先于"有机体"——刺激与事实被认为优先于反应和需要。

    (3) 交流、亲密、照顾、依赖等等，是某些动物的有机体社会本质。人格被人际关系、修辞态度所塑造；相反，社会被个人内部的需要限制在一起。有机体和无生命力量的共生是场的互动。情绪、关切等等是接触功能，只有作为需要和客体之间的关系才能被定义。认同和疏离都是一个场中功能运作的方式。然而，在这些情况下，一般的倾向是将"有机体"和"环境"在隔离中进行抽象，其次再将它们再合并。

绪、客体和人，是一些抽象，只有当回溯到场中的互动时才有
意义。

作为一个整体，这个场倾向于完成自己，以达到对场的等级
而言可能的最简单平衡。但是因为情况总是在变化，达到的部分
平衡总是新奇的；它必须成长而达到。一个有机体只有通过成长
才能保存自己。自体保存（self-preserving）和成长是极性的，
因为只有保存自己的事物才能通过同化成长，并且只有持续同化
新奇的事物才能保存自己而不是退化。所以成长的物质和能量
是：有机体保持如其曾经所是的保守尝试，新奇的环境，对先前
部分平衡的毁坏，以及对新事物的同化。

总体而言，接触是有机体的成长。通过接触，我们指的是获
得食物和进食，爱和做爱，攻击，冲突，交流，感受，学习，移
动，技术，总之，首先是必须被视为发生在有机体/环境场的边
界上的每一项功能。

在困难的场中对调整而言必不可少的复杂接触系统，我们称
为"自体"。自体可以被当作处于有机体的边界上，但是边界并
非本身从环境中孤立出来；它接触环境；它既属于环境也属于有
机体。接触是触摸某个东西的触摸。自体不被视为一个固着的制
度；它存在于每一刻每一个实际上有边界接触的地方。改述亚里
士多德的话："当拇指被捏住时，自体存在于疼痛的拇指之中。"

（因此，设想一下：专注于一个人的面孔，一个人感到这张
面孔是一个面具，之后好奇于一个人"真正的"面孔是什么。但
是这个问题是荒谬的，因为一个人真实的面孔是对某个当下情境
的反应：如果有危险，一个人真实的面孔就是恐惧；如果有某个
令人感兴趣的东西，它就是一张感兴趣的面孔；等等。一张面孔
之下被感受为面具的真实面孔，是对留在无觉察之中的情境的反

应，而正是这个现实性——将某事物留在无未觉察之中——通过这个面具被表达：因为这个面具此后就是真实面孔。[1] 所以治疗师经常给出"做你自己"的建议，这在某种程度上是荒谬的；其意图是"接触现实性"，因为自体只是那个接触。）

自体，即接触的系统，总是将感知-本体感受功能、运动肌肉功能和有机体需要整合起来。它是觉察和定向、攻击和操控，并且在情绪上感受环境和有机体的适当性。没有不涉及受肌肉影响和有机体需要的良好感知；一个感知到的图形并不是明亮且锐利的，除非一个人对它感兴趣且并且专注于它并细看它。同样地，没有兴趣、肌肉的本体感受和环境的知觉，就没有运动的优雅和技巧。并且恰恰是通过给予感知韵律和运动，有机体的兴奋表达自己，变得有意义，如同在音乐中一般明显。换句话说：是感觉器官在感知，是肌肉在运动，是植物神经系统在承受多余或不足；但是，是处于环境接触之中的"作为整体的有机体"在觉察、操控、感受。

这个整合并不是无用的；它是创造性调整。在接触情境中，自体是场中形成格式塔的力量；或者更好地，自体是接触情境中的图形/背景过程。这个形成过程的意义，背景和图形的动态关系，是兴奋：兴奋是在接触情境中形成图形/背景的感受，因为未完成情境倾向于它的完成。相反，因为自体并不作为一个固着的制度而存在，它尤其根据更加紧张而困难的问题来进行调整，当这些情境静止或接近平衡时，自体就被减少了。所以随着它接近同化，它处于睡眠或任何成长中。在获得食物中，饥饿、想

---

[1] 它表达的是："我是一个不想去感觉的人"或者"我想隐瞒我所感受到的东西"。

象、运动、选择和进食充满着自体；在咀嚼、消化和同化中则自体较少出现或没有自体。或者，在通过充满感情的表面进行的接触中，如同在爱之中那样，也是如此：欲望、接近、触碰和能量的完全释放充满着自体，随后的流动的发生带有减少的自体。简而言之，有最多冲突、接触和图形/背景的地方，就有最多的自体；有"融合"（共同流动）、疏离或平衡的地方，就有减少的自体。

自体存在于各个变动的接触边界之处。接触的领域可能被限制，就像在神经症患者身上那样，但是在有边界并且接触发生的任何地方，就此而言，它就是创造性自体。

3. 作为潜能实现的自体

当下是从过去朝向未来的篇章，并且在自体接触现实性时，这些是它行动的各个阶段。（很可能，关于时间形而上学的体验基本上是对自体功能运作的直接理解。）要注意的一项重要内容是，被接触的现实并不是被占有事物的不变的"客观"状态，而是一种潜能，它在接触中变成现实。

过去是不变的并且基本上无法改变的东西。[①] 在将觉察专注于实际情境之中时，情境的这个过去性作为有机体和环境的状态被给予；但是立刻，就在专注的那一刻，这个不变的给予物化解为许多可能性并且被视为一种潜能。随着专注的进展，这些可能性被改革为从潜能的背景中浮现的新图形：自体将自己体验为与

---

① 所以，抽象和不变的抽象"现实"是固着的过去体验的构建。基本上，"外在的"真实情况不是被体验为不变的，而是体验为持续更新的同一场。

某些可能性相认同并疏离其他可能性。未来，那即将到来的，是这样一个过程的指向性，它从许多可能性中而来，朝向一个新的单独图形。

（我们必须指出，有一个"客体"的"不变"客观状态的接触性体验。这是对某事物专注观察的体验，其中一个人开始了面对和细看这个事物的态度，但是忍住不去以任何方式干预或者调整它。显然，带着生动的爱欲假设这个态度的能力是造就一个伟大的自然主义者的东西，正像达尔文，他曾经花了几个小时着迷地看着一朵花。）

在神经症之中，对自体的抑制被称为一种无能，即无法将情境构想为变化着的或相反；神经症是对不变的过去的固着。这是真的，但是自体的功能比接受可能性要多；它也是它们的认同和疏离，创造性事物形成新的图形；这是去区分"过时的反应"和被引起的独特新行为。

在此，我们能够再一次看到，这个"做你自己"的常见建议是如何在误导的，因为自体只能作为一种潜能被感受；任何更加确定的东西都必须从实际行为中浮现。被这个建议唤起的焦虑是对无穷尽的角色的空虚和困惑的一种恐惧；神经质症患者感到，相较于他的自我的某种狂妄概念，他因此是无价值的；而潜藏其下的是对可能从虚空中浮现的被压抑行为的恐惧。

4. 自体的性质

自体是自发的，在模式上是中间的（作为行动和激情的背景），并且参与到它的情境中去（作为我、你和它）。让我们依次考虑这些属性，尽管它们彼此涉及。

自发性是对正在进行的有机体/环境行动的感受，既不仅仅是它的工匠也不仅仅是它的工艺品，而是在它之中成长。自发性既不是指导性的也不是自体指导性的，更不是被裹挟的，尽管它基本上是脱离的，但它随着一个人前进的"发现和发明"，投入且接纳。

自发性既主动又被动，既是自愿的也被完成；或者更好地，它在模式上是中间的，一种创造性公正；并不是不兴奋或没创意的无兴趣，因为自发性显然正是这些，不过，作为统一体，它优先于（且晚于）主动性和被动性，包含了两者。① （令人好奇的是，富有创造性的人们所证实的这种公正或冷漠的感觉，恰恰被分析性地解释为自体的丧失，而非自体的恰当感受，但是我们要唐突地尝试说明这是如何产生的。） 自发性的极端一方面是刻意，而另一方面是放松。②

在接触功能的主要类别中，感受最经常被认为是潜在的自体或"灵魂"；这是因为感受总是自发且中间的；一个人不会也将

---

① "所有承认合并的东西都必须能够相互接触：对于一个施动、另一个忍受行动——在这两个术语的本义上——的两个事物而言，这同样成立。"（亚里士多德，《论产生和毁灭》，第一章，6）

② 当提及中间模式时，再一次地，有语言上的重大困难。在英文中我们几乎只有主动或被动动词；我们的不及物动词，"行走""说话"，已经失去了它们的中间模式，仅仅是没有客体的活动。这是语言的疾病。希腊语有常规的中间状态，带着我们在此要求的看似无趣的意义：例如，*dunamai*，有力量；或者 *boulomai*，想要。法语反身代词同样如此，*s'amuser*，玩得开心，或者 *se promener*，散步。但是我们必须做出谨慎的区分，那就是：仅仅中间的东西并非对自体的行动——我们稍后会将之称为"内转"，一种经常是神经症的机制。相反地，中间模式意味着，无论自体做或者被做，它都将这个过程作为一个整体指向自己，它将之感受为自己的并且投入其中。所以，在英语中可能是："从事于"。

不会被强迫去感受某个东西。肌肉运动经常主要是主动的，而感知有时主要是被动的。但是当然，运动和感知都是自发且中间的——如同在生动的舞蹈或审美感知之中——而刻意本身可以是自发的，例如，受鼓舞的英雄行为离奇的刻意性；休息也可以这样，如同当沐浴在阳光之中或在爱人的支持之下。

借由"投入情境之中"，我们的意思是在一个人对情境的体验之外，不存在自己的或其他事物的意义。这个感受是即刻的，具体的，当下的，并且整合地涉及了知觉、肌肉和兴奋。让我们对比两种态度：当我们的感知和本体感觉给予了我们在场中的定向时，可以这样抽象地去看待和感觉这种定向：它指明了移动，并且之后达到会使我们满意的目标；或者它能够被具体地感受为正在路上，并且在某种意义上已经到达，现在得到了一个人的支持。在与一个任务接触之中，再一次地，这个计划被这个已完成的产品断断续续的火花所点燃，反之，这个已完成的产品并非被抽象地思考的东西，而是在这个物质的计划和逐渐发展之中将自己分类。进一步地，不存在单纯的手段和目的；关于这个过程的每一个部分，都有一个面面俱到却持续进行的满足，即得到一个人的支持本身就是一种操控和前感受。如果并非如此，就没有什么能够被自发地去做，因为一个人自发地暂停并且追求激起感受兴奋的事物。举一个戏剧化的例子（在纪德之后），投入垂死挣扎之中的战士，在战斗中激情澎湃地感受并获得快乐。

最终，自体自发地投入当下的关切并随着它的发展而接受它，自体没有抽象地觉察到自己，而是认为自己正在接触某个事物，如此来觉察自身。它的"我"与"你"及"它"互为两极。这个"它"是物质、冲动和背景的意义；"你"是兴趣的指向性；"我"在前进并且做出进展性的认同和疏离。

5. 作为自体各个方面的自我、本我和人格

我们已经讨论的活动（实现和潜能）和属性（自发性、中间状态等等）属于投入一种广义的当下的自体，但是当然，没有这样的时刻（尽管对于拥有强烈感受和精妙技巧的人而言，紧张的创造性时刻并不寻常，如果这个人运气好的话。）通过悬搁或固着它的某些力量而自由践行其他力量，自体在很大程度上为特别的目的创造特别的结构。所以我们已经提到了许多神经症结构，之前就已经在自然观察之中暗指这个结构，等等。正式的心理学其主题会是对可能的自体结构详尽的分类、描述和分析。（这是现象学的主题。）

为了我们的目的，让我们简短讨论一下自体的三种结构，即自我、本我和人格，这是因为，由于病人和治疗方法群体的各种原因，在变态心理学之中，这些不同的部分结构已经被当作自体的整体功能了。

在一个简单的自发行动中作为自体的各个方面，自我、本我和人格是创造性调整的主要阶段：本我是分解为其可能性的既定背景，包括有机体需要和开始被觉察的过去的未完成情境，被模糊感知到的环境，还有连接有机体和环境的初现的感受；自我是对疏离可能性逐渐的认同，对正在发生的接触的限制和加强，包括运动行为、攻击、定向和操控；人格是自体成为并同化进有机体的创造性图形，将它与之前成长的结果相统一。显然，这所有只是图形/背景过程本身，并且在这样简单的情况下没有用特别的名字使这些阶段显得尊贵的需要。

6. 自我

然而，更加一般的健康体验如下：一个人是放松的，有许多可能的关切，它们都被接受并且都是相对模糊的——自体是一个"弱格式塔"。然后一个兴趣承担了主导各种力量并且自发地强制动用自己，某些图像变亮而运动反应被压抑了。此时往往也要求一定的刻意排除和选择（以及在可能的竞争忧虑自行消退之处的自发主导）。付出关注并且专注，安排一个人的时间和资源，不在它们自己感兴趣的事情中调动手段，等等，这些是有必要的。也就是说，刻意的限制被强加于自体的全部功能运作中，而认同和疏离根据这些限制前进。当然，尽管如此，在刻意专注的这个干扰性阶段，在背景和刻意性的创造性行动，以及前景中逐渐增加的兴奋之中，自发性是普遍的。最终，在兴奋的顶峰，这个刻意性被放松了，而满足再一次是自发的了。

在这个一般的体验中，对自我的自体觉察，即认同的系统，它是什么？它是刻意的，在模式中是主动的，感官警觉且在运动上是带有攻击性的，并且意识到自己孤立于它的情境。

健康的刻意是觉察到限制了一定的兴趣、感知和运动，以便带着别处的更简单的统一体来专注。感知和本体感受通过"不留意"而被限制，例如，注意力可能会被运动性地转移，或者如果一个有机体的兴奋被抑制了，感知的对象就失去了光明。运动冲突可能被竞争运动冲动所检查。兴奋可能通过孤立它们而被抑制，不给予它们客体以锐化并唤起它们，也没有肌肉主动来聚集动力。（当然，同时，被选定的兴趣是发展的并聚集着兴奋。）

现在这些机制有必要产生一种"主动"、进行体验的意义，因为自体被认同于生动的选定兴趣，并且从这个中心来看似乎成了这个场中外显的施动者。环境中的这个方法被感受为一个主动的攻击而非一种"成长为"，因此，在此再一次地，现实并非根据它的自发的明度被满足，而是根据认同的兴趣被选择或排除。一个人具有制造情境的意识。根据之前对于相似场景的知识，手段纯粹作为手段被选择：一个人之后有了使用和掌控而非"发现和发明"的意识。这个意识是警戒着、密切注意着的，而非"找到"或"反应"。

有一个来自"感知-运动-情感"统一体和整个场中的高度抽象。（如我们所说，抽象是某些部分的固化，以便其他部分可以移动并成为前景。）计划、方式和目标彼此被分离。这些抽象在一个更紧密、更简单的统一体中凝聚。

最终，在刻意情境之中被感受为真实的一个重要抽象是自我本身：因为有机体需要被限制于目标，感知被控制了，而环境并不是作为一个人存在的极点被接触，而是作为"外部世界"被遥远地持有，对它而言一个人自己是外显的施动者。感到亲近东西的是目标、定向、手段、控制等等的统一体，而这恰恰是行动者自己，即自我。现在所有的理论化，特别是内省，都是刻意、限制性且抽象的，所以在对自体的理论化之中，特别是从内省之中，正是**自我**作为自体的中心结构若隐若现。一个人在一定的隔离中觉察到了自己，这个觉察并不总是发生在与某个其他事物的接触之中。意志的发挥和一个人技术的运用通过它们明显的能量令人印象深刻。除此之外，有如下的重要神经症因素：刻意的行为持续地在平息下来的未完成情境中重现，以至自体的这个习惯在记忆中作为自体广泛的感受而让自身印象深刻，然而自发的接触倾向于完成情境并被遗忘。无论它可能是怎样的，事实都是，在关于意识的正统精神分析理论中，正是自我而非自体被塑造为中心（如同我们在下一章要花大量篇幅讨论的那样）。

也就是说，在不带刻意限制的自发性认同和疏离的天堂般世界之中，自我会仅仅是自体功能的一个阶段。并且，只要行为被观察到，自我就仍然不会隐约可见，甚至当有许多刻意的时候。但是在任何内省理论之中，它都有必要显得突出，并且在主题是神经症的地方，没有任何别的事物存在于意识之中，除了刻意的自我。

7. 本我

然而，对于正统的弗洛伊德理论家而言，神经症患者的有意识传送物的价值微小；他的刻意努力被视为能量的缺乏。相反，这些理论家走到了反面并且发现，"精神"设备的重要、有活力的部分是本我；但是，这个本我主要是"潜意识的"；内省无法告诉我们关于它的内容；它可以在行为中观察到，包括言语行为，只有最基本的意识依附于它。当然，本我性质的这一概念是治疗方法的结果：放松的病人和自由联想，以及通过治疗师而非病人的专注而创造的意义（第二卷第七章，第 4 节及其后）。

但是让我们考虑一下一般的觉察到的放松中自体的结构。情境是：为了休息，自体暂停感官准备并从中间调放松肌肉。然后本我出现，它被动，散乱，并且不理性；它的内容是幻觉性的，而且身体显得突出。

被动性的感觉来源于无介入的接受行动。自体渴望休息，不会重整并将冲动践诸行动；运动启动是完全被抑制的。一个接一个的瞬时信号占据了主导和流逝，因为它们不被进一步地接触。对内省活动的小中心而言，这些可能性似乎是"印象"；它们被给予一个人并对他而做。

发生的图像倾向于幻觉性、真实客体，以及花费最少的努力接触的完整戏剧性事件，例如，对手淫幻想的催眠图像或幻想。他们的能量来自这种要搅动接触边界本身才能得到满足的未完成情境（第二卷第三章，第 7 节）。因为如果有机体的未完成情境是紧急的，那么休息是不可能的：强化它的尝试导致了失眠、不安等等；但是，如果它们是虚弱的（与白天的疲劳有关），它们或多或少能够被幻觉满足。手淫的被动性结合了这些被动幻想，带着平息对运动反应的需要的主动自体攻击。

自体似乎是散乱的，并且它实际上解体并消退为单纯的潜能，因为通过接触，它存在，被实现。因为感官定向和运动操控都被抑制了，没什么有任何"意义"，而内容似乎是神秘的。自我、自体和本我做个对比：刻意的自我拥有针对一个目标并且排除其他干扰的紧密抽象统一体；自发性拥有成长、介入和将干扰接受为可能的吸引的灵活而具体的统一体；放松则是瓦解的，只有通过身体若隐若现的感觉才能被统一。

身体显得突出，因为感觉和运动暂停了，本体感受占领了这个场。这些被刻意地压制了；现在它们被释放了，大量涌入觉察。如果它们并不提供专注的紧急重心，一个人就会睡着。

8. 人格

人格作为自体的结构很大程度上在分析进程本身中被再次"发现和发明"，特别是当所用的方法为对人际关系的解释和修正时。**人格**是人际关系中所采取的态度，是对一个人是什么的设想，用作一个人能够解释其行为的根据，如果这个解释被询问到的话。如果人际行为是神经症的，人格就由许多错误的有关自我、内摄、理想自我、面具等等的概念组成。但是当治疗结束时（对于任何治疗方法都同样成立），**人格**就是一种态度的框架，为一个人自身所理解，能够用于每一种人际行为。在这种情况的本质上，这是一次精神分析面谈的最终成就，结果是，因此获得的"自由"结构被理论家当作自体。但是**人格**基本上是自体的一个复制品，它回答了问题或一个"自体问题"（self-question）。它是人际理论家的特征，对于有机体的功能运作、性、模糊幻想，又或是对于物质材料的技术性逐渐发展，他们言之甚少，因为所有这些都不是解释的基本内容。

就像我们谈及自我和本我的自体觉察，**人格**的自体觉察是什么？它是自主的、负责的，并且完完全全自知的，好像在一个现实情境中扮演一个确定的角色。

自主一定不能与自发混淆。它是自由选择的，并且总有一种基本的分离意义，而分离之后则是承诺。这个自由的获得源于如下事实，即活动的根据已经获得：一个人根据他是什么，也就是说，根据他已经成为什么而对自己做出承诺。但是自发的中间模式没有这个自由的奢侈，也没有来自知道自己是什么、身处何处并且能够介入或不介入的安全感；一个人是介入的并且被带着走，并非身不由己，而是超越自己。自主不像刻意那么外向地主动，当然也不像放松那么外向地被动——因为它是一个人根据自己的角色而介入的自己的情境；一个人没有作用于其他事物也没有被它所影响；因此，自由的人格被认为是自发的，在模式上是中间的。但是在自发的行为中，每一个事物都是新奇的而且逐渐地被塑造为自己的；在自发之中，行为是一个人自己的，因为原则上它已经被获得且同化了。"现实情境"不是真的新奇，而是**人格**的一个镜像——因此，它为一个人自己所知，并且这个人是安全的。

人格是"透明的"，它被彻彻底底地了解，因为它是被认识到的内容的系统（在治疗中，它是所有"啊哈！"洞察的结构）。在这个意义上，自体并不是完全透明的——尽管它是觉察的，并且能够为自己定向——因为它的自体意识与现实情境中的他者相关。

同样地，**人格**是负责的并且能够在创造性自体不负责任的意义上保持自己的负责。因为责任是一个合约的填写；合约根据这个人是什么而制定，而责任在这个框架中是行为进一步的一致性。但是纯粹的创造性无法在这个意义上做出约定；它的一致随着它的前进而来。因此**人格**是自体的责任结构。给出一个不十分相似的内容作为例子：一个诗人，认识到情境的种类和所要求的交流态度的种类，他可能签约写一首十四行诗，并且他负责地填写了这个诗韵形式；但是，随着他与说话接触得越来越近，他创造了意象、富有情感的韵律和意义。

第十一章
对精神分析自体理论的批判

1. 对于使自体多余的理论的批判

自体功能是有机体/环境场中的各种边界接触中的图形/背景进程。这个概念在一般的和临床的体验中是如此可得，对治疗如此有用，以至我们遭遇了为什么它在现在的理论之中总体被忽视或轻视的问题。那么，在这一章之中，让我们讨论这些意识理论（通常作为**自我理论**被提出）的缺点。稍后（第十三章），我们会看到自体功能被弗洛伊德本人更加恰当地对待，除了一点：因为一个错误的压抑理论，他将自体功能的创造性工作大多归因于无意识了。

正统理论的困难始于它们在健康的意识和有疾病的意识间的区别；因为健康的意识被当作多余的——理论上动态的多余，并因此在治疗中实践上的多余——它什么也不做。只有有疾病的意识是有效的且被注意到，以便将之除去。

考虑下面来自安娜·弗洛伊德的《自我与防御机制》中的段落：

"当两股相邻力量——自我和本我——的关系平静时，前者填满了对它观察后者角色的羡慕。不同的本能冲动不断地从本我强行进入自我，其中，通过它们获得满足的方式，它们获得了通向运动系统的入口。在支持性的情况中，自我并不反对闯入者，而是将它的能量分配给他人主导，并且将自己限制在感知之中……如果自我赞同冲动，它就完全不会进入图像。"①

当然，在这个段落中，首先有一个重要的真相：冲动通过"有机体自体调节"占据了主导，不带有刻意的努力；存在对被给予内容的认同。（用我们的话来说，自我是自体功能的进展阶段。）但是说冲动作为"闯入者""强行进入"，而自我"并不反对"，这是多么特别的词语运用，好像在有利的情况中没有自体的统一过程作为背景。并且，在这个段落的每一处，马车都被放在了马前：自我并非从感知-动作-感受的前分化接触开始，之后，随着困难和问题变得更加明确，这种接触得到发展，对自我而言，有必要去"将它的能量分配给他人"，诸如此类；但是实际上，一个人无法展示"冲动"，这个冲动亦非感知和肌肉运动。

一个人难以设想有机体和环境的关系，这种关系暗含于自我"将自己限制在感知之中"，限制于觉察，否则"不会进入图像"。觉察不是多余的；它是定向，在欣赏和靠近，在选择一个技术；并且，在与操控功能性相互作用中，在更近的接触逐渐上升的兴奋中，它无处不在。感知不仅仅是感知；它们变亮，锐化，并且

①　Anna Freud, *The Ego and Mechanisms of Defense*, International Universities Press, Inc., New York, 1946.

引诱。这个过程自始至终都有发现和发明，而不是旁观；因为尽管有机体的需要是保守的，但对需要的满足只能来自环境中的新奇：本我功能越来越多地成为自我功能，直到最终接触和释放，正好与弗洛伊德小姐坚称的相反。恰恰在有利的情况中，当本我与自我和谐共处时，觉察的创造性工作是最明显的，不是"在图像之外的"。因为设想一下，若不是这个情况：究竟为何在功能上，觉察应该是有必要的呢？为什么满足不能出现，紧张被释放了，而此时动物在无梦之眠中过着呆板单调的生活？然而，这是因为接触新奇的当下需要力量统一的功能运作。

让我们引用另一个段落，以表明这个关于多余的觉察系统的理论错误对治疗是有害的。安娜·弗洛伊德的书的上下文——顺便说一下，一本书是有价值的贡献——如下：意识是对于治疗来说最可获得的东西；正是固着的"自我防御"构建了神经症。我们当然同意这些（尽管我们应该提及自我攻击而不是自我防御）。而根据她的看法，这个问题在于如何捕捉到正在运转的自我。她争论道，这不可能是在一个健康的情境中，因为那样的话自我就是多余的，当自我成功地"防御"时它也不可能是健康的，因为那样它的机制就被隐藏了，冲动被压抑了，但是，例如，

> "当反向形成（reaction-formation）——一种神经症性自我机制——这样的形成处于瓦解过程中时，它可得到最好的研究……有那么一会儿，本能冲动和反向形成在自我内部是一起可视的。归功于自我的另一个功能——它综合的倾向——对分析观察特别有利的这种事务状态，一次只持续很短的时间。"①

---

① Anna Freud, *The Ego and Mechanisms of Defense*, International Universities Press, Inc., New York, 1946.

请注意，在此，"综合的倾向"被称为"另一个"可获得的自我的功能，在这章的最后作为题外话被提到；但是这个倾向，康德等人评判为经验自我的本质的东西，即统觉的综合统一体，并且它是我们所认为的自体的主要工作，即格式塔形成。然而，在这个段落之中，这个综合的倾向被当作对——对什么？——对**自我**（！）的观察的不幸的困难。在此，显然通过自我，弗洛伊德小姐要说的完全不觉察系统，而是未觉察的神经症刻意性；然而对包括病人合作在内的治疗来说，最可用的并非意识。可替代之物是我们一直建议的，去分析这个综合的结构：对病人，专注于他的图像是如何不完整、被扭曲、尴尬、无力、模糊的，并且让它们发展出更多完整性，通过动员更多综合的倾向，而不是规避之；在这个过程中，焦虑被唤起而冲突浮现了，同时病人逐渐能够处理焦虑，所以它再一次成为呼吸着的兴奋。因此这个自体理论直接和自体的治疗一同发展。但是在正统概念之中，情况是相反的：不去关注病人的整合能量，而是将之尽可能地赶走，由此，关于如果这个病人完全迷失方向并陷入瘫痪时会怎样，治疗师有所了解。然后呢？分析师之后将会从不相干的各个部分拼凑出病人吗？这必须通过病人整合力量完成。然而，分析师非但没有将此召集到实践中并尽他所能地削弱之，反而仍然对其一无所知。

令觉察系统实际上多余，甚至令之成为障碍，这样的理论给出一幅错误的健康情境的图像，在神经症情境中是不会有所帮助的。

2. 对将自体隔离于固着边界的理论的批判

大多数关于觉察的正统理论处于上述模式中。不那么典型的是保罗·费德恩（Paul Federn）关于自我及其边界的理论。（下述引文来自论文《精神病性自我的精神卫生》。）在这个理论中，自我并不是多余的，它行动并被感受为一种存在的综合统一体。

> "自我由一个人的个体性的本体感受中，对于个体身心的统一性、邻近性和持续性的感受所构成……自我是功能性的精神投注单元，随着每一个实际想法和感知而变化，但在遥远的边界中有关它存在的相同感受会得到保留。"[①]

费德恩医生再一次警示了这个多余内容的错误：

> "去相信一个人通过使用'自我'这个词而非'人格'或'个体'来展示自我心理学的诱惑……任何赘述性术语都容易用于自欺。我们必须记住，自我是一个投附了精神能量的特定的身心单元。"[②]

而且，费德恩医生展示了如何在治疗中使用这些能量单元。

---

① 这是一个对上面我们称为**人格**的内容（第十章第 8 节）的公平描述。这样的自体并不怎么感受到自己作为其接触的统一体的存在。

② Paul Federn, "Mental Hygiene of the Psychotic Ego," *American Journal of Psychotherapy*, July, 1949, pp. 356 – 371.

例如，特别的操作觉察功能，比如抽象或概念思考，可能被弱化（在精神分裂中），而治疗存在于通过践行这个自我来加强它们。

目前为止一切都是好的。但是这个概念的难处在此：如果这个接触系统主要（而非有时作为特别的结构）是明显的边界内一个人个体性的本体感受，那么一个人如何可能接触边界之外的现实呢？在费德恩医生的以下表述中，我们恰恰遭遇了这个困难：

> "无论什么仅仅是想法的东西都归因于处在精神和身体边界之内的精神过程；无论什么保持真实的内涵都处在精神和身体边界之外。"

在哲学的当下陈述之中，这种表述似乎是完美理性的，但它是荒诞的。因为人是如何知道内部和外部、"想法"和"真实"的区别的呢？不是通过觉察吗？因此在某种程度上觉察系统必须直接接触"外部"真实；自体感必须超越一个人个体性的本体感受。（当然，我们已经在讨论：接触的本质是与情境相接触；自体功能是场的一个功能。）这是一个古老的问题：觉醒过来后，你怎么知道你曾在做梦而不是现在在做梦？而这个答案也仍然是经典的：这不是通过"现实"的特别"内涵"，好像现实是一个可拆卸的品质，而是通过整合更多的觉察进入实际情境，通过更多的一致性、更多的身体感受，在这个情况下尤其是通过更多的刻意的肌肉力量。（你掐自己看看你是否醒着；并不是说你可能不会做梦也在掐自己，而是说这是更多的证据，并且如果所有可得的这种证据是一致的，那么无论你是醒着的还是在做梦都没什么差别。）如果医生也将运动行为当作自我感（ego-sense）的一部分，同时当作感知和本体感受来谈论，这种荒谬就会变得明显，因为之后个体的"身体"无法从环境中的其他东西弹回。

现在让我们看看，一个人是如何动态地走进费德恩医生貌似可信的图像之中。考虑下面的议题：

> "精神自我和身体自我被分开感受，但是在觉醒的状态中总是以这样的方式：精神自我被体验为处于身体自我之中。"

当然并非总是如此。一个强烈兴趣的情境在觉察中显得比感受到的身体更为突出，身体被感受为它的一部分，或者被感受到的完全不是"身体"，而是受到身体嗜欲限定的"其情境中的客体"（objects-in-its-situation）。在这样的时刻，身体被感受为渺小的且被外转向兴趣。但是作者可能在思考的是内省的时刻；而且在这个行为之中，"心灵"真的是在"身体"之内的——特别是如果身体抗拒作为背景并显得无聊、烦躁而充满渴望的话。

我们现在能够赞同这个表述：

> "作为主体的自我为代词'我'（I）所认识，而作为客体它被称为'自体'。"

如果观察性技术是内省的话，这就是合理的语言，因为之后"精神的"自我是主动的而"精神的"和"身体的"自体是被动的；并且，既然身体觉察是不可控制的——除非内省转化为生动的幻想——客观的身体感受就比内省的主语要更大。但是让我们考虑一下这种普通使用的语言的逻辑：在内省中，身体觉察并非主动的；那会是什么呢，它是不是"我"？如果身体觉察是

"我"，那么自体并非仅仅是客体，而"我"在一定程度上也不是主体。如果身体觉察不是"我"，那么就有一个觉察系统在自我的详细审查（即并非反省的觉察）之上，而之后什么会成为统一呢？两个结论恰好都是对的，而且都与费德恩的理论相矛盾。幸运的是，真正的潜在统一体能够被一个简单的实验展示：内省，尝试将更大的被动身体自我的越来越多的碎片，作为正在行动的"我"的客体而包含；渐渐地，然后突然之间，心灵和身体将会结合，"我"和自体将会融合，主体和客体的区别将会消失，而觉察到的自体将会作为感知或兴趣，在某些"外部"问题上触碰现实，不带有"仅仅"思考的干预。

也就是说，在中间模式中觉察的自体，爆发了心灵、身体和外部世界的划分。对于自体理论及其与"我"的关系，内省是糟糕的基本观察方法，因为它创造了特别的状态：我们一定不能得出这样的结论吗？我们必须从探索大量重要的情境和行为开始。然后，如果我们恢复了内省，真正的情境是显而易见的：正在内省的自我是关于身心觉察的刻意的限制性态度，暂时排除了环境性觉察并且令身体觉察成为一个被动的客体。

当这个刻意限制未被觉察的时候（当疏离的自我功能是神经症的时候），就存在自体的一个固着边界的意义，以及被隔离的主动中心的意义。但是这个存在是通过态度创造的。并且之后，我们也有清空了"现实"的"仅有的"想法。但是在觉察内省的情况下，想法是现实：它们是排除了环境时的现实情境，而之后，被约束的自体及其主动中心是一个好的格式塔。

但一般而言，觉察的自体并没有固着的边界；它通过接触某些现实情境在各种情况中存在，并且受到关切的背景、主导的兴趣和随之发生的认同与疏离的限制。

3. 对以上理论的比较

对于以上理论的讨论揭示了通常的现代心理学中对立的困境：

（一）像安娜·弗洛伊德，一个人保存了功能场，即有机体和环境的互动（本能和满足），但是他使自体的综合力量成为多余；

或者（二）像费德恩，一个人通过从环境（现实）中切断自体（想法）来保存自体的综合力量。

但是，如果我们记住既定物主要是感知、运动和感受功能的统一背景，以及自体功能是有机体/环境场中的创造性调整，那么这些困境是可以解决的。

我们现在能够处理本章开头提出的问题了：自体功能是如何被严重误解的，而声名狼藉的自我理论又何以是精神分析最不发达的一部分？让我们谈一谈四个相关的原因：

（1）划分了心智、身体、外部世界的哲学氛围；

（2）对创造性自发性的社会恐惧；

（3）深层心理学和普通心理学的历史区分；

（4）心理治疗的主动和被动技术。这些原因协力生产了自我理论的惯常困境。

4. 哲学划分

心理学方法已经经典地从体验的对象进展到力量的行为，最后成为合适的主题——例如，从可见物的本质到视力的现实性，再到看见作为有机体灵魂部分的力量。这是一个合理的顺序，从可观察的东西到推论的东西。但是如果这个体验恰好是神经症的，一个奇怪的困难就出现了：异常的力量给予了扭曲的行为，而这些行为给予了有缺陷的对象，之后如果我们从这个"缺乏体验"的世界开始前进，我们就会错误地推断体验的力量，并且这些错误彼此强化，恶性循环。

我们在第三章中看到对长期低等级突发事件的反应是如何感知被划分的**心智**、**身体**和**外部世界**的社会的。现在这样的外部世界的客体就像是需要攻击性意志发号施令（而非在成长的过程中互动），并且在认知上，它们是疏离的、碎片式的等等，例如只以详尽的抽象推论而被知晓。被推论为体验这种客体的自体就会是我们所描述的刻意的自我。但是这个推论通过以下事实被强化：未觉察的肌肉长期高压力、过度警觉的感知和减少的本体感受产生了一种愿意且夸大的意识，即作为隔离的刻意自我的基本自体。相似地，在**心智**和**身体**的关系之中：自体征服的攻击压制了欲望和焦虑；医学观察和理论通过外部的毒素和微生物在侵扰的方向上脱落；医疗实践由无菌消毒、化学治疗、维生素及止痛剂组成。所以一般而言，不依赖于场的统一体的行为防止了反对现有理论的证据出现。很少有明显创造性，接触缺乏，而能量似乎从"其中"而来，并且这个格式塔的部分似乎"在心智之中"。

　　然后，在给定这个隔离的活跃自我的理论（以及感受）之后，考虑一下医生所遭遇的这个问题。如果自我的综合力量被严肃地当作与生理的功能运作有关，"有机体自体调节"就有一个目的，因为自我将干涉而非接受和发展；但干涉自体调节产生了身心疾病；因此，理论上和实践上，在相对的健康之中，自我被当作多余的，当作旁观者来治疗。而这被下列事实所证实：隔离的自我的确缺乏能量，无足轻重。相似地，如果自我的综合功能被严肃地当作与现实相关，我们就有精神病患者的世界，一个投射、合理化和梦的世界；因此，在相对的健康之中，"仅有"想法和"现实"最终得到区分；自我在其限制中被固化。

　　当哲学划分的一个部分而非另一个部分被化解时发生了什么，注意到这一点是有趣的。在理论和治疗之中，威廉·赖希完全重新构建了身心统一体，但尽管面对明显的证据有一定的让步，他基本上仍然将动物视作在其皮囊之下进行功能运作——例如，将高潮与膀胱中的搏动相比较；"有机体"并不被当作源于存在着的场的抽象。那么在他的理论中有些什么？在边界上，接触情境被视为矛盾的驱力，为了找到它们的统一体，一个人无法注意自体的创造性综合，但必须离开社会生物表面并在生物的深层中探索；所有的人类能量都"来源于内部"。表面矛盾——例如，在文化或政治中——的创造性解决的可能性越来越令人绝望（但是当然，这个绝望是从表面中理论性退出的原因之一）。在治疗之中，最终的方式仅仅是为了尝试唤醒身体的神谕。自体的创造性力量被完全分配到了无意识的"有机体自体调节"之中，不顾人类科学、艺术、历史等等的所有证据。然而，其次，被压抑的场的统一体越过接触的边界，被抽象地投射到了天堂和一切地方，作为生物物理力量，直接地从"外部"使有机体充满能量（并直接攻击）。而且，这个抽象和投射——"奥根理论"（orgone theory）——被惯常的强迫性科学实证主义伴随。（这并不是说赖希的生物物理力量必然是幻觉，因为大量的投射实际上达到了目的；但是成为幻觉的东西是这样一种观念，即这样的力量，如果它存在，就能够不经由一般人类的同化和成长的通道而直接地有效。）

在另一方面，假设对社会环境的划分被瓦解，而身心统一体没有被理解，只是被报以空头支票。那样，我们就到了人际理论家的观点上来（华盛顿学派、弗洛姆、霍尼等等）。这些人把自体削弱到我们前面所称的**人格**上，然后——令人震惊却不可避免——他们告诉我们，生理本质很多是神经症性的、"幼稚"的。但是他们的建构缺乏活力和独创性，而且恰恰在一个人希望他们作为有创意且革新的社会发明家，做得最好的地方，我们发现他们的社会哲学是特别乏味的镜厅镜映着自由且空虚的**人格**的。

5. 对创造性的社会恐惧

对于场——接触的基础——的分裂就讲这么多。现在让我们转向场中的格式塔形成，即自体的自发性。

如我们在第六章中所说明的，存在一个对于自发性的流行性恐惧；它是出众的"幼稚"，因为它不考虑所谓的"现实"；它是不负责任的。但是让我们考虑一下一个普通的政治议题中的社会行为，并且看看这些术语意味着什么。有一个议题、一个问题；并且有对立的党派：用以陈述问题的术语从政治、既得利益、这些党派的历史中而来，并被视为问题唯一的解决方法。这些党派并非从问题的现实出发构建（除了在大革命时期），但是问题只有在人们接受的框架中得到陈述才能被认为是"真实"的。而实际上，对立的政治都不会自发地将自己推荐为现实问题的现实解决方法，一个人因此持续遭遇"两害相较取其轻"的选择。自然地，这样的选择并不激发热忱或主动。这就是所谓的"现实主义"。

对于困难的创造性取向恰恰相反：通过发现或发明某种新的第三种取向，它试图将问题提升到一个不同的级别，这种取向对于议题很重要并且自发地推荐自己。（之后这会是政策和党派。）每当选择是仅有且特有的"两害之轻"，没有正视真正的满足的时候，就都可能没有一个真正的冲突，而只有一个没有人想正视的真正冲突的面具。我们的社会问题通常被置于掩盖真正冲突并防止真正的解决的位置——因为这些可能需要大冒险和重大的改变。然而，如果一个人自发地表达了他真正的烦恼，或简单的常识，并且以对这个议题的创造性调整为目标，他就被称为逃避现实、不实际、乌托邦、不现实。被当作"现实"的，是搁置问题的被接受的方式，而非这个问题。我们可能在家庭、政治、大学、职业之中观察到这种行为。（所以，之后，我们注意到了过去的时代是如何在某些方面显得如此愚蠢的，而我们正是从过去时代的社会形势中成长起来的。我们现在看到，为何一个自发的方法或者微小的常识，不能轻易解决它们的问题，防止一个灾难性的战争，等等，等等。除了一点，如同历史所展现的那样，在那时被建议的任何新鲜取向，都绝非"真实的"。）

现实原则的大多数现实由这些社会幻觉所组成，并通过自体征服来保持。如果我们考虑到在自然科学和技术之中，在它们最佳之处，每一个猜想、愿望、希望和投射都被不加一丝愧疚或焦虑地容纳，这就是显然的；真实的主题并不"遵照"，而是鲁莽地被幻想和实验。但是在其他事务上（当颜面必须被保住的时候）我们有下面的循环：**现实原则**使创造性的自发性多余、危险或者精神失常；被压抑的兴奋被更具攻击性地转向以对抗创造性自体；而规范的"现实"之后被体验为的确是现实的。

最为悲凉的怯懦既不是对于本能的恐惧也不是实施伤害，而是对于一个人用自己的新方式做某件事的恐惧，或是如果一个人并非真正感兴趣就不去这么做。但是人们查询手册、权威、报刊专栏作家，询问观点。然后一个人会描绘出什么样的自体图像呢？它甚至不是同化的、具有同等创造性的；它是内摄的、成瘾的并且照搬照抄的。

6. 分析理论中的艺术

从分析理论中抹去自发性的美妙例子可以在艺术和诗歌的治疗中观察到，恰在一个人期待在前景中找到创造性自发性之处。

早前，弗洛伊德宣称精神分析会处理艺术家们选择的主题，以及对他们创造性的阻碍（这些是他的莱昂纳多的话题），但是不处理创造性灵感，那是神秘的，也不处理技术，那是艺术史和艺术批评的领域。自此这个名言在很大程度上被坚持（并非人本主义的恩典，弗洛伊德带着这个恩典创造了它）；当它没有被坚持的时候，结果就是将艺术变成特别恶性的神经症症状。[1] 然而它是多么不同寻常的概念啊！因为主题和抑制属于任何一个活

---

[1] 显著的例外是兰克，他的《艺术与艺术家》（*Art and the Artist*）是令人赞美不尽的。

动；恰是创造性力量和技术制造出了艺术家和诗人；所以，所谓的艺术的心理学是除了艺术以外——特别是艺术——一切的心理学。

但是让我们仅仅考虑两个被禁止的主题，特别是技术。当然，对于艺术家而言，技术、风格是一切：他将创造力感受为他天然的兴奋和他对此主题的兴趣（这是他从"外部"得来的，即从过去的未完成情境和这天的活动中得来的）；但是这个技术是他的形成现实并且变得更加现实的方式；它占据了他觉察、知觉、操控的前景。这个风格是他自己，是他所展示和交流的内容：风格而非被压抑的平庸愿望，也不是这天的新闻。（当然，正式的技术基本上是交流的内容，显然来自罗夏或其他投射测验。当然，有趣的并不是塞尚的苹果——尽管它们绝非不相关的——而是他的处理，以及准确地说他将苹果做成了什么。）

真实表面的逐渐建立、物质媒介中明显的或尚未成形的主题的转型，这就是创造。在这个过程之中，除了一个人之前并不知道的仅仅是言语上的神秘，完全没有神秘，有的是一个人做了之后知道并且可以讨论的东西。但这对于每一个遭遇了任何新奇并形成格式塔的感知和操控而言都是正确的。正如在心理体验之中，我们能够将一个任务孤立并重复相似的部分，达到这个程度时，我们便能够预测将被自发感知或表演的整体；但是在对艺术和余生所有重要的考虑之中，这个问题和各个部分在某种程度上总是新的；整体可以被解释但不可被预测。即使如此，整体也是通过平常的（日常的）体验而形成。

对于精神分析师而言的创意的"神秘"来自他们并不在明显的地方、在接触的一般健康中寻找它。但是一个人能够期待在精神分析经典概念中的哪里找到它呢？不在超我之中，因为那抑制了创造性表达；它在毁坏。不在自我之中，因为那什么也没有引起，而是观察，执行，或者压抑并保卫自己。有创造性的我不可能是自我，因为艺术家无法解释自己，他说："我不知道它从何而来，但是如果你对我如何做它有兴趣，这就是我所做的——"而他之后开始了无趣的机械式的解释，那是艺术批评和艺术史而非心理学的主题。因此精神分析师猜想，创造性的内容一定在本我之中——并且在那里藏得很好。然而的确，一个艺术家并非觉察不到他做了什么；他十分有觉察；他既不将之言语化也不将其理论化，除非是后验的；但是他处理了物质媒介并解决了一个困难的新问题，这个问题随着他的继续而改进了自己，由此获得了某些成功。

精神分析从自体征服的自我中理论化，能够使令人兴奋且改变现实的接触变得毫无意义。而我们这一代的耻辱是这种自我如此地流行，以至艺术家似乎是超乎寻常的。这个理论不是从各种最为生动的创造性个案——这些个案（在这个方面）是正常的——中理论化自我，而是来源于普通个案，生动的个案则被认为是神秘或恶性神经症的。

然而正确的理论也能够从儿童的自发性中积累，他们带着完美的泰然自若，使现实出现幻觉并仍然辨认出现实，他们与现实游戏且改变现实，不带有一丝一毫的精神错乱。但是当然，他们是幼稚的。

7. 深层心理学和普通心理学的分裂

历史上，精神分析发展于联想心理学的全盛时期，以及在联想的反射弧和条件反射扎根的最初一阵子。弗洛伊德的功能性和动态理论与这些概念如此不和，以至它似乎属于另一个世界，而这实际上是到来的休战，一种世界的分割。意识内容的世界弗洛伊德让给了联想学家（以及生物学家）；梦的世界他留给了自己，并且用功能性信号正确地加以描绘。在这两个世界的边界上，在梦开始醒来的地方，发生了弗洛伊德所灵光一闪地（轻视地？）称呼的"润饰"（secondary elaboration）；它当然不是基本且充满活力的，而是通过与"现实法则"的一致来尝试言之有理，即联想。（我们会在第十三章中回到弗洛伊德的初级过程和次级过程。）同时，心理学家越来越多地证实了通过构建实验情境的现实法则，这些的确越来越不那么生动有趣，其中反应（response）实际上倾向于反射（reflex）：迷惑与惊讶，对此的反应并非次级的而是第三或第四级的，最高到达精神崩溃的地步。（如果心理学是关于创造性调整的研究，反射心理学就是物理的刑罚学分支。）

固然，弗洛伊德偶尔指出了梦的法则可能是现实法则——但是他没有看到如何调和这些不同。但是的确，只是在逻辑的根据上，梦的世界才具有其快乐法则和奇异的扭曲，而"有意识的现实世界"则具有其无快乐和成瘾的联想，考虑到这两个世界，避免再次发生的认识论问题是困难的：一个人带着怎样统一的觉察去分清这两个世界，而这统一系统的法则是什么？

在普通心理学之中发生了格式塔革命——那主要是回到了古老的概念。（因为思维和行为的工作并非腼腆或隐秘的主题，而古人尽管并非敏锐的实验者，但忍不住要对它进行实验。）感知、抽象、问题解决开始被构建为形成了的和形成着的整体，对于未完成的必要任务的完成。现在一个人会期待格式塔心理学和精神分析立刻重归于好，接触和深层心理学，并且因此再一次地自体、本我、自我和人格的功能性理论相结合。这无法发生。无人敢于这么做，这必须归因于格式塔学者，因为精神分析师并未缺乏胆量。首先，数年以来，为了反驳联想学家，格式塔心理学家将自己投身于证明感知到的整体是"客观"的并主要是身体的，不是"主观的"，也不是情绪倾向的结果。然而，这赢得了多么惊人的胜利！因为对于全部的物理本质，格式塔学者热情地想要获得整体的倾向，坚持情境和所有部分的相互关系，以便支持他们的心理学；但是只有在这一种人类感受的情况下，格式塔原则才并不适用！情绪并不是它伴随的感知的真实部分；它不进入图形！

其次，他们对于这个胜利野心勃勃，仔细地消毒（控制）实验情境，使自己对于任何主题越来越不可能有兴趣；尽管如此，通过美好的独创性，他们能够显示格式塔。然而，他们恰好的成功本应该使他们警觉并作为不通过的证据，因为它违背了环境的基本原则：在所有的功能通过现实需要而得到动员的地方，格式塔是最为明显的。他们本应该实验的东西恰恰相反：当任务成为单纯的实验任务，变得抽象、孤立、不重要时，去展示对于形成倾向的削弱。（而从一开始这便是动物实验的方针。）第三，从一开始他们就坚持了正式实验室的科学方法。但是考虑到下面的困难：要是这个恰好提供了基本解释的东西，即生动兴奋的创造性力量，那么，要么从这个情境中后撤，要么干扰实验，打扰控制，可能完全拒绝被实验，并且坚持存在的问题而非这个抽象的问题？在这样的情况下，为了科学，一个人必须从所接受的"科学方法"的盲目崇拜中调离。在让一个人产生变化，为快乐而做出复杂努力的意义上，实验必须是现实且有意图的，并因此是一种合作关系，其中"实验者"和"主题"都是人。这样的研究无疑是不可能的。在政治上，它们发生在合作性交流中；在社交和医学上，它们发生在像在佩卡姆健康中心（Peckham Health Center）这样的项目中；并且，它们存在于心理治疗的每一次会谈中。

尽管如此，到现在已经有两代人的时间内，我们具有怪异的情境：最具动态性的两个心理学流派平行发展却鲜有互动。而不可避免的正是，在它们相遇的根基即自体理论上，情况变糟并且最无发展。

8. 结论

最后，心理治疗中所使用的方法本身拥有关于自体和发展的模糊的真正理论，并且倾向于将自我的理论确认为多余的或仅仅是阻抗的，将本我视为无觉察的，将人格视为仅仅是正式的，等等。他们产生了观察的情境——并且使用了疗愈的准则——其中，证据是对这些理论的表面认同。通过整本书，我们已经展示了关于这从何而来的例子。

尽管如此，不说接下来的内容就结束这个不友好的章节，这是不公平的：

即便精神分析具有所有这些缺点，在现代还是没有其他学科像它这样传达了有机体/环境场的统一。如果我们看到大的方向而不是细节，就能够看到在医学、心理学、社会学、法律、政治、生物学、生物物理学、考古学、文化历史学、社区规划、教育学以及其他专业之中，精神分析发现并且发明了一个统一体。

在每种情况下，专业的科学家们都正确地拒绝了简单化和简化；然而，我们看到，恰恰在他们对于精神分析各种错误的回应之中，他们开始使用精神分析的术语，而人们收集到的用以将精神分析驳斥为无关紧要的证据，在精神分析到来之前很是被轻视。

第十二章
创造性调整 I：前接触与接触

1. 生理学与心理学

尽管不存在本质上不是有机体/环境场中的互动的有机体功能，然而在任何时候，绝大多数动物功能的更大的部分倾向于在它们的皮囊之下完成自己，受到保护且无觉察；它们并不是接触功能。接触在"边界"上（但是当然，边界在转换并且甚至可能痛苦地处在动物的深深的"内部"），并且基本上它们接触新奇事物。有机体调整是保守的；它们在漫长的演化史中被建立在有机体内部。假设在某些时候，内部的功能也是一种接触功能，冒险进入并忍受环境（例如，蠕动-运动、渗透性的消化-触碰、有丝分裂-性等等），但现在，甚至在突发事件中，调整的发生都极少带有与新奇事物的接触。

保守继承的调整系统就是生理学。当然，它是整合的并且将自己作为整体来调节，它并不是基本反射的集合：生理学的这个整体性古人曾经称之为"灵魂"，而"心理学"（灵魂的科学）也包括了对生理学的讨论。但是我们更愿意将心理学的主题作为生理调整的特别集合，它也与非生理学的内容，即有机体/环境场边界上的接触有关。在生理学和心理学定义上的不同是自体调节，"灵魂"的相对自给的保守主义，以及通过"自体"面对并同化新奇。人们将由此看见一个情境之中的当下和创造性调整构建了自体功能。

在某种意义上，除了是生理学的一项功能之外，自体一无是处；但是，在另一层意义上，它完全不是有机体的一部分，而是场的一个功能，它是场包含有机体的方式。让我们考虑一下生理学的这些互动和自体。

2. 前接触：周期性和非周期性

一个生理学功能在内部完成自己，但是最终，不同化环境中的某事物、不成长（或者释放某物到环境中并且死去），没有功能能够继续这么做（有机体无法"保存自己"）。因此，未完成的生理情境因为一些不足或者过度，周期性地使接触边界兴奋，这个周期性适用于每一项功能，无论是新陈代谢，还是对高潮的需要、对划分的需要、对锻炼或休息的需要等等；并且，所有这些都作为冲动或欲望、饥饿，排泄、性、疲劳的冲动等等而发生在自体中。

我们可以由此看到，为何呼吸在心理学和治疗中扮演了如此有趣的角色。（"心灵"［psyche］或"阿尼姆斯"［animus］是呼吸。）呼吸是一项生理功能，然而它对环境的需要周期是如此频繁，并且的确是持续的，以至它总是濒临开始觉察，即一种接触。而在呼吸之中，一个人很好地看到动物是一个场，环境在

"内部"，或基本上弥漫于每时每刻。由此焦虑，即对呼吸的扰乱，伴随着对自体功能的任何扰乱；所以，治疗中的第一步是接触呼吸。

当一个新奇的情境因为觉察故障而发生时，保守的功能也成为接触。这些是非周期性的痛苦。在冲动和嗜欲之中，接触的图形发展了起来——例如，口渴和可能的水——而身体（不平衡）是背景，并且越来越弱。（这对于排泄的冲动来说也是正确的，在健康上，它是一种"释放"的冲动。）在痛苦之中，身体作为前景图形越来越被留意。所以经典的治疗格言是："健康的人感受到他的情绪，而神经症患者感受到他的身体。"——这当然不是否认，而旨在表明：在治疗中，一个人试图扩大身体觉察的区域，正是因为某些区域无法被感受到，而其他区域在兴奋的过程中过度紧张并被感受为痛苦。

其他的新奇因为环境的刺激、感知、毒素等等，发生在保守的生理学之中。这些是非周期性的。要么它们满足某些冲动或欲望并且通过这些冲动或欲望而得到回应，在这种情况下它们成为发展中的接触图形的中心，而身体越来越作为背景；要么它们是匿名的，无关的，等等，在这种情况下它们将成为痛苦，而身体成为前景并尝试从图形中摧毁新奇，以便再一次变得觉察不到。

最终，在生理学之中有对于神经症而言特别严重的新奇：保守的有机体自体调节的扰乱。例如，设想一下，一个冲动或嗜欲没有被环境满足并且突发事件功能（发火、做梦、暂时失去知觉等等）无法运作或者被耗尽，那么将会有生理的重新调整，一种在新状况中建立新的未觉察保守主义的尝试。如果有长期痛苦的环境需要或者体内持续的相异躯体，那么相同的事情将会发生。显然所有的这些，特别是生理调整，都无法轻易地与继承的保守系统相容；它们发生故障，产生疾病和疼痛。然而，它们显然是次级的生理，因为新奇没有带来觉察和创造性调整，但是它自己变得未觉察并且（不良地）进行"有机体自体调节"。畸形的姿势就是一个例子。这些结构不再是新奇的，不在自体、接触中出现，但是如我们所要看见的，恰恰在自体运作的不足和固着之中，它们是明显的。继承的东西和新的生理之间的不良调整再次发生在自体之中，在周期性的、伴着疼痛的冲动或症状之中。

然后，正是伴随着新奇的发生，生理变得有接触性了。我们已经区分了下面的等级：

1. 周期性冲动和嗜欲，接触向环境发展；

2. 非周期性疼痛，接触向身体发展；

3. 刺激，要么作为嗜欲（情绪），要么作为疼痛发展；

4. 生理的再调整，由于环境状态作为接触结构中的缺陷或者周期性地作为症状而出现。

这些兴奋或者前接触启动了图形/背景进程的兴奋。

3. 接触的第一阶段

在接触边界上的兴奋将它们的能量借给了一个更加锐利且简单的客体图形的形成之中，接近它、欣赏它、克服困难、操控并改变现实，直到未完成的情境是完整的而新奇被同化。这个接触的过程——触碰喜爱的、有兴趣的或者想要的客体，或者通过回避或摧毁，从场中剔除危险或痛苦的客体——一般是背景和图形的持续顺序，各个背景腾空并且将它们的力量借给形成中的图形，图形反过来成为一个更加锐利的图形的背景；整个过程是一个觉察到的逐渐增加的兴奋。注意，图形形成的能量来自场的两极，有机体和环境都有。（例如，在学习某个东西时，能量来自学习它的需要，来自社会环境和教学，也来自主题的本能力量；常见的而我们认为具有误导性的一个想法是，将主题的"兴趣"当作从学习者和他的社会角色出发全神贯注于它。）

接触的过程是一个单独的整体，但是我们会方便地将背景和图形的顺序划分如下。

1. 前接触：身体是背景，嗜欲或环境刺激是图形。这是被觉察为"既定物"或环境的本我的东西，化解为它的可能性。

2. 接触：（1）嗜欲的兴奋成为背景并且某些"客体"或可能性的集合是图形。身体消退。（或相反，在疼痛之中，身体成为图形。）有一种情绪。（2）有对可能性的选择和拒绝，在接近和克服困难之中的攻击，以及刻意的定向和操控。这些是**自我**认同和疏离。

3. 最终接触：对抗不重要的环境和身体背景，生动的目标是图形并且在触碰之中。所有的刻意都得到放松，并且有一个自发的感知、动作和感受的统一行动。觉察位于最亮之处，在**你**的图形之中。

4. 后接触：有一个并非图形/背景的流动的有机体/环境互动——自体消退。

在本章之中，我们讨论这些的前两者，下一章（讨论）余下二者。

嗜欲似乎要么通过环境中的某事物被刺激，要么从有机体中自发地升起。但是当然，环境不会兴奋，它不会是一个刺激，除非有机体被设置去回应；进一步地，通常表现出的是，正是朦胧觉察的嗜欲在恰当时候将一个人放到了这个刺激面前。回应向刺激伸出双手。

然而，嗜欲通常是模糊的，直到它找到了可以进行工作的客体；是创造性调整的工作使对于一个人想要什么的觉察增强。但是在极度需要，即极度的生理不足或过度的情况下，自发的嗜欲可能使自己确定、明亮并且得到锐利的描绘，直至幻觉地步。在一个客体的缺点之中，它在很大程度上以记忆的碎片制造了一个客体。（这当然发生在神经症的"重复"之中，当需要在它的影响之中无法忍受，并且接近的方式是如此陈旧而不相关，以致普通的创造性调整不可能同化一个真实的新奇。）到了对环境短暂地失去意识地步的幻觉是一种突发事件功能，但是它将我们的注意力集中到了在一般情况下发生了什么。

因为在伴随着环境中可能性的强烈但模糊的嗜欲这种更加有希望的情况下，自体功能如下：产生幻觉、制造客体的倾向，使某个实际上被感知到的东西生动起来——它自发性地聚焦、记忆并且预期它。要面对的并不是一个时刻此前是什么，而是一个由感知和想象组成的客体，对抗一个逐渐积累兴奋的背景。这样的图形已经是一个被创造的现实了。同时，运动行为将其他的新奇加到快速改变的整体之上：注意并接近。有对新可能性的攻击性主动；如果有困难障碍，那么愤怒和摧毁改变现实。总体而言，一个人的技术或风格，即习得的操控的可能性，加入并决定被感知为"客体"的东西。

也就是说，从一开始并自始至终，通过因一种新奇而兴奋，自体将既定物（既有环境的也有身体及其习惯的）瓦解为可能性，并且通过它们创造了现实。现实是从过去到未来的通道：这是存在的东西，并且这是自体觉察到、发现并发明的东西。

4. 无必要的创造

的确，自体经常似乎完全难以回应有机体兴奋和环境刺激，但是行动上，它似乎通过使一个目标产生幻觉并且使它的技术弯曲，自发地为自己制造问题，以便强迫成长。这种"无必要的行动"是极其有趣的。表面看来，它是神经症性的，因为它如此强调创造，却如此不注重调整；它似乎从现实逃脱，仅仅是幻觉。尽管如此，它可能是一个正常的功能：因为鉴于人类所具有的场如此复杂且微妙，特定的成功很可能需要制造偶尔十分不恰当的投射，"给自己制造麻烦"，也需要暂停使用和游戏的能力。当然，尽管大多数智慧是解决明显需要的成果，但最有特性的人类智慧和愚蠢一开始似乎总是无必要的。进一步地，在神经症的不必要行动即逃离现实中，我们必须区分两个方面：首先是对未觉察的未完成情境的安全表达——这些是喋喋不休的计划、忙于制作的企业、替代的活动等等；但是，也有对于一个人受限的自体不满的表达、不知道"如何"改变的欲望，以及由之而来不安的冒险，后者其实通常是完全合理且具有整合性的，但神经症患者只将之感受为不安。此外，如同叶芝曾说过的，没有对不安的触碰，就没有优美和诗歌。

再一次考虑一下，在创造一个更加想要的表面现实时人类所付出的巨大努力，无论是出于艺术中的感知、图像，还是出于特定科学中的本质或解释。一方面，这个努力完全是无必要的；它单单是接触边界的作用。（当然艺术的必要方面是发泄性纾解，作为前感受，去释放压抑的未完成情境的美好，而思辨科学有实际应用的效用。）然而对于美好和真相的天真判断——一个通常的判断并且被康德彻底分析过——与表面本身有关：这不是有机体适应环境，也不是环境中有机体驱力的圆满完成，而是将整个场适应于自体和接触的表面：如同康德所很好地说过的，有一种无目的的目的感。并且，这个行动是纯粹的自体，因为快乐是公正且自发的；有机体被暂时搁置了。可能有一个功能给它吗？在一个困难且冲突的场中，在没有刻意、小心和努力，几乎没有东西能够存在的地方，美好是天堂的突然标志，那里，一切都是自发的——"野兽无利齿，而玫瑰无刺"；是的，或者有利齿的野兽，能大起大落的英雄——并且，如康德所言，那里，快乐是良好意图的回馈。那么这个无必要觉察的创造性真的就是对于需要休养的动物的再创造；它有助于放松我们的习惯性审慎，以便我们可以呼吸。

5. 创造性/调整

然而，大多数情况下，我们将自体的创造性和有机体/环境的调整视为两极：一极无法抛下另一极而存在。鉴于环境的新奇和无限的多样性，没有调整会仅仅通过保守的继承来的自体调节而成为可能；接触必须是创造性的变形。在另一方面，不持续毁坏和同化感知中的既定环境并且抵抗操控，这样的创造性对于有机体来说是无用的，它一直是浅表的并缺乏能量；它不会变得非常兴奋，并很快失去活力。它对于有机体是无用的，因为最终，没有用于同化的新环境物质，就无法完成未完成的生理情境。

对于如新陈代谢的不足、饥饿、喂食，以及其他的欲望来说，最后这一点是显然的，但是有时关于（次级生理的）神经症的未完成情境是被轻视的。在疗愈中对于"移情"的正统坚持中，的确如此，因为与治疗师的关系是真实的社会情境。而当病人将他的攻击转向他的各种内摄以同化它们或反刍它们时，他态度的改变是现实中的改变。然而我们甚至必须再进一步并且说：放松刻意性、学习正确地解读一个人的情况，甚至感受一个人的身体和他的各种情绪，这些最终并不解决任何问题。它们再一次使解决成为可能；它们将未觉察的次级生理再一次转变为创造性接触的问题；但是之后解决方法必须被实践。如果社会环境仍然排斥创造性调整，如果这个病人无法令之适应自己，那么他必须再一次将自己适应于它并且保持他的神经症。

没有外向调整的创造性保持着浅表性，那么，首先因为未完成情境的兴奋没有得到利用，而在接触中仅有的兴趣流逝了。其次，正是在操控阻抗中自体开始卷入和介入；知识和技术，越来越多获得的过去被调动并被质疑；很快，"不相关"的困难（现实的非理性）证明是探索自己并发现什么是一个人的真正意图的方式。沮丧、愤怒、部分满足、喂养兴奋——它部分被有机体喂养，部分地被环境喂养，这个环境是阻抗的和被毁坏的，而且是暗示性的。再一次和艺术对比：克罗齐认为创造性时刻的概念为整体的直觉，而剩下的不过是执行，这种观念是正确的，但又是极其错误的。直觉并不预示最终的产物：它从一开始就被投射为幻觉；但是艺术家并不理解梦，他不知道他的意图是什么；正是对于媒介的处理实践性地揭示了他的意图并且强迫他实现之。

6. 情绪

为了描绘从兴奋和前接触刺激到接触的创造性图形形成的转变，让我们考虑一下情绪。

情绪是有机体和环境关系的整合觉察。（它是本体感受和感知的各种结合的前景图形。）如此，它是场的功能。在心理治疗之中这能够由实验证明：通过专注和肌肉练习，动员特定的身体行为组合是可能的，而这些唤起了一种不安的兴奋——例如，收紧和放松下巴，握紧拳头，开始抓，等等——以及受挫愤怒的感受。现在如果这个本体感受被加入环境觉察，要么是幻想，要么是对于可为之愤怒的某事物或人的感知，情绪就立刻充分有力且清楚地爆发开来。相反，在情绪的情境中，情绪直到一个人接受了相应的身体行为才被感受到——正是当一个人握紧了拳头时他才开始感受到愤怒。

（因此詹姆士-兰格的情绪理论——情绪是身体的状态，在跑开的过程中一个人变得害怕——在某种程度上是正确的；必须补充的一点是，身体状态也与定向和对环境潜在的操控有关，即，令人害怕的并不是奔跑，而是跑开，从某个东西上离开。）

如果我们考虑有机体在其环境之中的功能运作，对于这种整合性合并的需要就是显然的了。动物立刻且正确地知道场的关系是什么；并且，他必须通过知识被推进。情绪是这样一种激励性知识，它允许动物去将环境体验为自己的，去成长，去保护自己，等等。例如：渴望是遇到了遥远的客体的增强的嗜欲，以便克服距离或者其他困难；哀伤是失去的紧张或缺乏接受客体在场中的缺席，以便回避或恢复；愤怒是毁坏嗜欲的障碍；恶意是对于无法避免的压倒性敌人的攻击，以便不完全认输；同情是通过帮助另一个人回避或撤销一个人自己的丧失；等等。

在背景和图形的顺序中，情绪接管了冲动和嗜欲的动机力量；但是动机由它的客观参照确定，因此更加强大。但是反过来，除了在非常容易的调整中，情绪放弃了它们对于仍然更加强大且更加确定的感受的动机力量，即推动更复杂定向与操控的被实现的善与恶（例如，勇气、消沉、决心等等），特别是当它们是刻意为之时。在这样的过渡之中，我们能够再次看到更多的有机体（善与恶是习惯）和更多的环境被吸引。

让我们再多说一说情绪。显然情绪并不是令人困惑或未发展的冲动，而是得到锐利分化的功能性结构。如果一个人拥有粗糙的情绪，那么他作为整体的体验是粗糙的。但是当然，情绪的字典词汇是粗糙且少量的；为了表达在敏感的体验中被感受到的情绪，需要细微差别和沉默，以及大量客观参照。造型和音乐艺术的作品是纯粹的情绪语言，使确认的各种陈述变得详尽。

情绪是认知的方式。它们远非思维的障碍，而是对于有机体/环境场状态的独特运输并且没有替代；它们是我们开始觉察到我们各种关切的适当性的途径：这个世界对我们而言的途径。作为认知，它们是不可靠的，但是可改变的，不是通过将它们驳倒，而是通过尝试它们能否发展为伴随着刻意定向的更加稳定的感受——例如，从发现到确信的热情，或从欲望到爱。

最终，在心理治疗"情绪的训练"之中，我们看到只有结合的统一方法才有用：我们必须专注于"客体"的世界——人际关系、幻想、记忆等等——释放身体的运动性和嗜欲，还有第三个事物的结构，即自体的情绪。

7. 兴奋与焦虑

兴奋通过创造性调整的顺序持续并且增强，并且在最终接触时最为强大。即便障碍和失去的冲突阻挡了结果也是如此，但在这样的情况下，对于管理自体本身兴奋尤其成为一种干扰。愤怒转化为脾气，有悲伤和消耗，而且可能有幻觉（对胜利的白日梦、报复和满足）。这些是释放紧张并使一个人能够再一次重新出发的突发事件功能，这当然是因为生理需要及其兴奋仍然没有被完成。这个完全的挫败和无限的爆发的过程，并不是不健康的，但是，不用说——尽管是许多家长的观点——它对于学习任何东西都是无用的，因为自体被干扰，并且没剩下什么可以同化了。

但是现在设想一下，兴奋被打断了。让我们注意所有兴奋中的一个因素，即更强的呼吸：兴奋被打断了，呼吸被保存了。这是焦虑。

关于健康的焦虑最为清晰的情况是惊恐（fright），即对感受和移动的阻止，其中，一个人完全投入以面对突然的危险。这个情景尤其可能是创伤性的，就像通过将之与一般恐惧对比所能看见的那样。在恐惧之中，危险的客体是被预见的；一个人对此是刻意且防卫的；因此，当因为危险过大而有必要后撤时，对于环境的通道仍然是开放的；之后，随着知识和力量的增长，再一次遭遇危险并回避或摧毁它是可能的。在惊恐之中，被威胁的痛苦和惩罚突然且压倒性地突出，而回应是抹除环境，即，装死并且后撤到一个人的皮肤之内。焦虑，即在肌肉上被突然阻止的兴奋，继续颤抖了很长一段时间，直到一个人能够再次自由地呼吸。

一个反对性（anti-sexual）的社会被设计好以产生这个创伤性情境，在这个社会的儿童中最常见、最有效。因为性是秘密的（而当然，他们想展示它），儿童将自己投身于最有可能感到惊讶的地方；当他们感到惊讶的时候，惩罚与他们的因果体验中的任何东西都无关，因此它可能是非常重要的。这样的社会是精心计算的陷阱。

当然，呼吸可能会被打扰并导致焦虑，以惊恐以外的方式；一般来说，惊恐和其他方式一起运作。弗洛伊德挑出打断接触顶峰的体外射精，将之当作伴随着神经衰弱症状的基本焦虑（实际上的神经症）的特殊原因。通过惩罚冲突或发脾气阶段的攻击性兴奋来中断，这似乎是放弃和自体征服的原因，对之前纠缠的回避"并不值得这个麻烦"。或者兴奋可能还要早地被中断，就在注意到环境中客体的状态中，而这会带来投射。我们会在第十五章中讨论各种中断。

在接触中断的无论哪个阶段，惊恐和焦虑都发生了，其影响是对原本的嗜欲本身变得谨慎，并且通过转移注意力控制它：用其他东西分散兴趣、屏住呼吸、磨牙、收紧腹部肌肉、收缩骨盆、收紧直肠等等。冲动或愿望不管怎样都会重现，但是现在，肌肉被限制了，这是痛苦的——因为冲动和嗜欲的倾向是扩展的，外向的。也就是说，现在有个来自这个顺序的变化，在这个顺序中，身体用作发展自体的减弱的背景；现在身体是图形了，而自体，在其运动活跃且刻意的自我结构之中，是背景。这个过程仍然是被完全觉察到的；这是对创造性调整的一个尝试，对身体而非环境工作。

但是如果这个刻意的压抑被坚持了，可能会有压抑，未觉察的刻意性。压抑的本质将会是第十四章的主题。

8. 认同与疏离

（1）冲突

在接触的工作之中，我们现在会定义自我的功能，认同、疏离且决定边界或情境。"将冲突作为一个人自己的来接受"意味着，在这个顺序之中，将其作为背景的一部分而拥有，而在这个背景中下一个图形将会发展起来。（这就是弗洛伊德通过"自我是本我的一部分"想要说的。）这样的认同通常是刻意的，并且自体将良好地运作——在它的定向和操控之中——如果它认同实际上将会发展出好的图形的背景的话，条件是背景拥有能量和可能性。（所以弗洛伊德说："自我作为本我的一部分是强大的，自我从本我中切断是脆弱的。"）

让我们再一次浏览过程。在过程中，背景和图形是两极。一个图形只能相对于它的背景而被体验，而一个没有图形的背景仅仅是更大的模糊图形的一部分。但是在创造性中，背景和图形的关系是动态且移动的一个。逐渐累积的兴奋从背景流向越来越鲜明地确定的图形。（重申一下，这不仅仅意味着"全神贯注于"图形，因为某些能量必须来自环境背景，因为只有新能量才能够完成一个未完成情境。）当嘈杂的环境部分"满足"了本能的兴奋，定义并转化它，并且被自己毁坏和改变时，能量为了图形的形成而释放。逐渐累积的兴奋是背景的逐渐离去。在情绪的阶段，身体-背景消失并且环境的可能性若隐若现；接下来环境被限定且刻意地被占为己有；最终这个刻意性被放松了，主动的自我感受消失了，并且暂时只有图形和自发性的感受，带着背景的空虚。

但是只有存在拒绝某事物的倾向时我们才会提及接受它。当认同一个冲动、一个客体或者一种手段自发且明显时——如在幻想中或在使用一个专家技术时——并且当其他任何事物都没有疑问时，区分自体、本我和自我就是没有意义的了。自我所接受的东西是一个觉察到的冲突，以及攻击的行使。

冲突是对于背景同质性的扰乱，它阻止了尖锐且生动的下一个图形的突发事件。冲突性的兴奋将可供选择的图形带到主导之中。当背景繁忙的时候统一单独图形的尝试，为的是有所进展并得到简单的解决（即，选择竞争者中的一个并排除其他，或者选择一个温和的折中，并将这个选择作为正在进行的活动的背景）——这样的尝试必然造成一个虚弱的格式塔，它缺乏能量。但是相对地，如果被选择的是冲突本身，那么图形将会令人兴奋且充满活力，但是它将会充满毁坏和痛苦。

每一个冲突根本上都是行动背景中的冲突，关于需要、欲望、幻想、自身图形、产生幻觉的目标的冲突；并且，自体的功能是度过它，承受丧失和改变，并且改变既定物。当背景和谐时，在对于前景客体、应急手段或政策的选择中极少有真正的冲突；相反，比任何选择性的东西都要好的东西立刻被找到或发明。在两个相似的客体之间，优柔寡断之人的嗜欲未得到满足，这种情况，不大被观察到。（当存在客体的真实的无差别时——盘子里许多相似的曲奇——嗜欲立刻形成了选择"一类样品"的格式塔，恰恰是无差别被塑造为积极的品质。）前景中的强烈冲突是一个迹象，即背景中的真正冲突被疏离和隐藏了，正如在强迫性的怀疑中那样。（被隐藏的可能是不得到任何东西的欲望，或者被扯成两半的欲望。）

从这个角度来说，让我们再次考虑"使冲突兴奋削弱了自体"这个命题的意义，以及遇见这样的危险的治疗方式。危险的来源是自体的一大部分显然已经被投入某个虚弱的图形，即之前所做的一个轻巧的决定。如果一个新的兴奋在被疏离的背景中得到接受，那么冲突将会毁坏这个虚弱的"自体"——这个自体将失去这样一个为其所有的组织；因此，有人说，减少新的兴奋。但是实际上，自体显然只是被投入虚弱的图形，因为自体并不是它所创造的图形，而是这个图形的创造；也就是说，自体是背景和图形的动态关系。因此，治疗方法只能加强自体，它坚持主张将前景的虚弱图形（例如，一个人关于自己的概念）与其背景相联系，将这个背景更加完整地带入觉察之中。例如，假设前景是一个被坚持的言语合理化。治疗性问题并非这个命题是对是错（因此建立了客体的冲突），而必须是：用这些话的动机是什么？一个人真的在乎它是否正确吗？或者它是一种操控吗？对谁的操控？它是攻击吗？对谁的攻击？是一种姑息吗？是一种隐藏吗？关于什么的，来自谁？

如果我们考虑一点，许多合理化，特别是智慧之人的合理化，恰好是正确的命题却又是合理化的，那么这个方法的必要性是显然的。攻击任何的命题都将导致无尽的争论；病人一般不像治疗师那样被全面告知。

但是当图形与其动机有关时，新的兴奋突然出现，既从有机体和过去中，也从环境中所注意到的新事物中。虚弱的图形失去了兴趣并且变得困惑，自体失去了它的"安全"并且痛苦。然而这个痛苦并不是对自体的削弱，而是创造性痛苦的过渡性兴奋。

它是焦虑的反转。这种忍受是疼痛的，并且涉及了劳作的更深的呼吸。焦虑是令人不快、静止、无法呼吸的。背景的冲突通过毁坏和忍受被留意到；客体、应急手段或者想法的错误冲突在焦虑所注意到的两难困境中冻结。错误冲突的目的是打断兴奋；焦虑作为一种情绪是对一个人自己勇气的恐惧。

9. 认同和疏离

(2)"安全"

怯于创造有两个缘由：逐渐积累的兴奋本身的痛苦（原本是"本能的恐惧"），以及对拒绝或被拒绝、毁坏、进行改变的恐惧；这两者同时彼此攻击，而实际上是一样的。相反，"安全"感是通过坚持一种现状、一个人过去获得的调整而得到的。新的兴奋威胁要粉碎这种安全。

我们必须理解的是，没有正确的安全这种东西，因为那样自体就会是固着物了。当没有非理性的恐惧时，一个人是否安全的问题并不出现，但一个人留意到了遭遇的问题。安全感是虚弱的信号：一个感受到它的人总是在等待它的否定。

死死地依附现状的能量来自仍然倾向于完成自己的各种未完成情境，通过先前种种挫败后内摄的疏离认同，攻击转向自己，抵制这些未完成情境：这个纠缠给予了某种东西，即一种坚定、稳定、力量、自控和"安全"的感受。同时，自体实际上拥有极少可利用的外向力量。

在与他未同化的认同之间安全且不惊人的斗争之中，安全的人正在使用他的力量。这个斗争持续并唤起了感受，因为情境未被完成并且重现了；但是它是一个"安全"的感受，因为没什么新的事物将会出现，而一个人已经承受了挫败。这样的斗争也是可靠的；它无法被决定，因为有机体一直在生产需要，但是攻击将不会转向可能会发现解决方法的环境。并且——如果它是一个好的"社会"认同的话——许多似是而非的相似的实际问题能够以与之前挫败一样的模式得到解决，找到这些问题经常是可能的。一个人显然能够十分轻易地处理现实，却不学习任何东西，忍受任何新的东西，或者做出任何改变：要做的所有事就是，避免任何令人感兴趣的或冒险的现实情境，将注意力从自己事务之中使今天不同于昨天的任何东西上转移开来，而这能够通过将新事物称为"不切实际"被方便地完成。所以通过美好的经济，一个被接受的挫败恰好用来给予一种有力量和恰当的感觉。在流行的语言中，这被称为"做出了好的调整"。唯一缺乏的东西是兴奋、成长，以及活生生的感觉。

但是在自体有力量可利用之处，它恰恰是没有安全感的。它可能有一种准备好的感觉：对兴奋的接纳，关于现实可改变性的愚蠢的乐观主义，以及自体调节自己并最终不会损耗或爆炸的习惯性记忆。（这个准备好可能是神学家所说的信仰。）对于"你能做它吗？"这个问题的回答只能是："它令人感兴趣。"一种恰当而有力量的感觉随着特定问题被满足而成长，并且产生了它自己的结构，其中发现了新的可能性，而令人惊喜的是，事情逐渐地步入正轨。

第十三章
创造性调整 II：最终接触与后接触

1. 图形和背景的统一

最终接触是接触的目标（但并非其功能性的"目的"，那是同化和成长）。在最终接触之中，自体立刻且完全投入它所发现并发明的图形之中；暂时地，在实践上就没有背景了。图形体现了自体的所有关切，并且自体不过是它当下的关切，所以自体就是图形。自体的力量现在得以实现，所以自体成为某个事物（但是在这么做时它不再是自体了）。

显然这个观点只有在下面的状态下才能达成：（1）自体正在朝着它自身现实的现实进行选择——即，它认同激活或动员了背景的东西，并疏离了其他东西；（2）它忙于环境现实并改变了它，所以在环境之中没有相关的关切保持不变；（3）它接受且完成了有机体的主导未完成情境，以至在身体觉察之中不再留有嗜欲了；（4）在这个过程之中，它不仅仅是解决方法主动的发明者，也不是它的被动发明者（因为这些是外来的），但是它越来越呈现为一个中间模式并且成长为解决方法。

　　让我们考虑一个没有环境背景或身体背景的觉察的本质，因为觉察是相对于背景的图形。这样的觉察可能只是整体与部分的，其中每个部分都被即刻体验为涉及了所有的其他部分和整体，并且这个整体只是这些部分的整体。整个的图形能够被说成是部分的背景，但不只是背景；它同时也是各个部分的图形，并且部分是背景。换句话说：体验并不允许更多的可能性，因为它是必要且现实的；现实是必要的；在这个时刻，这些部分无法意味其他任何东西。让我们给出一些例子：在洞察的时刻，没有更多的猜想，因为一个人看到了各个部分是如何一起工作的（一个人捕捉到了"中间词汇"）；因此，随着问题接近富有洞察力的时刻，一切开始逐渐被理解了；而在这个洞察之后，应用于进一步的情况是即刻且习惯性的——问题被彻底接触了。相似地，当一个人爱着的时候，没有其他的可替代选择：他不能自己后撤，看着别处，等等，并且他感受到，任何可能出现在他所爱之人身上的更多特质将要么是可爱的，要么是完全无关或不重要的。或者更黑暗地，在最终的绝望时刻之中，没有更多的资源了；这种情况下的图形不过是空洞的背景，没有什么可以将之复活，并且它被感受为必要的，因为不可能是一种必要。

　　在如此的部分与整体中，图形提供了它自己的边界。因此没有自我功能：没有边界被选择，没有认同和疏离，并且没有进一步的刻意性。体验是完全固有的，一个人无法对其有所作用。刻意性的放松和边界的消失是额外的明亮和活力的原因——例如，"灵光一闪"或者"辨识之惊"——因为进入抑制自己或攻击性地将联结放入环境的能量，现在突然被加入最终的自发体验之中。自发性在有刻意肌肉移动的行为之中最为容易被观察到——

例如，高潮前自发的骨盆运动，痉挛，或者在食物完全被液化或品尝之后自发的吞咽。

在所有的接触之中，在感知、运动和感受的功能中有一个潜在的统一体：没有不带有定向和兴趣的优雅、活力、敏捷的移动；没有不带有聚焦的敏锐视力；没有达到的吸引感受；等等。但是只有在可能带着其自发性和贯注（absorption）的最终接触之中，这些功能才全部是前景，它们是图形：一个人觉察到的统一体。即，自体（不过是接触）开始感受自己。它所感受到的是有机体和环境的互动。

2. 关切及其客体

让我们尝试分析作为感受的最终接触的贯注（尽管我们必须为一个人的词穷而道歉）。在分析接触的顺序中，我们提到了动机的顺序：首先，使有机体向外走向环境的冲动、欲望，以及对刺激的回应（例如，饥饿、令人烦恼的小事）；其次，对嗜欲、痛苦等等和某种环境情境之间关系的情绪或感受（例如，贪念、愤怒），这些诱发的攻击性方式；第三，善或恶的更为稳定的激活（例如，决心、消沉），使一个人顺利度过复杂定向、操控和冲突。在创造性调整的过程中，显然必须有这样的驱力或动机，将有机体对作为"我"的自我感受（被接纳的背景）与环境新奇相联系，这种新奇被感知为"它"，一个可以工作的"客体"。

　　但是，在最终接触的自发性贯注①之中，没有对这种动机的需要，因为没有其他的可能性；否则一个人无法选择。贯注的感受是"忘我"（self-forgetful）；它完全留意到了它的客体；并且，因为这个客体填满了整个场——任何其他东西都按照客体的兴趣而体验——这个客体成为"汝"，它是得到强调的东西。"我"全部流逝到了它所留意的感受之中：我们提及"洗耳恭听，全神贯注"时——例如，在听到伟大的音乐时——一个人"忘却自我，洗耳恭听"；并且，任何可能的"它"仅仅成为"汝"的兴趣。让我们使用"关注"这个词作为这种无自体的感受。相比于嗜欲或者情绪，关注有一定的静态或最终的品质，因为它们并非动机。在更明亮的那边，同情②、爱、愉悦、宁静、审美欣赏、见解等等，是这样的状态，而非感受的运转。（重大胜利或胜利是有趣的例子，因为在这些情况中的"汝"可能只是"理想自我"。）更黑暗的则是绝望、哀悼等等，而我们现在能够看到这些有多可怕，因为如果这既不是**自我**也不是**汝**，感受就如同深渊。

　　总之，贯穿本书，我们假设每一种现实都是重要的：它和嗜欲、情绪或者关注的客体一样真实。古代的和中世纪的人都坚持认为"存在"和"善"是可以互换的（但是见下文，第3节）。

---

① 此处的重点不是自发性，因为所有的感受都是自发的，都是自体的行动（见第十章第4节）；但是在动机之中，有一种正在发展的"一个自体"（one-self）的意味。因此，在"幻想"之中，一个人身不由己地被自发地吸引，但是在"贯注"之中一个人完全在这个客体"之内"。

② 同情，即医生的关注，似乎恰恰是动机性且持续的。但它并不是一个目的。同情是充满爱意地将缺陷作为潜在完美的认知，并且这个持续性是对于客体潜能的填满。关注本身是终极且不变的。（从分析上来说，它被理解为拒绝屈服于一个人自己的丧失，例如，阉割。耶克尔斯［Jekels］正是这么认为的。）在同情的实践中，处于运转中的并不是"我"的某些兴趣而是"汝"的整合。

当然，这与当代乐观主义相反，后者的现实是中立的，但也与
"贯注"的分析概念相反，兴奋依附于客体——一个被崇拜物、
参照对象等等中不寻常的能量释放塑造为貌似可信的概念。我们
的观点是，不重要的客体和无客体兴奋是对重要的接触图形的抽
象，最终并潜在地是现实的基本自发觉察。如果一个人从未觉察
的刻意性和模糊的痛苦背景出发判断，那么抽象似乎在体验中是
基本的，正如我们在下一章中将会讨论的那样。

3. 性接触等等的例子

爱以接近为目标，即，最近的接触是可能的，而其他仍然未
毁坏。爱的接触在看见、话语、在场等等之中发生。但是接触的
原型时刻是性拥抱（sexual embracing）。此处，实际的空间接近
引人注目地描绘了背景的减少和不重要。背景微小，因为没有空
间给它；生动的图形若隐若现，试图一同摆脱背景，并且它所有
的部分都是令人兴奋的。这个图形并不是"主体"的"客体"，
因为觉察涌入了触碰。"遥远"的感觉被塑造以感受它们是触碰
（触碰和被触碰），因为一张面孔填满了视觉椭圆，而小小的声音
填满了听觉。它不是其他时间或地点的一个抽象或图像时刻；没
有可替代的选择。可以说，话语是前语言的；其中重要的是音调
和术语原始的细致。并且，"相近"的感觉、味道、气味和触碰
组成了这个图形的大部分。接触的兴奋和接近被感受为同一事
物；更多的兴奋仅仅是更近的触碰。而移动最终是自发的。

身体背景的消逝甚至是更加值得注意的。朝着最高点，图形
由两个身体组成；触碰和被触碰的感觉；但是这些"身体"现在

不过是边界上的接触情境系统；停止作为潜在的生理器官的感觉。有机体疼痛开始不被觉察。自相矛盾地，一个人自己的身体成为**汝**的部分，并且最终成为整个图形的部分，好像边界不被依附并被置于相对之处。

原型接触也表明了自体的创造性。在觉察的高处，体验是新奇、独特且创新的。但是，在高潮时，边界被"打破"并且自体消退，一个人对于自己熟悉的身体有保守的本能满足。

我们也看到接触是自发暂时的。自体致力于它的完成而不是永恒。当图形形成的过程完成，并且体验开始是自给的而背景消退时，立刻变得显而易见的是，接触边界作为一个整体只是有机体/环境场互动的一个瞬间。

最终接触的相同特性在进食——一种通过毁坏和合并的接触——之中是明显的。被品尝和咀嚼的东西是生动且独特的，但是它被自发地吞咽了，图形消退了，而同化没有被觉察到。

再一次，在紧张的艺术工作体验中它不仅被感受为在它的工作中不可避免，而且奇怪的是，唯一可能的工作或至少最高的种类，以及它的体验难以估计地有价值；也就是说，我们用以做出比较判断的背景已经消退了。

（我们已经主要从嗜欲中选取了接触和最终接触的例子。然而尽管并不是确切的，大部分相同的东西抓住这一接触以作为灭绝。在灭绝之中的图形是从背景中被排除的客体的缺席；因此，在它顶点处，一个人被留下，没有兴奋的客体，而只有努力的沉重呼吸，以及遭遇不再有趣的情境的自体的冰冷感受——除非也出现了一种重大胜利感：带着对理想自我的赞颂。在寒冷的灭绝之中，当然没有成长的任何后果。尽管如此，至少在心理上，灭绝是一个积极的行为和感受，并且一个人必须因此不同意我们上文提及的古代的和中世纪的人的构想，现实是"善的"（想要的），而恶是对现实的否定；因为被排除内容的缺席在心理上是一个现实；它移除了恐惧。我们更愿意说："现实是令人兴奋或重要的。"）

4. 后接触

接触的后果（除了灭绝）是被完成的成长。这个过程是觉察不到的，并且它的细节属于生理——到了它们被完全理解的程度。

根据被处理和转换的新奇的种类，成长有各种名称：尺寸上的增长、恢复、生产、返老还童、休养、同化、学习、记忆、习惯、模仿、认同。所有这些都是创造性调整的结果。构成它们基础的基本概念是有机体/环境互动中的某种统一化或制造的认同（made-identity），并且这是自体的工作。食物——其中"不喜欢"被制造成"喜欢"——是在字面上被同化了，"被制造为喜欢的"。当学习被消化而没有整体吞咽时，它被称为是被同化的；它之后必然被当作一个人强健的肌肉来使用。关于感知，哲学上的使用是相反的：正是看见的内容成为和被看见的颜色一样的东西。习惯从我们当着别人的面的行为中"被选出"，我们模仿或认同其他人，并且在他们的模式上形成了我们自己的人格。但是我们一定不能被语言中明显的逆转欺骗，因为在每一个情况中都有一方面被毁坏、被拒绝、被改变，有另一方面朝向外部和被塑形。在通过合并接触而无关的部分实际上被忽视的地方，我们提及同化；而当然，化学元素存留，废物被排泄并且仍然存在，等等。在接触是通过接近或触碰进行的地方，如同在感知和爱之中那样，我们提及成为他者或认同。高潮的后果是生殖，以及通过系统的释放紧张而返老还童。（赖希坚持认为也有一些生物物理学的营养。）

正是在思考接触的后果、同化与认同之中，一个人能够极大地欣赏自发性中间模式的重要性。因为如果自体仅仅是主动的，那么它难以也成为他者，它仅仅会投射；如果它仅仅是被动的，那么它本无法成长，它会承受内摄。

5. 从心理到生理的通道

心理上，有觉察的接触到无觉察的同化的通道有着深刻的痛苦。因为这个接触的图形填满了世界，是令人兴奋的，那是所有的兴奋；但是在后果之中，它被视作场中的一个小变化。当一个人说"停住！你的艺术如此普通！"时，这是浮士德式的痛苦，但为了践行这个说法就只会抑制高潮、吞咽或者学习。但是自体自发地继续并且压制自己。

（如兰克所表明的那样，正是在这个时候，艺术家的基本神经症机制开始起作用。因为艺术家坚持自己的永恒、"不朽"，并因此将自己投射到了经受这个工作中介的物质上来。但是在这个行为之中，他丧失了最终完成的可能性并且永远不会开心。他必须重复：不是相同的工作，而是制作艺术品的过程。兰克所说的"创造的愧疚"之源，正是这个中断及其留意到的焦虑，而不是勇敢的"焦虑"。）

对于获得的高峰的抑制是突出的受虐图形：它克制最强烈的

兴奋并想要通过被强迫从其痛苦中释放出来，被强迫是因为自体害怕去"死"，好像自体绝不仅仅是这个安静的接触。之后爱的顶点开始感受到和死亡邀请一样的东西。"爱-死亡"是被赞颂的，好像它是最好的爱。但是实际上"爱-死亡"是有机地继续存在的；兴奋消退了；它们尝试重新捕捉平凡时刻和必要的失败，因为现在可能的平凡时刻是十分不同的。

但是，尽管生理成长的增长是微小的，它仍绝对是确定的；我们可以可靠地永远使用它。一个人无法通过创造性调整被欺骗。（所以，快乐，即接触的感觉，在无论哪种形式和无论哪种条件下，都是活力和成长的初步证据。在伦理中，它不是唯一的准则——不存在唯一的准则——但它的发生一直是指向行为的积极证据，并且它的缺失总是带来问题。）至于感知，一个创造性认同的可靠性是广泛被认可的：感觉本身是不可削减的证据，尽管阐释可能是错误的。然而，与学习、爱及其他社会认同相关的东西同样如此。但是这不是被欣赏的；相反，我们曾经体验的爱之后通常被认为是令人恶心的，我们过去持有的观点被认为是荒谬的，我们作为少年时回应的音乐被当作多愁善感而不予考虑了，本土爱国主义的忠诚被憎恶。如同莫里斯·科恩（Morris Cohen）曾经所说的："如果相爱是盲目的，那么放弃爱是眩晕的。"但是这样的回应是不接受我们获得的过去的当下现实性，好像我们习惯于当下的我们自己，绝不是我们曾经成为并且将要去到的那个人。显然在这样的情况中接触绝不完整，情境没有被完成；有些抑制性力量被内摄为体验的部分，并且现在是我们衡量自己的自我概念。现在，当我们过去的成就，正如它过去所是，必然与我们当下的目标不同，而不是能够将之作为我们现在平衡的一部分，或者将之作为无关之事而忽略时，我们浪费

能量去抵挡它，为它而羞耻，攻击它（因为它仍然是一个未完
成的情境）。

6. 人格的形成：忠诚

创造性社会接触的后果是人格的形成：团体认同、可行的修
辞学和道德态度。自体似乎成为它所成长为的**汝**的一部分。（当创
造性被中断而抑制性力量被内摄时，人格似乎在模仿它的伙伴，
模仿确实疏离且对它不合适的语言和态度，而事实确实如此。）

满足了需要和力量并成为进一步行动的优势来源之力量，这
样的群体认同是忠诚的习惯，是桑塔亚纳（Santayana）所说的
对"我们存在之源"的接纳。例如，考虑一下对于语言的忠诚。
每一种语言都充分地实现了基本社交需要，如果一个人在完全支
持性的情况下习得它的话。如果这是一种大语言，像英语，那么
一个人的人格被它的精神和作品深深地塑造了；一个作家在写作
英语句子的愉悦中感受到他的忠诚。一个意大利乡下移民，忠诚
于他的童年，通常拒绝学习英语，尽管他的忽视妨碍了他当下的
生活：他被太快且太完全地连根拔起，并且太多的旧情境没有得
到完成。另一方面，一个来自希特勒时代的德国难民在几周之内
学会了英语并且完全忘记了德语：他需要抹除过去并且迅速建立
新的生活以填补空缺。

在治疗之中，所谓的"退行"是觉察到的忠诚，否认或者诋
毁被病人真实感受为自己的东西，这是没有意义的；任务是找到
未觉察到的、从当下可能性中带走能量的未完成情境。经典的例
子是"改变"曾经获得重要性满足的同性恋者，特别是因为，为

了得到它，他们已经创造性地克服了许多社会障碍。方法显然不是去攻击同性恋调整，因为那已经是自体整合力量的结果了，它是被证实的感受到的接触和认同。方法必须公开人格未觉察的疏离内容，这里亦即对其他性别——世上的另一半人类的兴趣。也就是说，问"为什么你表现得像个 11 岁的人？"是没有意义的，而问"表现得像个 12 岁的孩子有什么令人恶心、不礼貌、危险的呢？"是合理的。到了这个程度，表演出的任何东西都被同化了。

7. 人格的形成：道德

作为接触的后果，道德评价，即对于恰当行为的判断，合并了两种同化。（1）一方面，它们仅仅是一个人所习得的技术技巧，是关于什么带来成功的猜想。就其本身而言它们是灵活的，在变化的情况下服从变动。每一个当下的问题都根据其实际情况被满足。一个人的具体化的审慎是背景的一部分，在这个背景中一个人处理问题。（2）另一方面，它们是我们所描述的团体忠诚：一个人以一定的方式行动，因为这是社会期待，包括了一个人已形成的人格的期待。特定的当下个案中，一个人的技术被一个人不变的选择所改变，以便仍然是团体的成员，使用团体的技术。通常团体的技术没有个体的技术灵活，并且行动的这些背景之间可能有一定的冲突。如果这个冲突变得太显著、太频繁，那么一个人不得不断定这个团体是非理性的——受过去限制的——之后要么改变这个团体的技术，要么抛弃一个人的忠诚。抛弃忠诚，一个人不得不找到新的忠诚，因为某种社会性总是人需要的一部分。正是在冲突本身之中一个人找到了新的同盟。

至此没有理论上的困难了。但不幸的是在道德的讨论中，这两个冲突的背景，即审慎和忠诚，与两种相当不同的评价相混淆，两者都不是同化。（3）其中一个是新的发现与发明，发生在任何事物的创造之中。一个人发现了，古老的方法，要么是意识到的东西，要么是习惯的东西，它对创造性的功能并无用处，而是一个人不得不这么做。这样的评价是重要且强制的；它超越了一个人根据自己已获得的人格而具有的"愿望"。它是浮现的图形，而在它的浮现上一个人必须冒险成为荒谬的或孤独的。再一次地，在这个后果之中，新的图形将是技术，并且将要么是一个人对于新团体的忠诚的自体实现，要么主导并自己赢得一个团体。但是在令人担忧的时刻，选择是大胆的、革新的、预示的。并且，道德问题可能仅仅是个体的调整和社会技术，在一定程度上，搅乱道德问题的东西是内摄到它们中去的对于预示和绝对的怀想，特别是就抑制了他们创造性的人们而言。人们讨论长久以来习得的、作为一般行为背景的道德选择，好像它现在刚刚由以西结发明出来。

但是（4）困惑的主要原因是自体攻击的惯常道德观：行为被"评价"为"善的"，因为一些被内摄的权威，或者它被责备为"坏的"，因为一个人已经在自己内部攻击对相似行为的冲动了。自尼采以来，这个道德观被正确地分析为愤恨；它的影响很大程度上是摧毁性且负面的。一个人没有观察到一个"好"人，一个在监狱里半个世纪的人，因为他的美德、机敏和带来美好成就的生存技术而被他的同胞表彰且授予奖牌；因为疏离、内摄的标准在创造力上是无用的。但是在对"坏"事物的谴责中有仇恨的狂热、强迫和惩罚。的确，脆弱的自体征服人格在替罪羊的投射中度过大部分生活，这使它将某些攻击转向外部并且感受到某种东西。

在创造某个事物之中，有对于善与恶的重要判断，即可以加快即将到来的成就的判断，以及必须从场中被灭绝的判断；但是在后果之中，拒绝，即"邪恶"的内容，被视为陈旧的，因为在新的事业之中被拒绝的事物可能再次有希望。但是在自体征服之中，只有"坏的"、被排除的东西在持续，因为对此有活力的冲动重现，并且对抗它的攻击必须被持续运用。

8. 人格的形成：修辞学态度

另一种形成人格的学习是修辞学态度，即一个人操控人际关系的方式，它可以通过专注于一个人的声音、语法和礼仪而观察到（见第七章）。这样的态度是抱怨、霸凌、无助、奸诈或者直率，给予和拿走，公平，等等。这些都是操控的技术，儿童迅速获得，他们拥有有限而特定的观众去工作以施加影响，并且很快发现什么方法成功，什么方法失败。社会的礼仪和礼节是相似的。并且，当这些态度被视为同化（被视为伴随着一个人的忠诚或道德）时，唯一的议题是，它们对于当下的问题是否有用，或者它们是否必须被调整或放弃。如果人们强烈地贬低某些态度，例如奸诈，这是因为他们易于身不由己地被它们操控；对于其他人而言，态度仅仅是无效且无聊的（尽管无聊也是惩罚或分心的有力工具）。

当一种修辞学技术无效时——当一个治疗师拒绝被病人无聊的声音或者鳄鱼的眼泪等等所感动时——那么它可能仅仅被丢弃；所以我们看见儿童常常笑话他们的欺骗并且尝试其他东西。

在这种情况下，这个技术是好的同化。然而，在其他情况下，一个人技术的觉察唤起了强烈的感受或焦虑。强烈的感受，当一个"技术"其实完全不是一个技术，而是关于一个重要的未完成需要的直接而不完美的表达（一个"升华"）时：一个人选择霸凌，因为他需要赢，并且现在再一次沮丧且生气了；一个人选择无助，因为他是无助的并且现在再一次被抛弃了；或者一个人感到无聊，因为他想要被落在一边。

但是当一个人听到的声音，终究不是自己的声音，而是已经被他内摄的其他说话者的声音时，焦虑被唤起了，这些其他说话者是：抱怨、喊叫或者保持公正的母亲或父亲。再一次地，如同在错误的忠诚或怨恨的道德中那样，这是自体征服的情境；并且，他是焦虑的，因为在当下的时刻，他再一次窒息了真正的认同、嗜欲和声音。

9. 结论

在理想情况之中，自体没有太多的人格。这是道家"若水"的圣人，在假定容器的形式。在良好的接触之后，成长和学习的增长是一定的，但它是微小的。自体发现并且塑造了现实，但是它辨认它所同化的内容，将之再次视作广阔场的一部分。在创造性调整的压力之中，一个人说道："它就是这个，不是那个"，而现在"它只是这个，让我们对那个敞开怀抱"。即，接触的震动及其后果是一个人捕捉到本质之善的哲学感受的连续，但是如同巴特勒主教（Bishop Butler）所言，毕竟："每一件事物都如其所是而非另一件事物"，包括一个人自己。无论这样的过程是

"有意义的"还是"值得的"，抑或它所要说的不是一个心理学问题。

我们已经看到，在自体有许多人格之处，这是因为要么它带着许多未完成情境，重现顽固的态度、灾难性的忠诚，要么它一同放弃，并且在它已经内摄的这些对自己的态度中感受自己。

最终，让我们转向心理和生理的关系。同化、消化学习、技术、团体认同构建了合适的习惯，在"习惯是第二本质"的意义上。它们似乎成为无意识生理性自体调节的一部分。关于同化的营养，无人可以对此提出疑问。关于明显的运动习惯，学习的"有机体"本质几乎是显然的。例如，学习走路，会被认为是第一本质而完全不是习惯；然而游泳、滑冰、骑车，似乎几乎是有机体的并且不会被遗忘。再一次地，抓住一个球，似乎几乎不然。说话是有机体的；说母语则不然；阅读和写作亦不然。因此，将生理的东西定义为保守的、未觉察的、自体调节的，这似乎是合理的，无论它是固有的还是习得的。心理的东西是与新奇事物移动的、瞬时的接触。生理的"第一本质"，包括对"第一觉察"未觉察的神经症扰乱，周期性地求助于接触，需要新奇。生理的"第二本质"是被不定期接触的——例如，可获得的记忆被利用为外部刺激的结果。

在成长的是有机体而非自体。让我们将成长推测描述如下：（1）在接触之后有一股能量流，将从环境中同化而来的新元素加入有机体的能量之中；（2）被"打破"的接触边界现在重塑了，包括了新能量和"第二本质的器官"；（3）被同化的内容现在是生理性自体调节的一部分；（4）接触边界现在处在得到同化的学习、习惯、条件反射等等"之外"——例如，像一个人所习得而不触动一个人的事物，它不产生问题。

第十四章
自我功能丧失 I：压抑，以及对弗洛伊德理论的批判

1. 神经症的图形/背景

神经症行为也是一个习得的习惯，即创造性调整的结果，并且像其他同化的习惯一样不再被接触，因为它没有表现出新问题。什么将这种习惯区分于其他习惯，什么是神经症未觉察（压抑）与简单遗忘和可获得记忆相区别的本质呢？

在创造性调整的过程中我们追寻过如下的背景和图形顺序。(1) 前接触：其中身体是背景而它的冲动或某些环境刺激是图形；这是"既定物"的或体验的本我。(2) 接触：接受既定物并且利用其能量，自体继续前进到接近、评估、操控等等，这是客观可能性的集合，是与身体和环境都有关的刻意和主动；这些是自我功能。(3) 最终接触：对于所获得图形的自发、中立、关注的中间模式。(4) 后接触：消退的自体。

我们也看到（第十二章第 7 节），在任何阶段，这个过程都能够被中断，因为危险或者不可避免的挫折，以及窒息性的兴奋，导致了焦虑。中断的特定阶段对于习得的特定神经症习惯是

重要的，我们将在接下来的一章中讨论。但是现在，让我们考虑一下任何中断和焦虑如何也都导致抑制原初驱力或对刺激的回应的企图，因为这些是最可得的控制。因此，要建立一个我们必须探索的相反顺序。

（1）控制的刻意努力是背景。图像是被抑制的兴奋或对于刺激的回应；这是身体的痛苦感受。它是痛苦的，因为兴奋在向外中寻求释放，而控制是对扩张的收缩（磨牙、握紧拳头等等。）

当然，图形背景并不是像这样引领更多。一个人放松了控制并再次尝试。但是现在设想一下：危险和挫折都是长期的，并且一个人无法放松控制；同时，有其他的事情要留意。那么——

（2）一个新的情境产生了，而旧有情境仍然没有被完成。新的情境可能要么是寻求新刺激，要么是消遣，以减轻痛苦、失望等等。在满足新情境之中，旧的未完成情境有必要被压制：一个人生吞了自己的愤怒，使自己冷酷，将冲动抛出脑外。然而在新的情境之中，这个痛苦的被压制的兴奋持续作为背景的一部分。自体转向处理新的图形，但是它无法利用参与持续压抑兴奋的能量。因此接触新图形的背景被痛苦压制的存在所打扰，使一定的自我功能无法动员。

在此之外，这个顺序无法发展。这是因为身体无法被灭绝。被压制的冲突属于生理性自体调节并且保守地持续，在紧张充分积累或存在刺激的任何时候都准确地重现，并且永远为任何在兴趣的前景中若隐若现的事物着色。这个兴奋无法被压抑而只能被保持在注意之外。所有进一步的发展再一次朝着其他方向，遭遇新的问题，除非未完成情境的被干扰背景妨碍了这个过程。这个持续的扰乱在新的调整中扰阻碍了最终的接触，因为并非所有的关注都给予了图形。它阻碍了新的问题根据其品质而处理，因为每一种解决方式也都必须"无关地"解决未完成情境。并且，感知和肌肉力量被限制于保持刻意压制之中。

兴奋无法被忘记，但是刻意的控制能够被遗忘并且保持未觉察。这仅仅是因为，作为一个运动模式，一段时间之后这个情境被习得了；如果这个抑制是长期的，影响它的方法不再是新奇的并且被接触了；它们是某种无用的知识，会占据注意力并显然无功能。只要没什么在背景抑制之中被改变，自体就忘记了它是如何刻意的，因为它转向了新的问题。抑制所涉及的运动力量和感知力量不再是自我功能，而仅仅变成紧张的身体状态。因此，在这第一步之中，没什么关于从觉察到的压制到压抑的重要内容；它是普通的习得，以及遗忘一个人是如何习得的；不需要假定"对于不愉快的遗忘"。

（进一步地，在压抑的每一个重要例子之中，一个人迅速留意到十分不同的事情并因此迅速地遗忘了。）

但是让我们进一步跟随这个过程，因为抑制的方式到目前为止仍然是可获得的记忆。我们已经看到，任何非接触的习惯都是"第二本质"；它是身体的一部分，而非自体。所以无论我们的态度是正确的还是错误的，似乎都是"自然的"，而改变它的尝试唤起了不适；它是对身体的攻击。但是未觉察到的抑制有这个特定的性质，如果做出尝试以放松它，就立刻有焦虑，因为兴奋的情境被复活了，并且必须被阻滞。例如，假设这个被抑制的兴奋被不寻常的刺激所惊扰，或者反之，这个控制暂时因治愈性练习而减轻：之后习惯性迟钝的视力受到威胁，它似乎伴随着失明，在耳边响起，肌肉被致命的痉挛威胁，心跳加速，等等。自体未觉察到这些仅仅是收缩的影响，并且所要求的一切都是忍受轻微的不适，定位收缩并且刻意将之松开——自体想象身体本身处于危险之中，并且以争斗、使窒息和次级觉察的刻意来回应，以保护身体。它回避了诱惑，阻抗治疗；未觉察地对某个美味但一度危险的事物闭口不言，它现在以呕吐回应，好像这个东西是毒药。进一步地，因为在任何情况中初期的兴奋都是痛苦的，所以它轻易地适合于极端诠释。防御从前的自我功能的态度和诠释，好像它们是有活力的器官而非习得的习惯，这是反向形成。（纵观整个过程，灭绝更多基本生理的攻击性尝试是显然的。）

因此，我们详细阐述下面关于压抑的理论：压抑是遗忘已成为习惯的刻意抑制。这个被遗忘的习惯变得不可获得，因为更多的攻击性反向形成被转向对抗自体。不会并且无法被遗忘的，是冲动或欲望本身；但是这作为痛苦的背景而持续，因为它未得到释放并且被阻碍。（这是"情感的反转"。）这个驱力保持其原本的品质并能够在前景中激活客体，达到这种程度，就有了"升华"，直接但不完美的满足。

2. 作为自我功能丧失的神经症

对次级生理来说，神经症是作为不可获得的习惯的自我功能的丧失。相反，对于神经症的治疗是通过划分等级的练习来刻意接触这些习惯，以使焦虑可忍受。其中一些在本书的第一部分得到阐述。

作为自体功能的干扰，神经症处于自发自体的干扰和本我功能的干扰之间，前者是痛苦的，后者则是精神错乱的。让我们对比三种等级。

一个自发地给予自己的人可能无法获得最终接触：图形在挫

败、愤怒、消耗之中被打断。在这种情况下，他是悲惨的而不是
快乐的。他身体忍受的伤害是饥饿。他的倾向是失望的，并且他
转向对抗世界；但是，到目前为止他还没有转向攻击自己，也没
有太多自己的感觉，除了他正在忍耐，直到他变得绝望。对他的
治疗必须通过学习更多实践性技术，而且在社会关系上也必须有
所改变，这样他的努力才能奏效，而在等待中还必须达观一点。
这是**人格**的文化。（这是对许多年幼孩子的描述，而让他们处之
泰然是困难的。）

　　另一个极端是精神错乱，灭绝某些体验的既定性，例如，感
知的或本体感受的兴奋。只要有完全的整合，自体就填充了体
验：它被完全贬低，或不可测量地大，一个完全的共谋的客体，
等等。基本的哲学开始被影响了。

　　在中间，神经症是对自发兴奋的回避和兴奋的限制。当情境
无法证明它们的正当性或完全不存在接触情境时，它是种种感官
态度和运动态度的持续，因为不良的态度在睡眠中得以保持。这
些习惯干涉了生理性自体调节并且导致了痛苦、倦怠、易感和疾
病。没有完全的释放，没有最终的满足；被未填满的需要和未觉
察的保持对自己顽固的紧握所打扰，神经症患者无法贯注于他外
向的关注并成功地完成它们，但是他自己的人格在觉察中若隐若
现：尴尬，交替地愤恨和愧疚，徒劳而自卑，厚颜无耻而自知，
等等。

　　通过在长期突发事件状况下的同化体验，神经症自体失去了
它自我功能的一部分；治疗的过程是改变这些状况并且提供其他
体验的背景，直到自体发现并发明图形，"我正在刻意地回避这
些兴奋并且行使这个攻击"。然后它可能再一次继续进行自发的
创造性调整。（但是，再一次重复，这到了生活状态无法避免地

涉及了长期突发事件和挫折的程度，长期的控制将被证明无论如何都是功能性的；治疗会谈中的释放将不过是提供了愤怒和悲伤的精神宣泄，或者更糟的是，它吐出了一个人"无法消化"的种种情境。）

3. 对弗洛伊德理论的批判：Ⅰ. 被压抑的愿望

我们的解释，特别是关于压抑的解释，与弗洛伊德的如此不同，以至我们必须说明这个矛盾，也就是说，说明他的观点并给出我们的证据。因为压抑是他研究最多的过程，并且用"压抑"作为原始术语构建弗洛伊德精神分析的整个体系是可能的。

对于弗洛伊德而言，似乎"愿望"——兴奋，被压抑了，然而我们将之保持为非压抑的，尽管任何与这个愿望有关的特定思维或行为可能都被遗忘了。他之后被带入了解释保守的有机体如何能够抑制自己的尝试，这个尝试非同寻常地复杂并且无可否认地困难。"无意识思考"的整个系统和从来无法被体验的**本我**是这个尝试性解释的一部分——尽管如同许多特别的实体，它提出了大量新问题。再一次地，弗洛伊德坚持认为，被压抑的内容既遭到自我的驱逐也被"潜意识"吸引，他也要求进行无意识的审查；然而我们坚持认为，内容的吸引或审查与事实完全不同，而通过刻意的压制、简单的遗忘，以及在之前状况中遭遇新问题的自体的自发性图形/背景活动，压抑可以得到充分解释。

显然，被抑制的兴奋没有被压抑，而相反地，以一个人必须说它们想表达自己、想发展的方式表达了它们自己。在放松的状态下（比如自由联想或假寐），又或者，在自发性专注的状况下

（比如艺术创作或者生动的对话），所有的奇怪的图像、想法、失败的冲动和姿势、不安的疼痛和刺痛，都来到了觉察之中并且引起了注意：想要发展的被压抑的兴奋。而如果通过中立而导向性的专注，它们被赋予语言和肌肉意义，它们就立刻带着充分的重要性揭露自己。当然，这样的倾向，是任何分析面谈的基本内容；弗洛伊德未赋予它们作为本我的不可压抑证据的权重，这怎么可能？

考虑一下弗洛伊德的一个典型段落：

> "在源于婴幼儿时期的愿望冲动，即抑制的不可毁灭和无能之中，有一些对于成为与我们次级思考有目的的想法相矛盾的内容的满足。对于这些愿望的满足不再产生快乐的情感，而是痛苦的情感：就是情感的这个逆转构建了我们称之为'压抑'的基本内容。"①

也就是说，各种冲动被当作"幼稚的"，无法抑制，如同我们所声称的那样；稍后，它们"反对"其他目的，因此是痛苦的，且因此被压抑了。但是快乐和痛苦并不是想法，它们是释放或者紧张的感受。通过弗洛伊德所设想的有机体转变，"矛盾"产生了情感的变化，此转变是什么？相反，我们声称，恰恰因为去抑制它的努力———一种未释放的紧张和肌肉收缩———这个愿望是痛苦的：这个转变是普通体验的事情。

然而如果声称是这种情况，那么整个觉察到的体验持续被未

---

① Sigmund Freud, *The interpretation of Dreams*, trans. by A. A. Brill, Macmillan Co., New York, 1933. p. 555.

压抑的痛苦感染。显然，对于弗洛伊德而言，看起来并非如此。然而就是如此。看起来并非如此，因为当我们意图带着坚忍的顺从来处理我们的事务，并且尝试尽可能利用我们的确接受了的冲动时，我们不允许它看上去如此。这个痛苦在那里但被压制了：专注于你的感受并且它立刻感染了一切事物。众所周知，弗洛伊德对于人类状况中的快乐前景是不乐观的；然而，他对人类状况的现实性远远不如必要的那样不乐观。

此处的异见也是言语的，与所有重要的语义学不同一样，它取决于欲望之物标准的差异：我们会称什么为"痛苦"和"快乐"呢？对于弗洛伊德而言，迟钝的感知、刻意的动作和一般成年生活的受到控制的感受并不是"痛苦的"而是中立的。然而与自发行为的标准相比，它必须至少被称为"不快乐"：它不是中立的，因为它显著地具有不安、无力、不满、放弃、不圆满的感觉等等特点。

在上面的段落中也注意一下这个暗示：没有生理性自体调节，因为"幼稚的"冲动是随机的、无法抑制的，而目的性属于次级思维。这带给了我们为什么弗洛伊德认为兴奋被压抑了的另一个原因。他坚持将某些兴奋当作幼稚的，特别地受限于幼稚情境并因此受限于幼稚的思维和场景；而的确，这样的情境和想法是可恢复的，如果这样的话，困难极大；它们并不在觉察的背景之中。但是如我们已经尝试说明的那样（第五章），所有的兴奋在应用中更加普遍；正是变化着的客体和情境定义并特殊化了它们。我们已经讨论过，与特定的已遭遗忘想法的明显的基本连接（当对思想的压抑被揭开时是显然的）可归因于，在一定的情境中一个人刻意地限制了兴奋并且压制它——这个态度很快成为习惯性的并被遗忘——这个事实；因此，释放抑制的兴奋首次的自由发展将旧有记忆作为它可获得的技术而激发。本质上使这个冲动自由的并非记忆，而是激发记忆的冲动的发展。或者反过来说，自发的生活一直比被允许的更加"幼稚"；幼稚的丧失并不是有机体的改变而是刻意的压抑。

4. 对弗洛伊德的批判：Ⅱ. 梦

现在转向弗洛伊德关于通过无意识"吸引"某些内容的理论，让我们考虑一下关于梦的结尾"逃离了"的相似例子；因为这看起来不仅仅是被排除在思维之外，而且是被一块看不见的磁铁吸引了。然而我们必须注意到，首先，在实践之中，为了保留梦一个人并不对其给予注意，而是漠不关心地留意到它，如果它要过来的话就让它过来，而如果这个梦真的被吸引走了的话，这会是无意义的。

梦不会通过刻意的压制而消退；它主要是自体的自发综合，自体尽可能于清醒的状态下，在形成最简单的图形/背景的行动之中灭绝梦：这就是为什么梦消退得如此不费力气（灭绝是自发的），而从努力内摄的角度来看，又是为何梦似乎要接触了——因为做出常见的醒来努力的各种背景，与体验梦的各种背景是不相容的。在常见的醒来的体验中，最简单的可能接触自发地排除了梦。因此，为了允许梦或者任何驱力表达自己，最终，唯一的求助手段是改变常见的图形/背景形成本身——改变在其中接触为可能的情况，这样梦也就可能是接触的一部分了。这通过假设一个漠不关心的态度来完成。这个方法既非刻意尝试记住，也非尝试激活"潜意识"内容，而是改变自体现实的背景，这样梦就如同现实般若隐若现。我们的梦被我们"推走"，并且它们从我们身上"逃离"，因为我们自己在事物的本质上犯了错误；我们无法保留梦，因为我们拒绝将之当作现实。

梦和普通的醒来不相同是为人所熟悉的。醒来，一个人开始感受到他是主动的、敏捷的，即将移动。但是梦属于愿望的那级，只能在它们不变的幻想中才能被满足；肌肉运动的开始使梦溃逃（这被诠释为"在愿望能够获得运动释放前对之进行审查"）。更重要的是，如同在幻想之中，梦被从设想为真实世界的东西中排除。幻觉并不作为一个人自己的功能而被接受。（诚然，儿童将他们的幻想游戏当作现实世界的一部分，而在成年人之中，大量时间和注意花费于艺术创作，即其他人的幻觉。只有一个人自己的梦是被轻视的。或者考虑一下对于故意的白日梦的一般态度：它被当作一种逃跑，从现实和义务中逃离；但它不是和虐待一样的逃跑，最终，白日梦中的愿望，模糊地留下并且没有被使用；在主动的上演之中变得具体，或者用作一个人意图的诠释，作为实际兴趣和职业的模仿，二者都是不被允许的。）普通的醒来的另一个排除了梦的性质是，它是言语的且抽象的——醒来的时候我们立刻言语化我们的抽象目的："我在哪里？""我今天早上要做什么？""现在是几点？""我做了什么梦？"我们的体验被这些抽象所组织。但是梦是具体的、非言语的、感受的——"极为逼真的"。即，一般而言，梦并非一个可能的体验，这并非对于其内容而是对于其形式而言。[①]

所有的这些因素特别强烈地运作——所以梦很快逃离并且无

---

① 对于梦的遗忘相似的精彩分析来自沙赫特尔的论文《论记忆》（Schachtel, "On Memory," in *A Study of Interpersonal Relations*, Hermitage Press, New York, 1949, pp. 3 - 49)。

法复原，而不是因为不相干而仅仅消退并且丧失主导——当自体是神经症的，并且由于未觉察的抑制习惯，在常见的图形和背景关系中已经有一种紧张时。这种紧张是保卫普通的自我及其身体概念的反向形成系统。因为习惯性地，背景不是空洞而是扰乱，要获得任何图形都必须尽可能让背景保持空洞而普通；灭绝的巨大能量提供给这个工作。遭遇了梦的自发性，自体的明智及其有机体的安全似乎处于紧急危险之中。从这一点看来，我们将需要当作敏捷，将自己定位于时间、地点和目标中，保持警觉，如此，许多自发的反向形成满足了危险的梦之态度（dream-attitude）的突发事件。带着如此多被动员的炮火对抗它，梦的思维立刻被灭绝了，并且梦的愿望被强烈地压制了。

　　总的来说，这个梦逃离了并且被推开，这既是因为自发的图形/背景形成在这个状况中可能，也是因为关于我们将把什么当作现实的刻意决定。奥托·兰克说，易洛魁人①曾经做出相反的决定：梦是真实的，因此这个任务是以梦来诠释醒来而不是以醒来诠释梦。对于弗洛伊德而言，在心理上最为真实的似乎是童年，因为最终他并未以醒来（白日的剩余）而是以童年情境来诠释梦。让我们进一步考虑这一点。

5. 对弗洛伊德的批判：Ⅲ. 现实

　　为了清楚了解弗洛伊德关于压抑的理论，我们必须再一次考虑他关于现实的讨论（见第三章第 13 节起）

---

① 北美印第安人。——译注

弗洛伊德区分了思维的"初级过程"和"次级过程"。几个段落将展现他所说的和我们的立场之间潜在的相似性，以及重要的不同之处。

> "初级过程寻求兴奋的释放，为的是以如此收集起来的兴奋的数量，建立感知同一性；次级过程抛弃了这个意图并且代之以采纳思维同一性这个目的。"①

我们应该说，初级过程——感知、运动和无法被很好地称为"思维"的感受功能的统一体——创造了现实；从这个统一体中抽象出来的次级过程是反映了现实的思维。

> "情感的转变（'压抑'的本质）在发展的进程中发生。一个人只需要想一想，厌恶的突发事件在婴幼儿生活中原本就是缺席的。它与次级系统活动相连接。无意识愿望从记忆中引发情感解放，这样的记忆从来无法到达前意识，而因为这个原因解放无法被抑制……
>
> "初级过程从一开始就处在这个装置之中，而次级过程只在生命的进程中逐渐形成，抑制并覆盖了基本物，可能只有在生命的全盛时期才获得对它们的完全控制。"②
>
> "'错误过程'梦－置换等等，是心灵装置的基本过程；每当前意识投注所抛弃的想法被留给它们自己，并且能够被从无意识流动而来并寻求释放的未受到抑制的能量所填满

---

① Sigmund Freud, *The interpretation of Dreams*, trans. by A. A. Brill, Macmillan Co., New York, 1933, p. 553.

② Ibid., p. 555.

时，它们都会出现……这个被描述为'不正确'的过程并不真的是对我们正常进程的歪曲，亦非有缺陷的思维，而是心灵装置的运作模型，当它从抑制中释放时。"（强调为我们所加）①

初级过程（制造了感知现实的同一性）是自发的接触；但是在弗洛伊德那里，它只被等同于梦的过程。艺术、学习及记忆、成长，彻底与初级过程断裂，就好像所有的学习，以及伴随着学习而来的刻意控制，都能够永远不被简单地使用并且之后被释放，因为自体再一次自发地行动。然后，当然，成长有必要地涉及了"情感的转换，"因为根据这个概念，学习只不过是抑制。

什么让弗洛伊德将次级以这种方式覆盖了初级，而不是设想在一个可获得记忆的系统中二者健康的统一体？我们可以提出理论、时间和人格上的原因。

在理论上，弗洛伊德对现实有误解，这源于他接受了错误的意识心理学。因为如果任何实现中的定向在疏离的感觉材料和认知对象中被给定，并且如果任何现实的操控由疏离的运动习惯所给予，那么为了最终得到一个现实，当然必须有一个抽象思维过程加入这些部分并且重新构建一个整体。在这个构建之中，所有的部分——疏离的认知对象、本体感受对象、习惯和抽象的目的——在自发性统一体的抑制中扎根。但是显然弗洛伊德注意到的仅有的那些自发接触整体是梦的各种过程，而这些的确给予了很少的定向并且没有给予操控。但是当然，有无尽的非幻觉性自

---

① Ibid., p. 556.

发整体；这是一个正确的理论化体验中所发生之事的问题，如同格式塔心理学家和实用主义者所做的一般。

实际上，在治疗之中，弗洛伊德恰恰依赖于病人的解离；他禁止他们理解或实践；所以只有梦作为自发整体强制性地令他印象深刻。（移情，即实践的自发整体，他坚持——好像尴尬的——将之视为童年的剩余。）然后进一步地，不仅仅是弗洛伊德的意识心理学有缺陷，他的生理心理学也有，因为他设想了随机的冲动，机械有机体的疏离的兴奋。在我们看来，身体充满了继承的智慧——它从一开始就大致适应了环境：它有制造新整体的原材料，并且在其情绪之中它有一种环境知识，以及行动的动力；身体在良好构建的目的性系列和愿望的情结中表达自己。所有这一切弗洛伊德都不予考虑，他被化约为纯粹语言而非身心治疗。然后，他实践的结果是，他既不能将他注意到的动态自发的"思维"与环境相连接，也不能将之与身体相联系；所以，他大胆地为此标出一块独立的领地，即"无意识"。

然而，他对此完全不满意，他一直试图说："梦的过程并非完全不正确的；它们是现实的方式；相反，丢失了现实的人正是我，恰恰在生命的全盛时期。"并且因为他想要这么说，所以弗洛伊德精神分析的整个系统将自己与"婴幼儿"联系起来。它如此正确，因为在童年时存在重要的未抑制过程，它给予了现实，与此同时它不仅仅是梦。不正确的是，之后一个新的健康实体发展起来的概念，即次级过程，因为那是流行性神经症。

"次级过程"的概念是自体对觉察丧失的表达，它在施加抑制并且因此也能够释放抑制。这个限制更多地作为"残酷的现实"被投射。而且，通过反向形成，自发的过程被恶意诋毁并"仅仅"成为梦和神经症扭曲，其他所有自发的图形形成相当地被轻视。且进一步地，梦和症状再一次被攻击、"被诠释"并被减少，而不是也被当作生动现实的部分，并且事实上不被当作任何创造性操作的本质。（这是荣格的批判。）最终，童年既被诋毁又被高估；当它被认为是无法复原的失去时它被高估；在治疗中分析的全部任务都用来恢复这个不可复原物，在这样的地方它是被诋毁的。

6. 压抑的例子：失眠与无聊

让我们接着讲我们的争论并且给出压抑的例子。

我们已经说了，在压抑之中，兴奋在背景中持续并且使所有进一步的形成都沾染了痛苦。这个抑制的刻意性被遗忘了。在这些状况之中，自体转向了其他创造性调整并且做出进一步的努力使被遗忘的抑制继续被遗忘。急性的失眠最简易地描绘了这个功能运作的方式；因为在追求睡眠的行动之中，进一步的创造性调整被最小化了，并且未完成需要的痛苦被普遍感受为明显的不悦、不安和紧张。但是这个需要的意义被遗忘了，因为它未被允许发展和找到定向。

在失眠之中，自体希望休息并去整合，但是一个未完成的需要一直将它拉扯在一起。恰恰是睡着的努力之后成为使这个需要一直被压制的手段。首先，失眠者闭上眼睛，想象烦人的场景，等等。这些对睡眠的刻意模仿当然与真实需要无关，那不是为了睡觉，而是为了解决未完成的问题。但是，它们会被诠释为内转：他想使那个有需要并且使他睡着的"他者"无聊。然后失眠以解离的幻想和思维过程开始，所有这一切其实都与被压制的问题有关，但是他并不想捕捉这个连接，并且因此幻想无法凝聚成一个愿望，而是痛苦地一个接替另一个。的确，这样一条幻想的线索具有和被压制的需要相同的情感意义，在这样的情况下，思维发泄了部分兴奋，并且一个人进入了轻度的被梦烦扰的睡眠中，但是很快醒来，如果这个紧张再一次变得非常强烈的话。第三阶段是当失眠固着并且专注于某些虚假的失眠原因，如咆哮的狗、楼下嘈杂的聚会时，进而他将其攻击转向摧毁这个原因。灭绝一个客体的愿望与尝试灭绝一个问题的潜在正确情境接近，因此它自发地获得了极大的影响——它恰恰利用了这个人觉察不到的有力发挥的能量。所以会发生如下情况：如果这个灭绝的冲动被允许获得重要的主导性并且导致一个暴力行动——把鞋扔向狗、捶地板——就有自我功能的部分恢复。这会具有替代性结果：要么一个人之后有了对于抑制的更多控制并且能够使其充分坚持入睡（用正统的术语，压抑成功而非失败了）；要么相反地，既然一个人已经耗尽了某些虚假的向内的能量，一个人就可能突然将未完成的需要接纳为自己的。一个人放弃了试图睡着的努力、起床、承认楼下的聚会是吸引人的而不是令人分心的，或者他想要或害怕听到的声音并不是咆哮的狗而是其他某个声音。正确的定向带来了进一步的相关活动：一个人穿上衣服并下楼，写信，或者无论什么活动。

讽刺的是，当一个人并不试图睡着的时候，当不是睡觉"时间"的时候，对这个问题的压抑和这个兴奋的持续作为不注意、无聊、疲惫（有时睡着！）而出现。这个主导的需要无法到达前景，前景中的图形被扰乱了，而且由于它们无法吸收全部的能量，没有吸引力，所以注意力流逝了；没有图形变得明亮。因为有一个在别处并且做别的事情的愿望（但是一个人无法认出这个愿望，因为它不被允许发展），一个人仅仅感到他不想在这里，不想做这件事。这就是无聊。但是无聊的人强迫自己集中注意——他在保持无趣的图形和被干扰的背景之间的紧张关系中消耗自己；很快地，他被疲倦和下垂的眼睑所打败。如果被压制的兴奋属于在幻想中被大大地满足这种类型，那么他会做白日梦或睡着并做梦。但通常不幸的是，一旦一个人屈服于睡觉的欲望并且躺下，失眠就恰恰开始了。

7."升华"

与无法变得有吸引力并赢得关注的消遣形成对照的，是那些成功组织了令人感兴趣的活动的消遣。这些兴趣利用了一个兴奋，由于意义被压抑，它无法轻易表达自己的兴奋，却"间接"满足了这个需要。它们是所谓的"升华"——以"社会允许或甚至赞许的方式"满足需要的兴趣。

因此，在弗洛伊德关于情感转换和兴奋压抑的理论看来，升华的过程是顽固性地神秘的，因为如果有机体的愿望在本质上被改变了，被替代活动满足的是什么呢？在我们所呈现的这个理论之中，是没有问题的。严格来说，完全没有这种如同"升华"一般的特殊过程。被称为"升华"的东西是一个直接但不完美的对于相同需要的满足。

满足是不完美的，因为在未觉察的抑制中，自我功能的丧失阻碍了有效的创造性调整，因为兴奋本身被痛苦、困难、受虐渲染，而这些渲染了令人满意的兴趣，因为运行的限制总是令兴趣在某种程度上变得抽象且与需要相脱离，还因为无法变得自发而阻碍了完全的释放。因此，升华是冲动地重复，有机体没有完全进入平衡，需要过于频繁地重现。大量的手淫描绘了这些升华的性质。

尽管如此，显然，升华并不是一种替代而是一种直接满足。例如，考虑一下众所周知的诠释，即小说家的艺术在一定程度上是被压抑的、幼稚的偷窥与展示的升华（如伯格勒〔Bergler〕）。当然小说家的确偷窥并展示。问题是，在此什么被压抑了？他满足了他关于他的人物的行为、性及其他东西的好奇，那些人物经常是他认识的人，并很经常是他记得的家人；他展示了他自己的感受和被禁止的知识。这个部分没有什么被压抑，对此的证明是，他实际上对于这么做感到愧疚。但是将遭到拒绝的是，被压抑和升华的不是这些东西，而是目击原初场景，并且展示他不成熟的生殖器，而愧疚从那个时期开始被继承。在我们看来，这是对那时所发生的事情的错误诠释：在原初场景中，童年兴趣由对儿童最为重要之人的举动的渴望与好奇构成，而且他所想做的是展示他自己的本质和欲望并参与进去。这些恰是他现在直接满足的需要——但是这个满足是不完美的，因为他只是在讲述一个故事，没有同时在感知和做事。

因为仅仅是小说家，他试图不去压制这些驱力，而是获得对它们的某种直接满足。对于许多升华的社会效果的片刻反思将说明，它们的确在给予直接的满足；因为有力、有效并且最终得到尊重的，正是自发且未抑制的内容。让我们给出另一个不那么常见的例子。甘地通过他著名的孩子气人格拥有感动千百万人的力量，其人格的一个重要方面在于他对食物的特殊态度：当甘地拒绝或者同意进食的时候，在政治上这是重大的。现在我们应当将之诠释为幼稚的暴躁吗？那么它是如何如此有效的呢？但是相反，这是特别直接地保持儿童的真实感受，让所有的不同在一个人进食的爱和恨的状态下产生。甘地最初可能不是将禁食当作一种计划好的威胁，而是因为在一定的状态下食物对他而言是恶心的。这个自发的生理判断，以及相应的经过考虑的行动，在并非养育的而是成年人的世界环境中，触动了每一个心灵，在这个环境中，它是一样相关但广泛地被忽视的。它有效，并非因为它是象征性的或者是一个替代，而是因为它是对一个现实性的自发反应。

然而，再一次地，弗洛伊德的"升华"理论是他过于紧密地将持续驱力和它们过去的情境及思维相关联的结果。

8. 反向形成

反向形成是通过进一步尝试灭绝兴奋或者对其的诱惑，以及通过加强抑制，回避在压抑溃败威胁之下的焦虑（通过被抑制的兴奋的增加或者抑制的放松）。压抑回避了兴奋；反向形成回避了遭到窒息的兴奋的焦虑——因为这个焦虑兴奋似乎比原来的兴奋更加危险。灭绝诱惑性刺激或者兴奋的例子是回避、消化、反抗、势利、道德谴责；加强抑制的例子是正义、顽固、故意犯蠢、骄傲。

如果我们将弗洛伊德情感转换和兴奋压抑的理论放在一边，我们就不再需要提及"矛盾心理"，在相同情境之中对于相同客体的矛盾感受，好像这个矛盾存在于相同的级别并且都是外向的感受。（这样的矛盾，如果它们存在，就可以作为情感的不完全转换来解释；孩子气地给予快乐的东西也不会仅仅给予痛苦。）但是更有可能的是，这些矛盾是动态相关的：一个矛盾是对另一个的反向形成——存在的东西是驱力、对驱力的抑制、对抑制的"防御"的动态等级，即对驱力的进一步攻击，以及对攻击它的内摄的认同。例如，考虑一下有胃口和恶心。有胃口（诱惑）是恶心的，因为这个欲望被嘴巴紧闭所抑制；恶心是对一张紧闭的嘴强迫喂食的反应——但是一个人丧失了对这样一个事实的觉察，即一个人可以张开他的嘴，食物不再是被强迫喂进的，并且也没有将之吐出的需要了。在压制即刻意抑制的阶段，食物就与自己相疏离，一人不认同自己对它的欲望；但是在反向形成的阶段，一个人再也不接触食物——选择与食物无关，而是与被遗忘的人际关系有关。所以周期性的有胃口和恶心无法形成真正的冲突；没有真的"矛盾心理"，矛盾是"我喜欢这食物"和"我将不会吃我不喜欢的东西"；这些当然不是不相容的，但是在它们之间的调整由于压抑不可能了。

从治疗的角度而言，我们的社会也对其常见的反向形成有一种不幸的敌意，并且反过来试图灭绝它们。其原因是我们之前所描述的（第八章第3节）不平衡的社会发展状态；一个自体征服的社会，也尊重外向和性欲。反向形成显然是灭绝性且负面的，并且没人想拥有它们。正义、强迫性清洁、节俭、顽固的骄傲、道德审查是被嘲笑且不被允许的；它们看似渺小而非广大。正因如此，恶意和邪恶——无力的攻击性和挫败的爱欲——是不被允许的。只有在危机、突发事件之中，它们才被允许称为前景。反之，所有的这些态度本身都被对灭绝的灭绝所替代，并且我们得到了空洞的礼貌、好意、孤独、无情、忍耐等等。结果是，在治疗之中，病人和治疗师的关系一开始过于敏感；并且，动员这些反应性特质和微小的获胜是痛苦地必要的。治疗师会更愿意病人像个带着强烈道德信念的良好神经症患者一样地到来。

第十五章
自我功能丧失 II：典型结构与边界

1."神经症性格"的治疗策略

在最后一章，让我们尝试解释最重要的神经症机制和"性格"，它们是接触实际进行中的情境的方式，无论在治疗会谈中发生了什么。神经症行为是场的创造性调整，在这个场中存在压抑。这个创造性将在任何进行中的当下自发运作；治疗师不必潜入"一般"行为之下或者将它骗出来，以揭示这个机制。他的任务仅仅是提出一个问题，病人没有恰当解决并且他对自己在这个问题上的失败不满；之后在帮助之下病人的需要将毁坏并同化这些障碍，创造更多可行的习惯，就像其他学习那样。

我们已经将神经症定位为自我功能的丧失。在创造性调整的自我阶段，自体将场的某些部分认同为自己的，并且疏离其他部分，当作非自己的。它将自己感受为具有确定但移动边界的某些需要、兴趣和力量的一个主动过程、一种刻意性。逐渐介入的自体好像在问："我需要什么？我要对之行动吗？我是如何被唤起的……我对于那里的感受是什么？……我会为了那个东西试一试吗？我在与那个东西的关系之中处于什么位置？我的力量扩展得多远？我拥有什么手段？我现在是向前推进还是停下？我所学习的什么技术我能够使用？"这样的刻意功能是被自体自发运用的，并且带着自体所有的优势、觉察、兴奋和新图形的创造而继续。而最终，在紧密且最后的接触中，刻意、"我"的感觉，自发地消退到了关注之中，之后边界就不重要了，因为一个人接触的并不是边界，而是所触、所知、所享、所造。

但是在这个过程之中，神经症患者丢失了他的边界，他关于他在何处、他在做什么和如何去做的感觉，而且他不再能够应对了；或者他感受到他的边界是僵硬而固化的，他没有前进，并且他不再能够处理了。治疗上，自体的这个问题是解决其他问题的障碍，也是刻意注意的客体。现在问题是："在何时我开始不要解决这个简单问题？我如何着手阻止自己？我感受到的焦虑是什么？"

2. 作为创造性中断阶段的机制和"性格"

焦虑是创造性兴奋的中断。我们现在想要呈现这样一个想法，即神经症行为的种种机制和"性格"可以在兴奋被中断的创造性调整阶段中被观察到。也就是说，我们希望从实际情境的体验中构想出一个类型学（typology）。让我们讨论一下这样的取向，以及在治疗中有用的一个类型学的性质（因为当然，接受治疗的是一个独特的人，而不是一种疾病的类型）。

每一个类型学都取决于关于人类本质的一个理论、一种治疗方法、一个健康的标准、一个有选择的病人的群集（见前文第四章第 6 节）。我们在此要提供的计划不是例外。治疗师需要他的概念以保持他的支撑，明白在哪个方向中去看。这个获得的习惯是这项艺术的背景，如同在其他任何艺术中一样。但是问题也和在其他任何艺术中的一样：如何使用这个抽象（并因此利用固化）才不会失去当下的现实性，特别是现实性的进行性？以及如何——一个治疗与教育及政治共有的特殊问题——不去强加一个标准而不是帮助发展他人的潜力？

（1）如果在接触的过程中找到我们的概念是可能的，那么至少将会有一个实际的病人在那里，而不是过去的历史，或者生物或社会理论的观点。另一方面，当然，为了成为治疗师能够用以动员学习和他艺术体验的方式，这些概念必须可辨认地属于他的人类养育知识，以及他的躯体和社会理论。

（2）我们必须记住，实际情境总是所有曾经或将会有的现实例子。它包含了一个有机体及其环境和一个进行中的需要。因此，我们能够问关于这个行为结构的常见问题：它是如何处理这个有机体的？它是如何处理环境的？它是如何满足一个需要的？

（3）再一次地，如果我们从当下过程的一些时刻中（即它的中断）获取我们的概念，我们可以带着觉察地期待，这些中断将会发展为其他的中断；过程的进行性将不会丧失。人们将发现病人具有的不是一种机制的"类型"，而其实是"类型"的顺序，并且其实是可解释的系列中所有的"类型"。现在的情况是，通过应用任何类型学，而不是在现实性中找到它，一个人体验了这样的荒谬，即没有类型适用于一个特定的人，或相反，这个人有矛盾的特质或所有特质。然而一个人期待的是什么？是创造的本质——以及迄今为止这个病人拥有的任何他具有创造性的活力——通过协调显然的矛盾并改变它们的意义，以制造它自己的具体特异性。① 之后我们不是去攻击或者减少矛盾特质以得到治疗师所猜测的"真实的"潜在性格（性格分析），或者去尝试发现与一定是"真实"驱力的东西消失的关联（既往病史），我们只需要帮助病人通过他从"性格"到"性格"的有序通道，发展他自己的创造性同一性。诊断和治疗是相同的过程。

（4）因为有序通道，不过是将固着重新动员到体验的整体之中。最重要的是记住，每一个机制和特性都是生活有价值的方式，如果它只能继续并且完成它的工作的话。现在这个病人的行为，在治疗中或其他地方，是继续解决长期挫败和恐惧问题的创造性调整。任务就是为他提供一个环境中的问题，在这个环境中他惯常的（未完成的）解决方式不再是最为合适的可能解决方式。如果他需要用他的眼睛却没有用，因为使用它们并不有趣也不安全，那么现在他将疏离他的盲目并且认同他所看见的东西；如果他需要向外伸展，那么他现在将开始觉察他对外的肌肉攻击并放松它，等等；但是这并不是因为盲目和麻痹是"神经症的"，而是因为它们不再获得任何东西：它们的意义已经从技术变为障碍。

总结一下，我们提供了如下的"性格"描绘，作为在实际情境的治疗和治疗师概念之间的一种桥梁。这些性格及其机制并不是人的类型，而是被当作一个整体，是对在进程中的神经症"自我"的描述。所以我们在每个案例中尝试（1）从一个实际中断

① 让我们用一个来自其他人类法则的例子来强化这个老生常谈。一个文学评论家着手进行类别系统的工作，悲剧是什么，闹剧是什么，等等。但是他发现不仅这些矛盾的类型在《亨利四世》《哈姆雷特》《罗密欧与朱丽叶》之中被合并了，而且悲剧或戏剧的特殊含义在各个独特的整体中被改变了。现在，如果我在处理简单的音乐和可塑媒介中这也是真的，那么当病人为了他的创造具有整个的人类情境时，这种情况还有多少呢？

开始，（2）揭示中断的正常功能运作，（3）说明相较于压抑的背景，它如何处理有机体和环境，并且给予了积极的满意，（4）将之与文化和躯体历史相联系。最终，（5）我们讨论了性格被动员时的顺序。

3. 中断的时刻

我们看到了，自我功能丧失中的问题是："在哪一个时刻我开始不去解决这个简单的问题了？我是如何阻止我自己的？"

让我们再一次回到兴奋中背景和图形的计划性顺序，以及抑制中的相反顺序（第十四章第 1 节）。在神经症抑制之中，顺序被颠倒了，并且身体成为攻击的最终客体：背景被压抑所占据，一个被遗忘并且一直被遗忘①的长期抑制。相较于背景，当下的中断（自我功能的丧失）发生了。

类型的不同在于中断是否发生

（1）在新的基本兴奋之前。融合。

（2）在兴奋之中。内摄。

（3）与环境对质。投射。

---

① 当然，在前一章中提到的"压抑""升华""反向形成"，它们本身是正常的调整功能。正常地，压抑就是一个生理功能，即对于无用信息的遗忘。升华，我们只当作一个正常的功能，在普通情境中一个不完美的接触。有意思的情况是反向形成。正常地，反向形成是对于身体威胁的自动突发事件反应：它属于像装死、晕倒、震惊、惊逃等反应的类型。所有这些似乎反映了一种生理信号和小心的自我功能之间，即刻的并因此是不加选择的全部互动，未通过常见的接触顺序调停。正常地，突发事件的回应似乎满足了同样的威胁——尽管轻微的伤害经常导致震惊。当威胁与来自释放一个长期且被遗忘的抑制的焦虑有关时，我们说到了反向形成。

（4）在冲突和毁坏之中。内转。

（5）在最终接触中。自我中心。

4. 融合

融合是无接触（无自体边界）的状态，尽管其他重要的互动在继续，例如，生理功能运作、环境刺激等等。我们看到了，正常地，接触的后果，即同化，随着消退的自体发生，并且所有的习惯和学习都是融合的。健康的融合和神经症性融合之间的区别是，前者是潜在接触性的（例如，可获得的记忆），而后者因为压抑无法被接触。然而，作为觉察到的体验背景的潜在未觉察背景，相对永恒的融合的广大区域显然是不可缺少的。我们与我们所基本地、无问题地或者不可挽回地依靠的一切融合：在没有改变需要或可能的地方。一个儿童与他的家庭融合，一个成年人和他的社区融合，一个人和他的宇宙融合。如果一个人被迫开始觉察这些终极安全的背景，那么他"陷入低谷"，并且他感受到的焦虑是形而上的。

在神经症上，当下的态度——完全没有认识到新任务——是对未觉察的依附，好像为了满足而依附于某些获得的行为，又好像新的兴奋会夺去它；但是当然，既然其他行为已经获得了并且是习惯性的，在它之中就没有觉察到的满足，而只有安全感。病人确保没有什么新的东西将会出现，但是在旧的东西里面没有兴趣或者区别。原型的例子是未觉察的吮吸或者依附于温暖和身体接触，没有人感受到这种温暖和接触，但它们的缺席使人僵住。

对于环境，态度是为了阻止已获得的行为被夺走（通过放弃）。下巴开始了用牙吮吸的持续啃咬，它可以继续咬其他的食物却不愿意；或者一个人在交媾之中紧紧搂住；或者保持人际关系中的死亡之握。这个肌肉麻痹阻止了任何感觉。

所以他遇到了挫败和恐惧。什么是满足呢？在肌肉麻痹和去敏化的框架中，满足只有在完全独立于自我监督的随机自发性（歇斯底里）中才是可能的。许多所谓的退行作为一个外向的态度起作用，其中随机的冲动能够找到一种语言和一个行为；这涉及了对满足的意义的感受和重新诠释的替换，以使它们变得恰当。这个退行行为就其本身而言并非神经症的；它只是先于融合或者在其之外。但是其中散乱的满足不会补充。而当然，烦恼是，在"外向的"行为中相似的困难出现了——某个东西要求被接触——并且之后他开始再一次依附。

文化上，融合反应将处于最基本的婴儿般的或分离的等级上。目的是让他者以全力以赴。

5. 内摄

内摄可能在兴奋的过程中发生，之后自体内摄，用他人潜在的驱力或者欲望置换了它自己的。正常地，这是我们对于广大范围的所有事和人的态度，我们觉察到它们，但是不管怎样那没太大不同：语言、穿着、城市规划、机构的惯例。神经症的情境是，其中，惯例是强制的，与生动的兴奋相矛盾，并且，为了避免"不属于"（不用说进一步的冲突）的冒犯，欲望本身是被抑制的——并且愤恨的环境通过对它的整吞和抹除既被灭绝也被接受。然而，除非人类能够模仿并且假想一个没有很多生动介入的公共统一，文化和看似属于我们的人类城市的大凝结就是不能想象的。每一个自然的（非强迫的）惯例曾经是特别有创造性的成就；但是，我们对它们中大多数的使用既没有真的同化它们也没有被它们压碎。例如，一个诗人只有在多年后才同化了英文；然而其他人足够非神经症性地说起它。（不幸的是，一般用途被用于本质。）

内摄者神经症性地妥协于他受挫的欲望，其方式是在他辨认出其情感前反转它。这个反转仅通过抑制它来实现。一个人想要的东西被感受为不成熟的，令人厌恶的，等等。或者相反，如果它是拒绝某个被抑制的东西的冲动（与强制喂食相反），那么他说服自己不想要的东西对他是好的，是他的确想要的，等等。但是他没有尝或者嚼就咬下了它。

对环境的态度受到主导（骨盆强烈收紧），然后是稚气和接受。因为具有一些人格、一些技术、一些欲望，这是必要的。如果他无法认同自己，并且疏离对于其需要而言不是他自己的东西，他就遭遇了虚空。社会环境包含了存在的所有现实，并且他通过认同其标准并且疏离潜在地是他自己标准的东西来构建自己。但是以这个态度获得的文化总是肤浅的，尽管它可能是广泛的。他将接受任何权威地位，尽管它与他的所思所信相对立；摧毁他之前的权威，这甚至是次级满足；他受虐地想要被驳斥。他自己恰当的观点是十分幼稚的，但是因为它们穿着的这个借来的装点之物，它们似乎受到了影响并且是愚蠢的。

内摄的外向满足是受虐——恶心被抑制了，下巴被迫微笑地张开，骨盆收紧，吸气。受虐行为是在通过允许一个人的错误认同而使自己遭受痛苦的框架下，创造性地调整环境。在加紧这个认同并且进一步对抗自己中，他纵容于施虐性的咬、抱怨等等。

6. 投射

当兴奋被接纳并且遭遇了环境时，存在情绪——将欲望或其他驱力与模糊构建的对象相联系。如果中断在这个阶段发生了，结果就是投射：他感受到这个情绪，但它是自由浮动的，与进入进一步外向行为的自体的主动感受无关。因为情绪不来自他自己，它被归因于其他可能的现实，即环境——他觉得它"在空中"或者被他者导向攻击自己。例如，病人因治疗师对他的看法而尴尬。然而正常情况下，投射是不可缺少的。投射进入"稀薄的空气"是无端创造性的开始（第十二章第4节），然后继续为漂浮的情绪或直觉制造客观的相关物；在一般的创造性调整中，幻觉的因素在最初的那些方法中是必要的。通过直觉或先见之明，我们被不甚明显的意义所警告或邀请。然而，神经症的投射者，不是继续将漂浮的感受认同为自己的，相反地，他通过将之加到其他人身上来使之明确，而这会导致滑稽而悲剧性的错误。

典型的神经症投射者的例子是 A 计划进攻 B（情欲或敌意），但是 A 抑制了他的接近；因此他感受到 B 计划进攻他。他通过否认那是他的来避免情绪打击。

然而，对于环境，他展示（并运用）了不会出错的挑衅态度。他所深深希望的是接近并接触，因此他无法采取措施，他尝试使其他人所做的发生。所以，他并不移动，没有安静地坐着，但是他在"等待"、沉默中躺着，吮吸，沉思，以此来交流。然而，如果其他人读到了信号并且的确接近，紧张的焦虑就被唤起。

他得到的真正满足是什么呢？是可怕的如同在梦中一般的戏剧场景的见诸行动。他仔细思考了它。这个沉思充满了高度渲染的想法。这是在排除环境的僵硬框架中对自体而言可能的活动，抑制运动力量，并且被动地躺着，沉浸在自由的情绪之中。它几乎是诱导催眠图像的放松图形，除了一点，即，存在一个僵硬的肌肉框架而非放松，所以图像越是变得充满感情、吸引人，它们就越多地被痛苦和恐吓所渲染。

在文化上，投射所发生的区域将是愚蠢、固执、猜疑的——因为在幻想和感受能够开始告知自己有关环境之事并习得某事物的地方，兴奋是被扼杀的；并且焦虑、恐吓恰恰可能被归因于那些最"客观"、最实事求是的人。大部分是由抽象的道德和罪恶构成的。更为积极的想法充满不着边际的计划和未来的投射。

7. 内转

现在设想一下，定向和操控的外向能量完全投入环境情境之中，无论是在爱还是在愤怒、遗憾、悲伤等等之中；但是他无法处理并且必须中断，他害怕去伤害（毁坏），或者被伤害；他将必定被挫败：之后投入的能量被转向攻击场中仅有的可获得的各个安全客体，即他自己的人格和身体。这些是内转。正常情况下，内转是重塑自己的过程，例如，修正不实际的方式或者重新考虑情绪的可能性，做出重新调整，作为进一步行动的背景。所以我们承受了懊悔、后悔；我们记住，重新考虑，等等。在幻想之中再创造无法获得的客体，这个欲望可能再一次升起并且一个人通过手淫来满足它。而更加普遍地，在一次困难的介入中，任何刻意自体控制的行动都是内转。

内转者神经症地通过试图完全不要介入以回避挫折；也就是说，他试图撤销过去、他的错误、他对自己的抹黑、他的话。他后悔侵占了环境（排泄）。在个案的本质上，这个撤销是强迫性的，重复的；因为与像其他任何东西一样，一种重塑只有开始包含新的环境材料才能被同化；在撤销过去中，他一次又一次重温相同的材料。

内转的切实环境只由他自己组成，而他对其发泄了他动员的能量。如果正是对毁坏的恐惧唤起了他的焦虑，那么他现在系统地折磨他的身体并且产生身心不安。如果他介入一个新企业，那么他将无觉察地为其失败而工作。这一过程经常被精明地操控，以便给出原本被抑制的意图所获得的次级结果：例如，为了不要伤害他的家庭和朋友，他攻击自己并且产生卷入他家庭和朋友的疾病和失败。但是他并未从中获得满足，而只有进一步的懊悔。

内转者的直接满足是他主动控制和忙于重要事务的感觉——因为他强迫性地忙碌并且感受到在其皮下的影响。他的想法和计划通常是被好好告知、好好考虑的，并且带着非凡的热心而被感受到的——但是一个人完全是更加困惑的，并且最终通过懦弱和犹豫而醒悟，带着它们他不再缺乏行动。定向——在情境中他身处何处的感觉——似乎是重要的；直到有一点变得清晰了，即简单的实践可能性被轻视。通过这个方式，有重要的回忆和犹豫的现实性。

当驱力是爱欲时，就像在手淫之中那样，内转的直接满足可能被观察到；手淫是一种强暴——因为与环境中其他任何切实的身体相比，身体对它的反应不见得更多；但是满足属于攻击性的手。性快感是无关的。（我们可以轻易区分这个施虐-肛门期和更早的扎根于一个感受到的受虐的内摄性施虐。）

8. 自我中心

最后，当所有的最终接触都恰当地准备好时，有对释放控制或监督的中断，有向会带来成长的行为妥协的中断，例如，演示他能够做并且情境召唤的行动，或者完成他所制造的东西并且留下它。这是通过进一步刻意内省和谨慎而放慢自发性，以确保背景的可能性的确被耗尽了——没有危险的威胁或惊讶——在他表态之前。（因为想要一个更好的术语，我们称这个态度为"自我中心"，因为它是对一个人边界和同一性而非被接触内容的最终关怀。）正常地，自我中心在任何详尽复杂和长远成熟的过程之中都是不可缺少的；否则，有一个不成熟的承诺，以及对阻止撤销的需要。正常的自我中心是缺乏自信、猜疑、冷漠、缓慢的，但并非态度不明朗的。

在神经症上，自我中心是与刻意觉察的一种融合，以及对不可控和令人惊讶的事物的尝试性灭绝的融合。回避挫折的机制是固着，从正在进行的过程中抽象出受控制的行为。典型的例子是尝试保持勃起并且阻止高潮的自发发展。通过这个方式，他证明了他的潜力，他"可以"并且获得了构想的满足。但是他避开的是困惑，是被抛弃。

通过寻求将自己疏离为唯一现实，他避开环境的惊讶（对竞争的恐惧）：这一点他通过"占领"环境并且将之据为己有而做到。他的问题不再是接触了他所关心的某个汝，而是增加科学和认识，并且将越来越多的环境带入他的范围和力量之中，以使他自己成为无法被驳倒的人。这样的"环境"不再是环境，它并不滋养，并且他也不成长或者改变。所以最终，因为他阻止体验新奇，他变得无聊并且孤单。

他获得直接满足的方式是去划分：通过搁置一个已经获得并且安全的态度，他能够管理自发性的数量。每一次这样刻意控制的练习都喂养了他的构想（以及世界的蔑视）。考虑到一定量的精明和足够的自体觉察不是为了产生对他生理的不可能的需要，自我中心容易将自己转化到良好调整的、谦虚的并且助人的"自由人格"。这个隐喻是接受精神分析者的神经症：这个病人完美地理解了他的性格并且发现它的"问题"超越其他一切地吸引人——并且将无止境地有这样的问题吸引他，因为没有未知物的自发性和风险，他对分析的同化将不会比任何其他事物更多。

9. 总结

我们会以如下的方案总结中断的时刻和它们的"性格"。（O是朝向有机体的攻击，E是朝向环境的攻击，而S是固着中可能的直接满足。）

融合：与兴奋或刺激没有接触

 O：依附、不断地咬

 E：麻痹和去敏化的敌意

 S：歇斯底里、退行

内摄：不接受兴奋

 O：情感的反转

 E：放弃（被认同灭绝）

 S：受虐

投射：不面对或者接近

  O：否认情绪

  E：被动挑衅

  S：幻想（仔细考虑它）

内转：回避冲突并毁坏

  O：强迫性撤销

  E：自体毁灭、次级疾病获益

  S：主动的施虐、忙碌

自我中心：延迟自发性

  O：固着（抽象）

  E：排除、自体的疏离

  S：划分、自体构想

压抑

反向形成

升华

（上述的方案可能通过将一种和另一种结合而无尽地激增，比如"内摄的融合""内转的投射"等等。在这些结合之中我们可能提到对于内摄的态度——超我：（1）和一个人的内摄融合是愧疚；（2）内摄的投射是罪恶；（3）内摄的内转是叛逆；（4）内摄的自我中心是自我概念；（5）内摄的自发性表达是理想自我。）

10. 以上并非神经症患者的类型学

重申一下，上面的方案并不是对神经症患者的分类，而是讲清楚单一神经症行为结构的一种方法。

在它表面之上这是显然的，因为每一个神经症机制都是一个固着，并且每一个机制都包含了融合，即未觉察到的东西。相似地，每一个行为都让步于某个错误认同，否定情绪，将攻击转向自体，并且是自负的！这个方案意在说明的是一个顺序，其中，以被威胁的压抑为背景，固着传遍了整个接触的过程，而未觉察从其他方向上前去遇到它。

显然，如果我们认为在一定的时刻，一个人处于相对良好的接触之中，并正在运用他的力量和调整情境，而稍后就被麻痹了，那么在现实体验中一定有一个固着的顺序。这个顺序实际上可能被直接观察到了。这个人走进来，微笑或皱眉，说了些话，等等：只要他是有生气的，他就还没有失去他的各种自我功能，并且它们是完全介入的。之后他变得焦虑——无论是什么都过于兴奋，它可能是他者，一个记忆、一个练习，无论什么东西。之后，他不是行进以进一步定向自己（正是这个进一步、正在进行，是基本的），而是立刻将自己疏离并且固着情境：他固着了单独的已获得的定向。这是"从自体中切断的自我"。但是这个"自体意识"立刻让他笨拙；他打翻了烟灰缸。他变得肌肉僵硬（发动自己），之后他认为他人一定将他看作大笨蛋。他将这个标准当作自己的并感到羞耻，而接下来的时刻他眩晕而麻痹。在此我们将体验诠释为通过固着的传播而创造。

但是当然它可能以相反的方式被视为融合的传播。在焦虑的时刻，他与进行中的情境没有接触——无论出于什么原因；他可能想要在其他地方，拒绝对另一个人有敌意的冲动，等等。但是全部在那里并且留意着，这是他的标准。他们又有什么权利评判他呢！下一个时刻，他全部排出了环境并且对他自己是足够的。

将这个体验视作未觉察的传播，它会是歇斯底里；将之当作固着的传播，它会是强迫性的。歇斯底里有"过多的自发性和过少的控制"；他说，"我无法控制升起的冲动"：身体在前景中若隐若现，他被情绪撩拨，他的想法和发明是反复无常的，一切都是性欲化的，等等。强迫性的东西过度控制了；没有幻想、温暖的感受或感觉，行动是强的，但欲望是弱的，等等。然而，这两个极端总是成为同一个东西。正是因为自体太少，欲望太肤浅，而自发性过少，所以歇斯底里组织了明显欲求的体验：感受的主导地位并不足以使定向和操控的功能充满能量——因此这些是无意义的，而且看起来"太小了"。但是相反，正是因为控制、定向和操控的功能过于固着且不灵活，所以强迫性不足以处理他的兴奋情境；因此，他无法控制他的冲动并转向攻击它们，然后他的感受似乎"过小"。自体和自我的分裂是同样灾难性的。

这一定如此，因为神经症既是长期恐惧也是长期沮丧的状态。由于沮丧是长期的，欲望没有学习激活重要的实践功能，因为一个人受限于失望而悲伤将不会正式地与环境接洽。尽管如此，沮丧的欲望重现并且启动幻想，最终冲动的行动在实践上是无效的；因此，他再一次失败，受伤，并且服从于长期恐惧。在另一方面，一个长期恐惧的人控制了自己并且直接挫败自己。尽管如此，这个驱力没有被摧毁，而它仅仅疏离于自体；它作为一个歇斯底里的冲动重现。沮丧、冲动、恐惧、自控全都相互攻击。

在任何单独的体验中，所有自体的力量都被动员以尽可能地完成情境，要么在一个最终接触之中，要么在一个固着之中。在生活史中，这样的体验的积累造成了醒目的人格、性格和类型。不过，仍是在每一个单独的体验之中，所有的力量都被当作自体的特别行动而动员。既然在治疗中，正是自体必须毁坏并且整合固着，我们就必须不将"类型学"考虑为区分人们的方式，而是视为单独的神经症体验的结构。

11. 反转固着顺序的例子

让我们虚构一个例子①以描述治疗顺序。

（1）固着：病人是"有力的"；他能够进行这个练习以满足自己。麻烦的是当到达结局时，要将某些东西从中拿出给他自己，或者因此给予治疗师某种东西，他却无法释放。他变得焦虑。当他的注意力被集中到他在这个阶段中断了这一事实时，他开始觉察到他的自负和爱出风头的毛病。

（2）内转：他为个人的失败而责备自己。他举例说明他对自己的爱和炫耀如何阻碍了他。他除了自己没有人可责备。这个问题就被提出了："除了责备你自己，还有谁你想要责备?"对的；他想告诉治疗师一到两件事。

（3）投射：面谈已经失败，因为治疗师不是真正地想要继续。他正在利用病人；如果费用更高，一个人就会认为他的意图是从自己那里捞到钱。要是这样，情境就是令人不适的；没有人喜欢躺在那里被人盯着。当治疗师不碍事的时候，可能正统的方

---

① 这个例子是虚构的。在这本书中我们十分注意避免"真实"个案历史的使用。因为除非这些故事随着小说家的渲染和具体化而被传送，否则它们并不可信。它们仅仅是一个诠释的例子，而被告知的读者立刻想到了十分不同的诠释，并且恼怒于作者遗忘了相关证据。因此我们认为，最好是直接给出智识框架，并省略对"现实"的参照。

式更好。问题被提出了："当你被盯着的时候你的感受是什么？"

（4）内摄：他感到尴尬。他炫耀的原因是他想要治疗师羡慕他；他认为自己是一种理想型——实际上他对自己有幻想（与被讨论的梦相反）。问题："我对你真的有吸引力吗？"没有；但是自然地，一个人必须去爱，或者至少被良好地安排给一个试图帮助你的人。这是带着一些怒气说的。

（5）融合：他生气，因为实验（见本书的第一部分）是无聊的、无意义的，有时是痛苦的，而且他已经疲于做它们；他对于治疗感到厌恶……在这件事情上他保持沉默；他对做出更多努力没有兴趣。另一个人必须这么做。

治疗师拒绝合作并且保持沉默。这个病人突然感到他僵硬的下巴疼痛，在静止中，他回想起，他的声音已经来到了他的牙齿之间。他合上了他的牙齿。

让我们现在假设，受制于这个融合特性的能量是可获得的。在他的沉默之中，他交替地愧疚于不合作和怨恨治疗师没有做帮他摆脱困难的事情（就像他妻子一样）。现在，可能他看到他不必要地强加了他自己的依赖；并且，他对想起的画面微笑。尽管如此，从融合中释放的能量将再一次被收紧并根据其他性格而固着。因此——

内摄：一个人应该独立并且做他想做的事情。为什么他不应该找其他女人呢？问题："有特定的某个你有兴趣的人吗？"

投射：他在治疗之前从没有这样的想法。他几乎感受到了，就好像它们正在被放入他的脑海："真的吗？"

内转：这是他养育的错误。他认出了中产阶级母亲审视的面孔，就像他自己的母亲的面孔那样。他开始了一个漫长的回忆。问题："她现在怎么样了？"

　　自我中心：他完美地理解了一切。人们不想知道的将不会伤害到他们。只要在游戏的规则之中做它就好了。"谁在玩这个游戏呢？"

　　接触情境：他现在将再一次尝试这个实验，看看他是否从它之中得到了任何东西。

12. 边界的意义

　　我们已经看到，自我功能运作能够被描述为自体的兴趣、力量等等的边界设置；认同和疏离是边界的两面；并且，在任何活生生的接触之中，边界都是确定的，而不是一直在变动的。现在在刻意接触性格的治疗性情境中，边界的意义是什么？

　　介入一个令人感兴趣的活动之中，自体作为阻碍、阻抗、突然失败接触它失去的自我功能。一个人认同于令人感兴趣的介入，这是边界的一面；但是被疏离的并非——如同在正常功能运作中那样——不令人感兴趣且无关的，而恰恰是疏离、压迫、离奇、不道德、麻木；不是边界，而是限制。感觉并不是无差别的，而是不愉快的。当一个人尝试看见、记住、移动时，边界不会随意志或需要移动，而是保持固定。

　　从拓扑学来看，我们所描述过的神经症性格被视作在移动的有机体/环境场中的边界，这些性格包括——

　　融合：有机体与环境的同一性。

　　内摄：有机体内部环境的某个东西。

　　投射：环境中有机体的某个东西。

　　内转：有机体的某个部分，使环境成为有机体的另一部分。

自我中心：既疏离于本我也疏离于环境；或者，有机体很大程度上疏离于环境。

这些情景通过保持它们固着的神经症需要和专注于它们的创造性自体而被感觉到，存在一个与这种感觉方式的精确对立：

在融合之中，神经症患者什么也没有觉察到，也没什么好说的。专注的自体通过压抑的黑暗感到受限制。

在内摄之中，神经症患者将专注的自体感受为疏离的身体并将想吐出的东西合理化为正常的。

在投射之中，神经症患者被感官证据所说服，其中专注的自体在体验中感到一个缺口。

在内转之中，神经症患者被忙碌地投入专注的自体感到被忽略、从环境中被排除的地方。

在自我中心之中，神经症患者是有觉察的，并且对一切都有些话要说，但是专注的自体感到空虚，没有需要或者兴趣。

由此可见，对于一个融合领域和一个自我中心的固着领域的治疗呈现了相反的困难。融合的黑暗过于令人尴尬；自体是常规的；没有新奇的提议被接受为相关的——就像在歇斯底里行为中，任何东西都可能是暂时相关的（对于治疗师而言，不缺少为了他自己的满足而诠释的症状）。

现在在精神分析史之中，这个状态的极端对立被当作自体的健康，即整个的自我的阶段，这个自我在一切地方都感受到可能接触的边界。基础的自体被定义为其自我边界的系统。人们没有看到，这是一个自体正在进行的阶段。对于这样的理论概念，诱惑是无法抵抗的，因为在治疗之中，边界的觉察化解了神经症结构，并且医生根据什么在治疗中起作用来定义；进一步地，任何在治疗之中出现的特殊"问题"，通过划分它，以及在这个安全框架之中使用所有的自我功能而完全不投入感受，最终在自我中心之中都能够遇到并且"得到解决"。这是过于加强的意识状态，它将不会拥有创造的灿烂火花，但是对于治疗性面谈是十分恰当的。对于自体而言，一切都是潜在相关且新奇的——到处都有边界而无行动限制——但是没什么是令人感兴趣的。他在心理上是"被掏空的"。如我们所说的，这是"分析-神经症"（analysis-neurosis）；任何治疗的方式继续太久都一定给出这个结果，这是可能的，在古代这被赞许为斯多葛主义的漠不关心，而在现代被当作"自由的人格"——但是个体的这种自由，不具有动物的或社会的本质，或者处在对动物的和社会的本质完美的卫生和司法控制之中，如同卡夫卡所言，这样的自由，是孤独而无意义的事。

13. 边界治疗

对于专注治疗而言，接触丧失的自我功能问题与任何其他创造性定向和操控的问题没有差别，因为未觉察或者不令人满意的那种觉察，仅仅被感受为有机体/环境场中的另一个困难。为了认同、接触和同化，需要、接近、毁坏是必要的。问题既不是从过去恢复某个东西也不是从铠甲之后解救它，而是在既定的当下情境之中进行一个创造性调整。为了在当下的情境之中完成格式塔，毁坏并同化作为障碍的未觉察是必要的。治疗性练习由尖锐的描述和对被感受到的阻碍或者虚空精确的言语描述，以及为动员固化边界对它所做的实验组成。

从这个观点看来，在精神分析的奇迹之中没有神秘，简单的觉察在某种程度上是宣泄性的，因为专注觉察和动员困难的努力使毁坏、承受、感受和兴奋成为必要的。（相应地，治疗师是当下情境中十分重要的一部分，但没有必要提到"移情"，即对于被压抑的俄狄浦斯能量的依恋，因为现实性既包括了依赖的融合也包括了对抗它的叛逆。）

之后让我们回到我们一开始的病人的问题："在什么时候我开始不要解决这个问题？我如何阻止我自己？"现在，让我们将重点放在开始和如何上，而不是放在诠释的时刻上。让我们对比非治疗性和治疗性情境。一般而言，自体尝试接触某些令人感兴趣的当下现实性，开始觉察到它丧失的功能的边界——环境或身体的某些东西是缺失的，没有足够的优势或清晰度。然而，它向前推进并且尝试统一前景，即使在背景之中，神经症结构作为一个不可知的、未完成的情境，一个困惑的威胁和对身体的威胁若隐若现。这个逐渐积累的兴奋是被压制的，焦虑存在。尽管如此，自体通过反向形成进一步抹除背景并且带着它越来越少的能量前进。由此，它在原本的任务中持续并缓解焦虑。相反，在治疗之中，恰恰是中断的时刻现在被当作令人感兴趣的问题、专注的客体，问题是："什么在阻碍？它长什么样子？我如何在肌肉上感受到它？它在环境中的何处？等等。"逐渐上升的焦虑通过在这个新问题中的持续兴奋而被缓解；被感受到的是某种十分不同的，悲伤、愤怒、恶心、恐惧、渴望的情绪。

14. 标准

并非"内在"困难的存在构建了神经症：它们仅仅是障碍。

只要一个情境是活生生的，当创造性的障碍显现时，兴奋就不会减少，格式塔的形成就不会停止，但是一个人自发地感受到新的攻击情绪并且动员仔细、刻意、关注等各种新的自我功能，它们与障碍有关。一个人没有失去对自己、对一个人综合的统一体的感觉，但它持续变得尖锐，进一步认同自己，并且疏离不是自己的东西。相反，在神经症中，这个时候兴奋蹒跚前进，攻击没有被感受到，一个人失去了自体感，变得困惑、分离、感觉迟钝。

持续创造性的这个事实性不同，是活力和神经症的核心标准。这是一个独立的标准，一般是可观察也可内省的。它不需要健康的规范以比较。测试是由自体给予的。

神经症患者开始失去与现实性的接触；他知道它，但是他没有继续接触的技术；他坚持了一个使他离现实性更远的进程，并且他迷失了。他必须学会的是敏锐地认识到，当他不再处于接触中时，他如何不处于其中，以及此时现实性是什么、在何处，这样他就能够继续接触它；此时，一个"内在的"问题是现实性，或者可能是"内在"问题和之前体验的关系。如果他学会了觉察的技术，去跟进，去和变动的情境保持接触，这样兴趣、兴奋和成长就会继续，他就不再是神经症的了，无论他的问题是"内在的"还是"外在的"。因为情境的创造性意义并不是一个人之前所想的，但是，把无论什么未完成情境带入前景，并且发现并发明它们和明显的当下无生命情境的相关性，在这样做时，创造性意义浮现了。当自体在突发事件中能够保持接触并且继续前进时，治疗就结束了。

在突发事件中，神经症患者失去了自己。为了继续苟活，他带着消退的自体，认同于反应性感受，一个固着的兴趣、一个虚构、一种合理化；但是这些实际上并不起作用，它们不会改变情境，释放新的能量和兴趣。它们已经失去了实际生活的某个东西。但是病人开始认识到他们自己的功能运作是现实性的一部分。如果他已经疏离了他的一些能量，那么他开始认同他自己对它们的疏离，将之作为一种刻意的行动，他可以说："是我在这么做或阻止这个。"然而，体验的最终阶段，并不是治疗的主题：对一个人而言，它是去认同他对重要内容的关切并能够疏离不重要的东西。

在它的尝试和冲突之中，自体正在通过以前不存在的方式形成。在接触性的体验之中，"我"疏离了它的安全结构，冒飞跃之险并且认同于成长的自体，为它服务，给予它知识，并且在收获的时刻让路。

译名对照表

（按汉语拼音顺序排列）

专有名词

阿德勒，阿尔弗雷德　Adler,
　　Alfred

阿里斯托芬　Aristophanes

奥勒留，马可　Aurelius, Marcus

巴甫洛夫　Pavlov

巴特勒主教　Butler, Bishop

伯格勒　Bergler

柏格森　Bergson

布拉德莱　Bradley

达尔文　Darwin

笛卡尔　Descartes

丁尼生　Tennyson

费德恩，保罗　Federn, Paul

费伦齐，桑多尔　Ferenczi, Sándor

弗洛姆，埃里希　Fromm, Erich

弗洛伊德　Freud

弗洛伊德，安娜　Freud, Anna

甘地　Gandhi

戈尔德施泰因，库尔特
　　Goldstein, Kurt

古德曼，保罗　Goodman, Paul

古德曼，珀西瓦尔　Goodman,
　　Percival

赫弗莱恩，拉尔夫　Hefferline,
　　Ralph

华生　Watson

怀特，L. L.　Whyte, L. L.

霍尼，卡伦　Horney, Karen

康德　Kant

柯日布斯基　Korzybski

科恩，莫里斯　Cohen, Morris

科勒　Koehler

557

孔德，奥古斯特　Comte, Auguste

莱格曼-基思　Legman-Keith

赖希，威廉　Reich, Wilhelm

兰格，卡尔　Lange, Carl

兰克，奥托　Rank, Otto

勒温，库尔特　Lewin, Kurt

蒙塔古，阿什利　Montagu, Ashley

莫雷诺　Moreno

佩吉，夏尔　Péguy, Charles

皮尔斯，弗雷德里克　Perles, Frederic

荣格　Jung

桑塔亚纳　Santayana

沙赫特尔，欧内斯特　Schachtel, Ernest

沙利文，哈里·斯塔克　Sullivan, Harry Stack

斯坦尼斯拉夫斯基　Stanislasky

铁钦纳　Tichener

维纳　Wiener

韦特海默　Wertheimer

温特，J. A.　Winter, J. A.

耶克尔斯　Jekels

詹姆士，威廉　James, William

术　语

哀悼　mourning

奥根　orgone

白日梦　daydream

抱持　hold

被动　passive

本我　Id

边界　boundary

病人　patient

超我　super-ego

成熟　maturity

成长　growth

成长停滞　growth stagnation

冲突　conflict

创伤性场景　traumatic scene

创造性调整　creative adjustment

抽象　abstraction

戴尼提　dianetic

当下　present

敌意　hostility

定向　orientation

洞察　insight

反向形成　reaction-formation

反应能力　response-ability

防御　defense

放松　relaxation

分裂　split

尴尬　embarrassment

感官的　sensory

感觉　sensation

感受　feeling

感知　perception

高潮　orgasm

格式塔　Gestalt

格式塔心理学　Gestalt Psychology

格式塔形成　Gestalt-formation

格式塔学者　Gestalist

格式塔治疗　Gestalt Therapy

格式塔主义　Gestalism

隔离　isolation

功能　function

功能运作　functioning

攻击　aggression

固着　fixation

关注　concern

合理化　rationalization

幻想　fantasy

回想　recollection

毁坏　destroying

见诸行动　acting out

焦虑　anxiety

接触　contact

介入　engage

精神分析　psychoanalysis

觉察　awareness

铠甲　armor

控制　control

控制论　cybernetics

愧疚　guilt

理想自我　ego-ideal

力比多　libido

灭绝　annihilating

内摄　introjection

内省　introspection

内转　retroflection

强迫　compulsion

情绪　emotion

去敏化　desensitization

人格　personality

人际　interpersonal

人体工程学　human engineering

认同　identify

融合　confluence

身体觉察　body awareness

神经症　neurosis

审查　censor

升华　sublimation

施虐　sadism

实验　experiment

嗜欲　appetite

受虐　masochism
疏离　alienation
体验　experience
调整　adjustment
停滞　stagnation
同化　assimilation
投射　projection
投注　cathexis
突发事件　emergency
图形/背景　figure/ground
退行　regression
未觉察　unaware
未完成情境　unfinished situation
未完成事件　unfinished business
无意识　unconscious
现实　actuality
象征符　symbol
心理剧　psychodrama
兴奋　excitement
性格　character
虚空　void
需要　need
压抑　repression
压制　suppression
阉割　castration
厌恶　disgust
移情　transference

疑病症　hypochondria
抑制　inhibition
意识　conscience
应当　ought
应该　should
盈空　fertile void
语义学　semantics
怨恨　resentment
整合　integration
植物疗法　vegeto-therapy
注意　attention
主导　dominance
专注　concentration
自发性　spontaneity
自欺　self-deception
自体　self
自体发展　self-development
自体感　self-sense
自体觉察　self-awareness
自体控制　self-control
自体确认　self-assertion
自体探索　self-discovery
自体调节　self-regulation
自体意识　self consciousness
自体之爱　self-love
自体支持　self-support
自我　ego
自我防御　ego-defense

自我感　ego-sense

自我功能　ego-function

自我攻击　ego-aggression

自我机制　ego-mechanism

自由联想　free association

自由演示　free play

阻抗　resistance